고등학술연구소 시절, 아인슈타인의 하루는 머서 가 112번지에 있는 집을 나와 연구소까지 1.6킬로미터 가량 걷는 데서부터 시작했다.

1953년 아인슈타인의 모교이기도 한 취리히 국립공과대학에서 맥스웰 방정식을 설명하고 있는 파울리.

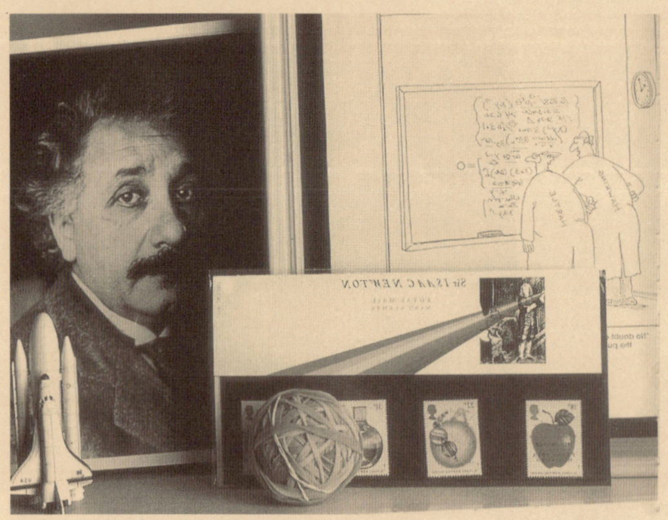

호킹의 연구실에 놓인 아인슈타인의 사진. 오른쪽 아래에는 뉴턴과 사과 그림이 보인다.

아인슈타인의 70세 생일에 고등학술연구소에서 찍은 사진. 아인슈타인(오른쪽에서 네번째)의 왼쪽으로 라비, 괴델, 바일의 모습이 보이고, 오른쪽 두번째에 오펜하이머의 모습이 보인다.

아인슈타인이 죽은 직후, 고등학술연구소 115호실의 모습. 아인슈타인이 마지막으로 칠판에 쓴 글씨들이 그의 생전 체취를 느끼게 한다.

디랙은 은둔적이고 과묵한 천재의 전형이었는데, 현재 '디랙 방정식'이라고 불리는 이 방정식은 반물질이라고 이름 붙여진 입자들의 새로운 세계를 향한 문을 열었다.

(위) 겔만과 파인만 (아래) 디랙과 파인만.
고등학술연구소 시절 겔만, 디랙, 파인만 등은 이론 물리학 분야에서
놀라운 성취를 이루었다.

디랙은 은둔적이고 과묵한 천재의 전형이었는데, 현재 '디랙 방정식'이라고 불리는 이 방정식은 반물질이라고 이름 붙여진 입자들의 새로운 세계를 향한 문을 열었다.

1957년 노벨 물리학상을 공동 수상한 리정다오(왼쪽)와 양전닝(오른쪽). 둘은 1951년에서 1953년에 고등학술연구소에서 함께 일했으며, 그후에도 많은 연구를 같이 했다.

폰 노이만이 개발한 최초의 프로그램 기억식 컴퓨터 앞에서 오펜하이머(왼쪽)와 폰 노이만(오른쪽).
폰 노이만은 순수 학문만을 추구하는 학자들의 천국에서 기계 '따위'를 만든다는 이유로 교수회의 반대에 부딪쳤으나, 결국 펄드 홀의 지하실에서 작업을 시작했다. 그는 누구나 좋아할 수밖에 없는 유쾌한 성격의 소유자였기 때문이다.

위튼은 초끈 이론의 기수로 '제2의 아인슈타인'이라 불린다.

세포 자동자 이론의 월프람은 2002년 『새로운 종류의 과학 A New Kind of Science』이라는 책을 출판하여 세포 자동자가 어떻게 물리 우주 전체와 이 우주의 다양성들에 대한 실질적인 근원으로 보일 수 있는지를 묘사했다.

아인슈타인이 죽은 직후, 고등학술연구소 115호실의 모습. 아인슈타인이 마지막으로 칠판에 쓴 글씨들이 그의 생전 체취를
느끼게 한다.

(위) 겔만과 파인만 (아래) 디랙과 파인만.
고등학술연구소 시절 겔만, 디랙, 파인만 등은 이론 물리학 분야에서
놀라운 성취를 이루었다.

디랙은 은둔적이고 과묵한 천재의 전형
이었는데, 현재 '디랙 방정식'이라고 불
리는 이 방정식은 반물질이라고 이름
붙여진 입자들의 새로운 세계를 향한
문을 열었다.

1957년 노벨 물리학상을 공동 수상한 리정다오(왼쪽)와 양전닝(오른쪽). 둘은 1951년에서 1953년에 고등학술연구소에서 함께 일했으며, 그후에도 많은 연구를 같이 했다.

폰 노이만이 개발한 최초의 프로그램 기억식 컴퓨터 앞에서 오펜하이머(왼쪽)와 폰 노이만(오른쪽).
폰 노이만은 순수 학문만을 추구하는 학자들의 천국에서 기계 '따위'를 만든다는 이유로 교수회의 반대에 부딪쳤으나, 결국 펄드 홀의 지하실에서 작업을 시작했다. 그는 누구나 좋아할 수밖에 없는 유쾌한 성격의 소유자였기 때문이다.

위튼은 초끈 이론의 기수로 '제2의 아인슈타인'이라 불린다.

세포 자동자 이론의 월프람은 2002년 『새로운 종류의 과학 A New Kind of Science』이라는 책을 출판하여 세포 자동자가 어떻게 물리 우주 전체와 이 우주의 다양성들에 대한 실질적인 근원으로 보일 수 있는지를 묘사했다.

펄드 홀 전경. 오펜하이머가 '지식인의 호텔'이라 불렀던 이곳은 학자들이 세상 일에 상관없이 얼마 동안이든 학문 삼매경에 몰입할 수 있는 은둔처였다.

고등학술연구소 입구.
멀리 펄드 홀이 보인다.

| 김동광 |

고려대학교 독어독문학과를 졸업하고 동 대학원 과학기술학 협동과정 과학사회학 석사 및
박사 과정을 마쳤다. 현재 과학번역가, 과학저술가로 활동하고 있으며 고려대학교에서
강의하고 있다. 저서로『진보의 패러독스』(공저),『어린이를 위한 STS, 아이과학 시리즈』등이
있으며,『기술의 진화』,『인간에 대한 오해』,『생명 그 경이로움에 대하여』등
다수의 책을 우리말로 옮겼다.

| 박진희 |

서울대학교 자연과학대학 물리학과를 졸업하고 베를린 공과대학 과학기술사학과에서 석사 및
박사 과정을 마쳤다. 자유기고가로 활동하면서 과학기술에 관한 다수의 글을 썼다.
현재 서울대학교와 동국대학교에서 강의하고 있으며 가톨릭 대학교 생활과학연구소
연구원으로 있다. 공저로『남성의 과학을 넘어서』,『현대 과학의 쟁점』,
『세계를 바꾼 20가지 공학기술』등이 있으며,『환경의 세기』,『철도 여행 이야기』,
『생태적 경제기적』,『나노바이오테크놀로지』등을 우리말로 옮겼다.

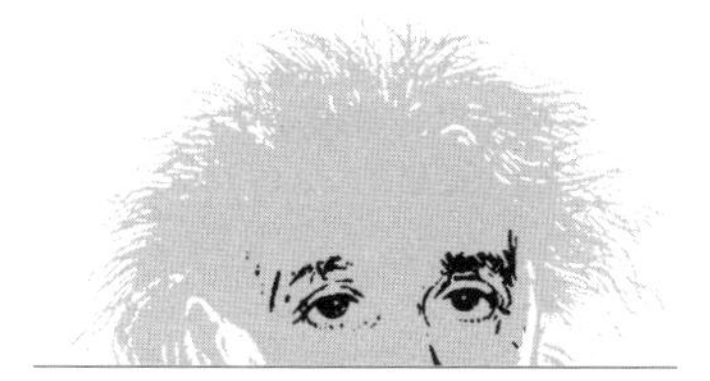

누가 아인슈타인의
연구실을 차지했을까?

에드 레지스 지음 | 김동광 · 박진희 옮김

지호

  1983년 가을 무렵, 내가 고등학술연구소에 처음으로 발을 디딘 것
은 잡지 기사를 쓰기 위해서였다. 그때 이 연구소에 대해 알고 있던 것
은 아인슈타인이나 괴델이 과학자로서 일생의 대부분을 보낸 곳이라는
정도였다. 과학을 좋아하는 사람이라면 누구라도 그렇듯, 나도 어린 시
절 아인슈타인의 낡은 연구실 모습을 담은 사진들을 대하곤 커다란 감
동을 받았다. 1955년 4월 그가 죽기 직전에 찍은 사진에는 다음과 같은
장면들이 있다. 책상 뒤쪽 칠판에 수식이 아무렇게나 휘갈겨져 있고, 그
앞에는 의자가 제멋대로 나뒹굴고 있다. 아마 아인슈타인이 마지막으로
책상을 떠나고 난 후의 모습 그대로인 것 같다. 그리고 그 주위에는 책
들이 어지럽게 꽂힌 책장이 늘어서 있다. 이것들 가운데에서도 유난히
눈길을 끄는 것은 책상 위의 잡동사니였다. 종이, 잡지, 원고지, 그 위에
잉크병, 파이프, 담배 케이스… 그리고 아인슈타인이 추구하다 완성하
지 못한 채 둔 우주 탐구 작업에서 풍기는 마력. 그 속에 얼마나 심오한

우주의 신비가 탐구하다 만 상태로 묻혀 있을까 하는 궁금증이 나를 사로잡았다.

내 기억 속에 떠오르는 과학자 사진이 또 하나 있다. 연구소의 수학 도서관에서 찍은 것으로 희끗희끗한 머리 사이로 검은 머리카락이 한 줄로 나 있는, 영락없이 모호크 인디언을 연상시키는 야윈 남자였다. 더구나 그 표정도 꼭 모호크 인디언을 닮아서, 사진 기자에게 냉큼 사라지라는 투로 사진기를 예리하게 쏘아보고 있었다. 그가 바로 쿠르트 괴델이었다.

아인슈타인과 괴델은 현대 과학에서 첫째를 다투는 천재였다. 그 두 사람이 같은 시기에 뉴저지 주 프린스턴이라는 곳에 나란히 있었다는 사실이 매우 신비롭다. 대체 고등학술연구소가 어떤 곳이기에 그 두 사람이 함께 있었을까? 그곳에서 두 위대한 두뇌는 무엇을 했던 것일까? 괴델이나 아인슈타인이 죽은 후 연구소는 어떻게 되었을까?

어찌 되었든 이 고등학술연구소라는 곳은 매우 특별한 곳임에 틀림없으리란 생각이 든다. 실제로 그랬다. 20세기의 세계적 물리학자, 수학자의 대부분이 한 번은 이곳을 거쳐 갔으며, 그 가운데에는 닐스 보어, 디랙, 볼프강 파울리, 라비, 머레이 겔만, 양전닝, 리정다오 등 노벨상 수상자가 14명이나 된다. 1980년에 이 연구소에서는 『학자들의 공동체』라는 제목으로 창립 50년의 역사 동안 그곳에서 일했던 학자들에 대한 책을 펴냈는데, 5백 쪽에 달하는 두꺼운 책이다. 거기서 웬만한 20세기 자연과학자들의 이름을 찾아내는 것은 어렵지 않다.

물론 인문과학 분야의 학자들도 있지만 자연과학 분야에 비해 훨씬 적다. 엘리엇을 빼면 유명도에서도 뒤떨어진다. 엘리엇은 예외적인 경우로, 이 연구소에서는 지금까지 같은 인문계라도 문학이나 평론보다는 역사나 사회과학에 초점을 두었다. 지난 50년간 자연과학이 진보한 것에 비하면 어느 분야도 그 뒤를 따라잡지 못했다. 50년간이라는 것은 바로 이 연구소가 생긴 이후부터 지금까지를 말한다. 그간 이 연구소에 있던 과학자들은 물리학의 혁명을 일으켰고 우주의 궁극적 모양새에 대한 이론을 우리에게 보여주었다. 한 사람의 일생과 맞먹는 기간 동안 양자역학에서 대통일 이론까지 발전해왔다. 이 연구소의 내력은 바로 과학자들의 역사이며, 이것이 이 책의 주요한 내용이다.

고등학술연구소의 과학자들은 대부분 겸손과는 거리가 멀다. 하지만 그럴 만도 하다. 그들이 세운 목표는 누구도 감히 따라갈 수 없는 방대한 것이리라. 그들은 자연 전체를 남김없이 이해하고 설명하고자 한다. 또한 이 우주가 도대체 왜 지금과 같은 모습이며, 왜 이러한 구조로 되었는가를 이해하고 싶어한다. 이런 일에 공헌한다는 자부심을 가진 사람이라면 그 정도 오만은 가질 법도 하기 때문에 고등학술연구소는 거기에 경의를 표해왔다. 그리고 나는 이 책에서 실제로 그러한 공헌을 한 과학자들의 삶과 연구 업적을 새겨보고자 한다.

1986년 12월 15일

메릴랜드 주 엘더스버그에서

에드 레지스

이 책을 집필한 이후 18년이란 세월이 흐르는 동안 프린스턴 고등
학술연구소에서는 크고 작은 변화가 많이 있었다. 그 중 하나는 충분히
예상할 수 있었던 것이다. 인터넷 혁명으로 인해, 전통에 남다르게 매여
있던 몇몇 연구원들이 경멸해 마지 않던 컴퓨터와 기기들이 연구소 구
석구석 어디서나 눈에 띄게 되었다는 것이다. 물론 고등학술연구소도
이제는 자체 웹사이트를 갖고 있다(www.ias.edu). 그리고 생물학을 멀
리해온 지 73년이나 지난 후인 2003년에는 생물학 시스템 센터를 설립
하였다. 이 센터의 임무는 분자생물학과 물리학을 연결하는 작업을 지
원 육성하는 일이다. 물론 이 작업들은 컴퓨터 없이는 불가능하다.

이 책에 나오는 이론가 가운데 적어도 한 사람은 그후 과학계의 슈퍼스
타가 되었다. 바로 스티븐 월프람이다. 그는 연구소를 나온 후, 매스매티
커Mathematica라는 컴퓨터 프로그램을 만들어 엄청난 돈을 벌었다. 그 덕
택에 시간과 자유를 얻게 되어 자신의 개인 연구 주제인 세포 자동자의

수학적 기이성에 대한 연구에 전념할 수 있게 되었다. 그리하여 2002년, 월프람은 『새로운 종류의 과학*A New Kind of Science*』이라는 책을 출판하여 세상 사람들을 아연케 만들었다. 이 책에서 그는 놀랄 만큼 자세하게 세포 자동자가 어떻게 물리 우주 전체와 이 우주의 다양성에 대한 실질적인 근원으로 보일 수 있는지를 묘사했다. 천 페이지가 넘는, 거의 5천 개에 달하는 단어들이 작은 글씨체로 빼곡하게 채워져 있는 이 책은 일종의 9일간의 기적(잠시 큰 화젯거리가 되나 곧 잊혀지는 소문/옮긴이)으로, 월프람을 잠시 락스타만큼이나 유명하게 만들었었다. 그리고는 바로 월프람과 그의 엄청나게 두터운 저서는 무대 저편으로 사라져버렸다.

프랙탈의 창시자 베노이트 만델브로트는 2004년에 자신의 새 책을 발간하였다. 리처드 허드슨이 함께 집필한 이 책은 『시장의 (잘못된) 행동 : 위험, 손해, 보상에 관한 프랙탈 관점 *The (Mis)Behavior of Markets: A Fractal View of Risk, Ruin, and Reward*』이라는 제목이었다. 이 책에서 만델브로트는 놀랄 만한 명제를 주장했다. 즉 시장은 이성적이지 않은 자연스러운 현상이라는 것이다.

2003년, 초끈 이론의 대부인 에드 위튼은 미국 대통령으로부터 국립 과학훈장을 받았다. 바로 다음해 『타임』지에서는 그를 미국에서 "가장 영향력 있는 백 명" 중 한 사람으로 지명했다. 같은 해 2004년, 고등학술연구소는 또 다른 끈 이론가 피터 고다드를 소장으로 임명했다.

1985~1986년에 필자가 인터뷰를 해 소개했던 연구소 과학자들 중 몇몇은 그후 운명을 달리했다. 여기에는 1998년에 서거한 앙드레 베유, 줄리언 비겔로(2003), 오토 노이게바우어(1990)가 포함된다. 아마도 연구소의 많은 과학자들 가운데 누구보다도 상상력이 풍부했던 프리먼 다이슨은 은퇴하여 자연과학대학의 명예 교수가 되었다.

연구소는 2005년에 75주년 기념식을 갖는데, 이 해는 알베르트 아인슈타인의 '기적의 해'로부터 꼭 백 주년이 되는 해이다. 세기의 해들이 어떻게 우연히도 일치하고 있다. 그사이 아인슈타인의 방은 수학자 로버트 랭랜즈가 차지하게 되었다.

그밖에 새 건물 몇 개가 들어서고, 작곡가가 거주할 수 있게 되었고, 수학 분야 여성 프로그램이 신설되는 등 여러 가지 변화가 있었음에도 불구하고, 연구소의 8백 에이커에 달하는 숲, 농장과 습지는 예전에도 그랬듯이 아름답고 고요한 채로 남아, 바깥세상은 여전히 연구소 저 멀리 떨어져 있는 듯한 인상을 준다.

메릴랜드 주 새빌러스빌에서

2004년 12월 9일

에드 레지스

차례

학자들의 천국 The Platonic Heaven

지식인의 에덴동산 혹은 '지식인의 호텔'

뉴저지 주 프린스턴은 오랫동안 고요한 마을이었다. 기껏해야 워싱턴이 이끄는 군대가 영국군을 무찔렀던 프린스턴 전투나 프린스턴 대학 소재지로서 알려져 있었을 뿐이다. 1685년에 이 지역의 평야와 시냇물, 수풀에 매료된 퀘이커 교도들이 정착했던 프린스턴은, 제2차 대륙 회의가 열렸던 1783년 무렵 6개월 동안 잠깐 미국의 수도이기도 했다. 그전인 1756년에 뉴저지 대학이 프린스턴에 자리를 잡았는데, 이 대학은 '위대한 자각 운동'이 최고조에 달하고 정통 칼뱅주의가 열광적인 부흥을 일으키던 시기에 장로 교회에서 설립한 대학이었다. 이 대학이 기금을 모금하여 나소 홀Nassau Hall이라는 새로운 건물을 세웠는데, 그 당시로는 그곳 북미 식민지에서 가장 큰 건물이었다. 그리고 지옥불의 두려움을 절규하던 전도사 조너선 에드워즈가 이곳의 학장으로 왔다.

에드워즈는 코네티컷 주 출신의 신학자로 종교적 플라톤주의자의 전통을 이어받아 철학적 관념론을 가르쳤다. 철학적 관념론은 이 세계라는 것은 단지 '관념'일 뿐이라고 주장했다. 그는 "세계, 즉 물질적 우주는 단지 인간의 머릿속에만 있는 것일 뿐 그 이상은 아니다"라고 말했다. 마치 2백 년 후 프린스턴에 모인 과학자들이 물질적 우주를 추상적 체계로 정리하리란 사실을 미리 예견이라도 한 듯이.

에드워즈는 아리송한 칼뱅주의 교리도 설교했는데 그 내용 중에는 이런 대목도 있다. "신은 인간이 태어나기 전부터 이미 그가 천국으로 갈지, 지옥으로 떨어질지를 결정하고 있다. 그럼에도 너희들은 어떻게든 (에드워즈 자신도 더 이상 명확한 표현은 안 했지만) 자신의 운명을 선택할 수 있다." 어쨌든 신은 에드워즈가 이 대학의 학장으로 있도록 결정하지 않았다. 학장 취임 후 얼마 되지 않아 천연두에 걸려 끝내 세상을 떠났던 것이다. 그로부터 한참 뒤인 1896년에 뉴저지 대학은 프린스턴 대학으로 이름을 바꾸었지만, 성직자가 아닌 보통 사람이 학장 자리에 앉은 것은 1902년 우드로 윌슨(훗날 미국의 18대 대통령으로 취임한다/옮긴이)이 학장이 되면서부터였다.

1933년 10월, 프린스턴은 하룻밤 사이에 신사들의 대학촌에서 물리학의 세계적 중심지로 변했다. 알베르트 아인슈타인이 그곳 고등학술연구소에 등장한 것이다.

그 연구소는 새로운 학술 연구 센터였다. 거기엔 학생도, 교수도, 강의도 없었다. 세계 최고의 과학자들이 연구를 위해 모여들었지만 실험실이나 실험 도구, 기계류 따위는 아예 찾아볼 수 없었다. 물론 이 모두가 계획된 것이었다. 처음부터 고등학술연구소는 순수 이론의 산실이었다. 이러한 취지에는 에드워즈 선생도 찬성했으리라. 왜냐하면 그가 걸린 천연두는 다른 사람한테서 전염된 것이 아니라 스스로 자처한 천연두 백신 실험 과정에서 발병했던 것이기에. 그때는 예방 접종이 실험 단계에 머무르고 있었는데도 그는 현대 과학의 경이에 대한 신뢰를 몸소 보이려고 하다가 결국 목숨을 잃었던 것이다.

그로부터 50년이 지난 현재까지도 고등학술연구소는 창립 때와 마찬가지로 순수 이론 중심의 방침을 갖고 있지만, 아인슈타인과 괴델이 죽은 후 점차 빛이 바랜 듯싶다. 연구소는 프린스턴 시 변두리에 자리잡고 있다. 그러나 프린스턴에서 태어나 자랐어도 그 위치를 정확히 아는 사람은 흔치 않다. 몇 구역 떨어지지 않은 프린스턴 대학 내에서도 학생들에게 연구소가 어디 있느냐고 물으면 고개만 갸웃거리거나, "네? 무슨 연구소라고요?" 하고 되묻는 경우가 태반이다. 프린스턴 신학교라는가 스프링데일 골프 클럽으로 가는 길이라면 누구라도 가르쳐줄 수 있지만 고등학술연구소는 다르다. 이 연구소에서 40년이나 있었다는 호머 톰슨 교수는 "이 연구소는 프린스턴 시에서보다는 유럽 쪽에서 더 유명하다" 라고 말한다.

사실 주민들이 모르는 것도 무리는 아니다. 밖에서 보아서는 도대체 이곳이 무엇을 하는 곳인지 종잡을 수 없기 때문이다. 프린스턴 시 남쪽 올든 로路에 자리잡은 고등학술연구소는 얼핏 보기에는 대학 캠퍼스나 고등학교처럼 보인다. 하지만 시끌벅적 떠들어야 할 학생들은 그림자조차 보이지 않으니 학교는 아닌 것 같다. 그러면 결핵 요양소? 고아원? 어쩌면 재향 군인들이 사는 곳? 이런 식의 궁금증을 가져본 사람들도 한둘이 아니리라.

본관인 펄드 홀Fuld Hall은 벽돌로 된 조지 왕조풍의 건물이다. 그 안에는 교수실과 관리실, 수학 도서관이 있으며, 오후 3시에는 차와 과자가 나오는 휴게실도 있다. 펄드 홀을 사이에 두고 대학 건물 같은 아담한 건물이 있으며 그곳에도 역시 사무실이 있다. 한쪽으로 뚝 떨어진 곳에는 전통적인 양식이 아닌, 유리와 콘크리트로 지은 현대식 건물들이 눈에 띈다. 거기에는 식당, 사회과학 분야의 사무실, 역사 연구 도서관 등이 있다. 도서관 뒤로는 작은 호수가 있으며 주변에 숲이 우거져 있다.

이 연구소 소장직을 20년 가까이 지낸 오펜하이머는 이 연구소를 '지식인의 호텔'이라 부르곤 했다. 이 말은 학자들이 세상 일은 모두 다른 사람들에게 맡기고 얼마 동안이든 학문 삼매경에 몰입할 수 있는 은둔처라는 뜻이다. 보통은 일 년이나 이 년 정도 정도 머무르는데 대부분 젊은 학자들이며, 한때는 2백 명 가량이 있었던 적도 있다. 연구 분야는 수학, 자연과학, 역사, 사회과학의 네 부분으로 나뉘어 있으며(1998년 생물학 스쿨이 신설돼 현재는 다섯 개 분야이다/옮긴이), 연구원 대부분은 수학이나 물리학 쪽이다. 가장 적은 사회과학 쪽은 일 년에 겨우 20명 정도이다.

이 훌륭한 사람들의 무리에 들어가기 위해서는 엄한 시련을 견뎌내야 한다. 이 시련을 거치면서 일부는 떨어져 나가고 가장 비범한 사람들만 남게 되는데, 이들에게는 봉급과 사무실은 물론 건축가 마르셀 브루어가 설계한 바우하우스 풍의 현대식 아파트가 주어진다. 그리고 연구소원이 된 날부터 그곳을 떠나는 날까지 주 5일 아침과 점심이 나오고 수요일과 금요일에는 저녁 식사까지 제공된다. 이런 조건에 대해서 불평이란 전혀 없다. 이따금 가구에 대해 불평하는 경우는 있다. 한 연구원은 이렇게 회상한다. "아파트에 있는 의자는 지독하게 불편했어요. 하지만 연구실 의자는 만점이었죠. 어쩌면 잠깐이라도 연구실에 더 붙어 있도록 유혹하는 게 아닌가 싶었어요."

곤란한 건 침대였다. 침대가 나쁘다는 게 아니라 그곳에는 모두 일인용 침대만 있고 이인용 침대는 없다. 아마도 소장 부부가 사는 저택만은 예외겠지만, 젊은 부부들은 일인용 침대에 고소를 금치 못한다. "아마도 특별 할인 기간에 몽땅 사들인 게 아니라면 오직 연구에만 정열을 쏟으라는 뜻일 테죠." 이렇게 한 연구원은 말한다.

침대 문제만 빼면 이 연구소는 그 취지에 딱 들어맞는 지식인들의 유토피아라고 할 수 있다. 임시 연구원이든 아니면 25명밖에 안 되는 종신 교수든, 자기가 하고 싶은 연구를 자기 나름대로 계획을 세워 진행한다. 아무런 의무도 없고 누구에게 보고하지 않아도 된다. 바야흐로 연구소를 떠나야 할 날이 오더라도 특별히 지금까지 해왔던 연구에 대한 보고서를 써내야 할 의무도 없다. 다만 자기 짐을 꾸려 이 지식인의 에덴동산을 뒤로하고 냉혹한 현실의 세계로 돌아가기만 하면 된다.

현대의 유토피아에 걸맞게 이 연구소 종신 교수의 봉급은 모두 똑같다. 현재 그 액수는 연 9만 달러 정도로 외부 사람들이 '고등급여연구소'라고 부르는 것도 무리는 아니다. 더구나 그 운영비는 연 1천만 달러가 넘는데, 이것은 1억 달러를 훨씬 웃도는 기금과 그 투자수익에서 나온다. 자본 투자를 통한 이익금은 해마다 다른데, 최근 평균치는 연 17퍼센트 정도 된다. 특히 1984년과 1985년의 회계 연도에는 26.9퍼센트의 수익률을 올렸다. 이 연구소는 동서고금을 통해 이상주의자들이 마음속에 그렸던 그 어떤 유토피아보다도 돈 걱정이 없는 유토피아이다.

시조는 백화점 왕과 플라톤

고등학술연구소는 1930년에 거금을 투자한 루이스 뱀버거와 그의 여동생 캐롤린 뱀버거 펄드, 그리고 모든 것을 계획하고 조직한 에이브러햄 플렉스너가 세웠다. 그러나 이 연구소를 이끌고 지켜온 진정한 의미의 아버지, 즉 정신적 지주는 고대 그리스 철학자 플라톤이다. 플라톤은 '아카데미아'라는 세계 최초의 고등학술원을 아테네 교외에 설립했다. 이 아카데미아에서는 모든 분야의 학자, 연구가, 이론가들이 모여 사물의 전반적인 체계를 하나의 이론으로 정리해내려고 했다. 플라톤의 아카데미아야말로 현상을 시처럼 조화된 형태로 설명하고, 인간의 눈에 보이는 우주의 모습을 추상적 개념과 원리로 압축하려 했던 곳이다. 이것은 최초의 대규모적이고 체계적인 시도였다. 따라서 고등학술연구소는 플라톤의 토양에 기반한 것이다. 그러나 플라톤이 연구소의 진정한 아버지로 불리는 데에는 더 큰 이유가 있다.

플라톤은 지식의 참된 대상을 '이데아'라고 했는데, 그것은 볼 수도 만질 수도 없으며 변화하지 않는다. 오로지 궁극적이고 본질적인 것이다. 이러한 점을 알면 플라톤이 연구소의 실질적인 아버지라는 말을 더 잘 이해할 수 있을 것이다. 태양, 달, 별, 폭포나 초목, 동물 등 육안으로 보이는 모든 물질적 대상은 '참된 실재'가 아니라고 플라톤은 단언한다. 참된 실재라는 것은 이러한 것과는 차원을 달리한다. 그는 이것을 '이데아'의 세계라고 이름붙였다. 그것은 감각으로 느낄 수 있는 것이 아니기 때문에 사람들은 자칫 그림자처럼 어둡고 결코 존재하지 않는다고 생각하기 쉽지만 플라톤은 결코 그렇지 않다고 생각했다. 그에겐 이데아야말로 한낮의 태양처럼 환하고 또렷한 것이었다. 결국 이데아의 세계에서 이 세상의 모든 물질이 연유하며, 이데아는 만물의 근원이었다.

고등학술연구소의 과학자들이 플라톤의 이데아를 문자 그대로 믿고 있는 것은 아니더라도, 감각을 통해 이해할 수 있는 것을 넘어 사고를 통해서만 이해할 수 있는 대상을 연구하는 것은 분명한 사실이다. 예를 들면 연구소의 수학자들은 추상적인 관념에 토대를 둔 수학적 대상물을 연구한다. 그러한 것은 자연계 어디에도 존재하지 않는다. 현실 세계에서 원에 가까운 것은 무수히 많을지라도 진정한 원을 찾을 수는 없다. 수학자들에게 추상적인 기하학적 원은 어떤 근사한 원형의 물체보다 훨씬 더 '현실적인' 것이다. 차의 바퀴는 순간순간 그 형태가 변하고 고무도 닳아서 조금씩 줄어들지만 수학의 원은 영원히 완전한 원이다.

이렇게 만질 수 없는 실체의 연구에 몰두하는 사람은 이 연구소에서 수학자들만이 아니다. 물리학자나 천문학자들도 마찬가지다. 지상의 물질은 수명이 짧아 산도 몇백만 년이 흐르면 깎이고 소실되어버린다. 그러나 별과 성운의 일생은 몇십억 년이나 된다. 양성자나 전자 같은 자연의 소립자는 수명이 거의 무한하다. 눈으로 볼 수 없는 이런 소립자라는 실체는 다른 어느 것보다도 플라톤의 이데아에 가까운 것이 아닐까?

고등학술연구소의 과학자들을 가리켜 자연 현장에 직접 나서지도 않고 손에 흙을 묻히지도 않는다고 탓할 이유는 없다. 지질학자나 생물학자, 심장 외과 의사 등은 이곳에 올 필요가 없다. 그런 부류의 사람들은 순수하고 아주 고상한 이 이론가들의 그룹에 끼지도 못한다. 이 연구소의 과학자들은 자연의 산등성이에 진을 치고 가장 높은 창조의 산봉우리에서, 볼 수도 만질 수도 없는 추상적 원리를 사유하는 사람들이다. 그들은 형태를 가진 제품을 만드는 게 아니며 실험도 하지 않는다. 생애의 모든 목적은 단지 이해하는 것, 그뿐이다.

이곳의 수학자 마스턴 모스는 일찍이 이렇게 말했다. "나는 천체역학을 연구하고 있지요. 하지만 달 여행 따위에는 관심이 없어요."

구하라! 가르치지 않는 교사를

이처럼 속세와는 동떨어진 목적을 갖고 있는 연구소지만, 그 설립 기반은 참으로 세속적이어서 금전 등록기와 짤랑대는 동전 소리 속에서 세워졌다. 즉 이 연구소는 뉴저지 주의 뱀버거라는 백화점 덕분에 태어날 수 있었다. 매장이 1백만 제곱피트나 되는 뱀버거 백화점은 1929년에는 3천5백만 달러에 이르는 영업 실적을 올림으로써 미국에서 네번째로 큰 백화점이 되었다.

이 백화점 주인인 루이스 뱀버거와 그의 여동생 캐롤린 뱀버거 펄드가 백화점 주식을 팔고 이 사업에서 손을 뗀 것이 바로 1929년의 주식시장 대폭락 바로 직전이었으니 이것은 정말 이론 과학계의 행운이라 할 만하다. 이들 남매가 매시 사와 백화점 소유권 이전 계약을 체결하고 연금과 매시 사 주식을 합해 2천5백만 달러 상당액을 손에 넣은 것은 '암흑의 목요일' 6주 전인 9월 초였다. 뱀버거는 우선 1백만 달러를 그의 밑에서 일하던 창립 주역들에게 배분했다.

이것은 뱀버거의 대규모 기부 활동의 첫걸음이었다. 자선가 기질을 타고난 뱀버거 남매는, 이 많은 재산이 바로 자신들의 백화점에 매일 물건을 사러 오는 뉴저지 주의 선량한 사람들로부터 나온 것이므로 그들에게 반드시 돌려주어야 한다고 생각했다. 그래서 뉴저지 주의 주민들에게 보답할 수 있는 커다란 공공기관을 설립하는 데 돈을 기부하기로 결심했다. 두 사람은 사우스오렌지 땅에 치과대학이나 의과대학을 설립하려고 했지만 의과대학에 대해서는 아는 것이 아무것도 없었다. 그러다가 곧 이 세상 누구보다도 의과대학에 대해 잘 아는 사람을 찾아냈다. 그가 바로 에이브러험 플렉스너였다.

플렉스너는 미국 고등 교육에 사형 선고를 내린 재판관이었으며, 생애 최대의 사명을 미국 대학 제도의 개선에 둔 사람이었다. 그리고 그의 이름은 미국의 가짜 의대를 발가벗긴 보고서「플렉스너 보고」로 잘 알려져 있었다. 나중에 그는 기금 관리자로서 미국 자선가들의 호주머니에서 6백만 달러라는 큰돈을 내놓게 하여 그것을 가장 효과적으로 쓸 수 있는 대학에 주었다.

19세기 중반 무렵 미국에 이주해온 모리츠 플렉스너와 에스더 플렉스너의 아홉 자녀 중 여섯째인 그는, 1866년 켄터키 주 루이스빌에서 태어났다. 아버지 모리츠는 행상에서 시작해서 나중에는 모자 도매 사업까지 했지만 여러 해 걸려 쌓아올린 사업도 1873년의 대공황으로 실패하고 말았다.

당시 남부 지역의 교육 수준은 형편없었는데 플렉스너는 바로 그런 낙후된 초등학교에 입학했다. 숙제라는 것도 거의 없었기 때문에 스스로 도서관에서 책을 읽는 것이 전부였다. 여기에서 디킨스, 셰익스피어, 소로, 호손 등의 고전을 두루 접했다. 그후 한 사설 도서관에서 아르바이트를 하면서 책을 읽으며 많은 시간을 보냈고, 일주일에 한 번씩 모여 시사적인 이야기를 나누는 작은 토론회에도 참가했다. 여기까지는 독학이었다. 그러나 존스홉킨스 대학에 입학하면서부터는 모든 게 바뀌었다.

"1884년 큰형 제이콥이 열일곱 살의 나를 존스홉킨스 대학에 보냈던 것이 내 생애를 좌우한 결정적인 계기가 되었다. 이 대학에서 내 평생의 과업이 결정되었다." 플렉스너는 나중에 이렇게 말했다.

존스홉킨스 대학은 나중에 플렉스너가 고등학술연구소를 세울 때 모델이 되었다.

존스홉킨스라는 대학 명칭은 볼티모어의 거부 실업가의 이름을 딴 것인데, 이 실업가는 1873년 사망 당시 미국 최고의 유산을 기부해 세간을 놀라게 했다. 7백만 달러 상당의 전 재산을 반은 대학에, 반은 병원을 신설하는 데 몽땅 바쳤다. 당시 기존의 대학인 하버드, 예일, 컬럼비아 등은 단지 평균보다 약간 나은 정도의 교육을 실시하였을 뿐 현재와 같이 발전된 대학원 교육과는 거리가 멀었기 때문에, 1876년 존스홉킨스 대학의 개교는 미국에서 처음으로 대학원 수준의 교육이 시작되었음을 의미했다.

플렉스너는 이 대학이야말로 진선미를 상징하는 진정한 고등 교육기관이라 여겼고, 초대 총장 대니얼 길먼을 자신의 우상으로 삼았다. 대학을 세울 때 길먼은 세계에서 제일가는 교수를 모으기 위해 유럽 구석구석을 찾아다녔다. 그가 구하는 인물은 단지 분필과 칠판 지우개밖에 쓸 줄 모르는 이른바 교단용 교수가 아니었다. 창조적인 인재, 훌륭한 연구를 해낼 수 있는 연구자를 구하는 것이었다.

"전혀 가르치지 않고도 가장 훌륭하게 가르치는 사람이 있다는 것을 길먼은 알고 있었다"고 플렉스너는 회상했다. 그것은 결국 교수 준비나 수업 따위에 소중한 시간을 허비하지 않는다는 것이었다. 다윈이나 패러데이, 레일리와 같은 위대한 천재들이 자신의 발자취를 세상에 남길 수 있었던 이유가 바로 여기에 있었음을 플렉스너는 결코 잊지 않았다.

대학을 졸업한 플렉스너는 켄터키 주로 돌아가 자신이 다녔던 고등학교에서 교편을 잡았다. 그가 대학을 단 이 년 만에 졸업하고 옛 고등학교로 돌아왔을 때 급우 중 몇 명은 아직도 학교에 남아 있었다. 교사가 된 첫해에 그는 한 학급의 11명을 모조리 낙제시켜버렸다. 이 전대미문의 사건은 루이스빌의 학부모들을 깜짝 놀라게 했고 지방 신문을 떠들썩하게 했다. 물론 학부모들도 가만히 있지는 않았다. 사랑하는 자식을 진급시키기 위해 교육위원회에 압력을 넣어 공청회를 열도록 했다. 그러나 회의를 소집한 교육위원회는 증언을 듣고 난 후 즉각 플렉스너를 지지하고 나섰다. 이때부터 플렉스너는 허튼소리 않고 무슨 일이 닥치든 자기 소신을 굽히지 않는 교육자로 그 지방에 이름이 났다.

이 사건 이후 자녀에게 충실한 교육을 시키고자 하는 부모들이 플렉스너에게 몰려들기 시작했다. 어떤 변호사는 예비 학교에서 쫓겨난 아들을 데리고 와서 어떻게 해서든지 뉴저지에 들어갈 수 있게 해달라고 개인 교수를 부탁했다. 플렉스너는 이를 승낙했다. 그러나 한 가지 조건이 있었다. 그것은 연간 5백 달러의 수업료를 내고 함께 수업할 학생 네 명을 더 데려오라는 것이었다. 놀랍게도 변호사는 이를 수락하였고, 플렉스너는 즉시 고등학교를 그만두고 바야흐로 작은 규모도 사립중등학교(일류 대학 진학을 준비시키는 기숙학교/옮긴이)를 열었다.

'플렉스너 학교'라고 불린 이 학교는 대단히 성공했다. 플렉스너는 둔하건 말썽쟁이건 어떤 학생이라도 반드시 그들이 원하는 학교에 보내주겠다고 부모들과 약속을 했다. 그러나 플렉스너는 위협하거나 무리하게 강요하는 따위의 일은 전혀 하지 않았다.

"강제로 할 수 있는 일은 없다는 것을 이미 깨닫고 있었기 때문에 우리 학교에서는 규칙이나 시험, 성적표, 보고서 따위가 없었다."

훗날 고등학술연구소의 연구원들이 그랬듯이 이 학교 학생들은 아무런 의무도 지지 않았다.

'의무는 없고 기회만 준다'는 것이 플렉스너주의였다. 수업에 나가든 안 나가든 자기 마음대로였다. 오고 싶을 때 오고, 하고 싶은 만큼만 하면 되었다. 그런데도 학생들은 토요일에도 나오기 시작했고 오히려 수업 후에도 남아 공부를 해대는 것이었다. 그러나 이것은 기적이 아니었다. 순전히 인격의 힘과 학문에 대한 열정이 가져온 결과였다.

플렉스너의 교편 생활은 1890년부터 1905년까지 15년간 계속되었다. 1905년에 그는 이 학교를 그만두고 심리학 학위를 따기 위해서 하버드 대학에 들어갔다. 그러나 필수 과목인 심리학 실험이 너무 따분해서 도저히 계속 다닐 수가 없었다. 그는 곧 학교를 그만두고 독학의 길을 택했다. 물론 실험심리학 따위의 협소하고 지루한 분야를 공부하지는 않았다. 그가 연구한 것은 미국 고등 교육의 이상형에 대한 것이었다. 그 연구 결과가 바로 미국 전체의 고등 교육 체계에 대해 가차없이 비판한 『미국의 대학*American Colledge : A Criticism*』이라는 책이었다.

이 책에서 플렉스너는 당시의 대학이 학생들 하나하나의 창의력을 기르는 것이 아니라 오히려 억눌러서 파괴해버린다고 통렬하게 비판했다. 그리고 대학은 능숙하게 잘 가르치는 것에 중점을 둘 것이 아니라 특수한 연구에 중점을 두어야 하며, 학부의 교과 과정 중에는 쓸데없는 것이 많다고 지적했다. 물론 이런 말에 귀기울일 교육자는 얼마 안 되었지만 간혹 마음에 담아두는 사람들이 있었다. 바로 카네기 교육진흥재단이 그랬다. 그들은 즉시 플렉스너를 고용해 미국 의과대학에 대한 특별 조사를 의뢰했다.

19세기 말 미국의 의과대학은 대학이라는 이름만 걸었을 뿐이지 지금의 패션모델 연구소라든가, 컴퓨터 수리 전문학교라든가, 각종 화물 트럭 운전사 양성소와 다를 게 없는 방식으로 운영되는 것이 고작이었다. 말하자면 학생들에게 돈을 받고 한두 개 강의를 해주고 고딕체로 번지르르하게 학생 이름이 박혀 있는 수료증을 엄숙하게 전해줄 뿐이었다. 이 같은 엉터리 의대가 잡초처럼 무성했다. 미주리 주에만 42개, 시카고 시내에 14개 학교가 성황을 이루고 있었다. 물론 수업 따위는 받든 말든 관계가 없었다. 수업료만 내면 일 년 후에는 아무 탈 없이 의사가 될 수 있었다.

플렉스너는 우선 조사에 착수하기 전에 의학 교육에 대한 지식을 얻기 위해 사랑하는 모교 존스홉킨스 대학의 의학부와 그의 형 사이먼 플렉스너가 실험 부장으로 일하는 뉴욕의 록펠러 의학 연구소를 방문했다. 그리고 두 연구기관의 프로그램을 미래 의학 교육의 모범으로 삼아, 미국 구석구석을 빠짐없이 돌아다니며 의과대학을 하나하나 조사했다. 정확한 실정을 알아내기 위해서는 책략도 필요했다.

"어느 날 아침 디모인(Des Moines, 아이오와 주의 주도/옮긴이) 시의 정골요법 학교를 방문했다. 학교장의 안내로 교내를 둘러보았는데 해부학, 생리학, 병리학 따위의 팻말이 붙은 곳은 한결같이 사물쇠가 채워져 있었다. 아마 일부러 채워놓은 것 같았다. 하지만 나는 만족의 뜻을 표시하고 아이오와 행 기차 시간에 늦기 전에 역으로 가기 위해 차를 몰았다. 학장은 내가 서둘러 떠나는 것을 보고 안심했을 것이다. 그러나 학장이 보이지 않자 나는 다시 학교로 돌아갔다. 청소부에게 5달러를 주고 교실이라는 교실, 문이란 문은 모두 열게 했다. 어느 교실이나 내부는 똑같았다. 책상 한 개에 작은 칠판, 그리고 의자들… 도표 하나 없고 실험 도구 하나 없었다. 아무것도 없었다!"

플렉스너는 혼자서 미국과 캐나다를 돌며 155군데 의과대학을 샅샅이 둘러보고 다녔다. 놀랍게도 입학, 수업, 졸업 따위의 기준을 제대로 갖춘 곳은 겨우 6개 정도에 불과했다. 나머지 대학들에 대해서 플렉스너는 "의과대학이라 불릴 만한 것은 어디에서도 찾아볼 수 없었다"라고 신랄하게 비난했다. 캘리포니아 의과대학에 대해서는 "도대체 주 법률이 이런 학교의 존재를 허용한다는 것은 주의 수치다" 하고 통탄해 마지않았다.

플렉스너의 보고는 카네기 교육진흥재단의 공시번호 제4호로 발표되었다. 나중에는 그냥 「플렉스너 보고」로 불린 이 보고서는 먼저 쓴 『미국의 대학』보다 더 큰 반향을 불러일으켰다. 저자 플렉스너는 갖가지 명예훼손죄로 고소되었을 뿐 아니라 결국에는 목숨까지 위협받게 되었다. 그는 시카고에 있는 한 대학을 '이 나라 의학 교육의 암적 존재'라고 한 바 있는데, 이 때문에 시카고로부터 '두 번 다시 이곳에 발을 들여놓으면 가슴에 총알을 박아놓겠다'는 익명의 협박장이 날아들었다. "하지만 나는 시카고의 의학 교육 회의에 강연을 하러 갔다. 그리고 무사히 돌아왔다"고 그는 회상했다.

누가 뭐래도 플렉스너는 이 싸움에서 이겼다. 엉터리 의대들은 거의가 아무 소리 없이 문을 닫거나 사라져버렸다. 시카고에 있던 14개 의대도 숨아져서 3개만 남았다. 그는 다시 카네기 재단의 요구로 유럽의 대학을 조사하기 시작했다. 이 조사가 끝날 무렵 플렉스너는 의학 교육의 세계적 권위자로 손꼽히게 되었다.

'꿈의 연구소'를 만들다

루이스 뱀버거와 그의 여동생 캐롤린 펄드가 뉴저지 주에 의과대학을 창립하는 데 돈을 기부하려고 생각한 것은 1929년 가을이었다. 그즈음 플렉스너는 옥스퍼드 대학에서 한 강연을 정리한 『미국, 영국, 독일의 대학 *Universities : American, English, German*』이라는 새로운 책을 쓰고 있었다. "어느 날 조용히 일을 하고 있는데 느닷없이 전화가 걸려왔어요. 어떤 두 명의 신사가 막대한 돈을 쓰려고 하는데 어떻게 써야 할지 상담하러 오겠다는 것이었습니다"라고 그는 회상한다. 그 두 사람은 뱀버거 남매의 대리인인 새무얼 리더스도프와 허버트 마스였다. 뉴어크에 의과대학을 설립하려고 하는데 그의 도움이 필요하다는 것이었다. 그리고 뱀버거 남매는 그 대학을 특히 유대계 학생을 우대하는 대학으로 만들고 싶어한다는 것도 덧붙였다. 유대인이었던 그들은 그 시기의 의과대학이 유대계 학생이나 교원에 대해 차별을 두고 있다고 믿었다.

플렉스너도 유대인이었지만 그런 말에는 아랑곳하지 않았다. 우선 일류 의학부라면 버젓한 대학과 훌륭한 병원이 딸려 있어야 한다는 것이 그의 지론이었는데, 안타깝게도 뉴어크에는 그런 곳이 없었다. 또한 뉴어크에서 강을 가로질러 바로 눈앞에 있는 뉴욕 시에는 비길 데 없이 수수한 학교가 이미 갖추어져 있었다. 게다가 그가 다녀본 바로는 의과대학에서 유대인 차별은 없었으며, 어쨌든 학생이나 교수의 선정에 필요한 것은 첫째도 둘째도 '최고의 전문적 기준' 뿐이라고 생각했다.

그러나 플렉스너는 3천만 달러의 재산을 상의하러 온 두 신사를 그대로 돌려보낼 수는 없었다. 그는 다른 안을 제시했다. "혹시 꿈같은 대학을 꿈꾸어본 적이 있습니까?" 하고 묻는 플렉스너는 이미 그런 꿈을 품고 있었다. 아니, 벌써 그의 새 책 원고 속에는 빈틈없는 계획이 적혀 있었고 바로 책상 위에는 제1장의 원고가 놓여 있었다.

정작 플렉스너는 연구소를 꿈꾼 것이 아니었다. 원래 그는 순수한 연구 시설에는 반대했다. 그는 1922년 11월, 록펠러 교육재단에 속한 일반 교육 평의회에 제출한 「미국 대학 설립안」에서 다음과 같이 피력한 바 있다. "연구소라는 것은 확실히 필요하고 유용한 것이지만 그것만으로 현재 대학원 교육이 처한 문제를 해결할 수는 없다. 왜냐하면 첫째,

연구에만 전심전력하는 데 만족하며 항상 능률적으로 매진할 수 있는 사람은 거의 없다. 둘째, 연구소에서 양성할 수 있는 젊은 인력에는 아무래도 한계가 있다… 연구소가 많은 사람에게 고등 교육을 베푸는 대학의 기능을 대신할 수는 없다.”

그렇지만 플렉스너가 그 당시의 대학원 기능에 완전히 만족한 것은 아니었다. 교수들이 시간을 전부 자신의 연구에 쏟은 나머지 견실하게 수련을 쌓은 졸업생은 드물었고, 있다고 해야 법학이라든가 의학 분야와 같은 특정 기능 인력뿐이었다. 하여간 어느 대학원을 둘러봐도 플렉스너의 마음에 드는 곳은 없었다. 그가 표현한 ‘학문 공동체’란 미지의 것을 탐구하고 지식의 영역을 넓혀가는 것을 유일한 목적으로 하는 것이었다.

“이것은 자유로운 공동체여야 한다. 성숙한 사람들, 특히 지성적 목표로 충만한 사람들은 그 목표를 자기 나름대로 추구할 자유가 필요하다. 또한 평안한 여건이 갖추어져야 한다. 번거롭고 잡다한 일상사나 자녀 양육 등의 책무에서 벗어나 더없는 평정 상태여야 한다.” 플렉스너는 이러한 내용을 당시에 쓰고 있던 책 속에 상세히 설명하고 있었다. 그는 「현대적 대학에 대한 계획」이란 제목이 붙은 제1장의 복사본을 바로 그 두 신사 리더스도프와 마스에게 주었다. 두 사람이 가지고 간 원고를 읽은 뱀버거 남매는 의과대학에 대한 미련을 깨끗이 지워버렸다.

그해 가을 음악회 철에 뉴욕의 매디슨 호텔에 묵고 있던 뱀버거 남매는 플렉스너를 만찬에 초대했다. 그리고 그때부터 몇 주 동안 정기적으로 점심 식사를 함께 했다. 드디어 오누이가 추위 때문에 애리조나 주로 떠나기 직전인 1월 중순경 플렉스너는 두 사람의 자금을 유용하게 쓸 방안에 대한 시안을 제시했다. 그 속에는 “뉴어크 시내 또는 근교에 고등학문을 위한 연구재단을 설립하며 이러한 숭고한 기회를 마련한 뜻을 기려 거기에 뉴저지 주의 이름을 붙인다"는 내용이 씌어 있었다.

4월에 접어들어 두 사람이 애리조나 주에서 돌아왔을 때에는 원안에서 명칭 정도가 변경되었을 뿐이었다. 이제 그 이름은 '고등학문연구소 또는 고등학술연구소'로 정해졌다. 여기에 학부생은 두지 않으며, 교수에게는 충분한 급료를 준다. 무엇보다도 연구생과 교수는 새로운 기초학문에 전념하게 될 것이다.

이 연구소의 설립을 공포하고 이를 위한 조직이 구성되기 시작한 때는 1930년 5월 20일이었으며 연구소의 이름은 고등학술연구소로 최종 결정되었다. 마침내 문을 열게 된 것은 그로부터 3년 뒤인 1933년이었다. 그렇지만 그간 해결하지 못한 문제가 두 가지 있었다. 그 중 하나가 장소였다. 뱀버거는 그때까지도 사우스오렌지 땅을 고집하다가 그게 안 된다면 뉴어크 가까이에 두어야 한다고 고집했다. 그러나 유감스럽게도 뉴어크 역시 고등 학술 연구라는 원대하고 참신한 모험을 시작하는 데에는 전혀 어울리지 않는 땅이었다. 플렉스너는 뉴어크라는 장소는 학문을 하려는 사람을 이끌 만한 것이 아무것도 없다고 생각했다. 무엇보다도 뉴어크에는 대학이 없으며 훌륭한 도서관이나 박물관, 전람회장도 없었다. 있는 것은 페인트 공장이나 니스 공장뿐이었다. 플렉스너는 미국 내 40명 가량의 교육자들에게 편지를 써서 연구소 설립 장소에 대해 조언을 구했다. 그들이 추천한 도시는 플렉스너가 예견한 대로 뉴욕, 케임브리지, 시카고, 필라델피아였지 뉴어크를 추천하는 사람은 하나도 없었다.

그 중 독창적이었던 것은 프린스턴 대학의 수학자 솔로몬 레프쉬츠의 안이었다. 뱀버거의 의향을 감안한 레프쉬츠는 독창적인 이유를 들어 연구소를 워싱턴에 세울 수 있다고 주장했다. 미국 수도는 48개 주 모두에 속하기도 하므로 뉴저지 주의 일부로도 볼 수 있다는 것이었다. 이렇게까지 필사적으로 고집한 그의 태도가 플렉스너에게도 전염되기 시작했다. 그는 '뉴어크(뉴저지 주 북동쪽에 있는 도시/옮긴이) 근처'라는 문구를 북부 모든 곳을 포함하는, 아니 심지어 주의 중심부까지도 포함하는 곳까지 확장할 수 있지 않을까 하고 생각했던 것이다.

어쨌든 플렉스너의 마음속에는 훨씬 오래 전부터 프린스턴이 이상적인 장소로 자리잡고 있었다. 프린스턴은 뉴욕, 필라델피아, 워싱턴 등의 대도시와 가까우면서도 대도시의 잡음이나 압력으로부터 떨어져 있었다. 또한 프린스턴 대학은 이미 세계 최고의 수학부를 갖추고 있었고, 연구원들이 이용하기에 적당한 도서관도 있었다. 플렉스너는 뉴어크 근교에 장소를 물색하러 간다고 했지만 실은 프린스턴의 부동산업자와 이미 접촉하고 있었다.

그리고 두번째 문제는 연구진이었다. 연구소의 성패를 좌우하는 것은 창립 연구진이 어떠냐에 달려 있다고 플렉스너는 믿었다. 그래서 어떻게 하든 세계 최고의 인재를 끌어모으고 싶었다. 그러나 설마? 창공의 찬란한 빛, 알베르트 아인슈타인이 이 연구소 최초의 교수가 될 줄은 꿈에도 생각지 못했다.

I 우주의 성직자들

Who Got Einstein's Office?

물리학의 교황

찬양받는 신비의 지배자

보라, 이 모양을

물리학의 교황 The Pope of Physics

아인슈타인을 만나고 싶다!

"고등학술연구소에 대한 책을 쓰고 있다면… 혹시 알고 계실지 모르겠군요" 하며 롭 튜브스는 눈을 반짝인다. 이 젊은이는 연구소의 단기 연구원으로 초월수 이론을 전공하고 있다. 그와 간단한 인터뷰를 마치고 연구실 문을 나오자 그도 따라 문을 닫아걸며 진지하게 물어왔다.

"어릴 때 이런 소문을 들었죠. 아인슈타인의 연구실은 아인슈타인이 생전에 쓰던 그대로 손가락 하나 대지 않은 채 보존되어 있다는 겁니다. 그런데 그게 정말인가 해서 말입니다."

사실 궁금한 일이다. 이것은 처음 이 연구소를 찾아온 사람이라면 한결같이 품는 의문이다. 이곳은 바로 아인슈타인의 숨결이 밴, 그가 20년 이상 몸담았던 곳이다. 불멸의 과학자 아인슈타인, 과학자 중에 그만큼 친숙하게 입에 오르내리는 사람이 또 어디에 있었던가? 그 아인슈타인의 연구실이 어찌 보존되지 않았겠는가? 그의 뇌까지도 미주리 주 웨스턴 시의 의사인 토머스 하비 박사의 연구실 내 포르말린 병 속에 안치되어 있다. 아인슈타인의 연구실이라면 분명히 열쇠를 채워놓았을 테고, 아마도 타임캡슐처럼 영원히 밀봉해놓았을지도 모른다. 그러지 않고 그 연구실을 들락거린다는 것은 일종의 신성모독이 아닐까? 모르긴 하지만 누가 거기서 연구를 하려고 들 텐가? 과연 누가 아인슈타인을 대신할 것인가? 저 위대한 과학자가 연구에 몰두하던 곳이라는 것을 안다면 누가 매일 그 자리에 앉아 편안히 보낼 수 있을까?

"하여튼, 그 연구실은 어디에 있는 거죠?" 하고 롭 튜브스는 묻는다.

우주를 예언하는 세계적 우상

알베르트 아인슈타인은 고등학술연구소에 오기 훨씬 이전부터 이미 세계적으로 존경받는 존재였다. 1919년 빛이 태양의 중력장에 의해 휘어질 것이라는 그의 예언을 천문학자들이 증명해내자 세상 사람들은 열광했다. 부모들은 갓난아기들에게 앞 다투어 그의 이름을 붙였으며, 심지어 담배에까지 그의 이름이 붙었다. 런던 팔라디움 강연장에서는 보수는 원하는 대로 얼마든지 줄 수 있다며 그에게 3주간의 강연을 부탁했고, 독일의 두 교수는 가장 먼저 〈상대론〉이라는 영화를 만들어 구미 양 대륙에서 상영했다. 한번은 아인슈타인이 하룻밤을 묵으려고 영국의 생리학자 홀데인의 집을 방문했는데, 얼결에 아인슈타인의 얼굴을 대한 그 집 딸이 그만 까무러치고 말았다. 신문이란 신문은 아인슈타인의 이론이 인류 사상 최대의 업적이며 아인슈타인은 다시 없을 대천재라고 갈채를 아끼지 않았다.

　아무튼 아인슈타인은 이 세상에 새로운 질서를 가져다준 메신저였다. 빛에도 무게가 있고 공간은 구부러져 있으며 우주에는 4개의 차원이 있다. 이 말은 세상 사람들을 들뜨게 했다. 정작 그 의미를 제대로 이해하는 사람은 별로 없었지만 그것은 문제되지 않았다. 이 이론을 만들어낸 장본인인 아인슈타인 자신이 잘 알고 있을 테니까. 아인슈타인은 일약 사람들의 우상이 되었고 새로운 구세주, 우주의 신비를 밝힌 최고의 권위자로 받들어졌다.

　이렇게 신처럼 받들어진 아인슈타인이지만 자신은 도대체 사람들이 왜 이렇게 소란스럽게 구는지 이해할 수 없었다. 부드럽고 겸손한 성품의 소유자였던 그는 다른 사람과 이야기할 때에도 걸고 기드름피우는 법이 없었다. 물론 경우에 따라 예외는 있었다. 언젠가 아인슈타인이 물리학회지인 『피지컬 리뷰』에 논문을 보냈을 때, 편집자가 수정을 요청하며 그 논문을 되돌려 보냈다. 그 편집자로선 자기 임무에 충실한답시고 여느 때처럼 아인슈타인의 논문 심사를 외부 학자들에게 의뢰했던 것이다. 아인슈타인은 이를 받아들이지 않았으며 그 이후 다시는 그 잡지에 논문을 보내지 않았다. 이걸 두고 무어라 할 수 있을까? 이 연구소의 이른바 프리마돈나라고 할 만한 과학자들에게 공통점이 있다면 그것은 잘 발달된 굳건한 자아이리라.

　세상 사람들은 아인슈타인이 결코 양말을 신지 않는(신발은 신어도) 겸허한 천재라고 생각했지만 이 천국에서는 이야기가 달랐다. 그는 믿을 수 없을 정도로 절대적인 오만에 가까운 자부심을 가지고 있었다. 그는 가장 큰 은하계에서 가장 작은 입자에 이르기까지, 이 우주 전체의 섭리를 이해할 수 있을 거라고 생각했다. 다시 말해 통일장 이론으로 모든 것을 설명할 수 있는 하나의 근본 원리를 발견할 수 있으리라는 것이었다. 단지 이론만으로 그 같은 목표를 이룬다는 것은 바로 플라톤의 이상적 전통과 상통하는 것이 아닌가. 입자가속기 전문가들이 원자를 고속으로 날려 부딪치게 하며 신비를 캐어나가고, 천문학자들이 거대한 망원경으로 수십억 광년이나 되는 아득하게 먼 우주의 끝을 탐색하고 있는 동안, 아인슈타인은 커튼을 드리운 채 그의 표현을 빌리자면 '좀더 생각할 게 있다'는 식으로 방 안에 틀어박혀 있었다. 그리고는 몇 가지 등식을 종이에 휘갈겨 쓴다든지 머릿속에서 잠시 정리를 한 다음, 놀랄 만한 결론을 이끌어내곤 했다. 그에게는 기계도 실험 도구도 아무것도 없었다. 단지 생각하는 것뿐이었다.

한번은 어떤 사람이 실험은 어디서 하느냐고 이 위대한 과학자에게 물었다. 아인슈타인은 미소를 지으며 안주머니에서 만년필을 꺼냈다. "여기서 하지요."

신이 사는 곳에 아인슈타인도 산다

1932년 초 에이브러험 플렉스너는 연구소 교수진을 찾기 위해 캘리포니아로 떠났다. 캘리포니아 공과대학(칼텍)의 유전학 교수인 토머스 헌트 모건이라는 사람이 마침 그곳에 와 있던 아인슈타인을 만나볼 것을 권했다. 아인슈타인은 처음부터 이 연구소의 착상이 마음에 들었다. 그는 당시 베를린 대학 교수로 있었지만 독일 내 사정이 시시각각으로 악화되고 있었다. 1920년에 '반反아인슈타인 모임'이 생겨났는데 '독일 자연철학자 연구회'라는 팻말을 내건 이 모임은 '유대계 물리학', 즉 '상대론'을 반박하는 학자라면 누구에게나 연구비를 지급했다. 1920년 8월 24일, '반反상대론 회사'라고 아인슈타인이 불렀던 이 모임은 베를린 필하모닉 홀에서 회의를 열었는데 거기에 아인슈타인도 참석했다. 그 반론이라는 것이 너무나 터무니없는 것이어서 아인슈타인은 실소하지 않을 수 없었다.

그렇지만 이 게르만 물리학자들은 사뭇 진지했고 아인슈타인은 그럭저럭 10년 동안 그들의 눈총을 견뎌왔다. 그러나 이 '반상대론 회사'가 『반아인슈타인 저자 100인』이라는 책을 출판한 1931년에는 독일을 영영 떠날 결심을 굳히고 있었다.

칼텍 교수회관의 복도를 오가면서 프린스턴에 신설될 연구소에 대한 플렉스너의 설명을 들은 아인슈타인은 깊은 관심을 보였다. 이야기를 마치고 난 후 아인슈타인이 다시 한번 플렉스너를 만나고 싶다고 하여, 두 사람은 그해 봄 영국 옥스퍼드에서 만나기로 약속했다.

5월, 그날은 참으로 상쾌한 토요일 아침이었다. 맑고 깨끗한 하늘 아래 새들이 지저귀는 교회 잔디밭 위를 거니는 아인슈타인과 플렉스너는 마치 옥스퍼드 대학 교수 같았다. 플렉스너가 불쑥 말을 꺼냈다. "아인슈타인 선생, 외람되게 저희 연구소에 와주십사고 말씀드리긴 뭣합니다만, 잘 생각해보시고 연구소가 도움이 되리라 판단하시면… 언제라도 환영입니다."

아인슈타인은 마음이 끌렸지만, 원래가 성급하게 결정짓는 성격이 아니었다. 이전부터 예루살렘, 마드리드, 파리, 라이덴, 옥스퍼드를 비롯해 세계 곳곳의 대학에서 갖가지 제의가 빗발쳤다. 교수직이든, 연구직이든, 명예직이든 그가 원하는 대로 맞아들이겠다는 것이었고, 아인슈타인은 단지 몸만 담고 있으면서 그 대학의 권위만 높여주면 되는 것이었다. 프린스턴 대학의 제의는 1927년에 한 번 거절한 적이 있었지만 지금은 사정이 달랐다. 이제 바야흐로 미국으로 갈 시기가 왔는지도 모른다.

"이번 여름에 독일에 한번 오시겠습니까?" 하고 아인슈타인이 플렉스너의 제의에 대답했다.

다음달 플렉스너는 독일 카푸트Caputh에 있는 아인슈타인의 시골집을 향해 찬이슬 속을 걷고 있었다. 그가 목적지에 도착한 것은 오후 3시였고, 밤 11시까지 머물렀다. 이때 비로소 아인슈타인의 대답을 들었다. "그 계획에 정말로 마음이 끌립니다." 그때가 바로 1932년 6월 4일, 알베르트 아인슈타인은 고등학술연구소의 첫번째 교수가 되었다. 동시에 연구소에 관한 플렉스너의 꿈은 완전히 새로운 차원의 의의를 갖기 시작했다. 마치 신이 플렉스너의 새 연구소에 강림한 것이나 다름없었다.

물론 해결되어야 할 문제가 아직은 남아 있었다. 하나는 아인슈타인의 급료였고, 또 하나는 그와 함께 일하는 발터 마이어의 문제였다. 아인슈타인은 연 3천 달러 선을 제시하며 "이 이하로도 생활할 수 있을까요?" 하고 물었다. "무슨 말씀을? 그렇게 생활할 수는 없지요." 플렉스너가 고개를 저었다.

플렉스너는 1만 달러를 제시했다. 아인슈타인으로서는 달리 이의가 없었다. 급료는 이렇게 수월히 정했지만 마이어의 문제는 달랐다. 아인슈타인은 평소에 "나는 단두 마차형이지요"라고 말하곤 했듯이 공동 연구를 꺼렸다. 하지만 실상 몇 편의 논문은 오스트리아 출신 수학자 마이어와 함께 쓴 것이었고, 그 중 두 편은 통일장 이론을 제기한 것이었다. 게다가 판에 박힌 수치 계산을 조수가 맡아준다면 자신은 추상적 사색에 몰두할 수 있었다. 이런 까닭에 그는 마이어와 떨어질 수 없다고 했다.

플렉스너는 마이어도 연구소로 데려가기로 했지만 독자적인 지위를 부여하지는 않았다. 그는 아인슈타인의 조수일 뿐이었다. 무엇보다도 마이어는 이 연구소로 영입할 만한 학자는 아니었다. 비유클리드 기하학에 대한 책을 쓰기는 했지만 고작 그 한 권뿐이었고, 아인슈타인을 도와줄 만한 사람일지는 몰라도 연구소에 보탬이 될 만한 인물은 아니었다. 아인슈타인은 완강하게 만일 마이어를 정식 채용하지 않으면 자기도 연구소에 가지 않겠다고 했다. "만일 마이어의 귀중한 도움을 받지 못하게 된다면 대단히 유감이군요. 그가 함께 있지 않으면 내 연구는 난관에 빠지고 말 것입니다." 결국 플렉스너는 마이어에게 별도의 발령을 내는 수밖에 없었다.

아인슈타인과 그의 부인 엘자, 비서 헬렌 듀카스, 그리고 공동 지지이자 조수인 발터 마이어가 탄 웨스트모어랜드 호가 뉴욕 항에 도착한 것은 1933년 10월 17일이었다. 아인슈타인의 친구인 프랑스의 물리학자 폴 랑주뱅은 이렇게 말했다. "바티칸 궁전이 로마에서 신세계로 옮겨온 것이나 다름없다. 물리학의 교황이 미국으로 온 것이다. 이제 자연과학의 중심은 미국이 될 것이다."

쿼란틴 섬에 내린 아인슈타인 일행은 거기에서 고등학술연구소의 이사인 에드거 뱀버거와 허버트 마스의 영접을 받았고, 플렉스너로부터는 환영의 편지를 받았다. 당시 뉴욕 시장인 존 오브라이언은 좋은 기회가 왔다며 치어리더까지 동원하고, 연설, 시가 행진 등 화려한 환영회를 계획했지만 플렉스너는 이것을 감쪽같이 따돌릴 계획을 세워놓았다. 그때가 마침 피오렐로 라가르디아를 상대로 한 선거전이 한창이었던지라 이 기회에 유대계 표를 끌어모으려 했던 오브라이언은 아인슈타인이 입항하기를 학수고대하고 있었다. 하지만 아인슈타인은 소형선을 타고 뉴저

지 주 해안으로 가서 차로 바꿔 탄 다음, 뉴저지 주 북쪽의 쓰레기 하치
장과 정유 공장을 지나 남쪽 프린스턴의 새집으로 달리고 있었다.

프린스턴에 와서 아인슈타인은 이삼 일간 대학 가까이 있는 하숙집,
피코크에서 지낸 뒤 대학원 맞은편에 있는 라이브러리 플레이스 2번지
로 옮겼다. 나중에는 머서 가 112번지의 하얀 목조 건물을 사서 그곳에
서 여생을 보냈다. 이 집은 1800년대 초기의 낡은 건물이었으며 번잡한
도로변에 있었다. 조용히 사색할 만한 곳은 아니었지만, 아인슈타인은
소나무와 떡갈나무 숲이 바라보이는 2층 방을 서재로 정했고, 드디어 일
을 시작할 수 있었다.

양자론에 이의를 제기하다

아인슈타인이 프린스턴에 정착했을 때는 상대성 이론을 발표한 지 이
미 30년이 지난 후였다. 1905년에 특수상대성 이론을, 1915년에 일반상
대성 이론을 발표했고 여기서도 이 이론들을 계속 연구하였다. 하지만 상
대성 이론과는 비교가 안 될 만큼 그를 괴롭히며 들볶는 문제가 있었다.
그것은 바로 양자에 관한 문제였다. 20세기 초부터 1955년 세상을 뜰
때까지 그의 머릿속에는 이 문제가 떠나지 않았다. "일반상대성 이론보
다 양자 문제에 대해서 백 배는 더 고민한 것 같다"고 말할 정도였지만
도무지 진척이 없었다. 만년이 되어서도 처음 생각했던 것보다 나을 게
없었다. 아인슈타인은 다음과 같이 실토했다. "벌써 50년이나 필사적으
로 생각해왔는데도 광양자가 뭔가 하는 문제에 조금도 접근하지 못하고
있다. 오늘날 너도 나도 그쯤은 다 안다고 생각하고들 있지만 그것은 착

각이다."

양자론은 물리학 사상 가장 성공한 이론으로 꼽힌다. 이 이론에 의한 예측은 이미 몇 번이고 입증되었다. 하지만 아인슈타인이 받은 인상은 전혀 달랐다. 이미 1912년에 그는 "양자론이 성공하면 할수록 더욱더 우스꽝스러워 보인다"고 지적했다.

아인슈타인이 고등학술연구소에서 지내는 동안 양자론은 그에게 하나의 강박관념이 되었다. 그의 동료들은 양자역학을 마치 천상의 복음인 양 받들고 있는데도 아인슈타인만은 의혹 속에 머리를 흔들고 있었다. 관찰 행위가 관찰 대상에 영향을 끼친다든가, 물리 현상이 우발적으로 제멋대로 일어난다는 것, 이것은 얼토당토않은 말이었다. 아인슈타인은 기회가 있을 때마다 '신은 결코 그렇게 할 리가 없다'는 그 유명한 경구를 들먹이며 반박했다. "신은 세계를 상대로 주사위놀이를 하지 않는다", "신은 교묘할는지는 모르지만 결코 악의는 없다" 등의 말도 했다.

1935년에 그는 드디어 연구소 동료인 보리스 포돌스키, 네이선 로젠과 함께 양자론을 논박하는 4쪽짜리 논문을 발표했다. 아인슈타인, 포돌스키, 로젠의 논문―그 핵심적 논지는 'EPR(세 사람의 머리글자를 딴 것) 패러독스'라 불렸다―은 물리학계 전체에 충격을 주었고 그 논지는 난해했다. 물리학계는 그 논지에 대해서 단지 '오류'라고 지적할 뿐 정면 대응을 못 했다. 아인슈타인에게는 반론의 편지가 쇄도했지만 모두가 "'EPR 패러독스'는 실상 패러독스가 아니라 단순한 오해에서 비롯된 것이다. 모든 것은 실수에 지나지 않는다"는 것이었다. 하지만 정작 그 실수가 무엇인지 제대로 지적한 사람이 없으니 아인슈타인으로서는 우스울 수밖에 없었다.

이 EPR 패러독스 사건이 더욱더 충격적이었던 것은, 1905년에 빛은 파동이 아니라 실은 양자로 되어 있다는 혁명적인 개념을 끌어낸 사람이 다름아닌 아인슈타인 자신이었기 때문이다. 젊었을 때 상대론이라는 획기적인 이론을 세워 물리학계에 대혁명을 일으켰고 스스로 광양자설을 제창한 당사자가 자신의 지적 소산이라 할 양자론에 대항하다니, 이 얼마나 아이러니인가? 그가 고등학술연구소에 영입된 이유는 이 연구소가 아주 진취적이라는 것을 증명해 보이기 위해서였다. 하지만 그가 이 연구소에 와서 최초로 한 중요한 일이란 것이 미래를 지향하는 새로운 이론을 뒤집어엎는 것이었다. 그것은 마치 물리학을 암흑시대로 되돌리려는 것 같아서 다른 물리학자들은 곤혹스러웠다. EPR 패러독스가 발표된 1935년에 때마침 연구소를 방문한 로버트 오펜하이머는 "아인슈타인은 완전히 멍청이가 된 것 같다"고 말했다.

아인슈타인이 양자론과 관계하기 시작한 것은 1900년으로 되돌아간다. 당시 베를린 대학의 물리학자 막스 플랑크가 전자기파의 복사 준위가 연속적이 아니라 단계적으로 띄엄띄엄 건너뛴다는 사실을 발견했다. 예를 들면 빨갛게 타오르는 석탄의 열이라든가 태양의 빛이라는 것은 특정한 에너지 준위에서나 그 너머에 있는 특정 에너지 준위에서는 복사되지만, 그 둘 사이에서는 복사가 일어나지 않는다. 마치 이 두 준위 사이에 '죽은 공간'이 있는 것처럼 보인다. 도대체 왜 그럴까?

모두가 수수께끼였다. 이 에너지라는 것은 파동의 형태로 이동하며—당시 사람들은 모두 이렇게 생각했다—파동은 정의에 따르면 매끄럽고 연속적이다. 따라서 어떤 임의의 진동수나 진폭으로도 전달되어야 한다. 그렇지만 실제 경험적 사실을 보면 그렇지 않다는 것은 확실하다. 에너지는 결코 파동 같은 것이 아니라 띄엄띄엄 건너뛴 단위, 즉 플랑크가 말하는 '작용 양자'로 복사되었다. 플랑크는 이 양자가 반드시 어떤 값, 즉 6.55×10^{-27}ergs/sec의 정수배의 에너지를 갖는다는 것을 증명했다. 이 값을 플랑크 상수라고 하며 h로 표기한다. 그는 이 발견을 다음과 같은 공식으로 요약했다.

$$E=hv$$

말하자면 에너지(E)는 플랑크 상수(h)에 복사 에너지의 진동수(v)를 곱한 것이다. 이상하게도 이 공식이 실험 결과와 완전히 일치함에도 불구하고 플랑크 자신은 아무래도 에너지가 띄엄띄엄 건너뛰는 단위로 전해진다는 결론에는 승복할 수가 없었다. 물질은 어쨌든 그렇다고 하더라도 에너지는 그럴 리 없다고 생각했다.

아인슈타인이 에너지가 파동이 아니라 입자로 전해진다는 것을 입증한 것은 그로부터 5년 후이다. 빛이 얼핏 보아 파동과 같이 연속적으로 복사되는 것처럼 보인다는 사실은 아인슈타인도 인정했지만 그와 상관없이 빛은 역시 하나의 덩어리(입자)로 확산되는 것이 확실하다. 아인슈타인이 광양자에 대해 썼던 1905년의 논문 가운데에는 다음과 같은 말이 있다.

"여기서 논하는 전제에 따르면 하나의 광원에서 나오는 광선의 에너지는 확산되는 공간 내에 연속적으로 분포되는 것이 아니고, 공간 속의 한 점 한 점에 존재하는 일정 수의 에너지 양자로서 결코 분산되지 않은 채로 진행해 나간다. 이 에너지 양자는 반드시 각각의 완전한 입자로서 존재하며, 각각의 단위로서 흡수되는 것이다."

이렇게 하여 광양자론이 탄생했지만 그 당시 그것을 믿은 사람은 한 사람도 없었다. 결국에는 물론 아인슈타인의 이론이 통하게 되었지만 그것은 꽤 힘든 싸움이었다. 예컨대 시카고 대학의 실험 과학자 로버트 밀리컨은 '이 터무니없고 말도 안 되는 전자기적 광선 입자' 따위의 가설을 뒤집어엎을 마음으로 철저히 기획한 실험에 착수했다. 그러나 그 결과는 의외였다. "1905년 아인슈타인이 발표한 예측을 나는 거의 10년이나 걸려서 실험해보았다. 그러나 놀랍게도 내 예상과는 정반대로, 터무니없고 불합리하다고 생각한 아인슈타인의 가설이 그렇지 않다는 것을 입증하는 결과가 되고 말았다"고 후에 회고하였다. 그리고 1920년경 물리학계에서는 아인슈타인이 15년 전에 제의했던 "빛은 공간 속을 물결처럼 나아가는 것이 아니라 불연속의 입자로 운반된다"는 것을 받아들였던 것이다.

'학자들의 천국'이 시작되다

1933년 가을 고등학술연구소의 문호는 세계를 향해 열리게 되었는데, 그것은 뉴어크에서가 아니라 프린스턴, 정확히 말해서 프린스턴 대학의 수학부 건물인 파인 홀Fine Hall에서였다. 사람들은 고등학술연구소를 프린스턴 대학 부설 고등학술연구소 등으로 불러서 프린스턴 대학 산하 연구소라는 인상을 받지만 그것은 완전히 틀린 말이다. 연구소가 프린스턴 대학에 속해 있었던 적은 한 번도 없었으며, 전용 토지를 사서 이사갈 때까지 프린스턴 대학에 세 들어 있었던 것뿐이었다. 연구소에서 마침내 부지를 구입한 것은 1930년대 말경이었다. 그때까지는 프린스턴 대학의 손님으로 파인 홀에 있었던 것이다. 이런 호의에 대해 연구소 측은 후에 50만 달러를 프린스턴 대학에 기부했다. 결국 이 두 기관은 과거에도 현재에도, 경제적으로나 조직적으로나 완전히 독립된 별개의 존재인 것이다.

개소 당시 이 연구소의 교수진을 보면 아인슈타인 외에 제임스 알렉산더, 존 폰 노이만, 오스왈드 베블렌 등 세 명의 교수가 더 있었다. 플렉스너는 전에 이런 말을 했다. "연구소 설립에 대한 나의 꿈은 연구소를 하늘의 별에까지 끌어올리려는 원대한 구상이었지요. 진정한 학문 연구의 유토피아를 설계하여 학자들의 천국을 설립하는 것이었습니다."

그런데 이 말은 사실 이 네 명의 뛰어난 두뇌를 보건대 충분히 근거가 있는 것이다. 그러나 이 낙원에도 문제가 없지는 않았다.

그 첫째가 네 명의 교수 중 세 명은 프린스턴 대학의 수학부에서 영입한 사람들이라는 것이다. 플렉스너는 신에 맹세고 프린스턴 대학 수학부의 빛나는 업적에 손상을 끼치는 일은 절대로 않겠노라고 했지만, 어쨌든 이미 나쁜 일을 벌인 것만은 사실이다. 이 일에 대한 대가로 플렉스너와 뱀버거는 프린스턴 대학의 학장인 루더 아이젠하트에게 이후로는 절대로 이런 일이 없도록 하겠다는 비공식적인 약속을 해야만 했다. 이후 연구소는 이 '불가침 조약'을 형식상으로는 지켰는지 모르지만 실제로는 약간 의심스러움이 남는다. 예를 들면 몇 년 뒤에 연구소가 프린스턴 대학의 수학자 존 밀너에게 눈독을 들여 이 약속을 살짝 피해버렸던 것이다.

프린스턴 대학의 수학자 밀너는 학창 시절을 거기서 보냈고, 그 학교 교수가 되어 영구적으로 재직할 수 있었지만 이때 고등학술연구소가 그에게 눈독을 들여, 그를 스타급의 교수진으로 데려오려고 했다. 무엇보다도 밀너는 수학 분야 최고의 영예로운 상인 필즈상 수상자였고, 연구소는 그 필즈상 수상자를 나비 표본처럼 모으고 있었다. 문제는 예의 그 불가침 조약이었다. 그렇다면 그를 다른 대학으로 보냈다가 일이 년 후에 데려오면 상관없지 않을까? 그러면 다른 곳에서 데려오는 것이 되므로 원칙적으로는 프린스턴에서 가로채는 것이 아니지 않은가? 그래서 결국 존 밀너는 캘리포니아 대학 로스앤젤레스 캠퍼스UCLA에서 일 년, 매사추세츠 공과대학MIT에서 이삼 년 가르친 후 1970년 가을에 고등학술연구소의 교수로 취임했다.

이밖에 개소 당시의 연구소에는 급료 문제도 있었다. 문제는 너무 낮다는 것이 아니라 너무 높다는 것이었다. 선택받지 못해 프린스턴에 남아 있던 사람들에게는 더욱더 그렇게 보였다. 지나칠 정도로 높은 급료는 처음부터 플렉스너가 중시한 원칙이었다. 그렇게 해야 연구소의 교수들이 낮은 급료를 보충하기 위해 교과서를 쓴다든가, 그외의 일로 귀중한 시간을 낭비하지 않는다는 것이었다. 애초 이 연구소의 목적은 인간에게 필요한 것을 모두 충족시켜주어, 오로지 연구에만 전념할 수 있는 환경을 만들어주는 것이었다. 급료를 지급하는 데 플렉스너는 거의 무분별하다시피 했다. 오스왈드 베블렌의 경우 연봉 1만 5천 달러(아인슈타인의 초봉보다 5천 달러가 많은 액수)에다 퇴직 후 연금 8천 달러, 사망 후에는 베블렌 부인에게 평생 5천 달러씩 지급한다는 것이었다. 이 정도의 금액은 1930년 당시로는 놀랄 만큼 큰돈이었다. 예를 들어 베블렌의 연금 정도면 프린스턴 대학 최고급 교수의 전임 연봉과 같거나 더 많았다.

그러나 연구소 자체에도 문제가 없는 것은 아니었다. 플렉스너는 처음부터 고등학술연구소는 이학 박사 및 그와 동급의 학위를 수여하는 교육기관이라고 하였고, 사실 이것은 연구소 법인 인가 증서에 틀림없이 기재되어 있었다. 그럼에도 불구하고 플렉스너는 갑자기 아무런 설명도 없이 '박사 학위를 받았거나 박사 학위를 받는 것과 동등한 정도의 훈련을 받고, 독자적으로 혹은 공동으로 연구하기에 충분한 정도의 수준에 있는 자'를 받아들인다고 선언했다. 다른 말로 하면 이 연구소에서는 박사 학위를 수여하지 않겠다는 것이었다.

이런 변경 사항을 듣고 수학부 주임으로 있던 오스왈드 베블렌은 깜짝 놀랐다. 하지만 잘 생각해보면 그다지 놀랄 일도 아니었다. 왜냐하면 1932년 여름 플렉스너는 베블렌을 데리고 그의 형 사이먼 플렉스너가 소장으로 있는 뉴욕의 록펠러 의학 연구소를 시찰한 적이 있었다. 그때 그는 록펠러 연구소의 모든 목적은 연구에만 있을 뿐이지 학위를 수여하는 것은 아니라는 설명을 하며 고등학술연구소도 그와 같이 할 작정이라고 했다. 그리고 일 년 후, 개소를 바로 앞두고 플레스너는 베블렌에게 "나는 이학 박사 학위를 수여하는 것 따위는 하고 싶지 않아요. 우리 연구소 교수들을 시험이다, 학위 논문이다, 그밖의 학위 수여에 따라 붙는 번거로운 일에 얽매이게 하고 싶지 않단 말입니다. 학위를 취득하고 싶으면 다른 대학이 있지요. 우리 연구소의 일은 그 단계를 초월한 곳에서부터 시작해야 한다고 생각합니다"라고 편지를 썼다.

그럼에도 불구하고 베블렌은 연구소에 박사 과정에 있는 학생 두 명을 데려왔다. 그런데 그 중 한 명은 겨우 학사 과정밖에 마치지 않았으므로 플렉스너로서는 당연히 화가 났다. 그는 즉시 이사회에 이 안건을 들고 들어가서 베블렌의 괘씸한 반칙에 대해, 박사 학위 수여를 하지 않는다는 그의 새로운 방침을 주지시켰다. 이사회에서 플렉스너는, 뉴저지 주 교육위원회에 연구소 설립을 신청했을 때에는 법률상 박사 학위를 수여하는 것으로 했지만 사실 그것을 실행할 생각은 없었다고 밝혔다. 사실 고등학술연구소는 개소 이래로 지금까지 (학위를 수여해야 한다고 말하는 교수가 있었음에도 불구하고) 박사 학위를 전혀 수여하지 않았다.

닐스 보어, 반박하다

이와 같은 문제들은 고등학술연구소의 초창기에 성장을 위해 겪어야 할 고통의 일부였다. 어쨌든 세계 최고의 젊은 과학자들이 무리를 지어 이 연구소에 몰려왔다. 쿠르트 괴델과 알론조 처치, 이 두 명의 논리학자가 연구자(여기서는 worker라고 불렀다)로서 이곳에 왔다. 딘 몽고메리, 보리스 포돌스키, 네이선 로젠 등도 역시 같은 직위로 연구소에 왔다.

1931년 아인슈타인과 포돌스키는 리처드 톨먼과 함께 논문을 냈다. 당시 세 사람은 모두 패서디나의 캘리포니아 공과대학 교수로 있었다. 『피지컬 리뷰』지에 실렸던 두 쪽짜리 논문은 양자역학의 '명백한 패러독스'를 밝히는 것이었다. 그후 고등학술연구소로 옮겨온 56세의 아인슈타인은 무엇보다도 그의 마음을 흔들어놓았던 양자론에 대항해서 성공이냐 실패냐를 가름할 최후의 공격 태세를 가다듬고 있었다.

그러나 아인슈타인은 그 공격에서 어떻게든 자기가 이전에 제창했던 광양자론을 포기하지 않았다. 그는 다만 양자론에 대해 그후 추가된 새로운 해석, 이른바 코펜하겐 해석이라는 이름하에 제기된 교리들을 거부하였다. 닐스 보어와 베르너 하이젠베르크에 의해 전개된 이 새로운 견해에 따르면, 관찰자가 양자의 세계에 근본적으로 관계한다는 것이다. "물질의 미묘한 구조를 말할 때 양자 현상을 관찰하는 장치나 방법을 명시하지 않고 논한다는 것은 전혀 의미가 없다"고 두 사람은 주장한다. 따라서 보어는 관측 장치와 관측 대상 사이의 경계를 거의 제거해 버리려고 하였다. "작용 양자의 유한한 크기는 현상과 그것을 관찰하는 기계 사이에 확실한 구별을 불가능하게 한다"고 단언했다.

그 이유는 관찰하는 행위가 그 대상을 변화시켜버리기 때문이다. 독일 물리학자 파스쿠알 요르단에 따르면 "관찰은 그 관찰 대상을 어지럽힐 뿐만 아니라 거기에 개입한다… 우리들은 전자가 어떤 일정한 위치를 갖게 강요한다… 우리들은 관측 결과를 만들어내는 것이다". 그리고 후에 존 휠러는 "어떤 현상도 그것이 관측된 현상이기 전에는 '실재'의 현상이 아니다"라고 했다.

그러나 아인슈타인은 그런 실없는 소리에 귀기울이려 하지 않았다. '그러면 쥐가 관찰하면 우주의 상태가 변한단 말인가?' 아인슈타인에게는 이 우주의 모든 물질은 누가 보든 보지 않든 상관없이 그 고유의 특성을 갖고 있는 것이었다. 이것은 거대한 규모의 현상에 대해서는 진실이었는데, 아인슈타인은 이것이 작은 규모의 물질, 즉 양자에 대해서도 진실이기를 원했다. 그는 어떤 과학적 학설도 '객관적 실재'—모든 물질은 관측 행위 이전에 관측 행위와는 무관하게 그 고유의 특성을 갖고 있다는 원리—라는 더욱 근본적인 철학적 개념을 결코 뒤집을 수는 없다고 믿었다. 다시 말해 아인슈타인에게는 관측이라는 행위가 물질의 고유 속성을 만들어낸다는 것은 절대로 있을 수 없었다.

적어도 이 점에서는 그는 결코 상대론자가 아니었다. 연구소 시절의 아인슈타인을 잘 알고 있는 에이브러험 파이스는 이렇게 회고했다. "우리는 종종 그가 말하는 객관적 실재에 관해 이야기를 나누곤 했지요. 언젠가 함께 산보를 하고 있었는데 그가 갑자기 걸음을 멈추며 나를 바라보더니 '당신은 달을 볼 때만 달이 존재한다고 믿나요?'라고 묻는 것이었습니다."

　양자론의 중요한 패러독스를 발견했다고 생각한 아인슈타인은 그것을 더 발전시킬 생각으로 동료 보리스 포돌스키와 매사추세츠 공과대학에서 막 물리학 박사 학위를 딴 26세의 네이선 로젠과 자신의 생각에 대해 의견을 나누었다. 그리고 이들 셋은 양자론 자체의 전제를 근거로 자연에는 실험적 관찰을 초월하는 뭔가가 있다고 생각했다. '뭔가 더욱 근본이 되는 실재, 영속적이면서 불변하는 실재가 있지 않을까?' 하지만 이러한 것을 부정하는 양자론은 이 실재를 인식하지 못하므로, 양자론은 자연의 체계를 정확히 설명하지 못하는 불완전한 설임이 틀림없다. 그리하여 그들은 자신들의 논문에「물리적 실재에 대한 양자적 묘사는 완전하다고 생각할 수 있을까?」라는 제목을 붙였다. 그리고 그들은 그 질문에 대해 '아니다'라고 답하고 있다. 이들 세 사람이 논쟁의 시발로 삼은 것은 하이젠베르크의 '불확정성 원리'였다. 하이젠베르크는 양자의 특성은 위치와 운동량, 에너지와 경과 시간처럼 짝(공역 변수)을 이루고 나타나는데 그 관계가 아주 밀접해서 한 번의 실험으로 백 퍼센트 정확히 양쪽 모두를 안다는 것은 불가능하다는 사실을 발견했다. 그는 이것을 수학적 관계로 다음과 같이 설명한다. Δx가 하나의 특성(예컨대 위치)의 불확정성을 표시하고, Δy가 또 하나의 특성(예컨대 운동량)의 불확정성을 표현하면, 그 불확정성의 곱은 바로 플랑크 상수 h와 같거나 그보다 크다. 즉

$$(\Delta x) \times (\Delta y) \geq h$$

　불확정성 원리라는 것은 그 이름에도 불구하고 양자의 레벨에서는

'모든 것이 불확실하다'라는 뜻은 아니다. 사실은 그 반대로 양자의 어느 한 특성에 대해서는 그것은 완전히 정확하게 알 수 있다는 주장이다. 그러나 이런 정확함을 얻는 대가로 지불해야 할 것은 입자의 다른 한쪽의 특성에 관한 모든 지식을 잃어버리고 마는 것이다. 예를 들어 이 불확정성 원리에 따르면 하나의 전자의 위치를 확실히 알 수 있다 해도 그 운동량에 대해서는 아무것도 알 수 없다는 것이다. 하이젠베르크는 한때 그것을 기압계 속에 있는 남녀 인형과 같다고 말했다. "여자 인형이 나가면 남자 인형은 들어온다." 즉 동시에 양쪽의 값을 정확히 알 수 없다는 것은 관측이라는 행위가 관측된 대상을 어지럽힌다는 기본적인 양자역학적 사실이다. 일단 한번 관찰된 입자는 그전에 존재하던 바로 그 입자가 아닌 이미 잃어버린 입자인 것이다.

그러나 아인슈타인, 포돌스키, 로젠 세 사람은 양자도 고전 물리학에서처럼 결정적으로 객관적인 속성을 갖는 것으로 이해할 수 있다고 주장한다. 예를 들면 여기에 A와 B라는 2개의 입자가 있고, 그들의 총운동량과 상대적인 위치도 알고 있다고 가정해보자. 정통파 양자론에서도 이것은 전혀 문제될 게 없다. 정통 양자론에 따르면 두 입자의 운동량의 합은 그들의 상대적인 위치와 마찬가지로 정확히 알 수 있다. 자, 그럼 두 개의 소립자가 서로 상호작용한 후 각각 떨어져서 멀리 날아가 몇 광년이나 거리가 벌어진다고 가정해보자. 운동량 보존 법칙으로부터 이 두 입자의 총운동량은 그 상호작용 전이나 후나 같아야 한다. 그런데 아인슈타인과 동료들은 입자 중 어느 한쪽의 운동량을 측정해보면 그 운동량뿐만 아니라 다른 쪽 입자의 운동량도 알 수 있게 됨을 깨달았다. 게다가 한쪽의 입자에 전혀 영향을 주지 않고도 이것을 알 수 있다는 것이다. 이것은 대단히 중요한 점이다. 이것이야말로 양자역학이 처음부터 불가능하리라고 주장해온, 어떤 양은 관측하든 않든 그대로 불변한 채 존재한다는 점을 증명해주는 것이기 때문이다.

예를 들어서 입자 A와 B의 운동량을 합하면 10이다(어떤 단위가 필요하겠지만). 이 두 개의 입자가 분리된 후 A쪽의 운동량을 측정하여 6이라는 양을 얻었다. 이때 총운동량 10에서 6을 빼면 B쪽의 운동량은 4라는 사실을 알게 된다. 그런데 이것을 알아내는 과정에서 B입자는 전혀 방해받지 않는다. 이렇게 어떤 입자에 영향을 주지 않은 채 그 운동량을 알아낼 수 있다면 그 입자는 측정을 하든 하지 않든 바로 그 운동량을 지니고 있어야만 한다. 다시 말하면 운동량은 그러한 측정과는 무관하게 객관적으로 존재해야 하는 어떤 것이다.

두 입자의 상대적 위치에 대해서도 이에 상응하는 주장을 할 수 있다. 두 개 중 한쪽 입자의 위치를 측정하면 다른 쪽 입자를 방해하지 않은 채 그 입자의 위치도 추론할 수 있다. 그러나 이 경우 두 입자는 어떤 측정 행위와는 무관한, 선험적인 각각의 위치를 지니고 있어야만 한다. 즉 위치도 운동량과 마찬가지로 객관적인 특성이라는 뜻이다. 그래서 아인슈타인과 그의 동료들에게 이 두 속성은 측정과는 아무런 관계가 없는 객관적 실재들이다. 그렇지만 양자역학은 객관적으로 존재하는 속성 따위는 인정하지 않는다. 따라서 아인슈타인, 포돌스키, 로젠은 자연을 해석하는 이론으로서 양자역학은 근본적으로 불완전하다고 단언하기에 이르렀다.

닐스 보어로서는 이것은 정말 기분 나쁜 주장이었다. 객관적 실재라는 개념을 과히 좋아하지 않는 보어는 사실상 물리학자로서의 대부분의 생을 바로 그 개념을 폐기시키는 데 쏟았다고 해도 과언이 아니었다. 그는 '상보적'이라는 개념으로 객관적 실재를 대신하고자 했다. 그의 생각에 따르면 실재와 그것에 대한 지식은 결코 분리될 수 없는 긴밀한 것으로, 측정 대상들 자체의 행위와 측정 장비와의 상호 영향 사이를 명백히 경계짓는다는 것은 불가능하다. 그러나 아인슈타인과 그의 동료들은 실재와 그 지식을 분명히 경계지을 수 있다고 생각한다. 이것은 싹트기 전에 싹둑 잘라버려야만 할 것이 아닌가? 그런데 문제는 '어떻게?'이다.

"그것은 마른하늘에 날벼락이었어요" 하고 당시 코펜하겐에서 보어와 함께 EPR 패러독스에 관한 소식을 들었던 레온 로젠펠트는 회고했다. "패러독스가 보어에게 끼친 영향은 대단한 것이었습니다. 내가 아인슈타인의 논점을 이야기하자 보어는 지금까지 해왔던 다른 모든 일을 포기했습니다. 우리는 그와 같은 오해를 당장 깨끗이 제거해야만 했지요." 당시 신문에서까지도 이 EPR론을 게재했다. 1935년 5월 4일자 『뉴욕 타임스』지는 '아인슈타인, 양자론을 반격하다'라고 이 논쟁을 대서특필했다.

보어는 흥분해서 즉시 아인슈타인과 그 동료들에게 반박하는 답장을 보내려 했다. 그러나 그게 쉬운 문제가 아님을 알았다. 그는 순서를 더듬어 그 문제를 짚어보다가 이내 생각을 바꿔 다시 뒤로부터 짚어보았다. 문제가 정확히 무엇인가? 도대체 집어낼 수가 없었다.

6주간이나 걸려 생각한 끝에 보어는 한 가지 답을 얻었다. '인과율이라는 고전적 개념의 완전한 포기', '물리적 실재에 관한 우리들의 태도를 급진적으로 수정할 것', '물리 현상의 절대적 성질에 관한 모든 관념을 근본적으로 개조할 것'을 요구하며 보어는 한 입자의 관측은 어떤 명시되지 않은 형태로 사실상 다른 입자에도 영향을 미치고, 양자 현상에 대한 이해는 고려 대상인 양쪽 입자에 대한 측정의 영향을 기본적으로 포함하고 있다고 주장했다.

오늘날 이 EPR론의 옳고 그름은 아직까지도 물리학계에서 결정되지 않은 채로 남아 있다.

1980년 초, 파리 대학의 논리 및 응용 과학 연구소의 실험학자 알랭 아스페와 그의 동료들은 EPR론을 진지하게 고려하면 아주 먼 거리에서의 동시 신호가 가능함을 보여주는 실험을 수행했다. 이것은 이 EPR 상관 관계를 사용하면 잠수함간에 빛보다 더 빠른 속도의 통신이 가능하다고 미 국방성에 제안할 수 있음을 뜻한다. 그 제안이 가져다줄 이익은 차치하고라도 아인슈타인으로서는 양자역학에 대한 자신의 도전이 있은 지 50여 년이 흘렀음에도 EPR 논쟁이 여전히 몇몇 물리학자들을 혼란에 빠뜨리고 있다는 사실에 재미있어할 것이다.

물론 그간 자신이 탄생을 도왔던 이론에 끊임없이 반대해온 아인슈타인을 애통해하는 학자들도 많았다. "아인슈타인이야말로 양자 현상이라는 황야를 정복하고자 한 개척자였지요"라고 1949년 막스 보른은 말했다. "그리고 그후에도 그 자신의 연구로부터 모든 물리학자들에게 받아들여질 수 있는 통계적, 양자적 원리의 통합론이 나타났지만 본인은 이로부터 멀어져 회의적인 태도를 취하고 있습니다. 이것은 비극이 아닐 수 없습니다. 그는 고독하게 혼자서 암중모색하고 있고 우리는 지도자, 표본을 잃은 것 같아 참으로 유감입니다."

그러나 아인슈타인의 이 고독한 암중모색의 결과는 오늘날까지도 우리와 함께한다. 리처드 파인만은 이 EPR 패러독스에 대해 1982년에 이런 말을 했다. "나는 실재 문제가 무엇인지 정의할 수 없어요. 따라서 실재하는 문제가 있는지 의심스러워요. 그렇지만 실재하는 문제가 전혀 없다는 점도 확신할 수 없어요." 다시 말해 객관적 실재, 그것은 여전히 기회를 갖고 있을지도 모른다.

'프린스턴 강제 수용소'

아인슈타인은 양자론에 대한 지적인 싸움뿐만 아니라 에이브러험 플렉스너와도 싸워야 했다. 플렉스너는 처음부터 이 연구소를 속세로부터 완전히 격리된, 복잡한 세상으로부터 멀리 떨어진 안식처로 만들려고 했다. 그는 "이 연구소야말로 학구열에 불타는 학자들이 혼잡한 속세의 소용돌이에 휩싸이지 않고 세계나 자연 현상을 그들의 실험실로 생각하는 안식처가 되지 않으면 안 됩니다"라고 강조했다.

그러나 이 연구소가 형성돼가는 모습을 지켜본 사람들 모두가 그렇게 생각한 것은 아니었다. 시카고 대학의 조지 빈센트 박사는 다음과 같은 말을 플렉스니에게 했다. "시카고에서는 어쨌든 최고급 학자들이 현실로부터 완전히 단절되어 있지 않습니다. 그들은 오히려 스스로 사람들 속에 섞이려 하고, 그로부터 더 건전한 사고방식의 학자로 태어납니다." 아놀드 토인비도 역시 그렇게 완전히 세상으로부터 격리되면 오히려 지적 불모 상태를 가져올 수 있다고 경고했다. 사람은 그가 사는 시대 속에서 그 시대의 공기를 마시면서 뿌리를 내리고 살아야 하며 그 뿌리를 잘라버려서는 안 된다고 플렉스너에게 충고했다. 1940년대 말과 1950년대 초에 걸쳐 다섯 차례 이 연구소 연구원으로 있는 동안 토인비는 때때로 자기의 뿌리가 잘릴 가능성을 분명하게 느꼈다.

플렉스너는 물론 고등학술연구소의 어느 교수에게든 모든 세상사로부터 침해받지 않도록 배려했지만, 아인슈타인에게는 특별히 더했다. 왜냐하면 아인슈타인에게는 혁명적인 물리학 이론을 거듭 생산해야 할 절대적인 임무가 있었기 때문이다. 따라서 그가 잠시라도 자신의 임무에서 떠나 있는 것을 원치 않았다. 그렇지만 연구소에 도착하기 전부터 아인슈타인에게는 이미 편지나 전화가 쇄도하고 있었다. 물론 플렉스너는 이것을 가로채서는 아인슈타인을 대신해 답장까지 썼다(연구소에는 지금도 아인슈타인 앞으로 오는 편지가 당도할 때가 있다). 그런데 문제는 아인슈타인이 연구소에 당도한 후에도 플렉스너가 이렇게 했다는 것이다.

한번은 연구소 개소 직후 당시의 미국 대통령인 루스벨트의 비서 마빈 매킨타이어로부터 전화가 걸려왔다. 아인슈타인에게 백악관에서 대통령 부처와 저녁 식사를 함께 하자고 초대한 것이었다. 공교롭게도 아인슈타인의 비서가 이 전화를 받아서는 초대를 받아들였다. 그런데 문제는 그후에 발생했다. 이 초대에 대해 전해 들은 플렉스너가 즉시 백악관에 전화를 걸어 "아인슈타인 교수의 일정은 전적으로 저를 통해서 결정되는데 유감스럽게도 이번 초대에는 갈 수가 없습니다"라고 한 것이다. 게다가 단호한 어조의 편지까지 보냈다. "아인슈타인 교수는 속세로부터 떨어져서 과학 연구를 하기 위해 우리 연구소에 오게 된 것입니다. 대중 앞에 나서게 되는 어떤 예외적인 일도 절대 허용할 수 없습니다"라는 내용의 편지였다.

어쨌든 결과적으로는 아인슈타인이 쌍방을 잘 수습해서 백악관의 저녁 초대에 갔지만, 이후로도 플렉스너는 아인슈타인의 보도 담당 비서와 섭외 담당관으로 행세했다. 그러는 동안 아인슈타인은 마침내 자신이 연구소에 유폐된 인질처럼 느껴져 친구들에게 보내는 편지에 발송인 주소를 '프린스턴 강제 수용소'라고 썼다. 그후에도 이러한 상황은 전혀 개선되지 않았다. 급기야는 아인슈타인이 직접 이사회에 나가 불만을 토로하게 되었다.

"플렉스너는 몇 번이나 나의 개인적인 일에 간섭을 했습니다. 그것도 아주 불쾌한 태도로. 그리고 나와 내 처에게 실례를 범하는 편지를 썼습니다"라고 하소연했다. "게다가 플렉스너는 런던의 로열 앨버트 홀에서 예정된 내 강연을 중지시키거나 중요한 편지나 전보를 제멋대로 뜯어 보기도 했습니다. 그런 못된 짓을 계속한다면 나는 더 이상 이곳에 머무를 수가 없습니다."

이 연구소의 간판 교수가 사라질지도 모른다는 불안 때문에 플렉스너는 떨떠름하게 한 걸음 물러설 수밖에 없었다.

그렇지만 아인슈타인을 괴롭힌 사람은 플렉스너만이 아니었다. 그토록 신뢰했던 조수 발터 마이어가 떠나버려 그의 후임자를 찾아야만 했다. 마이어는 연구소에 도착하자마자 자신과 아인슈타인 사이에 엄청난 거리가 있다고 느꼈던 모양이었다. 마이어는 1934년 공동 논문 한 편을 작성하고는 동일장 이론 연구에 참여하는 것은 완강히 거절하고 순수 학문으로 돌아가겠다고 떠났다. 결국 1936년과 1937년 사이에 아인슈타인은 두 명의 조수를 채용했다. 피터 버그만과 레오폴드 인펠트 두 사람이었다. 아인슈타인은 이 두 조수들이 그대로 1937년부터 1938년까지 계속 같이 연구해주기를 바랐다. 그런데 갑자기 급료 관계로 문제가 생긴 것이다. 그때 수학부에서 돈에 관한 전권을 갖고 있던 사람은 베블렌이었는데, 그는 마이어가 아인슈타인을 돕기 위해 특별히 고용되었던 사람이었으므로 이제는 다른 조수를 쓸 명분이 없다고 생각하고 있었다. 아인슈타인은 이 문제를 직접 플렉스너에게 호소했다. 그러자 버그만에게는 몇 해 동안 급료를 주겠다고 했지만 인펠트에 대해서는 대답을 회피했다.

1937년 2월 아인슈타인은 인펠트에게 줄 급료 6백 달러 가량을 마련하기 위해 동료들에게 부탁을 했다. 그는 어울리지 않게 수학부의 수학 회의에 일부러 얼굴을 내밀기까지 했다. 그러나 놀랍게도 전혀 소용이 없었다. "나는 최선을 다했소. 당신이 얼마나 훌륭한가에 대해, 그리고 나와 함께 얼마나 중요한 연구를 하고 있는가에 대해 일목요연하게 설명을 했지요. 하지만 돈이 충분치 않다는 거요"라고 아인슈타인은 인펠트에게 설명해주었다. "돈이 없다는 말이 어디까지가 진실인지는 모르겠지만, 나는 이제까지 한 번도 써보지 않은 강경한 어조로 '당신들의 태도는 부당하다'고까지 이야기했지만 누구 하나 나를 도와주는 사람이 없었소."

결국 아인슈타인은 자기 주머니에서 6백 달러를 주었지만 인펠트는 굳이 사양했다. 궁여지책으로 인펠트는 물리학의 진화에 관한 대중서를 써서 아인슈타인을 공저자로 하여 출판해서 팔자고 제안했다. 아인슈타인은 이 제안에 동의했으며, 인펠트는 1937년 내내 이 책을 썼다. 『물리학의 진화 *The Evolution of Physics : From Early Concepts to Relativity and Quanta*』라는 제목으로 이 책이 출판되자 6백 달러를 훨씬 넘는 돈을 벌었지만, 연구소에서 받은 상처는 이후로도 오랫동안 지워지지 않았다.

마지막으로 슈뢰딩거 사건도 있다. 1920년대 베를린 대학에서 아인슈타인과 함께 일했던 슈뢰딩거가 프린스턴 대학에 교환 교수로 온 것은, 디랙과 함께 1933년 노벨 물리학상을 받은 직후인 1934년 봄이었다. 물리학에서는 같은 계열로 보였던 그와 아인슈타인은 다시 공동 연구를 하며 즐겁게 지냈다. 그전에 프린스턴 대학 당국에서 슈뢰딩거에게 종신 교수로 와줄 것을 부탁했지만 그는 그 요구를 거절해버렸다. 가까운 미래에 고등학술연구소에서 부를 것이라고 기대를 했고, 자기로서는 사실 연구소에서 일하고 싶었기 때문이었다. 그렇지만 연구소에서는 슈뢰딩거를 채용할 생각이 없었다. 아인슈타인은 재차 플렉스너에게 부탁을 했지만 연구소 쪽은 슈뢰딩거를 채용하지 않았다. 그래서 결국 슈뢰딩거는 유럽으로 돌아가고 말았다.

연구소가 아인슈타인에 대해 왜 이렇게 무례한 태도를 보였는가에 대해서는 여러 가지 이야기가 분분한데, 그 하나는 순수 수학자인 베블렌이 순수 물리학자인 아인슈타인에 대해 어떤 적의가 있지 않았는가 하는 것이다. 또 아인슈타인이 매번 양자역학을 공격하는 분위기에 대한 물리학자들의 거부감 때문이라는 이야기도 있다. 세번째로는 해를 넘겨도 아인슈타인이 물리학에 크게 공헌하지 않는 데 실망한 연구원들이 점차 그를 특별 취급하지 않으려 했다는 것이다. 결국 아인슈타인의 주된 역할은 연구소에 존재하는 것뿐이었다. 그는 연구소의 상징, 생생한 수호신으로 존재하는 것, 그것뿐이었다. 오펜하이머의 말에 따르면 그는 역사적 존재이지만 지표는 아니라는 것이었다.

한편 아인슈타인은 이러한 자신의 역할을 분명히 깨달은 것 같았다. 고등학술연구소에서는 매년 봄이 되면 댄스 파티를 연다. 플렉스너가 소장을 그만두었던 해였는데, 그 파티가 있던 날 아침, 아인슈타인은 조수 발렌타인 바그만에게 나중에 댄스 파티에서 다시 만나자고 말했다. "아인슈타인이 댄스 파티 따위에…"라며 놀라는 바그만에게 "당연히 가야지요. 어쨌든 플렉스너 씨가 거금을 들여 나를 불러들인 것은 이러한 목적 때문이었으니까, 나는 이 일에 소홀할 수가 없지요" 하고 말했다는 것이다.

교수회의 반란—제1라운드

1936년에 연구소는 프린스턴 대학에서 반 마일 정도 떨어진 올든 농장과 그 부근의 토지 2백 에이커 가량을 샀다. 그리고 그로부터 3년 후 루이스 뱀버거와 캐롤린 펄드로부터 아주 많은 기금을 받게 되어 새로

지은 붉은 벽돌의 4층 건물인 펄드 홀에서 연구를 시작하게 되었다. 이곳에서는 일하는 사람 모두에게 방이 돌아갔다. 소장실, 교수실, 임시 연구원실, 수학 도서관, 게다가 연구원 모두가 오후에 차를 즐길 수 있는 공간도 있었다.

모든 연구원들은 고등학술연구소가 프린스턴 대학 구내로부터 떨어져 나와 독립할 수 있게 된 것을 기뻐했다. 아인슈타인을 포함한 연구원 중에는 프린스턴 대학 총장인 해럴드 도즈가 플렉스너에게 너무 영향을 많이 주고 있다고 생각하는 사람들도 있었다. 1930년대 말 교수 회의 석상에서 제임스 알렉산더 교수가 보고한 바에 따르면 "어떤 젊은 수학자가 인종 차별 때문에 연구소 입소를 거절당했는데, 그것은 프린스턴 대학에서도 그를 거절했기 때문이었다"는 것이다. 그 무렵 프린스턴 대학은 반유대적 경향이 강했기 때문에 관계자들은 연구소가 빨리 거기서 떨어져 나와 독립하는 것이 좋겠다고 생각하고 있었다.

하지만 플렉스너는 이 새 소장실에 발을 들여놓지 못했다. 새 건물이 세워지기 훨씬 전부터 교수 회의에서는 플렉스너 대신에 연구소의 이사인 프랭크 에이델로트를 새 소장으로 앉히는 것에 대한 이야기가 오가고 있었다. 플렉스너의 연구소 운영 방침에 문제가 있다는 것이었다. 그는 교수들을 귀머거리처럼 취급하고, 연구소의 운영에 대해서는 손가락 하나 대지 못하게 했다. 처음에는 플렉스너도 교수들의 의견이 어느 정도 필요하다고 생각했지만 결국 그렇게 되면 의견 대립만 끝이 없을 것이라고 판단해버렸다. 그렇지만 이 대립은 경제학자 두 명을 고용하려 한 과정에서 플렉스너 자신이 불러일으키고 말았다.

이것이 교수회의 반란, 제1라운드였다.

1933년 이 연구소가 설립될 무렵 연구소에는 수학부밖에 없었다. 플렉스너는 수학부터 시작하는 이유를 다음과 같이 설명했다. "수학자는 그 연구의 실용성이나 직접적인 응용 따위에는 전혀 관심이 없다. 이처럼 순수한 정신이 이 새로운 연구소를 주관해야 한다." 이와 같은 플라톤의 천국다운 이론 지상주의와는 상관없이 이 년 후에 정치경제학부가 추가되었다. 여기에는 '경제학이 이 세계의 현상을 개선할 수 있다는데…'라는 플렉스너의 선입견도 반영되어 있지만, 무엇보다도 그가 역사학자인 찰스 비어드와 같은 사람들의 충고를 받아들였던 때문인 것 같다. 1931년경 비어드는 연구소는 먼저 경제학부터 시작해야 한다고 주장했다. "흔히들 경제학이 수학적이고 통계적인 것이라고 생각하지만 실은 그 이상이지요. 엄밀하지도 정확하지도 않은 것을 상대로 하기 때문에 수학보다는 훨씬 엄격한 학문입니다." 이유야 어떻든 정치경제학부는 에드워드 얼, 데이비드 미트러니, 윈필드 리플레어 등 교수 세 명으로 개설되었다. 플렉스너는 그후 이 학부에 새로운 교수를 추가하려고 했다. 그런데 이미 교수로 재직중이던 세 명의 교수 중 두 명에게는 상담조차 하지 않고 채용하려 하였다. 이러한 행위 때문에 그는 독선적인 사람이라는 인상이 박혔다. 플렉스너가 채용하려 한 월터 스튜어트와 로버트 워렌을 다른 교수들이 보았을 때 이 인상은 더 강해졌다. 도대체 이 두 사람은 연구소의 교수감이 아니었으며 학자 축에도 낄 수 없는 사람이었다. 박사는 고사하고 한 사람은 겨우 미주리 대학에서 학사 학위를 받았을 뿐이었다. 두 사람이 정부에서 일했다는 것만은 확실했지만 그렇다고 이 고등학술연구소의 교수 자격이 될 수는 없었다. 하여튼 플렉스너는 일반 사회에서 이들이 쌓은 경험이 이 상아탑에 어떤 이익을 가져다주지 않을까 생각했다. 혹시 이들이 불경기를 극복할 방법을 발견할 수 있지 않을까 하는 생각까지 했다. 그래서 마침내 이 연구소에 '실용 경제학' 강좌를 개설해봐야겠다는 이야기까지 하게 되었다.

플렉스너는 분명히 뭔가 잘못되어가는 것 같았다. 이 연구소는 과학적 이론의 최후 보루라고 했으면서 이 연구소에 세속적인 사람을 자꾸 데려오려 하고 있다. 게다가 이 연구소의 교수라면 엘리트 중의 엘리트로 그들의 연구가 온갖 상으로 장식된, 그 분야에서는 최고 권위자여야 했다. 그런데 플렉스너는 고작해야 아칸소 주의 삼류 성서 학교에나 고용될 만한 사람들을 데려오고 있다. 그러나 무엇보다도 우려할 만한 일이 벌어지고 있었다. 이사회에서 교수 대표를 맡은 베블렌은 다른 교수들에게 플렉스너가 스튜어트와 워렌의 임명은 일시적인 것이라고 밝혔다고 전했다. 그런데 후에 의사록을 보니 영구 임명으로 기록되어 있었다.

이것은 아주 큰 사건이었다. 에이브러험 플렉스너를 쫓아내야 한다. 이미 플렉스너의 쓸데없는 참견이나 양식 부족에 더 이상 참을 수 없을 지경이었던 아인슈타인은 나소의 태버른에서 가진 한 모임에서 의장으로 추대되어 플렉스너 추방 계획을 추진하고 있었다. 그리고 마침내 1939년 봄, 수학자 마스턴 모스, 고고학자 헤티 골드먼과 함께 연구소 교수나 소장의 임명에 대해서는 반드시 교수 회의에서 논의하는 것이 좋겠다고 플렉스너에게 편지를 썼다. 플렉스너는 아인슈타인과 모스를 만나 이야기를 했지만 그들의 요구 사항에 대해서는 아무런 말도 하지 않았다. 실은 그때 이미 다음 소장으로 프랭크 에이델로트가 내정되어 있었다. 플렉스너는 이 사실을 알았음에도 불구하고 자기를 비판하는 사람들에게 털어놓고 이야기하지 않아, 교수들은 플렉스너 추방책을 짜느라 헛되이 시간을 보냈다.

마침내 소장 자리를 물러날 즈음에 이르자 플렉스너는 쓰라린 배신감에 치를 떨었다. 그는 후계자인 에이델로트에게 작별의 충고로서 "당신 자신과 연구소를 위해서 음모가들과 상대하고 있다는 사실을 절대로 잊지 마시오"라는 말을 남겼다. "솔직히 말해 나는 그들의 손아귀에 놀아난 철없는 어린아이와 같았소. 순진하게도 그들의 말을 액면 그대로 받아들였소. 그들이 학문할 기회를 원하고 일상사의 잡다한 일에서 벗어나고 싶다고 이야기했을 때 난 그런 줄 알았지요. 하지만 그들은 그런 뜻으로 말한 것이 아니었소. 그들은 높은 급료와 학문의 기회를 원하지만 또한 경영이나 관리에 대한 권한도 원했소. 나를 직접 처치할 수 없다는 것을 알고는 베블렌과 다른 교수들로 하여금 간접적으로 날 모함하려 했어요. 베블렌은 권력을 원하니까요."

이 말을 마지막으로 플렉스너는 드디어 프린스턴의 학자 천국에서 물러났다. 교수회의 반란 제1라운드는 보다시피 성공석으로 닡났다. 하지만 반란이 완전히 끝난 것은 아니었다.

커지는 야망 '통일장 이론'

1939년 가을, 프랭크 에이델로트가 소장으로 부임했을 때 알베르트 아인슈타인은 펄드 홀의 새 사무실 115호실에 자리를 잡고 있었다. 이 방은 건물 뒤편의 넓고 바람이 잘 통하는 방으로, 붙박이 칠판과 책상이 있고 한쪽 끝에는 좁고 긴 회의용 탁자 그리고 다른 쪽 끝에는 빛이 환하게 들어오는 창문이 있다.

'빛', 그것은 아인슈타인에게 아주 특별한 것이었다. 빛의 파도를 타고 돌아다니면 세계는 어떻게 보일까 하고 자문해보았던 열여섯 살 때부터 그를 사로잡아온 연구 주제가 바로 빛이었다. 그후 빛의 속도는 물리적 우주에서 불변하는 하나의 절대치라고 정의한 특수상대성 이론을 완성했던 기적의 해인 1905년에도 빛은 그의 마음을 떠나지 않았다. 그 해에 그는 광양자가 광전 효과를 설명할 수 있다고 주장했으며 또 1911년에는 광선은 중력장에 의해 구부러져 있다고 예측했다. 더욱이 1917년에는 광자―기본적으로 질량은 없는, 점과 같은 에너지와 운동량의 덩어리―라는 개념을 유추해냈다.

아인슈타인은 빛의 성질을 이해하기 위해서 어떤 물리학자보다도 많은 노력을 했던 것이다. 그리고 그의 말년에는 빛과 중력이라는 현상을 하나로 정리하여 통합 이론을 만드는 데 온 힘을 기울였다. 통일장 이론이라는 것이 존재한다면 이는 우주의 이질적인 여러 가지 요소를 하나도 남김없이 총합하여 전체를 다루게 될 하나의 법칙으로, 인류가 시작된 이래 최대의 지적 업적이 될 것이다. 물론 아인슈타인 이전에도 중요한 통합은 이미 몇 가지 이루어져 있었다. 예를 들면 뉴턴은 지구상의 중력과 천체의 중력을 하나의 이론으로 정리하였다(뉴턴 이전의 세계에서는 말하자면 멀리 은하계에 별들이 붙박여 있는 것이나 행성이 궤도를 따라 도는 것이 모두 지표면에 있는 물체에 작용하는 힘, 즉 중력과 같은 힘 때문이라는 사실을 몰랐다). 그 다음에 있었던 대통일은 맥스웰이 전자기장의 방정식을 만들어낸 것이다. 이것에 의하면 전기, 빛, 자기는 동일한 미분 방정식으로 정리된다.

지금까지 인간이 알아낸 자연의 힘 전부를 하나의 통일장 이론으로 정리하려 한 시도는 이미 뉴턴의 법칙, 맥스웰의 방정식에 이어 아인슈타인이 발견한 상대론, 그리고 양자론이 있었다. 아인슈타인은 자연 전체의 통일론을 구하는 과정에서 이 우주의 여러 가지 힘이나 입자가 모두 시종일관된 일련의 원리로 이해할 수 있다는 것을 보여주고 싶었다.

이것은 무리한 요구였다. 우선 아인슈타인은 그런 통일이 가능하다는 증거는 하나도 갖고 있지 못했고, 그리고 그것이 모든 사실을 반영하는지 어떤지도 전혀 확증할 수 없었다. 오히려 거대 세계의 현상은 원래 하나의 법칙에 맞추어지는 것이 아니라 서로가 기본적으로 전혀 관계없는 현상에 근거하고 있을지도 모른다. 또 다른 장애는 어떤 근사한 법칙이 존재한다 하더라도 인간의 정신으로 그것을 이해할 수 있느냐에 대한 확신도 없다는 점이었다. 그러나 아인슈타인은 전에도 모두가 불가능하다고 했던 것을 해결한 사람이다. 이번에도 다만 사고를 통해서 해결할 수 있을지도 모른다.

아인슈타인이 통일장 이론에 관한 최초의 논문을 완성한 것은 1922년 1월이었다. 이 문제를 연구하면서 그는 몇 번이나 잘못된 시작을 했다. 그는 이제까지의 과정을 다시 한번 더듬어본다든가, 모든 것을 다시 시작한다든가, 오래 전에 버렸던 접근 방식을 다시 한번 취해보기도 했다. 그는 마지막 죽는 날까지도 이러한 일을 계속했다. 연구소에서 아인슈타인과 함께 통일장 이론을 연구했던 사람으로는 발터 마이어, 발렌타인 바그만, 피터 버그만, 에른스트 슈트라우스, 브루리아 카우프만 등을 비롯한 많은 협력자와 조수가 있었다.

아인슈타인의 하루는 아침 9시 30분이나 10시쯤 머서 가 112번지에 있는 자기 집을 나와서 연구소까지 1마일 가량 걷는 데서부터 시작한다. 때때로 좀더 떨어진 곳에 사는 쿠르트 괴델이 출근길에 아인슈타인을 불러 함께 가기도 한다. 아인슈타인은 연구소에 도착하자마자 약속이나 한 듯 조수와 함께 떠올랐던 아이디어에 대해 토론을 한다. 그리고 두 시간 가량을 그렇게 보낸 후 집으로 점심을 먹으러 간다. 오후부터는 자기 혼자서 일을 한다. 그러다가 어떤 흥미 있는 것이 발견되면, 그의 조수에게 전화를 해서 이 기쁜 소식을 전하지만 대개는 잘못된 힌트일 뿐이다. 그가 죽을 때까지 통일장 이론을 발견하지 못했다는 점을 생각하면 그것은 당연하다.

이 고등학술연구소는 아인슈타인에게는 성공과 실패의 마지막 장소였다. 그는 양자역학의 혼란을 뛰어넘어 눈에 보이는 현상의 배후에 있는 안정된 실재를 발견하길 원했다. 이 점에서 최소한 그는 부분적으로는 성공했다. 왜냐하면 EPR 패러독스는 오늘날까지도 계속 살아 있기 때문이다. 그러나 중력과 전자기를 통일하려 했던 시도는 완전히 실패했다. 그리고 세계 평화를 이루기 위해 지구상에 세계 정부를 세우려 했지만 그것 역시 실패로 끝났다. 아인슈타인은 만년의 대부분을 지루하고 어처구니없을 정도로 순진한, 정치 팜플렛을 만드는 데 보냈지만 어떤 경우에도 정치를 가장 중요시하지는 않았다. 한번은 조수 에른스트 슈트라우스와 함께 연구소의 뜰을 거닐고 있다가 갑자기 이런 말을 했다. "그래, 우리는 우리 시간을 정치와 방정식으로 나누어야 한다고 생각해. 하지만 내게는 방정식이 훨씬 중요해. 정치는 다만 현재와 관련된 문제지만 수학의 방정식은 영원과 관련되어 있기 때문이지."

물론 아인슈타인이 다른 연구원들에 비해 훨씬 이상적인 형의 사람임에 틀림없다. 실재의 세계는 분명히 존재하지만 인간 정신은 그것을 초월한다는 것이 그의 과학의 핵심이었다.

"나는 쇼펜하우어가 이야기하듯이 인간을 예술과 과학으로 이끄는 가장 강한 동기의 하나가 조야하고 견딜 수 없이 지루한 일상생활, 변하기 쉬운 욕망의 속박으로부터 도피하고자 하는 것이라고 믿는다. 궁극적으로 인격이 원숙해진다는 것은 사적 생활에서 벗어나 객관적 통찰과 사유의 세계에 도달한다는 것이다."

이제는 '빛'에 싸여

아인슈타인이 죽은 직후 사진작가가 고등학술연구소 115호실로 와서는 그 유명한 사진들을 찍었다. 그 사진은 아인슈타인이 병원에 실려 가기 직전 그가 마지막으로 기거하던 연구실의 어지럽혀진 전경들이다. 위대한 과학자의 의자는 빈 채로 남겨져 있고 그 방은 마치 박물관의 전시물과 같은 모습 그대로이다. 그러나 사실은 그렇지 않다. 아인슈타인이 죽은 후 그의 연구실은 덴마크의 천문학자 벵트 슈트룀그렌의 것이 되었다. 슈트룀그렌은 10년 동안 이 연구실을 사용했는데, 아인슈타인의 유령이 어깨 너머로 바라보는 것 같아서 겁이 난다든가 두려워하는 기색 없이 아주 편하게 이 연구실에서 연구 활동을 했던 것 같다. 그가 덴마크로 돌아간 후에는 스웨덴 출신의 수학자 아르네 베어링이 와서 오늘날까지 여기에 머무르고 있다(아르네 베어링은 1986년 사망했다/옮긴이).

베어링은 아인슈타인의 연구실을 사랑한다. 특히 오후 늦게 태양이 지평선 위로 기울어질 무렵이면 연구실은 무어라 형용하기 어려울 정도로 아름답다. 방 한쪽 끝의 커다란 창문을 통해 태양이 흠뻑 내리쬐는 시각에는 세 줄기 손가락 같은 광선(아인슈타인이 그토록 깊이 사랑했던 바로 그 '빛')이 화살처럼 내려 꽂혀 방의 구석구석을 넘치도록 비추기 때문이다.

찬양받는 신비의 지배자
The Grand High Exalted Mystical Ruler

아리스토텔레스, 아인슈타인, 그리고

1978년 1월 프린스턴 병원, 환자복을 걸친 노인이 의자에 앉아 있었다. 굵은 테의 두꺼운 안경알 속으로 옴폭한 눈은 겨울철 스산한 허공을 응시하고 있었다. 허약해 보이는 노인은 몸무게가 겨우 35킬로그램이나 나갈까 싶을 정도로 야위었다. 그는 신경 쇠약증과 우울증 때문에 여러 차례 병원과 요양소를 들락거렸다. 항상 혼자서 쓸쓸하게 지내는 그를 주위 사람들은 아주 별난 사람으로 생각했고, 또 어떤 이들은 그가 어린 시절부터 정서적으로 불안정했다고 했다. 이 환자는 방광에 문제가 있었는데 한사코 치료를 거부했다. 두 의사가 번갈아 권고했지만 막무가내였다. 그러나 그가 그렇게 야위고 허약해진 데에는 다른 이유가 있었다. 아마도 아리스토텔레스 이후 생존하는 최고의 논리학자, 고등학술연구소에서도 가장 명성 높은 인물로서 아인슈타인 다음가는 학자 쿠르트 괴델,

그가 지금 한사코 음식을 입에 대지 않고 있는 것이다. 괴델은 음식에 독이 들어 있으며 담당 의사가 자신을 죽이려 한다고 생각했다.

지하실에서 괴델을 찾다

1982년 3월, 존 도슨은 괴델의 몇몇 미발표 논문을 구하지 못해 애를 태웠다. 펜실베이니아 주에 사는 수학자 도슨은 고등학술연구소 소장인 해리 울프, 수학부의 애틀 셀버그(노르웨이 출신 수학자/옮긴이)와 딘 몽고메리에게 괴델의 논문을 복사해달라고 번갈아 가며 편지를 썼다. 그러나 답신은 항상 똑같았다. 괴델의 논문은 목록에 기재되어 있지 않기 때문에 유감스럽게도 원하는 논문을 찾을 수 없다는 것이었다. 그럼에도 불구하고 도슨은 포기하지 않았다. 논문을 찾아달라는 요청과 함께 다음과 같은 사실을 강조하며 끈질기게 달라붙었다. "요컨대, 괴델이 수학에 끼치는 영향은 아인슈타인이 물리학에 끼친 영향만큼이나 중요한 것입니다. 지금 당신은 그 사람의 평생 작업, 지식의 집대성을 지하실에 가둬둔 채 시간의 먼지 속으로 사라지게 하고 있습니다."

그러던 어느 날 도슨은 연구소의 아맨드 보렐로부터 연락을 받고 정신이 번쩍 들었다. 보렐은 같은 연배의 수학자였는데 마치 도슨의 기를 꺾어보기라도 하려는 듯 당당한 목소리로 말하는 것이었다.

"어떻소? 문서보관함에 분류되지 않은 괴델의 온갖 서류가 가득 쌓여 있소. 당신이 그 논문에 그토록 관심이 많다면 연구소에 와서 분류 작업을 직접 하면서 원하는 논문도 찾아보는 게?"

도슨은 흥분을 감출 수가 없었다. 일주일 후 도슨은 연구소 도서관 지하에서 보관실 문을 열어줄 사서를 기다리고 있었다. 이 보관실에 괴델의 문서 뭉치가 가득 차 있다. 도슨은 이상야릇한 기분에 사로잡혔다. 이제 사생활이 거의 알려지지 않았던 한 위대한 인간의 가장 사적인 서류들을 마주하게 된다는 사실 때문이었다. 논리학과 수학 분야에서 가장 유명한 학자였음에도 불구하고, 인간 괴델에 관하여 단 한 가지라도 제대로 알고 있는 사람을 보지 못했다. 이와는 대조적으로 아인슈타인의 경우, 사람들은 스스로 원하건 원치 않건 간에 시시콜콜한 것까지 알고 있었다. 아인슈타인은 양말을 신지 않는다든가, 집에는 빗 하나 없다든가, 바이올린을 연주한다는 등등에 관해 사람들은 훤히 알고 있었다. 이미 상식이 되어버렸다. 그에 관한 일화는 헤아리기조차 어렵다. 그러나 괴델은 전혀 달랐다. 그는 누구인가? 도대체 그는 어디에서 왔으며, 어떤 사람인가? 괴델을 아끼는 수학자인 도슨조차 그 내막을 모르고 있었으며, 그것을 알아낸다는 것도 난감한 일이었다.

"그에 관해 알려진 사실은 거의 없는 것 같다. 연구소에 가기 전까지만 해도 나는 괴델이 결혼을 했는지, 아이가 있는지 하는 기본적인 사실을 알아내는 데에도 우여곡절을 겪었다. 왜 이러한 자료들을 찾을 수 없을까? 이건 아주 기본적인 사항들인데." 도슨은 도저히 이해할 수 없었다.

물론 들려오는 소문은 있었다. 괴델은 우울증 환자이며 오뉴월 더운 날에도 스웨터를 여러 겹 껴입고 고무 덧신을 신고 다닌다는 것이다. 그러나 이것도 확인할 수가 없었다. 활자로 남아 있는 것을 찾기란 불가능했다.

더글러스 호프스태터가 쓴 『괴델, 에셔, 바흐 _Gödel, Escher, Bach: An Eternal Golden Braid_』는 7백 쪽이나 되는 엄청난 분량의 책으로 괴델의 이론을 소개하고 그것이 예술, 음악, 그리고 서구 문명에 끼친 영향에 관해 설명하고 있다. 그러나 이 책에서조차 괴델 자신에 대해서는 전혀 언급이 없다. 괴델의 이론이 호프스태터의 책에서 중심을 이루고 있지만, 저자는 그를 다만 'K. 괴델'로만 여기고 있을 뿐이었다.

사서가 문서보관실 문을 철그렁 소리내며 열었을 때 도슨의 가슴은 흥분으로 떨리고 있었다. 보관실은 어둠침침했지만 별 지장이 되지는 않았다. 높다란 문서 캐비닛이 두 개 있었고, 줄잡아 60여 개는 될 듯한 상자들이 키 높이로 쌓여 있었다.

존 도슨은 마른침을 삼켰다. "대체 이 상자들 속에는 무엇이 담겨 있을까?"

고독한 지적 천국의 제왕

괴델에 관해 말할 수 있는 것이라곤 유일하게 학자들의 천국에서 지적 세계를 다스리던 지배자였다는 것이다. 그렇다고 그가 별다른 권력이나 권위를 갖고 있었던 것은 아니었다. 오히려 대부분의 나날을 연구 관계자나 다른 교수들로부터 거의 무시당한 채 보냈다. 1933년 그가 처음 연구소에 발을 들여놓은 후 1953년 교수가 되기까지는 거의 20년이 걸렸다. 교수가 되기까지 이렇게 오랜 시간이 걸린 것도 유례가 없는 일이었다. 그러나 그 세계에서 지성의 순위를 매기는 잣대인 연구 분야의 추상성만을 놓고 본다면 괴델이야말로 단연 으뜸가는 지배자임이 분명했다.

연구소는 순수 이론의 본거지였고 이론이 추상적이면 추상적일수록 더 훌륭한 것이었다. 이런 기준으로 보면 괴델이 우승자였다. 무엇보다도 우선 그는 수학자였다. 수학은 과학 중에서도 가장 영묘하고 추상적인 것이다. 수학은 실제 세계에서는 존재하지 않는 수, 모양, 추상적인 관계 등과 관련되어 있다. 예를 들어 수는 지각할 수 있는 것이 아니어서 보거나 들을 수 없으며 우리 손안에 넣을 수도 없는 것이다. 사과 다섯, 사람 다섯, 말 다섯은 볼 수 있지만 숫자 '5'의 실체는 볼 수가 없다. "무슨 소리야, 난 5라는 숫자를 보고 있는데"라고 말할지 모르지만 그것은 진짜가 아니다. 단지 다섯이라는 숫자를 나타낸 기호, 문자화된 표현일 뿐이다.

기하학적인 모양을 나타내는 삼각형, 원, 구의 경우도 마찬가지다. 그것들도 역시 볼 수 없다. 물론 자를 대고 삼각형을 그릴 수는 있지만 그것은 진짜 삼각형이 아니다. 단지 삼각형의 그림일 뿐이다. 기하학적 삼각형─직선으로 구성되어 있고 두께는 없다─은 지상 어디에도 존재하지 않는다.

그러나 그것들이 전혀 존재하지 않는 것은 아니다. 숫자나 기하학적 객체는 적어도 우리의 마음속에는 존재한다(그것은 우리가 바로 생각하고 있기 때문이다). 하지만 우리의 마음속에만 존재할 수는 없다. 그것들은 또한 어디엔가 존재한다. 만약 그것들이 오직 정신적 개념에 지나지 않는다면 우리의 기분에 따라 바뀔 수도 있겠지만 그것들은 조금도 바뀌지 않는다. 수는 고정된 엄밀한 것으로 우리가 아무리 바꾸려 해도 그 성질은 고유한 것으로 남아 있다. 둘 더하기 둘은 무슨 일이 있어도 넷이다.

괴델의 관점에서 보면 이것은 다음과 같은 사실로 설명될 수 있다. 설령 자연 어느 곳에서도 찾을 수 없다 하더라도, 수와 선 그리고 다른 수학적 실체들은 객관적으로 존재하는 객체이다. 괴델은 이렇게 말한다. "분류와 개념은 객관적인 실재이며 정의, 해석 등과는 독립적으로 존재합니다. 나로서는 그러한 객체들을 가정하는 것이 실제로 존재하는 물체를 가정하는 것만큼이나 논리적이고 명확해 보입니다. 존재를 인정하지 않을 수 없는 이유는 아주 많지요."

이런 모든 것은 괴델이 문자 그대로 아주 당당하고 분명한 플라톤주의자였음을 보여주는 것이다. 그는 수, 집합, 기하학적 구조 등의 수학적인 대상은 실재이며, 그 어딘가에 존재한다고 생각했다. 그는 장소를 밝힌 적도 없었고, 관념의 세계라고 말하지도 않았지만 그럴 필요도 없었다. 달리 어디에 있을 수 있겠는가? 그리고 이러저러하다고 말해보았자, 예컨대 수학적 객체는 또 다른 차원에 존재한다고 말해보았자 연구소의 다른 플라톤주의자들조차 쉽게 수긍하지 않는 것을. 세상엔 언급하지 않은 채 내버려두어야 할 게 있는 법이다. 이런 모든 사실과 연관되어 괴델은 이미 동료들로부터 소외되어 있었고 그가 약간 돌아버린 것 같다는 이야기가 나오기도 했다.

"나는 퍽 외로운 작업을 하고 있어요. 난 수학적 대상의 객관적 존재에 관해 연구하고 있습니다"라고 괴델은 말하곤 했는데, 이렇게 나서서 이야기할 필요도 없이 그는 연구소의 어느 누구보다도 이데아의 세계를 진실로 믿고 있었다.

괴델이 딱 한 번 고고한 관념의 세계에서 내려와 물리적 세계의 본질을 다룬 적이 있었다. 그것은 시간과 변화의 실체를 부정하는 것이었다. 이제 시간에 대한 생각은 시간과 함께 시작된 물질 세계와 더 이상 연관 지을 수 없다. 시간은 수나 추상적인 모양처럼 볼 수 없고, 덧없고 실체가 없는 도깨비불과 같은 것이다. 사실 아인슈타인은 이미 동시성이란 개념을 폐지했으며, 이로 인해 시간은 애초보다 훨씬 더 비밀스럽고 비실재적인 것이 되었다. 거기에서 한층 더 나아가 괴델은 시간은 그 어떤 객관적 감각으로 감지할 수 없는 것으로, 실재하는 것이 아니라고 단언했다. 시간은 세계 어디에도 실재하는 것이 아니며 단지 이 세계를 인지하는 독특한 방식일 뿐이라고.

따라서 수는 실재하지만 시간은 그렇지 않다. 이런 점에서 보자면, 괴델은 고등학술연구소의 지적 사다리—드러나 있지도 않고 언급되지도 않는—에서 가장 꼭대기에 위치하고 있음에 틀림없다. 높은 권좌에서 이 세계를 지배하고 있는 괴델이 신비스럽고 비밀스러운 존재로 평판을 얻은 것은 어쩌면 당연할지도 모른다. 또한 그의 말과 눈짓, 행동, 이 모든 것이 피안의 세계로부터 오는 것과 같은, 말로 표현할 수 없는 어떤 심오한 의미를 포함한 것으로 여겨지는 것도 논리적으로 당연해 보인다.

1972년 수학자 루돌프 루커가 괴델을 방문했다. 루커는 "그의 얘기를 듣고 있노라면 나는 무엇이라도 완전히 이해할 수 있을 듯한 느낌이 듭니다. 또한 그는 내가 말문을 열자마자 내 모든 생각을 끝까지 이해하는 듯했습니다. 의미심장하게 웃으며 내가 말하는 바를 즉각 이해하기 때문에 괴델과 대화하면 마치 텔레파시로 대화하는 듯한 느낌이 듭니다"라고 회상한다.

완벽한 이해, 의미심장한 웃음, 텔레파시로 대화하는 것, 모든 것이 괴델에게 딱 들어맞는 말이다. 만약 여러분도 그 자리에 있게 되면 그런 경험을 하게 될 것이다. 왜 그게 가능하지 않겠는가? 우리는 평범한 한 인간에 대해 이야기하고 있는 것이 아니다. 우리는 의문에 싸인 고고한 지배자, 이데아의 황제에 대해 이야기하고 있는 것이다.

지상에 내려온 수학의 신

도서실 지하로 내려간 존 도슨은 괴델의 흔적을 열심히 더듬고 있었다. "그것은 꼭 보물찾기 주머니 같았습니다. 나는 봉투 하나하나를 뜯을 때마다 이 안에는 무엇이 들었을까 생각하며 흥분했지요. 그것은 정말 흥미진진했어요."

그는 책과 잡지, 원고, 그리고 개인 신상이 적혀 있는 많은 기록들을 찾아냈다. 또한 가족들의 사진, 옷 대금청구서, 아파트 임대계약서 등도 발견했다. "어떤 봉투에는 결혼식 비용 영수증이 맥주 한 잔짜리 전표 바로 아래에 있었고, 전기나 가스 대금청구서, 도서관 열람표까지 들어 있있어요."

가장 눈길을 끈 것은 알 수 없는 필체로 가득 찬 책들이었다. 그것은 언어라고 보기 어려운, 아직 한 번도 본 적이 없는 형태를 띠고 있었다. 알파벳이라 할 수 없는 여러 개의 고리 모양, 지그재그, 점들 따위로 아주 이상한 것들이었다. 이것들은 도대체 무슨 뜻일까? 도슨은 알 도리가 없었다.

그러나 도슨은 이 모든 것에 완전히 사로잡히고 말았다. 그는 괴델의 서류와 신상 기록을 정리하는 일을 맡기로 결심했다. 어쨌든 그는 새로운 것을 발견해야 하는 과학자였다. 어쩌다가 이 해괴한 문서들을 해독하게 될지도, 괴델이 누구인가라는 물음에 대한 답을 발견할지도 모를 일이었다.

우울증 환자 '미스터 왜'

괴델은 오늘날 브르노라고 불리는 체코슬로바키아의 한 지방에서 1906년 4월 28일에 태어났다. 그 지역 게르만 루터교에서 세례를 받은 독실한 신자였고 신에 대한 믿음을 결코 버리지 않았다. 그러나 그가 섬기는 신은 동료들로부터 인정받지 못한 신이었다. 괴델은 신의 존재—소위 존재론적 논쟁에 관한 정식화—에 관한 소논문을 썼다고 하는데, 연구소 사람들은 도슨이 그 자료를 찾지 못하기를 바랐다. "그들은 그것으로 인해 괴델이 난처해지지 않을까 걱정하는 듯했습니다. 괴델이 미쳤거나 아니면 다소 그런 경향이 있다는 것을 증명하는 것일까봐 두려워했던 것이지요"라고 도슨은 말한다.

괴델에게 그런 경향이 있다는 증거는 많이 있었다. 괴델은 이미 어릴 때부터 우울증 환자였다. 예닐곱 살 때 한 차례 류머티즘 열병을 앓았으며, 이 병으로 인해 큰 고통을 받았고 삶에 대한 공포심을 갖게 되었다. 이 병은 종종 심장 질환을 초래하기도 하는데 결국 괴델도 심장이 좋지 않았던 것으로 알려졌다. 규칙적으로 식사를 하지 않거나 몸을 따뜻하게 하지 않으면 졸도하거나 죽을 수도 있었다. 그는 생각이 깊고 호기심이 많아서 태양 아래 있는 모든 것에 관하여 질문을 던지곤 했다. 부모는 그를 '미스터 왜'라고 불렀다.

1924년 괴델은 빈 대학에 입학했다. 처음에는 물리학을 전공하려 했지만 수리학자 필립 푸르트벵글러(다비트 힐베르트의 제자/옮긴이)의 강의에 깊은 인상을 받아 전공을 수학으로 바꿨다. 그는 수줍음 많은 학생이었지만 다른 학생들의 수학 과제를 도와주었기에 반에서 인기가 좋았다.

한스 한이라는 괴델의 지도 교수는 괴델을 유명한 빈 학단에 소개해 주었다. 그 서클에는 한 교수를 포함하여 경제학자 오토 노이라트, 물리학자 필리프 프랑크도 있었다. 1907년부터 시작된 이 모임은 매주 목요일 밤, 변두리에 있는 어느 카페에서 이루어졌다. 그들은 모이면 맥주를 마시고 담배를 피우며 과학에 대한 열정과 과학적 방법에 대해 의견을 나누곤 했다. 술잔을 기울이고 담배 연기로 도넛을 만들며 이런 생각에 잠기곤 했다. 왜 과학적 방법은 모든 것에 적용될 수 없을까? 왜 과학적 방법은 인간의 모든 지식을 포함할 수 없을까? 괴델이 합류한 1926년 당시 이 모임은 빈 대학의 수학과 세미나실로 장소를 옮겨 회합을 갖고 있었다. 그곳에서 이 젊은이들은 후에 논리실증주의라고 알려진 새로운 과학철학에 도전하고 있었다. 논리실증주의란 검증 원칙에 입각하여 어떤 주장이 의미를 갖기 위해서는 감각으로 입증될 수 있어야만 한다는 것으로, 우리가 보고 듣고 만질 수 있는 것으로부터 출발하지 않은 개념은 더 이상 아무런 타당성도 갖지 못한다는 것이다. 즉 의미가 없다는 것이다. 당연히 신의 개념이 가장 먼저 대두되었다. 볼 수도 만질 수도 없는 신이란 단순한 형이상학적 환상에 지나지 않는다는 것이다.

이 모임의 사람들은 적어도 그런 주제들이 무엇인가 하는 것은 알고 있다고 생각하여 괴델은 이들 모임에 매료되었다. 그러나 그들 입장에 동조할 수는 없었다. 괴델은 이미 19살 나이로 수학 분야에 자신의 플라톤주의적 입장을 적용시켰다. 그는 수를 비롯한 수학적 실체들은 세상에 존재하는 다른 모든 것들과 마찬가지로 실재적인 것이라고 믿었다. 실체를 볼 수 없다는 것은 더 이상 중요하지 않았다. 우선 원자의 경우도 눈에 보이지 않지만 확실히 실재하고 있지 않은가. 후에 괴델은 자신이 객관주의라고 부르는 이러한 형이상학적 플라톤주의가 '완전성 정리'나 기타 다른 논리적인 결론에 도달할 수 있도록 해주었다고 술회했다.

괴델은 보이지 않는 것에 대한 실증론자들의 반대 입장을 거부했지만, 주요한 과학적 주제였던 수학의 기초에 대한 논의에는 비상한 관심을 가졌다. 문제는 그 수학의 기초들이 위기에 처해 있고 당시 수학의 전 체계가 비틀거리고 있다는 점이었다. 괴델은 수학의 기초를 재정립하는 데 도움을 주기는커녕 오히려 전 체계를 더욱 혼란 속으로 빠뜨려버려 연구소의 헤르만 바일을 비롯한 다른 수학자들은 그 결과를 두고 '괴델 붕괴' 또는 '파국'이라 할 정도였다. 수학의 기초에 대한 괴델의 주장은 연구중인 모든 수학자들에게 참으로 큰 충격을 주었다. 그는 관념 세계의 둥근 천장에 갈라진 틈, 균열이 생겼다는 점에 주목했던 것이다.

가공할 만한 '괴델 붕괴'

문외한에게 있어 수학은 합리적으로 완벽한 절대 진리의 모델이며 가장 확실한 것의 모범이다. 하지만 수학자들 자신은 이런 식의 사고가 위험하다는 것을 곧 알아챘다. 이론 과학으로서 수학은 그 시작에서부터 부정확하고 불확실함을 내포하고 있었다. 사실 가장 기본적인 수학적 사실들 중에는 오늘날까지 입증되지 않은 것들이 남아 있다. 고대 그리스인이 처음으로 발견한 '약분할 수 없는 수'의 경우를 살펴보면 이러한 사정이 잘 이해될 것이다.

피타고라스의 정리로 유명한 피타고라스는 세계가 수로 구성되어 있다고 주장하는 신비주의 학파의 선구자로, 그의 신념은 사실 우리가 생각하는 것만큼 그렇게 기괴하지는 않다. 그들은 수를 공간적으로 이해했다. 즉 거리를 두고 떨어져 있는 단위 점들로 이해했던 것이다. 숫자 하나가 단일 점이다. 두 개의 숫자는 선을 그을 수 있는 한 쌍의 두 점이며 세 점은 삼각형을 이룬다. 네 점은 사각형을 그리고 다섯 개의 점은 피라미드를 이룬다(그림 1).

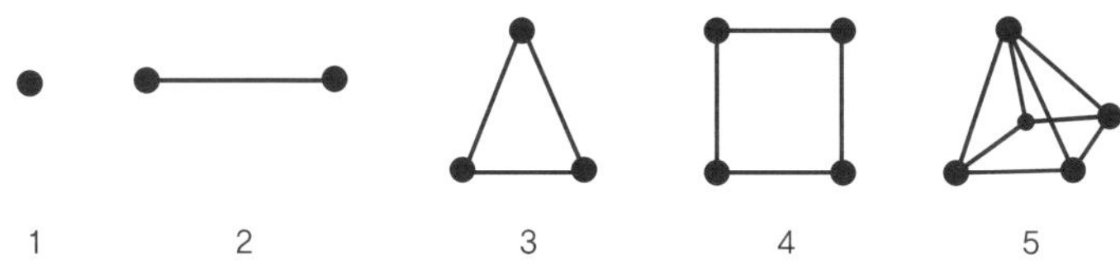

| 그림 1 | 피타고라스의 징수

피타고라스 학파는 수학이야말로 일체로 완비된 합리성의 최상의 예라는 낙관적인 견해를 갖고 있었다. 철두철미하게 명료하고, 변화하고 소멸하는 일상의 것들과는 달리 불변하는 완벽함의 모델로 여겼다. 그러나 놀랍게도 그들은 가장 대칭적인 사각형 안에 부정확하고, 합리적으로 이해할 수 없는 어떤 것이 숨어 있다는 사실을 발견했다. 사각형의 대각선은 네 변을 재는 단위로는 도대체 측정할 수 없는 것이 아닌가!

한 변의 길이가 1인 사각형을 측정할 때 아무리 세밀한 자를 가지고 아무리 노력을 해도 대각선의 길이는 정확하게 잴 수가 없다. 대각선의 길이는 자에 표시된 검은 눈금에 정확하게 떨어지지 않는다. 언제나 두 눈금 사이에, 그것도 정 중앙에서 벗어난 곳에 떨어지는 것이다. 정말 성가시다는 느낌이 들 정도다. 실계측이 아니라 산술적으로 변의 길이를 구하려 해도 똑같은 어려움이 따른다. 피타고라스의 정리 $a^2 + b^2 = c^2$을 이용하여 한 변의 길이가 1인 정사각형의 대각선 길이를 구하면 $\sqrt{1^2+1^2}$이므로 $\sqrt{2}$다. 그러나 $\sqrt{2}$는 1.4142135…로 끝없이 계속된다(그림 2). 다시 말해서 $\sqrt{2}$는 정확하게 표현할 수 없는 '무리수', 즉 정수나 두 정수의 비로 나타낼 수 없는 수라는 것이다. 참으로 곤란한 문제였다. 하지만 피타고라스 학파에게는 곤란 이상의 의미를 갖는 것이었다. 이것은 이 세상에 뭔가 아주 잘못된 것이 있음을, 자연의 심장부에 기본적으로 불합리한 것이 있음을 의미하는 것이었다.

수학의 신비 가운데 이 '약분할 수 없는 수'의 문제는 그다지 크게 문제될 것이 없었다. 그러나 비슷한 문제가 미적분학의 기초에서부터 제기되자 수학자들은 당황했다. 미적분학은 시간이나 거리의 극소값인 무한소를 다루는 방법이다. 예를 들어 어떤 지점 x를 통과하는 낙하 물체의 속도를 측정한다고 해보자. 속도는 매 순간 매 지점을 통과할 때마다 점차로 증가하기 때문에 시작점과 물체가 떨어지는 끝점에서의 평균 속도를 잰다는 것은 간단하지 않다. 왜냐하면 그 값은 x지점의 정확한 속도에 대응하지 않기 때문이다. 그런데 x점 바로 위와 아래의 평균 속도를 구함으로써 오차를 점차 0에 가깝게 줄일 수 있다. 이렇게 하면 참값

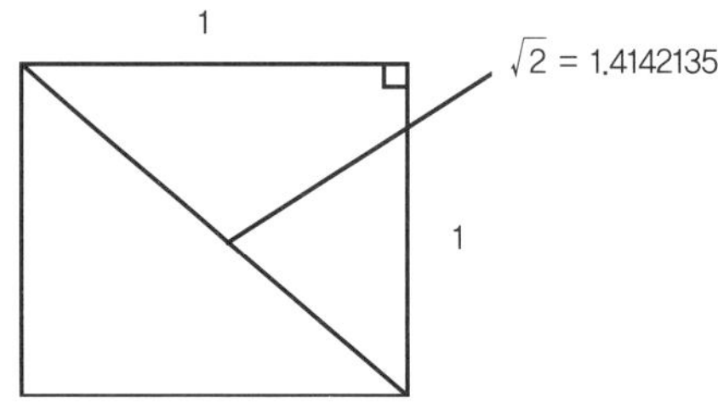

| 그림 2 | 사각형 대각선의 비(非)공약성

은 아닐지라도 다소 근사한 값을 얻게 된다. 미적분학을 발견한 라이프니츠와 뉴턴은 실제로는 전혀 가능하지 않지만 그 간격을 아주 좁게 하면 x점에서 정확한 속도를 구할 수 있다는 것을 알아냈다. 즉 필요한 것은 무한소의 시간 dt와 무한소의 거리 ds와의 비율이다. 그러면 x점에서의 실제 속도는 $\dfrac{ds}{dt}$이다. 즉 t에 대한 s의 도함수인 것이다(그림 3).

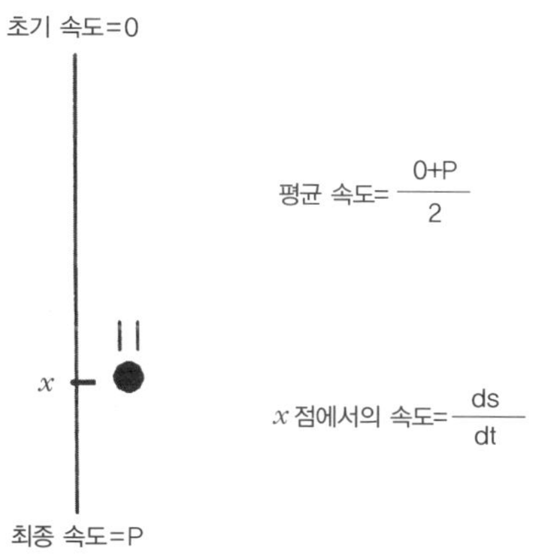

| 그림 3 | x점을 통과할 때의 낙하 속도 계산

그렇다면 지금까지 언급해온 '무한소'란 무엇을 뜻하는가? 무한소 간격이란 얼마나 작은 것을 말하는 걸까? 그리고 그 크기를 실제로 '0'으로 줄인다는 것은 무엇을 뜻하는가? 뉴턴은 『자연철학의 수학적 원리』에서 무한히 작은 크기를 무한소라고 했다. 그것은 점점 작아져서 완전히 사라져버리는 요술과 같은 것이다.

"무한히 작은 양의 궁극적인 비율이란 그들이 사라지기 전이나 사라진 후의 비율이 아니라, 사라지는 바로 그 순간의 비율로 이해해야 한다." 다시 말하면 무한소란 어떤 의미에서는 거기에 존재하지 않는 양의 비율이라는 것이 뉴턴의 말이다.

라이프니츠는 무한소를 가상의 상대적 제로로 자주 이야기하곤 했다. 그러나 이 모든 것은 아주 애매모호해서 주술처럼 들렸다. 영국의 철학자 조지 버클리는 "무한소를 소화해낼 수 있는 사람이라면 생각건대 신에 관해서도 전혀 신경질을 부릴 필요는 없겠지"라며 빈정거렸다.

무한소는 그 자체만으로도 신비로운 것이지만 이와 비슷한 것이 무한대의 개념 속에도 있었다.

19세기 후반에 게오르크 칸토어는 집합 이론이라는 수학의 새로운 분야를 연구하는 과정에서, 모든 집합의 집합이라는 역설에 부딪혔다. 집합이라는 것은 어떤 대상들의 모임을 말한다. 물론 정수를 대상으로 할 수 있으므로 숫자 4, 7, 2, 3으로 구성된 집합 {4, 7, 2, 3}을 만들 수 있다. 이 집합은 많은 부분집합을 갖고 있는데, 부분집합은 원래 집합과 똑같거나 작다. 4개의 원소로 된 이 집합의 부분집합의 개수는 16개이다.

일반적으로 원소의 개수가 n인 집합이라면 부분집합의 개수는 $2n$임이 밝혀져 있다. 따라서 어떤 집합의 부분집합의 개수는 그 집합의 원소 개수보다 많다는 것을 알 수 있다.

그렇다면 모든 집합의 집합은 어떨까? 정의에 따르면 이 집합은 모든 집합을 그 원소로 포함하고 있다. 그런데 집합은 포함하고 있는 원소의 개수보다 더 많은 부분집합을 갖는다는 관점에서 볼 때 모든 집합으로 이루어진 집합도 자신의 원소보다 더 많은 부분집합을 가져야 한다. 이것은 물론 불가능하다.

괴델이 빈 대학의 학생으로 있던 당시 수학자들은 수학이라는 우주에서 제기되는 이런 문제들에서 벗어나기 위해 고심하고 있었다. 1925년

다비트 힐베르트는 "무한소의 미적분학에 나타난 역설과 집합 이론에서 나타난 역설처럼 두 번씩이나 경험했던 일이 또다시 일어날 수 있을까? 아니, 결코 그런 일은 없을 것이다"라고 했다.

수학자들은 그들이 다루는 주제들의 이론적 근거가 되는 수학의 기초들과 연관된 일반 문제와 부딪히면서 어떤 역설이나 이상함에도 불구하고 수학은 여전히 확실함의 기초이며 그들이 항상 희망해온 절대적인 진실의 견본임을 보장해줄 수 있는 근거를 찾아나서야 했다. 증명해야 할 주요 과제 중 하나는 수학은 적어도 모순되지 않고 어디에도 모순이 숨겨져 있지 않다는 것이었다. 또 다른 하나는 수학은 제기된 어떤 문제라도 풀 수 있다는 점에서 완벽하다는 점이었다.

수학의 기초를 재정립하려고 노력한 선구자는 괴팅겐 대학의 다비트 힐베르트였다. 오늘날 최고의 수학자로 알려진 힐베르트는 타고난 낙천주의자였다. 어떤 것을 알려고 충분히 노력만 한다면 모든 것은 밝혀질 수 있다고 확신하고 있었다. 또한 불확실한 부분을 제거하기 위해서 수학의 기초들을 어떻게 개정했는가를 서술한 논문과 책을 출판하기도 했다. 또한 그는 수학 학회에서 행한 감격적인 격려 연설로도 유명해졌다. "모든 수학 문제는 풀 수 있습니다. 우리는 확신합니다. 어떤 수학 문제를 풀려고 할 때 우리를 가장 매료시키는 것은 언제나 들을 수 있는 이런 이야기입니다. '여기 문제가 있으니 해답을 찾아라. 수학에서 우리가 알 수 없는 것이라고는 없나니, 순수한 사고만으로 이 문제의 답을 찾을 수 있으리라.'"

살아 전해오는 이 명언! 해답은 어딘가에 있다. 모든 수학 문제는 풀 수 있으므로. 왜냐하면 수학에서 알지 못하는 것이란 아무것도 없으니까… 무엇보다도 기구를 사용하거나 실험을 하지 않고도, 즉 자연의 도움을 받지 않고도 해답을 구할 수 있다. 순수한 사고만으로도 해답을 구할 수 있다. 연설을 듣고 있던 수학자들은 그 말에 도취되어버렸다.

물론 힐베르트는 이런 모든 문제들을 어떻게 증명할 것인가에 대한 나름의 생각을 갖고 있었으므로 곧 동료들과 이 일에 착수하였다. 사실 그들은 이미 문제를 거의 해결하여 무너져가는 학자들의 천국의 벽을 다시 세워놓을 찰나였다. 그때 최악의 상황이 벌어졌다. 어느 수학자의 말처럼 건물이 완성되자마자 기초가 무너져 내린 것이다. 건물 아래 토대를 잠식하고 있던 사람은 다름아닌 조용하고 내성적인 인물, 쿠르트 괴델이었다. 그는 도끼나 철퇴를 쓰지도 않았다. 단지 작은 망치로 이곳 저곳을 두들기면서 비어 있는 곳에서 나는 소리를 듣고는 '바로 여기다' 하는 식으로 건물의 기초 결함을 찾아냈다. 그런데 정말로 유별난 소리가 들렸으니!

괴델은 1931년 「수학 원리와 이에 연관된 체계에서 형식으로 해결할 수 없는 명제에 대하여」라는 논문을 써서 '괴델 붕괴'라는 세간의 풍문에 날개를 달아주었다. 여기서 괴델은 힐베르트와 다른 수학자들이 상상하고 있는 것처럼 수학이 모든 것을 내포하고 있는 것도 아니고 전지전능한 것도 아님을 공언했다. 또 힐베르트의 모든 연구 계획은 사실상 희망이 없으며 자체로는 해결할 수 없는 몇 가지 문제가 지금의 수학 체계 내에서 나타나고 있다고 주장했다. 다시 말해 '우리가 해결할 수 없는 문제가 있다'는 것이었다.

그런 결론을 증명하기 위해 괴델은 『수학 원리 *Principia Mathematica*』의 체계에 존재하는 미해결의 논리적 명제들을 엮어보았다. 『수학 원리』는 세 권에 달하는 방대한 분량의 저서로 수학적 논리주의자 버트런드 러셀과 알프레드 노스 화이트헤드가 저술한 책이다. 그들은 이 책에서 모든 수학이 몇 개의 간단한 공리와 추론으로부터 어떻게 이끌어질 수 있는가를 보여주려고 하였다. 이에 대해 괴델은 "이것은 모든 내용을 포함하고 있고 이해하기 쉬워서 이들 공리와 추론을 통해 외형적으로 표현되는 어떤 수학적인 문제라도 풀 수 있는 것처럼 생각된다. 그러나 그렇지 않음을 보게 될 것이다"라고 말했다.

괴델은 이 책에서 예상하고 있던 바와는 달리 『수학 원리』에 나와 있지만 그 체계 내에서 참이라고 입증할 수 없는 명제들이 있음을 제시했다. 괴델이 제시한 미해결 명제들은 '이 진술은 증명할 수 없다'라는 주장과 수학적으로 동등한 것이었다. 그 명제는 사실 증명이 불가능했다. 하지만 바로 그 사실 때문에 그것은 참이다. 즉 참임을 증명할 수 없는 참 명제였다.

이것은 수학의 종말처럼 들렸다. 힐베르트의 노력에도 불구하고 수학은 원래부터 필연적으로 불완전하며 불합리하다는 소리로 들렸다. 이 얼마나 참담한 말인가.

알려지지 않은 괴델의 사랑

1931년 괴델의 불완전성 정리에 관한 논문이 출판되고 난 얼마 후 오스왈드 베블렌은 괴델에게 초청장을 보냈다. 새로 창립된 고등학술연구소에 와서 연구 성과에 대한 강연을 해달라는 것이었다. 괴델은 흔쾌히 승낙했고, 1933년 10월 6일 뉴욕에 도착했다. 그 연구소는 바로 나흘전에 알렉산더, 노이만, 베블렌, 이렇게 세 명의 교수진으로 문을 열었다. 아인슈타인은 아직 유럽에 있었다.

연구소는 프린스턴 대학의 파인 홀 안에 있는 수학부 건물을 쓰고 있었다. 이 중세식 건물은 밖에서는 교회처럼 보이고 안에서는 지하 감옥 같았다. 돌벽으로 된 복도에는 초를 한두 개씩 꽂을 수 있는 청동 촛대들이 있어 어둠을 밝히고 있었다. 이곳은 어둠침침해서 마치 어셔 가家에 온 듯한 느낌을 주었다.

여러 가지 면에서 파인 홀의 정신과 어울릴 수 있도록 수준 높은 연구를 하기 위해 이곳에 온 사람들은 '연구자worker'라고 불렸다. 1934년 2월, 연구소의 최초 보고서에는 "연구자들은 대부분 몇 년 전에 박사 학위를 받고 종합대학이나 단과대학에서 재직하는 동안 전도가 유망한 논문들을 출판한 사람들이다"라고 적혀 있다. '등록된 연구자들'이라는 제목으로 되어 있는데 23명의 명단이 기록되어 있다. 그 중 17명이 미국 출신이고 쿠르트 괴델을 비롯한 나머지는 외국에서 온 사람들이었다.

괴델은 연구소에서 봄 학기 동안 불완전성 연구 결과에 대한 강연을 하였다. 그러고는 논문을 제출하기 위해 뉴욕과 워싱턴의 과학 단체를 찾아다니다가 5월 말에 다시 유럽으로 돌아갔다. 28살 되던 해인 1934년 가을에는 신경 쇠약증을 치료받기 위해 빈 근교에 있는 요양소에 들어갔다. 어떻게 보면 사랑의 열병이었다. 그는 빈의 나이트클럽에서 아델 님버스키라는 무용수를 만나 그녀와 결혼하려고 하였다. 그러나 괴델의 부모는 결혼을 완강히 반대했다. 항상 부모의 권위를 따랐던 괴델은 결국 결혼을 포기했다. 이런 일은 괴델의 생애에서 종종 있었다. 비록 수학의 완벽함을 여지없이 깨어버린 위대한 논리학자이긴 했지만, 관료적인 직위에 있는 사람 앞에서는 쉽게 굴복해버리고 마는 것이었다.

연구소에서 수년 동안 그의 동료로 지낸 딘 몽고메리는 그러한 몇 번의 경우를 이렇게 회상한다. "약 15년 전에 당시 연구소의 책임자인 칼 케이슨이 사회과학 분야에 누구를 임명할 것인가를 놓고 우리와 논쟁을 벌인 적이 있었어요. 우리는 지원자의 논문이 형편없다고 생각해 그에게 반대표를 던지기로 했지요. 하지만 케이슨은 그를 임명하기로 결정했고 인사위원회는 그 뜻을 따르기로 했습니다. 결국 케이슨이 지지하는 사람은 연구소에 자리를 얻게 되었습니다. 괴델도 다른 연구원들과 마찬가지로 반대표를 던졌지요. 그런데 그가 내게 이렇게 말하는 것이에요. '인사위원회가 그를 고용하려는 데에는 틀림없이 무슨 이유가 있을 것이오. 이 사람은 우리가 모르고 있는 정부의 일을 하고 있는지도 모릅니다.' 이런 식의 일이 몇 번 있었습니다. 그는 권위에 동조하지 않으면서도 결국에는 그들의 판단이 어쩌면 옳을지도 모른다고 생각하곤 했습니다."

연구소의 또 다른 수학자 애틀 셀버그는 심지어 이런 말도 한다.

"괴델은 실제로 모든 권위는 신으로부터 나오는 것이라고 생각했으며 법은 신성한 것이라고 믿었지요. 어떤 특정한 종파에 속하는 기독교인은 아니었지만, 학생들을 가르치면서 다소 논리적인 모순에 부딪히게 되어 신에 대한 강한 믿음을 갖게 되었는지는 몰라도 모든 권위는 신이 부여하는 것이라고 굳게 믿고 있었습니다."

무명의 친구 때문에 초조한 아인슈타인

신경 쇠약증으로 요양소에서 일 년 남짓 치료를 받고 난 1935년 가을, 괴델은 다시 미국으로 돌아와 연구소에서 지냈다. 미국에 온 지 6주 후 그는 과로와 쇠약증으로 갑자기 연구소를 떠나게 되었다. 그리고 2주

후 오스트리아로 떠났다. 그해 겨울과 이듬해 봄까지 괴델은 다시 요양소에서 지내게 되었고, 1936년 말까지 정상적인 연구 활동이나 교수 활동을 다시 시작할 수 없었다. 1937년 초여름이 되어서야 빈 대학에서 강의를 맡게 되었다.

이 년 반이 지난 1940년 1월 중순에 괴델과 그의 아내―나이트클럽의 무용수와 마침내 결혼했다―는 중앙 러시아의 시베리아 철도를 달리고 있었다. 그들은 요코하마로 가는 길이었고, 거기서 최종 목적지인 고등학술연구소로 가기 위해 샌프란시스코 행 배를 탔다.

1939년 3월 독일 국가사회당은 대학 강사 자리를 폐지하고 '신질서의 교육자'라는 직위를 신설했다. 그리하여 괴델은 일자리를 잃게 되었다. 문제는 그것으로 끝나지 않았다. 그는 또한 나치 군으로부터 신체검사 통지서를 받았다. 부끄러움을 많이 타고 속세를 버린 듯한 괴델은 32세에 이미 20세기 최고의 논리학자가 되어 있었으나 직업도 없이 빈의 허름한 아파트에서 결혼 생활을 시작했다. 당시 그는 무언가 빨리 손을 쓰지 않으면 군에 징집될지도 모른다는 강박관념에 사로잡혀 있었다.

히틀러의 열풍은 이미 그가 사는 도시를 강타하고 있었다. 하루는 청소부로부터 청구서를 받고 보니 총액 6.8 제3제국 마르크라고 적은 아랫부분에 '히틀러 만세'라는 글귀가 큼직하게 인쇄되어 있었다. 괴델은 이런 것에 거부감을 느꼈고 거기서 벗어나기 위해 아내와 함께 미국으로 떠나기로 했다. 대서양을 가로질러 항해하는 것은 너무 위험했기에 멀기는 해도 러시아와 태평양을 경유하여 북아메리카 대륙으로 가기로 결정했다. 길고도 피곤한 여행이었다. 괴델은 1940년 1월 18일에 오스트리아를 떠나 3월 4일에야 샌프란시스코에 도착할 수 있었다. 그로부터 며칠 후 그는 프린스턴에 도착하여 정교수가 되기까지 13년간의 견습 생활을 시작하였다.

나치 독일에서 가까스로 탈출한 괴델은 플렉스너가 말하던 '천국'의 의미를 다른 어느 누구보다도 생생하게 느꼈을 것이다. 학자와 과학자들이 세상의 온갖 소용돌이에서 벗어나, 이 세계와 모든 현상을 실험 대상으로 생각할 수 있는 이곳, 프린스턴이야말로 그에겐 천국이었을 것이다. 이 무렵 연구소는 중세식 건물인 파인 홀에서 올든 농장에 새로 지은 펄드 홀로 옮겨갔다. 아인슈타인의 연구실 바로 위에 있는 자신의 연구실로 옮겨갔을 때 괴델은 비로소 진정한 안도감을 느꼈을 것이다. 이제 영원히 속세에서 벗어난 것이다.

수학자 솔로몬 페퍼먼은 괴델의 생활과 업적을 설명하면서 그가 미국 시민권을 이렇게 따낼 수 있었는지에 관해 이렇게 기술하고 있다. 시민권을 따기 위해서는 언어 구두 시험을 치러야 했기 때문에 그는 미국 헌법을 공부했다. 그런데 이 과정에서 괴델은 미국 헌법에 상당한 문제점이 있다는 것을 발견하게 된다. 즉 몇 가지 논리적인 모순이 있다는 것과 자세히 들여다보면 미국이 아주 합법적으로 독재 정권이 될 수 있다는 점이었다. 괴델은 이 사실을 친구 오스카 모르겐슈테른(오스트리아 출신 경제학자/ 옮긴이)에게 털어놓았다. 그러자 친구는 괴델에게 시민권 시험에서는 절대 이 사실에 관해서 언급해서는 안 된다고 말했다.

1948년 4월 2일 괴델은 아인슈타인과 모르겐슈테른을 증인으로 동반하고 트렌턴의 관청에 나타났다. 트렌턴으로 가는 도중에 아인슈타인은 미국 헌법의 논리적인 문제를 괴델의 머릿속에서 털어내려고 여러 가지 이야기를 계속 들려주었다. 그러나 일은 벌어졌다. "당신은 지금까지 독일 시민권을 갖고 있었군요." 관리가 이렇게 말하자 그는 즉시 그 말을 정정해주었다. 괴델은 독일인이 아니라 오스트리아인이었다. "어쨌든 지독한 독재 정권 아래 있었군요. 하지만 다행히도 미국에서는 독재란 불가능하지요…" 관리가 계속 말을 이어나갔다. 그때 "아니, 그렇지 않아요. 나는 독재가 어떻게 일어날 수 있는지 알고 있소!"라고 괴델이 소리친 것이다. 아인슈타인과 모르겐슈테른이 간신히 괴델을 진정시켜 시험을 치르게 하고 미국 시민으로서 맹세를 하게 했다.

괴델은 전혀 사교적이지 못했다. 한번은 '괴델 붕괴'를 주장했던 수학자 헤르만 바일이 수학자 파울 로렌첸에게 연구소에 와줄 것을 요청한 적이 있었다. 로렌첸은 괴델 붕괴가 수학에 미친 손상을 복구하려는 논문 몇 편을 쓴 인물이었고 그 논문들은 바일의 마음에 쏙 들었던 것이다. "나는 하늘이 다시 열리는 것을 보았소"라고 바일은 로렌첸에게 썼다.

불행하게도 바일은 로렌첸이 프린스턴으로 오기 전에 죽었고, 로렌첸이 연구소에 나타났을 때는 괴델이 그를 맞이했다. 괴델은 대뜸 말했다. "나는 당신이 쓴 논문들을 보았소. 해롭기 그지없는 것들이더군요." 이 말은 로렌첸에게 큰 상처로 남았다. 후일 로렌첸은 "그때 들은 말은 한 마디도 빠트리지 않고 가슴 속에 새겨두고 있습니다"라고 말했다.

언젠가 괴델이 연구소에서 한 학기에 한두 번 열리는 만찬회에 참석했을 때도 마찬가지였다. 건너편에는 당시 떠오르는 젊은 천체물리학자 존 바콜이 앉아 있었다. 두 사람은 서로 인사를 나누었고 바콜은 자신이 물리학을 하고 있다고 했다. 그러자 괴델은 시큰둥하게 말했다. "나는 자연과학 따위를 믿지 않아. 당최 혼란스럽고 정확하지도 않아. 또 수학적 대상의 불변성을 반영하지도 못하지." 바콜도 이 모든 것을 이해하고는 있었으나 그날 밤의 대화가 잘 풀리지 않았음은 물론이다.

뜨거운 감자? 연속체의 명제

고등학술연구소에서 괴델이 연구했던 주요 주제는 연속체에 관한 것이었다. 괴델에 따르면 칸토어의 연속체 문제는 아주 간단한 것이다. 유클리드 공간의 직선 위에는 얼마나 많은 점이 있는가? 이와 동등한 문제로서 얼마나 많은 정수 집합이 존재하는가? 이 문제는 '수'의 개념이 무한 집합까지 확장된 후에 비로소 제기될 수 있는 것이다.

칸토어의 시대보다 앞선 고대 그리스 시대의 수학자들은 어떤 종류의 무한한 총체성도 존재할 수 없다고 했다. 무한은 존재할 수 있지만 어떤 주어진 수에 1을 더함으로써 항상 더 큰 수를 만들 수 있다는 잠재적인 의미에서만 그렇다. 숫자 1을 다 써 내려갈 수 없듯이 이 과정은 계속되는 것이며 이런 의미에서 수는 '무한' 하다. 그럼에도 불구하고 어떤 경우든 특정한 무한수를 소유할 수는 없다. 어떤 특별한 수는 정의상으로 유한하기 때문이다.

그러나 칸토어는 이런 해석에 동의하지 않았다. "수학적 무한의 본질에 관해 일반적으로 받아들여지고 있는 관점에 반대한다." 이 말은 그래도 자신의 의견을 조심스럽게 피력한 것이다. 사실 그는 하나가 아니라 무한수의 전체 수열, 그 수열의 끝없는 연속 체계를 가정하기까지 했던 것이다. 어떤 수학자들은 이런 연구를 완전히 미친 짓이라고 여겼지만, 칸토어야말로 새롭고 신비한 마술과 같은 수학적 우주를 열어놓았다고 생각하는 사람들도 있었다. 그 중 한 사람인 힐베르트는 "칸토어는 우리를 위해 파라다이스를 창조했어요"라고까지 말했다.

칸토어에게는 바로 눈앞에 무한 집합 전체를 상정하지 못할 이유는 없었다. 수학자들은 실제로 무한함을 인식할 수는 없을지라도 무한한 양을 언제나 사용할 수는 있는 것이다. 예를 들어 원주율 π를 보자. 1767년 이래로 π는 무리수로 알려졌는데 그 의미는 소수 이하 자리를 확정하여 정확한 값을 가질 수 없다는 것이다. 그럼에도 불구하고 π는 존재한다. 원의 지름에 대한 원둘레의 비율인 π는 원이 존재하는 한, 지름이 존재하는 한 존재해야만 한다. π값을 마지막 자리까지 모두 쓸 수 없다는 점은 중요하지 않다. 무한히 계속되지만 π는 존재하는 것이다.

칸토어는 여기서 더 나아가 다른 크기의 무한한 집합까지 상정할 수 있다고 하였다. 1, 2, 3…으로 이어지는 자연수 집합은 이들 집합 중 가장 작은 것이다. 그 위에 조금 더 큰 크기의 무한 집합이, 또 그 위에 좀 더 큰 무한 집합이 끝없이 존재한다는 것이다.

이들 무한 집합을 모두 추적하기 위해서 칸토어는 헤브라이 알파벳의 첫 문자인 알레프($\aleph$)를 기초로 한 자신만의 독특한 기호를 사용하여 이 무한 집합을 나타내기로 하였다. 가장 작은 무한 집합인 자연수 집합은 가장 기본적인 숫자 알페눌($\aleph_0$)로 표시하기로 했다. 두 집합이 서로 일대일 대응을 한다면 이 집합은 동등하다고 칸토어는 말한다. 예컨대 1을 분자로 하는 단위 분수 집합을 자연수 집합에 일대일 대응시킬 수 있으므로 두 집합은 원소의 개수가 일치한다. 따라서 이들 두 집합 모두 알페눌 기호로 나타낼 수 있다.

$$
\begin{array}{ccccc}
1 & 2 & 3 & 4 & 5\cdots \\
\updownarrow & \updownarrow & \updownarrow & \updownarrow & \updownarrow \\
\dfrac{1}{1} & \dfrac{1}{2} & \dfrac{1}{3} & \dfrac{1}{4} & \dfrac{1}{5}\cdots
\end{array}
$$

하지만 더 큰 무한 집합이 존재한다. 예를 들어 1과 2 사이에는 소수가 무한히 존재한다. 0.25와 0.26 사이에는 0.255와 0.256이, 또 이들 사이에는 0.2555와 0.2556 등 무수히 많은 소수가 존재한다. 사실 두 소수 사이에는 더 작은 소수가 무한히 있다. 이 말은 소수―1.00도 소수라고 하고―는 정수 집합보다 훨씬 많은 원소를 가진 무한 집합을 이룬다는 것을 의미한다.

여기서 조심해야 한다. 보라, 만약에 정수를 무한히 공급받을 수만 있다면 분명히 소수와 무한하게 일대일 대응시킬 수 있다. 이 말은 다 써내려갈 수 없을 정도로 정수가 충분히 있다는 의미로 들린다.

하지만 칸토어는 그렇게 보지 않았다. 그는 자연수 집합의 원소들과 일대일 대응시키고도 남는 소수가 훨씬 많다는 것을 입증해 보였다. 그 유명한 '내각선 논법'으로 입증하였던 것이다.

다음과 같은 간단한 수의 배열을 생각해보자.

$$
\begin{array}{ccc}
\mathbf{1} & 2 & 3 \\
4 & \mathbf{5} & 6 \\
7 & 8 & \mathbf{9}
\end{array}
$$

왼쪽 끝에서 오른쪽으로 대각선을 이루는 수는 원래 배열을 이루는 숫자가 아닌 159라는 새로운 수이다. 그런데 칸토어는 아무리 긴 수열을 고안해서 배열하더라도 원래 배열된 숫자에 없던 새로운 대각선 수가 생겨난다는 것을 발견한 것이다. 이 방법을 이용하여 자연수보다 훨씬 많은 실수가 있음을 보였다.

이번에는 역으로 실수가 자연수와 일대일 대응을 할 수 있다고 가정해보자. 0과 1 사이의 실수에 한정시켜보면 아래와 같이 자연수와 실수를 대응시킬 수 있다.

자연수	실수
1	·**0**000000001234···
2	·3**4**75869979787···
3	·98**8**4666567576···
4	·757**2**574543298···
5	·6666**6**66666666···
6	·02988**4**7244656···
7	·500000**0**000000···
·	···
·	···
·	···

이것이 무한히 계속된다고 생각해보자. 정수가 바닥이 날 경우는 없으므로 가장 마지막 실수까지 대응시킬 수 있을 정도로 정수가 무한히 있을 것처럼 보인다. 하지만 대각선 논법이 보여주듯이 이 추측은 잘못된 것이다. 대각선으로 얻은 숫자를 하나 취해보자.

$$0.0482640\cdots$$

그리고 각 자리에 1을 더해서 자리 수를 바꾸어보자. 이렇게 하면 새로운 수 n을 얻을 수 있다.

$$n = 0.1593751\cdots$$

이 새로운 수 n은 실수 목록 어디에서도 찾을 수 없다. 그 이유는 숫자 n은 목록상에 이미 존재하던 다른 수와는 적어도 하나가 다르기 때문이다. 이 점을 주의해보라.

- 첫번째 실수의 첫째 자리 수는 n의 첫째 자리 수와 다르다.

  그러므로 n은 첫번째 실수와 다르다.
- 두번째 실수의 둘째 자리 수는 n의 둘째 자리 수와 다르다.

  그러므로 n은 두번째 실수와도 다르다.
- 세번째 실수의 셋째 자리 수는 n의 셋째 자리 수와 다르다.

  그러므로 n은 세번째 실수와도 다르다.
- 이하 이와 같이 계속될 것이다.

다시 말하면 n은 제시되어 있는 모든 실수와 다르다. 그러므로 n은 모든 실수를 포함하고 있는 일람표에는 사실상 존재하지 않는다. 결론적으로 본래의 가정과는 반대로 정수와 실수는 일대일 대응을 시킬 수 없다. 정수로는 나타낼 수 없는 더 많은 실수가 존재한다는 것이다.

이제 연속체의 문제는 자연수(또는 정수)의 집합보다 더 크지만 실수 집합보다 작은 무한 집합이 있는가 하는 것이다. 이것 역시 아주 간단해 보인다. 칸토어 자신의 답은 '없다'로, 정수의 작은 무한 집합과 소수의 큰 무한 집합 사이에는 무한 집합이 존재하지 않는다고 생각했다. 그런 중간 단계의 집합이 존재하지 않는다는 견해는 오늘날 '연속체 가설' 이라 불리고 있다. 연속체 가설에서 유일한 문제점은 칸토어나 어떤 다른 수학자도 증명할 수 없었다는 것이다.

고등학술연구소에서 괴델은 여러 해 동안 이 연속체 문제를 풀려고 애썼다. 칸토어와 마찬가지로 괴델도 역시 이 문제를 해결하지는 못했지만 약간의 진전은 있었다. 연속체 가설이 성립하는 수학적 모델을 정식화한 것이다. 에른스트 체르멜로와 아브라함 프랜켈이 기술한 '표준 집합 이론'의 공리가 주어지면 연속체 가설은 결과에 어떤 모순도 일으키지 않고 하나의 공리로 첨부될 수 있음을 보여주었던 것이다.

후에 괴델은 자신의 보조자로서 젊은 수학자 폴 코헨을 채용했다. 코헨과 괴델은 이 년 동안 연속체 문제에 관해 함께 연구했는데, 연구소를 떠난 직후 코헨은 연속체에 관한 또 다른 발견을 하였다. 그는 자신이 개발한 소위 강제법(forcing)이라는 '참신한 집합 이론 전략'을 이용하여 연속체의 가설이 체르멜로-프랜켈 공리와 무관하다는 결론을 확립하였다.

평행선 가설이 유클리드 기하학의 여러 공리로부터 독립해 있는 것처럼—이 내용이 뜻하는 것은 유클리드 기하학의 공리에 근거하여 증명할 수 없다는 것을 의미한다—연속체 가설도 집합 이론의 공리만으로는 증명할 수 없다는 것을 입증한 것이다.

괴델은 그의 제자를 대신하여 국립 과학 아카데미 회보에 코헨의 증명을 제출하였고, 이것은 1963년에 출간되었다. 그러나 연속체 문제는 여전히 완전하고 명확한 결과가 나오기를 기다리는 이론 수학 분야의 케케묵은 이야기로 남아 있다.

괴델과 아인슈타인

연구소에서 괴델과 가장 친한 동료는 알베르트 아인슈타인이었다. 자신의 학문 분야에서 당당하면서도 고독한 거장으로 존재하던 이들이 함께 산책하는 광경은 연구소에서는 아주 일상적인 풍경이었다. 둘 다 주위 동료들과 어울리려고 하는 편은 아니었다. 때로 연구소의 수학자들 모두 나소 인(Nassau Inn, 프린스턴 도심에 있는 호텔/옮긴이)에서 점심 식사를 하곤 했는데 괴델도 함께 와서 한두 마디 농담을 하며 긴장을 풀곤 했다. 그러나 대부분 괴델은 연구소 식당에서 홀로 차 한 잔에 사과 한 쪽을 먹는 정도였다. 연구소는 괴벽스러운 사람들로 가득 차 있었는데 괴델 역시 괴짜 중의 괴짜였다.

어떤 면에서 보면 아인슈타인은 그때까지는 순수한 수리논리학자 그 자체였던 괴델에게 물리학 중에서도 특히 일반상대성 이론에 흥미를 느끼게 하려고 노력했던 것 같다. 어느 날 아인슈타인은 우연히 펄드 홀의 수학 도서관에서 괴델을 만나게 되었다. 그곳에서 그들은 아인슈타인이 고민하고 있던 중력장 방정식을 풀 때 제기되는 몇 가지 문제에 관해 토론하게 되었다. 그 이후에 괴델은 그 방정식에 관한 연구를 계속하여 새로운 해를 얻어내게 된다. 이 해에 따르면 시간의 경과, 즉 자연계에 있는 변화의 존재가 실재적인 것이 아니며 환상으로 보일 수 있다는 것이었다.

"이로써 파르메니데스와 칸트, 그리고 현대의 이상주의자들처럼 변화의 객관성을 부정하고 변화란 특별한 양식의 인식으로부터 기인되는 환영이나 외형상의 변화라고 보는 철학자들의 관점이 명백한 확증을 얻은 것처럼 보입니다"라고 괴델은 말했다.

괴델은 이 일반상대성 이론에 관한 연구 결과를 「아인슈타인의 중력장 방정식에 대한 새로운 형태의 우주론 해」라는 제목의 논문으로 1949년 발표하였다. 그가 얻은 해는 '회전하는 우주'를 묘사하는 것이다. 즉 광대하고 무한한 우주의 소용돌이 속에서 모든 물질이 회전하고 있는 세계이다. 물질의 회전으로 원래 있던 자리로 되돌아오는 시공의 궤도가 얻어진다. 이로부터 시간은 사건들의 일직선상의 연속이 아니라 우주의 주위를 도는 곡선과 같은 것이 된다. 만일 굉장히 빠른 우주선이 있다면 곡선 위의 한 점에서 다른 점으로 이동할 수도 있다고 괴델은 생각했다. "충분히 큰 곡선을 그리며 우주선을 타고 순회 여행을 한다면, 과거, 현재, 미래 영역을 넘나들었다가 되돌아오는 것도 가능하다."

그래서 괴델은 '변화는 환상이다', '관념 세계 바깥에 존재하는 무한한 수의 집합', '시간 여행이 가능하다' 등을 생각하며 프린스턴 거리를 산책하곤 했다. 물론 이와 같은 이론들로 해서 괴델은 연구소 정교수가 될 자격을 갖추게 되었다.

침묵과 괴델, 그리고 수의 왕국

연구소에서만 계속해서 13년을 재직한 1953년에 괴델은 마침내 수학 교수로 승진했다. 몇몇 교수들은 그의 승진이 지연된 것에 대해 화가 나 있었다. "괴델이 정교수가 아닌데 어느 누구를 교수라고 할 수 있는가?" 폰 노이만은 이렇게 반문했다.

괴델이 교수가 되기까지 왜 그렇게 오랜 시간이 걸렸는가는 이제껏 해명되지 않고 있다. 어떤 사람들은 말하길, 연구소 행정관들은 그에게 정

교수 자격을 주어 그 직위에 대한 책임감까지 떠맡기게 되는 것을 원치
않았다고 했다. 정교수가 되면 교수회 참석을 비롯해 승진신청서 검토,
임시 연구소원에 관한 일 등 잡다한 업무들이 많았던 것이다.

다른 견해도 있다. 권위에 대해 두려워하는 성격, 원칙적이며 곧이곧
대로인 성격, 일에 미친 듯이 매달리는 그의 천성이 연구소 경영에 마찰
을 빚을지도 모른다고 우려했기 때문이라는 것이다. 아마도 괴델은 연
구소 내규의 모순점을 찾아냈을 것이다.

괴델은 이 새로운 직무를 너무나 신중하게 받아들여서 아주 사소한
일까지도 소중히 하는 것 같았다. 그는 연구소 지원자들에 대한 신상기
록까지 면밀히 검토하곤 했다. 애틀 셀버그는 이에 대해 이렇게 말한다.
"괴델에게 이들에 대해 말해달라고 하는 것은 어려웠어요. 그들에 대한
자료를 얻어내는 건 더더구나 어려웠습니다."

몇 년 후 괴델은 펄드 홀에 있는 자신의 연구실을 새 건물인 역사 연
구 도서관으로 옮겼다. 도서관은 건축가상을 받은 사람이 설계한 것으
로 유리와 콘크리트로 된 웅대한 건물이었다. 그런데 괴델은 이제 이전
보다 더 고독한 은둔의 세계로 옮겨온 셈이 되었다.

도서관은 캠퍼스 끝 아주 멀리 위치해 있었다. 괴델의 새 연구실은 마
루에서 천장 끝까지 대형 유리로 되어 있어서 그곳에서는 작은 연못과
의연히 서 있는 나무, 멀리 펼쳐져 있는 숲의 전경까지 한눈에 내다볼
수 있었다. 펼쳐진 장관은 그지없는 고요함과 평온, 그리고 자연과 하나
가 되는 느낌을 주었다. 그곳에는 어떤 소리도, 사람도, 싸움도 없었다.
오직 침묵과 괴델, 그리고 수만이 존재할 뿐이었다.

새 연구실로 옮겨오던 무렵, 괴델은 수학 저술가로서의 활동을 막 끝
마쳤다. 그는 이전에 썼던 논문들을 수정, 보완하였고, 가설에 관한 연

구를 계속했으며, 철학에 심취하여 라이프니츠와 에드문트 후설의 저작을 연구했다. 괴델을 자주 방문하던 헝가리의 수학자 파울 에르되스는 이렇게 말한다. "그가 거의 출판을 하지 않았던 것은 참으로 이상한 일입니다. 나는 항상 괴델과 토론을 했어요. 라이프니츠에 관해 많은 토론을 하고 나서 내가 괴델에게 '자네도 다른 사람들의 연구 대상이 될 만한 훌륭한 수학자가 되었네. 더 이상 라이프니츠에 관해 연구할 필요가 없네'라고 말해주곤 했습니다."

하지만 연구소에는 어떤 의무도 없었고—플렉스너가 말했듯이 의무란 없고 오로지 기회만이 있다—괴델은 다른 사람들과 마찬가지로 그가 원하는 것만 했다. 이제 괴델은 학문적인 몰두에서 벗어나 때때로 영예와 상을 받아들이곤 했다. 그러나 건강이 좋지 않다는 이유로 자주 초대를 거절하곤 했다. 그는 린덴 로路에 있는 자신의 집에서 신학과 종교, 유령과 악마에 관한 책들을 즐겨 읽었다.

그는 항상 질병에 시달렸는데 이 질병은 실제인 경우도 있었지만 때로는 상상에 의한 것이기도 했다. 그는 또한 지독한 소식가였다. 이러한 이유로 그는 점점 야위고 파리해지면서 연약해져갔다. 그러던 중 한 차례 우울증을 얻어 프린스턴의 정신병원에 가려고 하던 순간에 다른 수학자들에게 충고를 구했는데 어떤 이는 입원하라고 하고 다른 이들은 그럴 필요 없다고 하여 결국 그는 입원하지 않았다.

1970년 2월 괴델은 프린스턴 의학부의 테이트 박사에게 진찰을 받으러 갔다. 괴델은 테이트 박사에게 자신은 심장을 튼튼하게 하기 위한 강심제가 필요하다는 것을 증명할 심전도 자료를 갖고 싶다고 했다. 그는 여태껏 다른 내과 의사로부터 디기톡신 처방을 받아왔다고 하소연했다. 그는 디기톡신이 중독성이 있는 독이라고 생각했던 것이다. 테이트는 괴델의 이런 잘못된 생각을 바로잡아주려고 애썼지만 소용이 없었다.

그리고 얼마 후 괴델은 프린스턴의 내과 전문의 하비 로드버그 박사에게 한 시간 동안 진찰을 받기로 약속했다. 그러나 방문은 하지 않고 전화만 두 번 걸어 로드버그의 간호사와 자신이 받아야 할 테스트에 관해서 길게 통화했다. 결국 그는 세번째 전화를 해서는 약속을 취소해야겠다고 했다. 괴델은 그후 다시 전화를 걸어 미안하다고 사과했다. 그리고 다시 약속을 잡았지만 역시 지키지 않았다.

로드버그 박사는 이렇게 회상한다. "두 번의 약속을 모두 지키지 않고 그 뒤로 전화만 열다섯 번 정도 했어요. 그러던 어느 날 약속도 하지 않고 진찰 시간이 끝나가는 오후 다섯시에 나타나 자신의 문제를 상의하고 싶다고 했어요."

의사는 괴델을 거절하지 않았다. 그의 진찰 기록을 보면 괴델은 168 센티미터의 키에 몸무게는 겨우 39킬로그램밖에 나가지 않았다.

"그의 사고에는 다소 편집증적인 면이 보였습니다. 자신의 질병에 대해서만 생각을 고정해놓고 있었어요. 진단 결과 그는 심각한 성격 장애, 영양실조, 그리고 신체에 대한 일종의 환상, 즉 자신의 신체 구조와 기능에 대한 잘못된 생각을 갖고 있었어요." 로드버그는 그에게 비타민을 보충하고 정신 질환에 복용하는 약을 써보는 것도 도움이 될 거라고 했다.

괴델은 약 2주 후 다시 방문하겠다고 약속했지만 또 다시 지키지 않았다.

"그런 일이 있고 나서 며칠 후 찾아와서는 다짜고짜로 내가 진짜 로드버그 박사인지 묻는 것이었습니다. 왜 그런 의심을 가졌는지 알 수가 없었어요. 그는 정신과 의사를 만나기로 약속했다고 하며 안락사를 금지하는 법이 있는지에 대해서도 물었습니다."

1974년 괴델은 전립선과 연결된 요도에 이상이 생겨 입원하게 되었는데, 괴델을 진단한 두 의사 제임스 바니와 찰스 플레이스는 수술을 권고했다. 그의 아버지가 전립선 이상으로 죽었음에도 불구하고 괴델은 수술을 거부했다.

괴델의 죽음

1976년 7월 1일, 70세의 나이로 괴델은 고등학술연구소에서 은퇴한다. 그는 36년 동안 이 연구소에 계속해서 재직해왔으며 그 이전에는 객원 연구원으로 근무했다. 그는 아인슈타인, 노이만과 같은 시기에 연구소에 첫발을 들여놓았고, 이후 계속해서 그들과 함께 생활했다. 괴델은 연구소의 상징이었지만 연구소 고참들의 머릿속에는 검은 코트에 검은 모자를 쓰고 터벅터벅 걸어가는 수척한 늙은이의 모습만이 생생하게 남아 있었다.

결국 괴델은 우울증에 빠졌다. 그는 스스로 연구소에 와서 이룩한 것이라곤 아무것도 없고 오히려 연구소를 쇠퇴시켰다고 생각했다. 슈타니슬라우 울람은, 괴델이 불완전성 이론으로 명성을 얻었지만 그가 발견한 모든 것이 어쩌면 또 하나의 패러독스일지도 모른다는 불확실성으로 괴로워했다고 회상한다.

연구소를 은퇴한 지 일 년 후 괴델의 부인은 큰 외과 수술을 받고 얼마 동안 요양소로 가 있었다. 이것은 괴델에게는 죽음의 예언과도 같은 것이었다. 그 동안 그의 아내 아델은 음식에 독이 있다며 입에 대려고도 하지 않는 괴델을 달래어 음식을 먹게 하면서 정성껏 돌보았다. 부인이 병원에 있게 되자 혼자 남은 괴델은 결국 아무것도 먹지 않았다. 그는 조금씩 굶어 죽어가고 있었다.

1977년 12월 29일, 괴델의 연구소 동료인 해슬러 휘트니(미국의 수학자로 위상수학과 그래프 이론의 대가이다/옮긴이)는 로드버그 박사에게 전화를 걸어 환자가 탈수 상태에 빠져 움직일 수 없다고 했다. 휘트니는 괴델을 프린스턴 병원 응급실로 데려갔다.

괴델은 입원하고 두 주일이 넘도록 먹을 것을 완강히 거부했고, 1978년 1월 24일 정오, 의자에 앉은 채 숨을 거두었다. 사망진단서에 따르면 괴델은 성격 장애로 인한 영양실조로 죽었다. 그가 죽은 지 3년 후에 그의 아내 아델도 숨을 거두었고 지금은 둘 다 프린스턴 공동묘지에 묻혀 있다. 그들에게는 자식이 없었으며 은퇴해 빈에 거주하던 방사선 학자인 그의 형도 결혼을 하지 않았기에 괴델의 가문은 후손이 끊긴 상태이다.

서류 더미 속에서 부활하다

존 도슨이 상자 60개 분량이나 되는 괴델에 관한 개인 기록과 서류를 모두 훑어보는 데에는 이 년이 걸렸다. 그는 서류 뭉치의 마지막 장까지 살샅이 조사하여 한 장 한 장 모두 스크랩해두었다. 그래서 지금은 프린스턴에 가면 어느 누구라도 온갖 잡동사니를 통해 괴델의 연구 성과와 생활을 추적해볼 수 있다. 은행 통장, 패스포트, 계산서 등에는 숫자가 매겨지고 도장이 찍힌 상태로 차곡차곡 정리되어 있다. 또한 괴델이 가르쳤던 학생들이 제출한 과제물이 있는데 이것은 1934년 5월 괴델이 노트르담에서 논리학 강의를 할 때 학생 젠크스가 작성한 것이다. 거실에 파자마 차림으로 앉아 있는 괴델의 사진도 있다.

그곳에서는 1928년 7월 21일 화이트헤드와 러셀이 지은 『수학 원리』를 괴델이 사갔다는 서점 주인의 기록도 볼 수 있다. 그때 괴델의 나이는 22살이었고, 파문을 일으켰던 논문 「『수학 원리』와 이에 연관된 체계에서 형식적으로 해결할 수 없는 명제에 대하여」를 발표한 것은 그로부터 3년 후였다. 당시 그는 자신이 그 책을 구입함으로써 엄청난 파문을 일으키리라는 걸 짐작이라도 했을까?

고등학술연구소 봉급명세서와 개인의 지출 기록도 고스란히 보관되어 있고, 난해하고 낯선 둥근 고리 모양의 글씨가 가득 적힌 책들도 있다. 도슨은 마침내 이것이 무엇을 의미하는지 알아냈다. 이것은 괴델이 여러 주제에 관해 적어놓은 것으로서 가벨스베르거라는 구식 독일 속기법으로 쓴 것이었다('가벨스베르거'는 이것을 발명한 프란츠 자버 가벨스베르거의 이름에서 따온 것이다).

후에 도슨은 괴델의 속기 교재와 연습용 책에서 '로제타석'(고대 이집트의 상형문자 해독의 열쇠가 된 비석 조각/옮긴이)을 찾아내서는 그것을 뉴욕에 있는 가벨스베르거 전문가이자 사진사인 헤르만 랜드소프에게 가져갔다. 그러나 괴델의 암호를 해독하는 데에는 상당한 시간이 걸렸다. 기존의 속기법을 나름대로 변형하여 독특한 속기법을 만들어 사용한 것이 상당 부분 있었기 때문이었다.

괴델이 수영장에서 찍은 사진과 맥주를 마시고 있는 사진도 있다. 때로 그는 사진 속에서 조용한 미소를 띠고 있다. 그리고 세계의 수학자와 논리학자들로부터 받은 편지와 원고가 겹겹이 쌓여 있다. 국내의 조교수들로부터 온 편지들도 수북이 있었는데 저마다 바람들이 각각이었다. 이들 모두 자신의 논문에 괴델이 잠시나마 관심을 가져주기를 기대하고 있었다. 어떤 이는 자신의 연구를 수긍하는 끄덕거림을, 또 어떤 이는 이 거장의 간단한 말 한마디를 원했다. 그들은 논리학의 고독한 거장 괴델이 자신의 연구를 인정한다는 어떤 미약한 표지標識라도 좋았던 것이다.

보라, 이 모양을 Behold the Forms

컴퓨터에 펼쳐진 수학의 우주

내가 보고 있는 이것이 단검이란 말인가?… 신은 이것이 무엇인지 알리라.

존 밀너는 컴퓨터 화면을 뚫어지게 보고 있다. 마치 유리 면 너머로 뜨거운 음극선에서 쏟아져 나오는 전자의 물결을 직접 보기라도 하는 것 같다.

밀너는 연구소 교수의 전형적인 인상이 풍기는데, 훤칠한 키에 날씬한 편으로 영화배우 게리 쿠퍼를 연상시킨다. 화면을 보고 있을 때면 때로 회색빛 긴 머리카락이 눈앞에 흘러내리곤 한다.

그는 컴퓨터 앞에 앉아 눈을 가늘게 뜬 채 기묘한 모양새를 보고 있다. 도대체 무엇인지 알 수 없는 그림이다. 무언가 무시무시한 생김새인데 혹 모양으로 우툴두툴 융기가 나 있고 갈가리 뻗친 꼬투리와 돌기로 되어 있다. 꽃의 수술 같기도 하고 뇌신경 세포의 그물망 같기도 하다. 아니면 천문학 책에서 볼 수 있는 불규칙한 은하계나 특이한 성단일까? 어쨌든 전혀 종잡을 수 없는 낯선 형태이다.

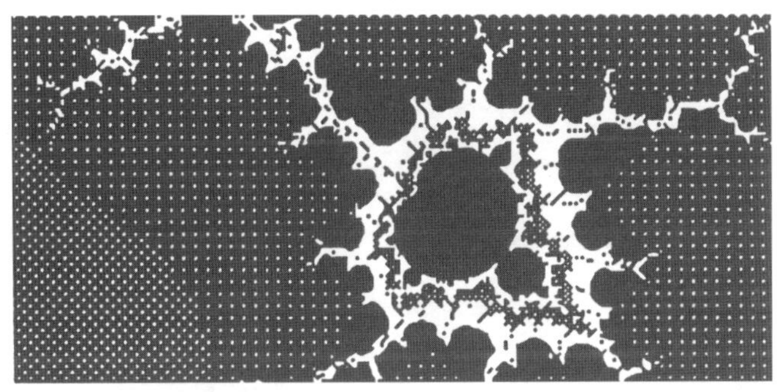

존 밀너는 식물학자도 신경생리학자도 천문학자도 아니다. 그는 순수 이론을 연구하는 수학자로서, 응용 수학자들처럼 대부분의 시간을 현수교에 걸리는 하중을 계산하는 등 실용적인 문제를 해결하는 데 보내지는 않는다. 존 밀너야말로 천상을 떠다니는 학자로 연구소의 이상과 아주 잘 맞는 사람이다. 그런데 검고 하얀 인광을 내며 떨고 있는 저 기괴한, 지상에서 한 번도 본 적이 없는 화면 속 저것은 도대체 무엇인가?

밀너가 컴퓨터 키보드로 무언가를 입력하면 그것은 마치 괴물의 아가리처럼 덮쳐든다. 그 형상은 점점 커지기 시작하더니 검은 모습으로 화면 전체를 온통 뒤덮어버리기라도 할 것 같다. 좀더 키워보면 필라멘트를 부착한 것을 볼 수 있다. 번개가 내리칠 때의 모양처럼 지그재그 형상을 하고 있다. 전체 형상이 더욱 커지면 아주 작은 필라멘트 부분까지 구별할 수 있는데 그 필라멘트는 점점이 끊어진 사슬 모양을 하고 있다. 그 작은 필라멘트를 보려면 꽤 애를 써야 한다. 그것은 컴퓨터 화면에서 볼 수 있는 시각적 한계로 인해 선 모양으로밖에는 보이지 않는다.

밀너가 사슬 하나를 가리키며 말했다.

"여기 이 작고 비뚤어진 선이 보입니까? 이것을 계속 확대해가면 작은 필라멘트 같은 것이 나오는 것을 볼 수 있습니다. 요컨대 내가 하고 있는 일은 그것의 전체 구조와 움직임을 밝히는 것입니다."

정말로 그것은 아주 대단한 생각이었다. 문외한인 나로서도 몹시 호

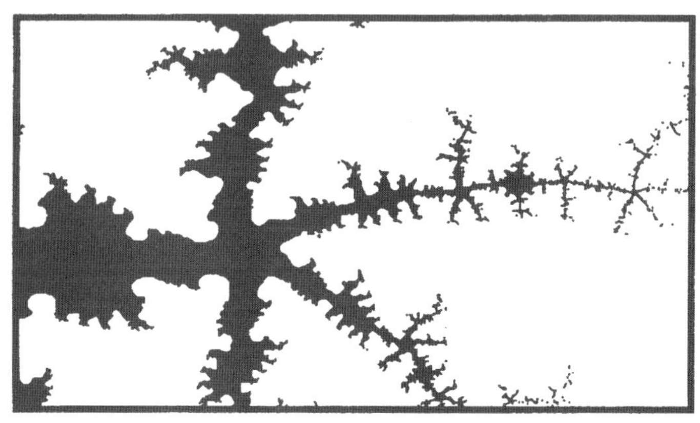

기심이 생겼다. 왜냐하면 지금 화면에 나타나 있는 것은 확실히 어떤 상임에 틀림없지만 그 무언가란 지구상에는 존재하지 않는 것이기 때문이다. 더구나 화려한 하이테크 잡지 등에서 볼 수 있는 컴퓨터 그래픽으로 만들어진 정물화 같은 것도 아니다. 아니, 이것은 다만 이 세계에 존재하지 않을 뿐 분명히 실재하는 것이다. 이렇게 지금 컴퓨터 화면의 전자공간에 떠 있는 이 '무엇'이야말로 수학적 대상, 요컨대 볼 수 있는 형상을 가진 순수한 추상인 것이다. 바야흐로 형形 그 자체를 직접 들여다보게 된 것이다.

소수素數의 리듬을 타고

25년 전이었다면 어떤 순수 수학자도 지금 밀너가 화면에 떠올린 상을 이해하지 못했을 것이다. 사실 25년 전에는 이러한 것이 있지도 않았다. 그러나 현재도 이것은 '수학에서 가장 복잡한 대상'으로 여겨지고 있다.

연구소 개설 당시 수학자들이 다루었던 문제는 수라든가, 초월수, 복소변수의 함수 등으로 훨씬 정연하고 정확한 존재를 대상으로 한 것이었다. 현재도 이 연구소에서는 정수론이 대개 성행하고 있지만 수라고 해서 어느 것이나 다 그 대상이 되는 것은 아니다. 소수에서처럼 어떤 리듬이라는가 질서를 갖추어야 하는 것이나.

소수란 그 자신과 1 이외의 수로는 나누어지지 않는 수이다. 예를 들면 5라는 수는 1과 5로밖에는 나누어지지 않으므로 소수이다. 소수는 정말로 많은데 그 중 앞부분만 간단히 서술해보자.

$$2 \quad 3 \quad 5 \quad 7 \quad 11 \quad 13 \quad 17 \quad 19 \quad 23$$
$$29 \quad 31 \quad 37 \quad 41 \quad 43 \quad 47 \quad 53 \quad 59 \quad 61$$
$$67 \quad 71 \quad 73 \quad 79 \quad 83 \quad 89 \quad 97 \quad 101 \quad \cdots$$

그런데 이렇게 나열한다고 해서 무슨 소용이 있는 것일까? 다만 무턱대고 많은 수만 나열하고 있는 것은 아닌가? 그러면 소수론이라는 것은 왜 있는 것인가?

소수란 정수의 기본이다. 원소가 화학의 기초이듯이 소수는 수 체계의 골격을 이룬다. 화합물이라면 반드시 하나 이상의 원소로 이루어지는데 이와 똑같이 소수 이외의 수는 반드시 소수로 구성되어 있다. 때문에 소수는 다른 수 전체의 단위가 된다. 이것은 '1보다 큰 소수 아닌 정수는 반드시 하나의 정해진 소수 쌍의 곱으로 분해된다'는 산술의 기본 정리로 잘 나타나 있다. 예를 들어 12는 2×2×3이라는 소수의 곱으로, 그밖의 다른 소수 쌍의 곱으로는 나타낼 수 없다. 100이라는 수를 예로 들어보아도 마찬가지다. 100은 2×2×5×5로 소인수분해할 수 있으며, 이 이외의 다른 소수의 곱으로는 분해되지 않는다. 이것은 소수란 벽돌과 같은 것으로, 수를 나타내는 우주가 있다면 그 세계의 기초를 이루는 성분이라는 것이다.

그러나 이것은 겨우 시작에 불과하다. 소수가 사람을 지루하게 만들지 않는 이유 중 하나는 그것이 아무리 간단하고 풍부하고 쉽게 만들어진다 해도 그것을 점점 깊이 연구해가면 정말로 어렵다는 점 때문이다. 최대의 소수라는 것은 대체 어떤 것일까? 소수를 하나도 남김없이 써갈 수 있는 공식은 없는 것일까? 2 아닌 짝수라는 것은 정말 모두 두 소수의 곱인가? 위대한 순수 수학자들이 몇백 년에 걸쳐서 연구해왔지만 지금도 그 질문들 중 확실히 증명할 수 있는 답으로는 하나밖에 구하지 못했다. 그 유일한 답이란 유클리드가 증명한 대로 최대의 소수는 존재하지 않는다는 사실이다.

수학과는 거리가 먼 일반인의 눈으로 보면 유클리드의 증명이란 하찮은 것처럼 보일 것이다. 가장 큰 소수가 있는가라는 생각 자체가 우스운 게 아닐까? 하지만 어쨌든 이것은 그리 간단한 것은 아니다. 소수라는 것은 자연수의 계열이 높아질수록 희박해진다. 자연수에서 앞에 나오는 소수 2, 3, 5, 7은 그 사이에 많아야 하나의 정수가 끼여 있지만 수가 증가할수록 다음 소수와의 사이에 들어 있는 정수도 증가한다. 예를 들면

811 다음의 소수는 열번째 정수인 821까지 가서야 발견된다. 수가 점점 커질수록 그 간격도 벌어져서 10,000,000과 10,000,100 사이에는 10,000,019와 10,000,079라는 두 개의 소수가 존재할 뿐이다. 훨씬 더 큰 수를 생각해보면 마치 소수의 희소 지대인 것처럼 백만 개의 정수 사이에 소수를 하나도 볼 수 없는 지경이 될 것이다.

그러나 잘 생각해보면 소수가 점점 희박해지는 것은 당연하다는 걸 알 수 있다. 수가 커지면 커질수록 그것을 나눌 수 있는 더 작은 정수가 증가한다. 이 사실 때문에 어떤 수학자는 어딘가 아주 큰 수열 끝에는 나눌 수 있는 작은 정수도 많아져서 그 이상 새로운 소수는 존재하지 않는 점이 반드시 있을 것이라고 생각했다. 언젠가는 반드시 소수가 바닥이 나게 될 것이 틀림없다는…

그런데 뜻밖에도 소수는 무한정 계속된다는 사실을 유클리드가 증명했던 것이다. 그가 증명에 사용한 방법은 오늘날 수론 연구자들이 즐겨 사용하는 귀류법이었다. 요약하여 설명하면 이 방법은 우선 자신이 증명하고자 하는 것과 반대의 사실을 가정하고 그 가정으로부터 모순을 이끌어내고자 한다. 만약 모순이 생겨난다면 출발점이 된 가정이 틀린 것이다. 그리고 그 반대라면 처음 증명하고자 한 명제가 옳다는 결론에 도달한다.

그래서 유클리드는 우선 최대의 소수가 있다는 가정을 하였다. 예를 들어 5라는 수가 최대 소수라고 생각해보자. 만일 이것이 사실이라면 {2, 3, 5}라는 집합은 소수 전체를 포함한 집합이므로 이보다 큰 소수는 없어야 한다. 그런데 물론 이보다 더 큰 소수는 있다. 이 {2, 3, 5}의 집합을 구성하는 성분인 3개의 수를 모두 곱해서 여기에 1을 더하면 31이라는 수가 된다. 31은 어떤 것으로 나누어도 반드시 나머지가 남기 때문에 절대로 나눌 수 없는 수다. 따라서 이것은 분명히 소수다. 이렇게 5보다 큰 소수를 얻을 수 있는 것을 보면 5가 최대의 소수라는 가정은 모순임을 알 수 있다.

이 방법이 좋은 것은 다른 어떤 큰 소수의 집합에 대해서도 이 과정을 되풀이하여 사용할 수 있다는 점이다. 7이 최대 소수라면 2×3×5×7로 곱셈을 해서 여기에 1을 더하면 그보다 큰 소수인 211이 나온다.

이것을 고상한 정수론의 언어로 표현하면 다음과 같다.

증명해야 할 명제 : 최대의 소수는 존재하지 않는다.

가정 : 최대의 소수를 n이라 하자.

증명 : 만일 이 가정이 참이라면 $\{a,\ b,\ c,\ \cdots,\ n\}$은 모든 소수를 포함하는 집합이어야만 한다. 그러나 이 집합의 원소들을 모두 곱하여 1을 더하면 $(a×b×c× \cdots ×n)+1$로 새로운 수 t를 얻는다. t는 앞에서 든 집합의 어떤 원소로 나누어도 반드시 1이 남는다. 따라서 t는 그 자신이 소수든가, 아니면 n보다 큰 수로 t를 나눌 수 있는 p라는 소수가 있어야만 한다. 어느 경우라 해도 n은 최대의 소수가 아니다. 따라서 앞의 가정은 거짓이고 최대의 소수는 구할 수 없다.

이외에도 소수에 관한 가설들이 여러 가지 있지만 어느 것이나 증명, 혹은 반증하기 어려운 것들이다. 예를 들면 모든 짝수는 두 소수의 곱이라는 가설도 증명하지 못했는데, 이 가설은 1742년에 이것을 발표한 크리스티안 골드바흐의 이름을 따서 '골드바흐의 추측'으로 알려져 있다. 소수를 전부 나타내는 방법도 아직 발견되지 않았다. 가장 긴 소수열을 만드는 데 성공한 공식이 있는 것은 사실이다. 예를 들어 레온하르트 오일러의 공식 $X^2+X+41=P$는 소수를 차례로 40개까지 나타낼 수 있다. 예컨대 $X=1$이면 $P=43$, $X=2$이면 $P=47$이 되고 두 수 모두 소수이다. 그러나 오일러 공식에 의해 얻어지는 처음 2천 개의 수 중에서 소수인 것은 반 정도밖에 되지 않는 것으로 판명되었다.

1948년 봄, 일 년간 임시 연구원으로 계약이 만료되어가던 31세의 애틀 셀버그는 '소수 정리'로 알려진 추리를 증명하는 데 어느 정도 진척을 보이고 있었다. 셀버그는 노르웨이 태생으로 1943년 오슬로 대학에서 박사 학위를 받고 뉴욕의 시러큐스 대학에 자리를 잡았다. 그런데 1948년 여름 연구소에 머무르는 동안 소수 정리의 증명에 필요한 마지막 단계를 발견하였다. 이것은 중요한 성과였다. 왜냐하면 소수 정리는 1800년대에 살았던 수학자 카를 프리드리히 가우스와 아드리앵 마리 르장드르 시대 이래 아무도 증명하려는 시도 없이 방치되고 있었기 때문이다. 각각 개별적으로 연구를 진행시킨 가우스와 르장드르는 소수의 발생 빈도와 로그함수 사이의 관계에 주목하였다. 그리하여 정수가 커짐에 따라 나타나는 소수의 수가 로그함수로 예상되는 수에 수렴해간다는 것을 발견하게 되었다.

정수(x)	소수	$\frac{x}{\log x}$ 로 예상되는 수	오차
1,000	168	145	16.0%
1,000,000	78,498	72,382	8.4%
1,000,000,000	50,847,478	48,254,942	5.4%

요컨대 소수 이론에 따르면 표에 나오는 두번째 난의 수와 세번째 난의 수의 비가 점점 1에 가까워진다는 것이다. 두 개의 수열은 대체로 관계가 없는 것처럼 보였는데 그것은 예상외로 완전히 우연이었다. 표의 한쪽 열에서는 전혀 예상할 수 없게 왔다갔다하는 소수가 늘어서 있다고 생각하면 다른 쪽 열에는 미적분으로 직접 만들어낸 것 같은 연속적인 대수함수가 늘어서 있다. 아주 자세히 살펴보면 뭔가 보이지 않는 관계가 있는 것 같은데, 문제는 이 관계가 진짜인가, 아니면 우연인가 하는 것이다. 무엇보다도 이와 같은 관계를 증명할 수 있을 것인가 하는 점이 문제였다.

자크 아다마르와 드 라 발레 푸생은 1896년에 소수 정리의 증명을 한 걸음 진전시켰지만 그들의 증명은 복소수와 파동 해석을 포함하고 있어 소수 그 자체보다 훨씬 복잡하고 어려워져버렸다. 때문에 수학자들은 이 방법말고도 간단히 증명할 수 있는 방법이 분명히 있을 거라고 생각했다.

1948년 여름 애틀 셀버그가 발견한 증명이 바로 그러한 것이었다. 그는 「소수 정리에 관한 기초적인 증명」이라는 제목으로 이듬해 『수학 연보』에 논문을 발표했지만 이것은 사실 기초적인 것이라고 할 수는 없었다. 수론 연구가인 이언 리처즈는 "셀버그의 증명은 매 단계가 초보적이기 때문에 방법적인 면에서 기초적이라고 할 수 있을지는 모른다. 하지만 이 단계라는 것이 무수히 많은데다가 각 단계끼리 짜 맞추는 것이 너무 복잡하여 뚜렷하게 전체 상을 떠올리기가 힘들다"라고 평가하고 있다. 그러나 여하튼 연구소의 수학부 교수들은 셀버그가 계속 연구소에 남아 있기를 바랐지만 그렇게 되려면 연구소의 종신회원 또는 교수 직위를 받아야 하는 문제가 걸려 있었다.

이 문제는 고등학술연구소의 약점을 그대로 보여주는 것이었다. 요컨대 연구소로서는 전문 분야에서 결정적인 공헌을 하지 않은 사람을 교수로 초빙하는 것을 원치 않았으며, 또한 이미 전성기를 지난 사람을 고용하려고도 하지 않았다. 이것이 연구소의 딜레마였다. 수학 분야에서는 어떤 이유에선가, 일단 중요한 업적을 세운 사람은 그 시점에서 최고의 절정에 달한 것으로 인식되었다. 셀버그의 증명이 중요한 성과임에는 틀림없지만 교수로서 영입할 경우 30세라는 약관의 나이에 벌써 연구 활동이 화석처럼 굳어버릴지도 몰랐다. 그 당시 연구소장이었던 오펜하이머는 셀버그를 종신회원으로 받아들이겠다는 결정을 내렸다. 종신회원이라면 어느 면으로 봐도 뒤지지 않는 직위지만 정교수보다는 한 단계 낮은 게 사실이었다. 당시 종신회원의 보수는 9천 달러였고 정교수는 1만 5천 달러였다. 반면 오스왈드 베블렌은 셀버그를 정교수로 받아들이기를 원했다.

연구소 교수들은 오펜하이머의 의견에 동의하여 셀버그에게 마침내 종신회원 자격을 부여해주었다. 그런데 바로 일 년 후 이 결정을 재검토해야만 했다. 셀버그가 수학의 노벨상이라 할 만한 필즈상을 수상했던 것이다. 결국 1951년 봄에 애틀 셀버그는 정교수가 되었고 현재까지 그 자리를 지키고 있다. 물론 그사이 그는 수학 연구를 계속했지만 소수 정리의 증명에 버금가는 성과를 이룩했는지는 분명하지가 않다. 어쨌든 셀버그 자신으로서는 '트레이스 식'이라고 불리는 복잡한 문제를 연구하는 것으로 연구소의 교수로서 최선을 다했다고 생각했을지도 모른다.

존 밀너는 컴퓨터 화면의 다른 부분으로 눈을 옮겼다. 그는 나에게 미세하면서도 참으로 아름다운 형상을 보여주고 싶어했다. 그의 말에 따르면, 이것을 연구하는 것은 그것이 유용하기 때문이 아니라 다만 눈을 즐겁게 해주기 때문이라고 한다. "나의 연구 동기는 기본적으로 미학적인 관점에 있습니다. 이 형상에는 독특한 아름다움이 있기 때문에 이것을 연구하는 거죠."

　화면에 나타나 있는 이 '형상'이 약간 떨리는 것 같더니 이번에는 밑으로 내려가기 시작했다. 지금까지 가려져 있던 화면 위쪽 부분이 보이기 시작하면서 크게 확대된 지점에 멈추었다. 얼핏 보면 강 바닥에 남아 있는 자국이나 하늘에서 촬영한 그랜드캐니언과 같은 모양이다. 또 어떻게 보면 허파의 일부분 같기도 하다.

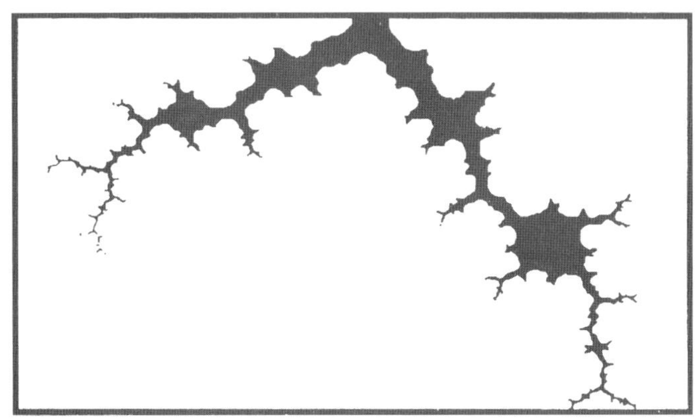

　지금 우리가 보고 있는 것보다 더 세부적으로 계속되는 세계가 있을지도 모른다고 존 밀너는 말한다. 사실 더 이상 세밀해지지 않는 내재하는 한계라는 것이 전연 없을 수도 있다. 이것이 지금 눈앞에 있는 형상이 갖는 수수께끼의 일부이다.

　이제는 존 밀너가 설명하면서 보여주었던 화면보다 더욱 고도로 확대된 화면을 볼 수 있다. 실은 화면이 한 점에 정지해 있지 않기 때문에 우리 앞에 나타나는 형상은 언제나 끝없는 미스터리의 한 부분일 뿐이다. 일부를 확대시킬수록 우리는 그 안에서 더 복잡한 구조를 보게 된다. 그것은 마치 상자를 열면 그 안에 또 상자가 있는 차이니스 박스Chinese box처럼 보인다.

밀너는 한 번 더 그 부분을 확대해보았다.

수학계의 장난꾼 앙드레 베유

순수 수학은 아주 진지한 학문으로 이것을 연구하는 학자들 중에는 특히 고지식한 사람이 많았다. 그런데 1958년 수학부 교수로 채용되어 온 앙드레 베유만은 완전히 그러한 전형에서 벗어나는 사람이었다. 베유로 말하자면 장난을 좋아하여 세끼 밥보다도 사람을 속여먹는 데 더 관심이 많았던 사람으로 수학사에 기록될 만하다. 저 유명한 '니콜라 부르바키 사건'도 그가 개입하여 일으켰다.

이 니콜라 부르바키라는 인물은 1930년대 후반에 『수학 원론*Eléments*

de mathématique』을 시작으로 34권짜리 수학서 전집을 출판한 사람이다. 부르바키는 '왕립 폴다비앙 아카데미' 원로 회원이며 현재 '낭카고 대학' 교수로 재직하고 있다고 알려졌으며 그가 집필한 이 전집은 현대 수학 사상의 혁명적 총합론으로 세간의 이목을 끌었다.

처음에는 프랑스어로 출판되었다가 그후 거의 모든 언어로 번역되어 전세계에서 출판된 이 전집의 저자인 부르바키는 이론 수학자들 사이에서 일약 명성을 날리게 되었다. 그러나 불가사의하게도 정작 부르바키 본인에 대해서 아는 사람은 없어서 그의 정체는 오랫동안 수수께끼로 남아 있었다. 그런데 왕립 폴다비앙 아카데미와 낭카고 대학은 현존하지 않음이 밝혀졌다. 그도 그럴 것이 니콜라 부르바키라는 남자도 실재하는 인물이 아니었다.

이 수수께끼의 학자 '니콜라 부르바키'는 실은 프랑스 수학자 십여 명의 공동 필명이었다. 1930년대 중반 이들은 수학에 관한 새로운 공리적 기초에 비추어 수학이라는 분야를 사고하려고 노력하였다. 이들은 수학의 형식과 구조를 예전에는 결코 생각도 못 했을 만큼 명쾌하고 간단하게 만들어놓았던 것이다. 당시 수학 교사를 하고 있던 이들은 수학을 알기 쉽고 바르게 가르칠 수 있었으면 하는 바람을 늘 지니고 있었다. 거기서 생각해낸 것이 공동 필명으로 책을 쓰자는 것이었다. 이 제안을 한 중심 인물은 앙드레 베유라는 조그만 프랑스인이었다. 그는 장 디외도네, 장 델사르트, 앙리 카르탕 외 몇 사람과 공모하여 공동 필명으로 수학책 시리즈를 집필하기로 하였다.

현재 고등학술연구소로 재직하고 있는 베유는 다음과 같이 회상한다.

"내가 기억하기로는 부르바키라는 아이디어가 처음으로 머리에 떠오른 것은 1934년 무렵이었지요. 그때 난 카르탕과 함께 스트라스부르에서 해석학 강의를 하고 있었어요. 우리는 '이것을 어떻게 가르쳐야만 할까?'라든가 '저것은 어떻게 가르쳐야 할까?'에 대해 항상 논의하곤 했지요. 그러던 중 어느 화창한 날 내가 이렇게 말했죠. '자, 생각해봐. 고등사범학교 출신인 우리 여섯 명은 지금 각각 다른 대학에서 수학을 가르치고 있어. 나는 스트라스부르에서, 델사르트는 낭시에서 디외도네는 렌에서 말이야. 모두 한자리에 모여서 이 문제에 대해 논의해보는 게 어때? 그러면 다시 이 문제로 골치를 썩진 않을 거잖아?'라고 말입니다."

논의의 끝에 그들은 저자의 경력에서부터 인물에 이르기까지를 모두 통일시켰고 출판사까지도 '낭카고 대학 수학연구소'라는 위엄 있는 이름을 붙였던 것이다.

"그때부디 우리는 시신 웡래를 통해 시로 의견을 교환하고 힌 달에 두 번씩 파리의 아담한 레스토랑에서 만났지요. 이름은 기억이 나지 않지만 성 미첼 가에 있었던 것으로 기억해요. 그곳은 음식값이 비싸지 않으면서도 아주 훌륭했어요. 그 당시 우리는 그곳에서 한 달에 두 번씩 모여 여러 가지 문제를 놓고 토론을 하기로 결정했지요. 정확히 기억이 나지는 않지만 여름방학 때 일주일씩이나 어딘가에 모여 회합을 가졌습니다. 그것이 역사적인 부르바키의 첫 회합이었습니다."

이렇게 부르바키 운동을 전개한 자체가 이들 젊은 수학자들의 모교인 고등사범학교의 위대한 전통을 잇는 것에 다름아니었다.

"1960년대 초부터 짓궂은 장난이라는 전통이 전해져왔습니다. 예를 들어 소르본 대학 교수 팽레베에 관한 이야기가 바로 그런 것이지요. 그는 제1차 세계대전중이던 1916년에 국무총리까지 지낸 프랑스의 유명한 정치가지만 젊었을 때는 아주 총명하고 사려 깊은 수학자로 평판이나 있었지요. 약관의 나이에 이미 소르본 대학의 교수가 되어 있었습니다. 또한 고등사범학교의 입학 시험관을 지내기도 했지요." 베유는 이렇게 회상한다.

고등사범학교는 명문으로 입학을 위해 구두 시험까지 치러야 했다.

"수험생들이 구두 시험을 기다리며 복도를 서성이고 있을 때 고등사범학교 재학생들도 그 속에 섞여 있었지요. 몇 년 동안 사범학교에 재학하고 있던 학생이 한 수험생에게 말을 걸었죠. '당신은 꽤 운이 좋군요. 이건 하나 알아두는 게 좋을 거요. 당신, 이 학교에 있는 짓궂은 장난이란 전통을 알고 있소?'라고. 우리는 그것을 카뉼라르라고 부르는데 그걸 그대로 우리 장난에도 사용했죠. '지금도 입학 시험 때 학생이 시험관 행세를 하여 수험생을 궁지에 빠트리곤 하지' 하며 조심하라고 넌지시 충고를 하는 거였어요."

"마침내 차례가 되어 시험장에 들어간 그 수험생은 다짜고짜 학생처럼 보이던 젊은 면접관 팽레베에게 다가가 '나는 속이지 못할걸요' 하고 선수를 쳤어요. 그러자 팽레베가 '아니, 자네 지금 무슨 말을 하고 있는 건가?' 하고 눈이 휘둥그레졌죠. 그러자 수험생은 '장난인 줄 다 알아요' 했겠죠. '아니 난 교수야. 이 학교의 시험관이란 말이야.' 팽레베가 놀라며 적극 부인했죠." 베유는 이렇게 이야기를 하면서 배를 움켜잡고 무릎을 치면서 웃었다.

"결국 팽레베는 교장을 불러 자신이 진짜 교수임을 확인시켜주어야 했답니다. 하하하."

이 얘기는 그래도 그 짓궂은 장난 중에서도 악의 없는 가벼운 것에 속한다. 사실 이보다도 더 짓궂은 장난이 횡행하고 있었다. 그러니 이곳 출신인 우수한 젊은 수학자들이 이렇게 기묘하게 모여서 그 위대한 수학 교과서를 쓰면서도 공저자로서 자신들의 본명을 숨긴 것은 그리 놀랄 일도 아니다. "본명을 쓴다는 것은 우리 성격에는 전혀 맞지 않는 것이었죠." 베유의 말이다. 그래서 그들은 샤를 드니 소테 부르바키라는 세간에 알려지지 않은 프랑스 장군의 이름을 빌렸다.

그 장군에 관해 좀더 이야기하자면 그는 한때 그리스 왕위에까지 오를 수 있는 기회도 있었지만 알 수 없는 이유로 거절한 수수께끼의 남자였다. 게다가 프로이센 – 프랑스 전쟁이 한창일 때 황급히 퇴각한 후 자살을 기도하지만 탄환이 빗나가 실패하고 만 지독한 괴짜였다. 익살스럽게도 베유와 동료들은 이 남자의 이름을 빌려 자신들을 부르바키라고 칭했던 것이다.

당시 베유는 미국으로 와서 시카고 대학에서 잠시 동안 강의를 맡고 있었고 부르바키의 다른 장법 회원인 디외도네, 델사르트, 클로드 슈발레는 프랑스의 낭시 대학으로 갔다. 때문에 낭시와 시카고 두 대학 이름을 합쳐 부르바키 씨는 낭카고 대학에 재직한 것으로 만들었다.

이름의 출처야 어떻든 이 부르바키 운동은 당시 수학계의 요구에 부응했으며 그들의 책은 잘 팔렸다. 그 덕택으로 그들은 여행 비용과 저녁 식대를 지불할 만큼의 충분한 돈을 벌게 된다. 쉰 살이 되면 은퇴해야 한다는 엄격한 규칙 때문에 오늘날의 구성원들은 그 당시와는 많이 달라졌지만 이 모임은 아직도 존재한다. 지금도 그들의 작업은 예전처럼 진행되고 있다. 우선 파리에서 구성원들이 한자리에 모이고 저자 가운데 한 명이 책 한 권 분량의 원고를 써와 동료들 앞에서 발표한다. 그러고는 모임이 끝나면 언제나 와인으로 만취한다. "부르바키 모임의 참관자로 초청된 외국인들은 그 회의가 마치 미친 사람들의 모임 같다는 인상을 받는다고 했어요. 몇 가지 화제라고는 수학뿐인데다가 그 문제를 놓고 한꺼번에 서너 명이 소리치고 주장하면서도 일이 진행될 수 있다는 걸 믿을 수 없는 겁니다" 하고 디외도네는 말한다. 그것이 가능하기 때문에 더욱 불가사의한 것이다.

혹평을 받은 저자는 자기 원고를 수정한다. 때로는 다른 회원이 수정하기도 하는데 회원 모두가 만장일치로 동의하기까지 이 과정을 거듭한다. 그래서 때론 교재가 출판되기까지 예닐곱 번의 수정 보완 작업을 거치기도 한다.

앙드레 베유는 부르바키에서 은퇴한 이후로도 카늘라르의 전통을 지키고 있다. 고등학술연구소의 최근 출판물에는 1930년에서 1980년까지의 뛰어난 연구소원들의 이름, 상벌, 소속 단체, 출판물 등을 모두 기록하고 있는데, 베유에 관한 난에는 '명예: 폴다비앙 인문 및 과학 아카데미 회원, 소속 단체 : 낭카고 수학협회 회원'이라고 씌어 있다.

초월수에 매료되어―롭 튜브스와의 문답

연구소 수학부의 중심은 강의실이다. 펄드 홀 1층에 있는 강의실은 연구소에 단 하나뿐인 진짜 '교실'이었다. 이 교실에는 오십여 명의 학생이 사용할 수 있는 책상과 걸상이 있으며 정면에는 칠판이 있다. 이곳에서 적어도 하루에 한 번, 어떤 때는 두 번, 수학 관련 세미나가 열린다. 아인슈타인과 괴델도 이곳에서 강의를 했고 애틀 셀버그도, 앙드레 베유도 세미나를 했다. 학술의 해였던 1984년과 1985년에 지금은 명예 교수인 베유가 '대수에 관하여, 유클리드에서 봄벨리까지'란 제목의 강연을 했다. 그 당시 회원들뿐 아니라 수학 교수들까지도 그 강의를 주목했다.

그날 초월수 이론에 관한 발표를 경청하고 있는 사람들 중에는 수학자 롭 튜브스도 끼여 있었다. 튜브스는 삼십대 초반으로 붉은 갈색 턱수염 때문에 마치 러시아 장군이나 고래잡이배 선장처럼 보였다. 그는 텍사스 주 오스틴 대학에서 특별 휴가를 받아 이곳에 왔다. 그가 전공하는 초월수 분야는 당시 이론 수학자 사이에서도 새로운 흥미를 모으고 있던 분야였다.

세미나가 끝난 후 튜브스는 "매력적인 분야 아닙니까? '후! 초월수라, 굉장하군'이라고 할지 모르지만 실제 그렇게 대단한 것도 아니에요. 모든 수는 대수 아니면 초월수이기 때문이죠. 초월수란 어떤 다항식의 해도 아닌 수를 의미합니다" 하며 이야기를 시작했다.

대수는 대수 방정식의 근이다. 더 자세히 말하면, 대수는 계수가 유리수인 다항식의 근이다. 즉 방정식 $x^2=1$은 두 개의 근 $x=1$과 $x=-1$을 갖는다. 그러므로 1과 -1은 대수이다. 대수는 정수에만 한하는 것이 아니라 무리수도 다수 포함한다. 예를 들어 $\sqrt{2}$는 1.4142135…처럼 무한히 계속되는 무리수지만 이 역시 대수이다. 왜냐하면 $\sqrt{2}$는 아래와 같은 대수 방정식의 근이기 때문이다.

$$x^2-2=0$$

"때문에 어떤 수를 근으로 하는 대수 방정식이 있다면 이 수는 초월수가 아닌 것이죠"라고 튜브스는 설명했다. 초월수는 '다항식의 근이 아닌 수'라고 부정적으로 정의되어, 수학자들도 어떤 수가 초월수인가를 어떻게 하면 확실히 증명할 수 있는가 하는 문제로 고심하고 있다. 아직까지 이 수를 근으로 하는 방정식이 발견되지 않았기 때문이 아닐까? 이에 대한 답은 가장 큰 소수가 없음을 증명하는 유클리드의 방법처럼 모순을 이용하여 어떤 수가 초월수인가를 증명하는 방법에서 나온다.

"우선 어떤 수를 근으로 하는 적합한 방정식이 있다고 가정하는 것이 일반적이죠. 그리고 이 가정으로부터 출발하여 모순을 유도하는 것입니다"라고 튜브스는 말한다.

이와 같은 식의 증명이 쉬운 것은 아니다. 1767년 요한 람베르트는 π가 무리수임을 증명했지만, 그후 백여 년이 지난 1882년 페르디난트 린데만이 π가 초월수임을 입증했다.

이런 사정인데도 사람들은 왜 초월수에 질리지 않는 걸까? 그 이유의 하나는 입증된 초월수 중에 확실히 그렇다고 증명된 것은 극히 일부분에 지나지 않기 때문이다.

"만약 유리수, 무리수, 정수 등 실수 직선상의 수를 전부 통에 집어넣어 그 중 하나를 뽑는다면 그것이 초월수일 확률은 1이라고 해도 좋습니다. 그러나 초월수의 예를 실제로 들라고 하면 오로지 π와 e, 그밖에 몇 개밖에 들 수 없습니다."

유리수, 무리수, 소수, 초월수에 둘러싸여 이상적인 형形 속에 묻혀 사는 순수 수학자는 도대체 어떤 사람일까? 왜 이런 것에 그토록 관심을 갖고 있는 걸까? 그래서 나는 튜브스에게 몇 가지 질문을 던졌다.

왜 그토록 초월수에 대해 흥미를 갖고 계십니까?

—초월수는 흥미로울 뿐 아니라 문제 제시도 간단하기 때문이죠. 답하기가 어렵다는 점도 매력적이죠. 예를 들어 $e+\pi$는 초월수인가라는 질문은 당장은 답하기 힘들죠. 물론 이 답을 내는 것이 불가능하다는 걸 증명할 수 있다면 그건 대단한 발견이죠.

수학에서 증명이 불가능한 것이 정말 있습니까?

—있을지도 모릅니다. 사용하는 공리로부터 완전히 독립해 있는 것도 있을 것입니다. 아주 단순하고 작은 것이라도 증명 불가능한 문제가 있을지도 모르죠.

도대체 초월수라는 것은 어떠한 형태로 현실 세계와 관련을 맺고 있지요?

—기원이 있다는 의미에서는 '유전적' 관계가 있을지도 모르죠. 요컨대 어떤 문제라도 어딘가에서 기원을 발견할 수 있다는 것이죠. 예를 들어 π와 같은 것은 기하학에서 제기되었지요. 때문에 억지로 근원을 더듬어가면 기하학의 문제로 되돌아가게 되죠. 그러나 지금 많은 수학자들은 적어도 표면적으로는 본질적인 흥미를 느끼지 못하는 대상에 대한 결과를 증명하느라, 형식상의 기호 조작에 얽매여 있는 것처럼 보이지요. 그러나 당신도 알다시피 어떤 분야든 논문을 발표해야 한다는 압력이 작용합니다. 우연히 약간의 결과를 얻었다면, 사람들이 흥미를 느끼지 않는 대상일지라도, 또 아무리 횡설수설하는 논문일지라도 어딘가에 발표하고 싶은 것은 인지상정이지요.

당신이 연구하고 있는 문제는 무엇입니까?

—내 분야에서 지금 문제가 되고 있는 것은 자연로그 밑수 e입니다. $f(z) = e^z$라는 함수는 매우 중요하고 많은 특징을 갖고 있어요. z에 1을 대입하면 e가 나오는데 이는 초월수입니다. 2를 대입하면 e^2이 되는데 이 수도 초월수입니다. 이렇게 되면 수학자들은 여기에서 아주 일반적인 질문을 하게 되죠. '이 함수에 어떤 수 α를 대입하면 초월수를 얻을 수 있습니까?'라는 질문이죠. 이 문제에 관해 완벽한 대답을 할 수는 없겠지만 내가 하고 싶은 일은, 반드시 결과가 초월수가 되는 α 전부를 분류하는 것이죠. 그걸 할 수 없다 해도 적어도 부분적인 해는 구할 수 있어요. 이 α가 대수 0이 아니라면 e^α의 결과는 초월수가

된다고 할 수 있죠.

그럼 초월수를 만들지 않는 α도 있습니까?

—2의 자연로그를 z에 대입하면 답은 2가 되는데 이때 얻어진 2는 초월수가 아닙니다. 2나 $\frac{1}{2}$과 같은 자연 대수를 z에 대입해도 원래 처음의 수와 같은 값을 얻습니다.

이 문제에 특별한 이름이 있나요?

—일반적으로 '샤뉴엘의 추측'이라 부르는 것과 일부 관련이 있습니다.

샤뉴엘의 추측을 증명하려는 목적에 관해 말해주시겠습니까?

—샤뉴엘의 추측을 증명하는 것은 훌륭한 일일 것입니다. 하지만 그것이 수학자로서의 내 목표라면 미치광이의 말처럼 들리겠지요.

왜요? 그것은 페르마의 마지막 정리를 증명하는 것만큼 어렵지 않거나, 아니면 그 정도이지 않겠어요?

—페르마의 마지막 정리만큼 매력적이지는 않겠지만 그만큼 어려울 것입니다. 복잡한 해석학과 대수기하학의 모든 이론과 정리를 이용해도 이 문제에 대해서만큼은 그 이론들이 제대로 효능을 발휘하지 못할 겁니다.

샤뉴엘의 추측을 증명하는 일이 대단히 중요한 것처럼 보이는데 그 이유는 무엇입니까?

—샤뉴엘의 추측을 증명하는 것이 중요한 이유는 이를 증명하기 위해서는 그 과정에서 뭔가 다른 것, 뭔가 더 큰 사실을 증명해야 한다는 사실 때문입니다. 이것이야말로 정말로 위대한 것이지요. 내 말은 만일 어떤 새로운 것도 확립하지 못하고 요령으로 이것을 증명하려 한다면 어떤 인식상의 획득물도 얻지 못할뿐더러 증명할 수도 없다는 것입니다. 만일 당신이 페르마의 정리와 같은 중요한 문제를 증명하려 한

다면 수학의 새로운 분야를 발전시켜야 한다는 것입니다. 만일 다른 사람들이 놓치고 만, 두 줄 정도의 기상천외한 방법으로 증명한다면 '그 사람 정말 똑똑해'라고 사람들이 칭찬은 하겠지만 사실 성공한 것이라고는 할 수 없지요.

언젠가는 샤뉴엘의 추측을 증명할 수 있을 거라고 생각하십니까?

—자신 없습니다. 나는 어떤 방법이 있는지도 모르고 개요조차 모르니까요. 새로운 방법을 생각해내지도 못하고 있습니다.

그럼 증명의 여부는 접어두고, 샤뉴엘의 추측이 옳다고 생각하십니까, 아니면 틀리다고 생각하십니까?

—물론 옳다고 생각합니다. 생각해보십시오. 그것은 이미 알려진 것을 많이 함축하고 있지요. 사뉴엘의 추측으로부터 추측할 수 있는 많은 가정들은 옳으며 증거 또한 있습니다.

그렇다면 왜 그것을 굳이 증명하려 합니까?

—새로운 증명에 내포되어 있는 어떤 새 의미를 깨닫는 것만으로도 기분좋은 일이지요. 수학에서 중요한 것은 아이디어입니다. 만약 그것을 이전에 미처 깨닫지 못했던 고등학교 수준 정도의 아주 쉬운 방법으로 증명했다면, 사실 창시자로서의 만족감을 크게 느낄 수 없을 겁니다.

하나를 증명한 끝에 무언가를 입증하게 되었을 때 당신은 수학적 대상의 세계에 대해 뭔가 새로운 발견을 했다는 느낌이 듭니까?

—물론입니다. 지금 특히 그렇습니다. 박사 논문을 쓰던 때에는 자신이 할 수 있는 범위 안에서만 쓰는 것이어서 결국은 기술적인 일에 불과했지요. 그렇지만 자유로운 시간이 오면—어떤 압력도 받지 않고 충분히 자유롭게 생각할 수 있는 시간이 있는 이 연구소는 정말 훌륭한 곳입니다—여러 가지 아이디어를 가지고 그것이 서로 어떻게 맞물

려 있는가를 생각할 여유가 있습니다. 그러는 사이에 지금까지 누구도 본 적이 없는 경이로움과 맞부딪치게 됩니다. 이러한 때면 뭐라 말할 수 없는 만족감을 갖게 되는 것이지요. 이러한 의미에서 샤뉴엘의 추측을 증명하는 일은 무엇보다도 재미있는 일이라고 생각합니다.

스스로 얻은 결과를 보고 당황한 적은 없습니까?

─수론 분야에서 내가 증명할 수 있는 것은 모두가 실제로 이러해야 한다고 생각하는 것과 비교해보면 훨씬 미약한 것입니다. 때문에 지나치게 깜짝 놀랄 사실과 맞닥뜨린 적은 없지요. 내가 산출해낸 답의 대부분은 부분적인 해에 불과합니다. 어떤 수가 초월수임을 증명한다고 해봅시다. 먼저 '다음 12개의 수 가운데 하나는 초월수다'라는 정리가 나올 수 있지만 어느 것이 초월수인가는 알 수 없습니다. 때문에 늘 과녁이 빗나가지요. 게다가 수론에서는 예상을 한다는 것이 간단한데다가 무엇이 옳은 답인가를 알고 있기 때문에 우리의 결과는 아무리 증명을 해도 미약한 것이 되고 맙니다. 이런 점에서 보아도 수론에는 새로운 아이디어가 반드시 필요하다는 것을 알게 되죠.

여러 가지 수학적인 대상이라는 것이 확실히 존재하긴 하는 것입니까? 그렇지 않고 단순히 인간의 머릿속에서 조작된 개념에 불과한 게 아닐까요?

─글쎄요. 어떤 의미에서 정수는 원래부터 존재하고 있는 것이라고 할 수 있겠죠. 분수도 그렇고. 그러나 수학이라는 학문 자체는 주로 인간이 만들어낸 것이라고 생각합니다. 그렇게 생각하는 것을 보면 나는 반은 플라톤주의자라고 볼 수 있겠지요. 이와 같은 문제를 생각하는 생물이라면 반드시 우리와 같은 결론에 도달하게 될 겁니다. 그리고 그들 눈앞에는 내가 보고 있는 것과 동일한 대상이 있다고 생각할 수 있지요. 일단 정수의 의미부터 파악하게 되면 순수한 사유는 반드시

언젠가는 수학 전체에 이르게 된다고 생각합니다. 이것은 아주 단순한 자연의 결과지요.

만일 수학이 사람이 만들어놓은 것이라면 해답을 찾는 일이 왜 그다지 어려울까요?

—추측하는 것은 실증하기보다 쉽습니다. 이것은 어떤 영역에나 적용되는 것이지요. 신과 형이상학 등의 문제를 추측하기란 간단하지만 실제로 그것을 증명할 수 있겠습니까? 당신의 질문은 그 자체로 수학이란 인간의 사고 과정 바깥에 있다는 주장일 수도 있겠지만 나는 그렇게 생각하지 않아요. 수학은 사고의 근저를 이루는 구조의 일부라고 생각합니다. 증명하는 것이 왜 그렇게 어려운가에 대한 이유의 하나는 증명은 넘빌해야만 한다는 힐베르트의 주장을 다른 수학자들과 마찬가지로 인정하기 때문이지요. 그러한 것을 믿지 않았다면 우리는 아주 쉽게 논쟁할 수 있고 더 많은 결과를 냈겠지요.

프랙탈 기하학의 가능성

존 밀너는 프린스턴 대학 1학년 때부터 새로운 수학의 물결을 만들어 내기 시작했다. 당시 그는 앨버트 터커라는 수학자의 영향을 받았다. 밀너는 1학년 때 터커의 미분기하학 강의를 들었고 폴란드의 수학자 카롤 보르스크가 제기한 매듭에 관한 위상수학 문제를 연구하였다. 그 문제는, 하나의 매듭을 만들려면 곡선 하나가 모두 몇 번이나 휘어져야 하는 가라는 것이었다.

이에 대해 밀너는 이렇게 술회하고 있다.

"내가 증명할 수 있었던 추측은 만일 매듭을 이루는 폐곡선이 있다면 적어도 360도나 720도의 휘어짐이 두 번은 일어나야 한다는 것이었습니다."

밀너는 졸업도 하기 전인 18살 때 이것을 증명하고 일 년 후 매듭지어진 곡선에 관한 모든 이론을 책으로 출판했다. 그는 이 이론으로 후에 필즈상을 받았다.

밀너는 1970년부터 프린스턴 연구소에서 수학 교수로 재직하고 있다. 펄드 홀 3층, 건물 앞쪽에 있는 그의 연구실은—속세와 접하고 있어서 사무실 창 너머로는 멀리 집이나 자동차, 세상 사람들이 보인다—무질서와 혼란의 절대적인 본보기다. 책상, 의자, 책꽂이, 탁자 등 모든 것들이 서류 뭉치와 인쇄물, 수학 관련 잡지, 컴퓨터 용지, 도표, 사진, 책들과 함께 여기저기 널려 있다. 그래서 걸을 때면 항상 조심해야 한다. 빈 공간이라고는 컴퓨터 위뿐이다. 컴퓨터 위가 그나마 깨끗한 이유는 단지 통풍이 잘 되지 않으면 컴퓨터가 열을 받기 때문이다.

밀너의 연구실에는 IBM 퍼스널 컴퓨터를 포함하여 메인 프레임인 VAX11/780에 연결되어 있는 독립된 터미널과 지금은 작동 상태에 있지 않은 다른 터미널까지 모두 세 대의 컴퓨터가 있다. 바로 옆방에는 다섯 대의 컴퓨터가 있는데 몇 대는 선 마이크로시스템Sun Microsystems 사의 것이고 다른 것은 IBM의 것이다. 선 마이크로시스템사의 것 중 하나는 다른 탁자 위에 있는 레이저 프린터에 연결되어 있는데 그 케이블은 연구실 바닥을 가로지르고 있다. 역시 이곳에서도 어디에 발을 디뎌야 할지 조심해야 한다.

밀너는 컴퓨터에 관심 없는 애틀 셀버그나 롭 튜브스 그리고 앙드레 베유와 같은 수학자와는 완전히 다른 유형의 수학자다. 다른 수학자들은 존재 증명파인 반면에 밀너는 알고리듬 식 수학자이다.

대부분의 전통적인 수학자들은 고전적인 존재 증명파들이다. 정의와 공리를 세우고 정리를 말하고 그것을 증명한다. 그러고는 정리와 증명, 정리와 증명이 계속되는데 여기서 가장 중요한 것은 어떤 특정한 수학적 대상이 어떤 특정한 값을 갖고 있는 수처럼 실제로 존재하는가, 혹은 가장 큰 소수와 같은 수학적 대상이 실제로 존재하지 않는가 하는 것을 증명해 보이는 것이다. 존재 증명 수학의 전형적인 모범이 유클리드의 원리이다. 이와 같은 유형의 수학을 하기 위해서 필요한 것은 펜과 종이, 칠판과 분필이 전부이다.

오랫동안 수학자들이 유일하게 해온 연구는 존재 증명 수학이었다. 그러나 이제 컴퓨터 시대를 맞아 모든 것이 바뀌고 있다. 완전히 다른 수학적 대상의 세계가 등장했는데 그것은 공리와 증명의 산물이 아니라 바로 알고리듬의 산물이다. 기본적으로 알고리듬은 수학적으로 한 단계 한 단계씩 밟아가는 과정에서 결과를 산출해내는 방식으로 정의된다. 컴퓨터가 따라갈 수 있는 알고리듬들을 프로그램이라 부른다. 컴퓨터를 적절하게 프로그래밍만 하면 수학자들은 그들이 예전에는 꿈만 꿀 수밖에 없었던 숫자들을 기계적으로 산출해낼 수 있다.

유클리드의 존재 증명은 소수가 끝이 없음을 확증했다. 현재 알고리듬 수학자들은 컴퓨터를 사용하여 5천만 개 이상의 소수를 산출해냈다. 또 존재 증명 수학자들은 π값을 6백만 자리까지 정확히 알아야 할 필요성도 없다. 그러나 컴퓨터는 수학자들이 지금까지 한 번도 경험해보지 못한 것을 제공하고 있다. 그것은 정말로 새로운 것이다. 수학적 대상을 형상화하는 것이다. 그것도 직접적인 화상으로 말이다.

"내가 어떤 것을 추상적으로 증명할 수 있다면, 나는 꽤 즐거워할 것입니다. 더욱이 그 증명을 구체적으로 계산하여 실제로 숫자들을 산출해낼 수 있다면 더욱 기쁠 겁니다. 난 컴퓨터로 그런 일을 하는 데 탐닉하고 있는데 그것은 어떤 일이 일어나고 있는가를 판단하는 정확한 표준을 제공하기 때문이죠. 나는 종종 사고 자체도 형상화하곤 합니다. 내가 하고 있는 일에 대한 형상을 볼 수 있기 때문에 행복하지요."

밀너가 내내 나에게 보여주었던 그림—화면 위에서 감전된 형상을 마구 날뛰게 한—은 만델브로트 집합이라는 기하학적인 형상이다. 베노이트 만델브로트는 스스로 말하듯이 '내 이름이 붙는 영광을 얻은' 이 집합을 발명했을 뿐만 아니라, 혼자 힘으로 프랙탈이라 불리는 완전히 새로운 수학 분야를 개척하기도 했다. 연구소 일각에서는 프랙탈을 미래의 물결이라고 생각하고 있다.

만델브로트는 연구소에서 젊은 박사후 과정으로서 1953년에서 1954년까지 일 년을 보냈다. "나는 매사추세츠 공과대학에서 짧은 기간 박사후 과정으로 있었는데 다른 곳으로 옮기고 싶었지요. 그때 연구소의 존 폰 노이만이 내 연구에 관심을 갖고 나에게 연구소원이 될 것을 권유했지요."

폰 노이만은 원자력 위원회의 위원으로 워싱턴에서 대부분의 시간을 보내고 있었기 때문에 만델브로트는 그를 자주 볼 수 없었다. 그 당시 연구소장이었던 오펜하이머를 더 자주 만날 수 있었다. 오펜하이머가 한번은 만델브로트에게 그가 연구하고 있는 주제로 연구소에서 강연을 해주지 않겠느냐고 부탁했다. 그 연구는 게임 이론과 통신 이론에 관한 그의 박사 학위 논문 주제에서 한 단계 발전한 것이었다. 그래서 만델브로트는 수학 세미나실에서 강연을 하게 되었다.

만델브로트는 다음과 같이 말한다.

"내가 강연을 하기 위해 도착했을 때는 이미 오펜하이머와 폰 노이만이 와 있었지요. 분명히 기억나는데 나는 굉장히 당황해서는 아무도 이해할 수 없는 지겨운 강의를 늘어놓았지요. 정말 유감스럽게도 형편없는 강연이었어요. 강연이 끝나자 누군가는 자기가 들어본 강연 중에서 가장 형편없었다고 하더군요. 하지만 오펜하이머와 폰 노이만이 강연 후 아주 정리를 잘 해주어서 그날의 위기를 모면할 수 있었지요. 오펜하이머와 폰 노이만은 차례로 내 강연을 다시 되풀이했는데 내가 한 것보다 훨씬 좋았어요. 결국 그날의 강연은 성공적이었고 나로서는 많은 이점을 누리게 되었지요. 그곳에 참석했던 사람들은 그날의 내 무능력으로 인해 나를 더 잘 기억하게 되었지요. 온갖 사람들이 모인 곳에서 강연을 한 아주 어린 젊은이로. 물론 두 사람의 천사가 강림한 덕이었지요."

만델브로트는 노이만이 직접 고안하여 연구소 내에 설치해둔 컴퓨터를 보기 위해 캠퍼스를 가로질러 그의 연구실로 가곤 했다. 그러나 만델브로트는 컴퓨터로 뭘 하는지도 정확히 몰랐으며 컴퓨터에 깊은 관심을 갖지도 않았다. 프랙탈이라는 세계를 발견하고 나서야 컴퓨터에 관해서 잘 알게 되었다.

프랙탈이란 고전적인 유클리드 기하학에서 다루는 선이나 곡선, 표면처럼 윤곽이 매끈한 게 아니라 불규칙하고 곳곳이 깨어져 있거나 비약이 보이는 기하학적 대상이다.

프랙탈이란 이름에 대해 만델브로트는 이렇게 말한다.

"나는 프락투스 *fractus*라는 라틴어 형용사에서 프랙탈 fractal이란 말을 만들었는데, 프락투스는 '깨다', 즉 불규칙한 파편을 만들어낸다는 뜻을 가진 라틴어 동사 프랑게레 *frangere*와 연관된 말입니다."

이러한 불규칙한 프랙탈 모양은 매우 중요하다. 왜냐하면 우리가 지금까지 믿어왔던 사실과는 달리 우주는 기본적으로 유클리드적이지 않기 때문이다.

표준이 되는 기하학, 말하자면 유클리드 기하학은 조작되지 않은 자연에 대해서는 적용할 수 없다. 만델브로트가 자신의 불후의 논문에서도 말했듯이 "구름은 구형이 아니고 산도 원추형이 아니다. 해안선도 결코 원이 아니고 나무 껍질도 매끄럽지 않다. 번개가 내리칠 때의 모양도 직선이 아니다. 일반적으로 여러 가지 자연의 형상은 너무나 불규칙하고 파편화되어 있어서 표준 기하인 유클리드 기하학과 비교해볼 때 전혀 다른 차원의 복잡함을 보여준다".

무엇보다 모순적인 사실은 고전 기하학이 역사적으로 지구 위의 큰 공간을 측정하는 수단으로 발전해왔음에도(이것은 기하학, 즉 geometry의 어원에도 반영되어 있다. ge는 지구, metron은 측정), 이것이 자연 그대로의 지형을 측정하는 데 크게 도움이 되지 못한다는 점이다.

"영국 해안선의 길이는 얼마나 될까?" 만델브로트는 일찍부터 이 문제에 골몰해왔다. 그가 찾아낸 답은 단일한 정답이 존재하지 않는다는 것이었다. 측정 단위나 측정 기준에 따라 답이 달라진다는 것이었다. 만약 지도를 펴놓고 영국의 북쪽 끝과 남쪽 끝 사이의 거리를 측정한다면 조잡한 수준에서나마 해안선 길이를 어림할 수는 있다. 하지만 똑같은 지점을 해안선을 따라 걸어서 측정해보면 이와는 다른 답을 얻게 된다. 왜냐하면 해안에 있는 모든 만이나 내륙의 들쑥날쑥한 해안선, 동굴, 반도 등을 지나가며 측량할 것이기 때문이다. 또한 미키마우스 같은 작은 생물이 되어 똑같은 지점을 여행한다면 더 세밀한 지점까지 지나게 되어 그 여행길은 더욱 불규칙해질 것이고 따라서 다닌 거리도 더 길어지게 된다. 개미나 그보다 더 작은 대상을 가정하게 되면 정말로 깜짝 놀랄 결과를 얻게 된다.

이런 사실은 다만 이론상으로 흥미가 있는 것만은 아니다. "스페인과 포르투갈 또는 벨기에와 네덜란드 사이에 놓여 있는 국경선의 길이는 각 국가의 백과사전마다 다르게 나타나 있는데 약 20퍼센트 정도의 차이가 납니다. 예를 들면 포르투갈 같은 작은 나라에서 측정한 경계선 길이가 이웃한 큰 나라의 측정치보다 더 정확한데, 이는 그리 놀랄 일이 아니지요"라고 만델브로트는 말한다.

고전 기하학과 프랙탈 기하학의 차이는 차원에 대한 상반된 견해에 있다. 고전 기하학에서 차원은 정수로만 나온다. 직선은 1차원이고 평면은 2차원이며 입체는 3차원이다. 그러나 프랙탈에서는 가장자리가 파편화되고 쪼개지는 섯처럼 차원도 조각난 차원이 나온다. 예를 들면 1.67, 2.60, $\log^2(E+1)$과 같은 지금까지의 상식과 다른 중간 차원들이 등장한다.

일반적으로 사람들은 차원을 정수라고 생각할 것이다. 선은 선이고 면은 면이다. 그러나 힐베르트 곡선을 생각해보라. 이 곡선은 사각형을 점차적으로 더 작은 사각형으로 나누어 이 사각형의 중심을 연속한 선으로 연결하여 얻은 것이다. 이렇게 몇 번을 되풀이하면, 이 과정에서 얻어진 선은 2차원인 면에 근접해가게 된다. 그렇지만 이 선은 다시 자신으로 되돌아와 닫히지 않기 때문에 실제로 닫힌 평면은 아니다(그림 4).

고전 수학자들에게 힐베르트 곡선 같은 모양은 오히려 역겨운 대상이었다. 수학자들은 그것을 '병적'인 모양이라 불렀으며, 연구할 가치가 없는 것이라 생각했다. 그러나 만델브로트는 한 걸음 앞서나가 이 곡선을 자세히 검토했다. 참된 프랙탈을 만들기 위해서는 복소수의 함수를 여러 번 반복 적용해야만 했고, 그 일은 오직 컴퓨터를 사용해서야 가능했다.

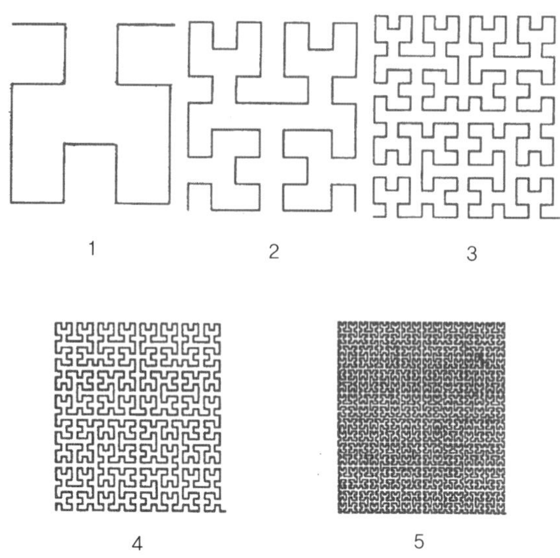

| 그림 4 | 곡선이 면으로 된다

만델브로트가 프랙탈 형상의 세계를 만들어낼 수 있는 기회를 갖게 된 것은 IBM 연구원으로 있을 때였다. 그는 해안선을 인공적으로 그리는 것부터 시작했다. 그에게 필요한 것은 올바른 공식, 즉 올바른 알고리듬이었다.

"나는 마침내 적합한 방정식을 생각해냈고, 1973년에 우리는 볼품없는 플로터를 마련해놓고 해안선을 인공적으로 그려보려고 했습니다. 우리는 때로 플로터와 함께 밤을 꼬박 지새워야 했습니다. 마침내 최초의 해안선이 그려져 나왔을 때 우리는 너무나 놀랐습니다. 그것은 뉴질랜드 같은 모양이었어요. 길게 뻗어 있는 섬이 이곳에, 저곳에는 네모진 섬이, 저쪽 한구석에는 바운티 섬을 닮은 작은 반점이 보였지요. 그것을 보면서 모두 전기에 감전된 느낌을 받았어요. 그 해안선 그림을 보고 난 후 지금은 모두들 프랙탈은 자연 자체의 일부라는 내 의견에 동의합니다."

여러 가지 프랙탈 무늬의 아름다움은 자체의 유사성이라는 고유한 속성에서 비롯된다. 즉 다른 말로 하자면, 어떤 주어진 프랙탈의 전체 형상은 그것을 이루는 작은 부분들에 정확히 반영되고 있다는 것이다. 이 현상을 만델브로트는 '스케일링scaling'이라 부르는데 이것은 대상을 어떤 척도로 보느냐와 관계없이 형상은 언제나 동일하다는 의미이다. 이 특성은 프랙탈 나무 그림과 같은 형상에서 잘 볼 수 있다.

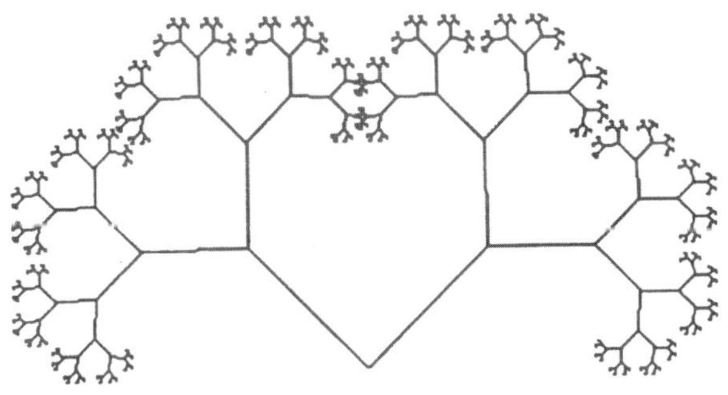

프랙탈을 본다는 것은 계속해서 반복되는 간단한 함수를 형상화한 것을 본다는 것이다. 외형적으로 보이는 복잡함에도 불구하고 만델브로트 집합은 아주 간단한 함수 (z^2+c)에 가상의 복잡한 수를 최초값으로 하여 계속 반복하였을 때 어떤 결과가 나오는가를 플로팅한 결과이다.

"만델브로트 집합이란 어떤 연산을 하여 제곱을 취한다는 속성을 지닌 복소수들의 집합이다. z라는 수를 취해 제곱하고 그 값에 c를 더한다. 그리고 그 결과를 다시 제곱하여 c를 더하는 과정을 계속 반복한다. 원칙적으로는 결과를 얻을 때마다 반지름이 2인 원 밖으로 나갔는지를 확인하고 그래프 위에 나타낸다. 이 과정을 계속 반복함에 따라 집합은 더욱 세밀한 그림을 그리게 된다. 그러나 실제로 여러분이 하는 일이란

어떤 수에 그 자체를 곱하고 다시 일정한 수를 더하는 일뿐이다. z를 제
곱하고 c를 더한다. 거기서 나온 수를 제곱하고 다시 c를 더하는 것이
다"라고 만델브로트는 설명한다.

그러고 나면 여러분은 직선이나 곡선 또는 나선형 모양을 얻었다고
생각할 것이다. 하지만 여러분이 얻은 형상이란 아래와 같은 것이다.

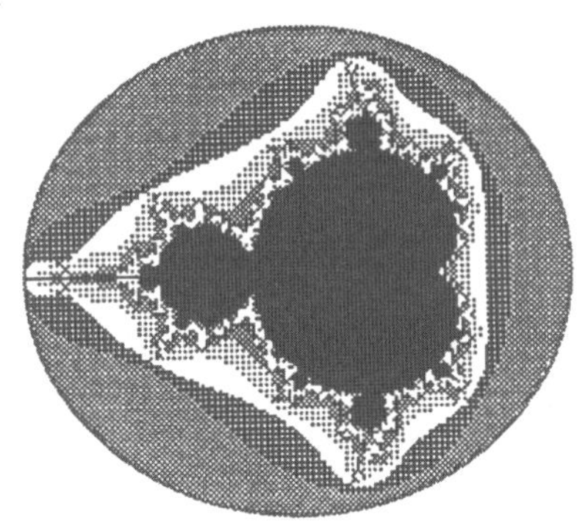

"만델브로트의 집합은 아주 극단적인 방식으로 프랙탈의 특성을 보여
준다. 아주 간단한 공식밖에 없는데 결과는 아주 복잡한 프랙탈의 고유
현상을 그렇게 보여주는 것이다. 그 자체로는 특별히 사람들의 관심을
끌지 못하는 한 줄의 알고리듬이, 특별한 구조를 지닌 어떤 것을 만들어
낸다는 사실을 깨닫게 되면 깜짝 놀랄 것이다."

'산 마르코의 용'—학자들 천국의 진풍경

고등학술연구소의 존 밀너는 무엇보다도 프랙탈의 아름다움 때문에 프

랙탈을 연구한다. "프랙탈, 그 자체가 아름답기 때문에 그것을 연구합니다. 어떤 사람들은 이것을 연구하는 것이 유용할 것 같아서라고 동기를 밝히고 있지만, 나에게 유용함이란 운 좋게도 얻는 부산물일 뿐입니다."

그렇지만 밀너는 프랙탈 연구의 응용 가능성에 대해서도 인정하여 다음과 같이 말하고 있다.

"프랙탈은 색다른 실제적인 문제, 예를 들어 역학적 시스템의 본질을 이해하는 문제나 난류의 정체를 밝히는 문제 등과 깊은 연관을 맺고 있을지도 모릅니다. 또한 프랙탈은 인간의 허파 모델을 고전 기하학보다 훨씬 훌륭하게 형상화해낼 수도 있습니다. 모세혈관과 허파꽈리들이 서로 복잡한 형태로 연결되어 있는 상태를 생각해보세요. 평탄하고 미분 가능한 대상을 연구하는 고전 기하학의 관점으로 볼 때 이 프랙탈 기하학은 특별히 별다른 의미를 주지 못합니다. 그러나 허파의 구조와 같은 것은 이 프랙탈 집합으로 훌륭하게 모델화할 수 있습니다."

만델브로트는 자연계 도처에서 프랙탈을 발견하고, 방정식을 만든다. 이 방정식을 써서 컴퓨터로 그래픽하면 나무, 강, 인간의 혈관계, 구름떼, 목성의 눈, 만류의 흐름, 포유동물 뇌의 주름 등과 같은 온갖 자연 현상의 프랙탈 구조가 만들어진다. 인공적인 것도 있다. 극장 커튼의 주름과 에펠탑의 설계 등도 추상적인 프랙탈 기하학에서 만들어내는 형상과 같은 것이라고 만델브로트는 설명한다. 그에 따르면 프랙탈은 '우리 인류의 참물질'이다.

작은 벌레에서 천체 은하까지 자연 현상의 구조를 프랙탈로 설명하다 보면 자연히 프랙탈 기하학에서 실제적인 척도에 관해 의문이 생긴다. 존 밀너는 다음과 같이 말한다. "확실히 이것은 분자 수준으로 내려가면 적용되지 않습니다. 따라서 이 단위에서는 다른 종류의 기하학이 필요합니다. 하지만 열 개의 분자나 그 이상으로 단위가 올라가게 되면 프랙탈 기하학 적용이 가능하게 됩니다."

지금 밀너는 자신이 연구하고 있던 몇 가지 문제에 대한 답을 겨우 추측할 수 있을 뿐이다. "내가 지금 연구하고 있는 특별한 문제는 만델브로트 집합의 일부를 계속 확대해가면 어떤 한계를 만나게 되는지 알아보는 것입니다. 지금까지는 계속 복잡해지기만 할 뿐이지만… 이 문제는 누구도 이해하지 못하는 대단히 특별한 문제지요."

베노이트 만델브로트는 다른 어느 것보다 더 대칭적이고 만족할 만한 프랙탈 모양 중 하나에 '산 마르크의 용'이라는 이름을 붙였다. "이것은 베네치아에 있는 산 마르크 대성당의 스카이라인과 범람한 광장 위로 그것이 비친 모습을 함께 수학적으로 외삽하여 얻은 것입니다"라고 그는 설명한다.

컴퓨터로 이 과정을 프로그램하는 것은 상대적으로 쉽다. 스물여 줄 남짓한 간단한 알고리듬을 키보드로 입력한 후 컴퓨터에서 돌리면 된다. 그러면 눈앞에는 음극선 관에서 거품이 올라오는 것처럼 유령 같은 형상이 펼쳐진다. 물에 반사된 베네치아의 대성당 모습처럼 보인다. 점점이 찍힌 모습이 약간 신비스럽기까지 하다. 이 형상은 전자와 함께 떠

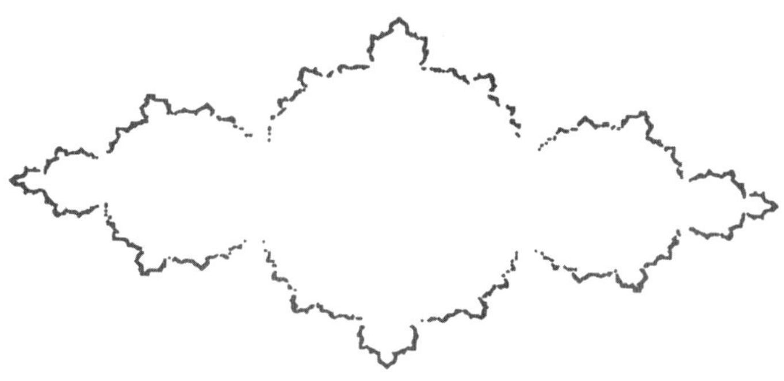

오르고 이윽고 컴퓨터 화면 위를 부유해간다. 그러면 여러분은 수학자들이 순수하게 육체로부터 이탈한 지성이라는 대상에서 아름다움을 발견한다는 것이 어떤 의미인가를 이해할 수 있을 것이다. 이것이 학자들의 천국에서 형상이 나타나는 모습, 바로 그것이 아닐까?

이단자들

Who Got Einstein's Office?

유쾌한 자니

님-님-님 선생

유쾌한 자니 Good Time Johnny

프린스턴 카지노 실험실

룰렛판이 빙빙 돈다. 하얀 아세테이트 공이 반대 방향으로 튀어 나간다. 사람들은 숨을 죽인 채 검정과 빨강이 아른거리는 숫자판 위를 달리는 공에 시선을 모은다. 실내는 쥐죽은 듯 고요한데 오직 회전판이 공기를 스치며 내는 윙윙거리는 소리와 판 가장자리를 구르며 달그락거리는 공소리만 울려퍼진다. 여느 도박장이나 다름없이, 판 주위에 매달린 사람들은 이번에 나올 숫자를 아는 양, 아니 적어도 근사치는 맞힌 양 믿고 있다. 룰렛판은 여덟 칸으로 나뉘어 있는데, 이들은 지금 공이 다섯번째 칸(이 칸은 다시 18, 31, 19, 8, 12의 홈으로 나뉜다)에 들어가리라는 데 걸고 있다.

회전축의 속도가 느려지면서 공은 회전판 가에 있는 다이아몬드 형 쇠통을 향해 움직이기 시작한다. 만약 이 쇠통 중 하나라도 건드렸다간

공의 궤도는 마구 흐트러져 다섯번째 칸에 도박을 건 것은 물거품이 되고 만다. 그러나 다행히 공은 이 다이아몬드 형을 건드리지 않은 채 그 아래 홈으로 떨어진다. 흑백이 교차하는 홀수와 짝수 숫자 위로 완만한 호를 그리던 공은 다섯번째 칸이 점차 가까이 다가오자 또르르 굴러 들어간다. 숫자 홈 위를 달그락거리며 들락거리다가 결국 예측한 19번 홈통에 쏙 들어앉는다. 회전판이 서서히 멈추자 공은 계란판 속에 든 계란처럼 홈통 속에 얌전히 앉아 있다.

그런데 이들 관찰자들은 비록 만면에 웃음을 띠긴 했지만 아마추어 도박꾼들처럼 환성을 지르거나 발을 구르지도 않았고, 또 돈이 오가지도 않았다. 물론 이들이 사용한 룰렛판은 네바다 주 레노에 있는 파울 게임기 상점에서 구입한 것으로 디트로이트 시 B. C. 윌스 제의 표준 도박용 룰렛판이었다. 하지만 여기는 레노나 라스베이거스, 애틀랜타 시의 도박장이 아니라 뉴저지 주 프린스턴의 고등학술연구소 구내이다. 펄드 홀 3층, 일찍이 알베르트 아인슈타인이 '신은 우주를 상대로 주사위놀이를 하지 않는다'며 사색하던 연구실 바로 두 층 위인 구석진 연구실에서 새로운 도박장치를 궁리하고 있는 이들은 도박사가 아니라 두 사람의 젊은 물리학자였던 것이다.

룰렛판 양쪽으로 서 있는 이 두 사람은 도인 파머와 노먼 패커드이다. 파머는 현재 국립 로스앨러모스 연구소의 오펜하이머 특별 연구원이고, 패커드는 뉴멕시코 주 실버 시에서 파머와 어린 시절을 같이 보내며 자란 친구이다. 패커드는 지금 이 연구소의 정규 회원이며, 스티븐 월프람의 복소수 체계 연구 그룹의 일원이다.

전공이 천체물리학인 파머는 회전하는 커다란 물체의 주위로 궤도를 그리는 작은 원형 물체에 대한 분석에 정통하다. 그는 룰렛 공의 움직임을 정확히 묘사하여 공의 정확한 도착 지점을 예상할 수 있는 컴퓨터 프로그램을 개발했다. 여기서 문득 이 프로그램이 든 컴퓨터를 몰래 숨겨서 라스베이거스의 카지노에서 한번 사용해보자는 착상을 했다. 패커드와 파머는 라스베이거스에서 여러 번 실험을 해보았고, 결과는 카지노에서 평균 4할대의 수입을 올릴 정도였다. 그러나 프로그램이 아닌 컴퓨터 본체에 기술적 결함이 생겨 도중에 그만둘 수밖에 없었다. 그러는 사이 이 연구 계획이 출판사에 들어가 『행복주의의 파이 *The Eudaemonic Pie*』라는 책자에 소개되어버렸고, 그 일부가 1985년에 『사이언스 다이제스트』지에 연재되었다. 이 바람에 한몫 잡을 수 있었던 기회가 날아가버렸다. 그런데 지금 이 두 사람이 다시 그 계획에 손을 대고 있는 것이다. 정녕 이번에는 끝장을 내려는 각오로, 마치 몽땅거로 도박판을 파산시켜버릴 듯한 기세로 말이다.

이번 룰렛판 실험에서 놀랄 만한 일은 파머와 패커드가 게임의 결과를 높은 확률로 예측할 수 있다는 것보다, 실험 자체가 필드 홀의 신성한 구내에서 행해진다는 것, 그리고 아무도 이에 대해 이의를 제기하지 않는다는 것이다. '진정한 학자들의 천국'을 카지노 도박 실험실로 삼아 이 사나이들이 일을 벌이고 있다. 물론 이 룰렛판이 설치된 장소는 연구에 몰두하고 있는 다른 연구원들의 눈에 쉽게 띌 수 있는 장소는 아니다. 필드 홀 3층에 자리잡은 이곳은 외부인의 발길이 미치기 어렵다. 일부러 찾으려 해도 문이 닫혀 있는데다가, 그 문을 열고 들어가도 컴퓨터로 가득 차 있어 여기저기로 통하는 통로만 보일 뿐이다. 문제의 룰렛판은 이런 미로의 한쪽 방에 있으니 다행이다. 왜냐하면 연구소의 종신 회원들, 특히 사회과학자들이나 역사학자들이 행여 이 두 과학자가 거기서 룰렛 게임을 하는 걸 보기라도 한다면 그야말로 낭패이기 때문이다.

전에 딱 한 번 어느 연구원이 실험을 행했을 때 벌어진 소동을 생각해보면 이해가 간다.

당시 그 사건을 일으킨 장본인은 존 폰 노이만이었다. 세계 최고의 상아탑인 이곳에서는 가장 무거운 도구래야 분필 조각이고, 가장 큰 소음이래야 도서관에서 책장 넘기는 소리이다. 그런데 폰 노이만은 당당하게 신형 전자계산기를 고안해낸 것이다. 이론상의 고안이 아니라 실물로서 너트와 볼트, ㄱ자형 철재와 금속판으로 된 기계가 모습을 드러냈다. 작열하는 필라멘트와 진공관의 열을 바깥으로 빼내려고 기계 꼭대기에 굴뚝을 달고 연통과 배기관을 연결했다. 한마디로 증기기관과 같았다.

연구소 고참 학자들에게 이 사건은 커다란 충격이었다. 이들 뛰어난 두뇌들은 속세의 잡음과 기계를 피해 평안과 정적 속에서 깊이 사색할 수 있는 곳을 찾아 여기 프린스턴으로 오지 않았던가. 그런데 어이없게도 존 폰 노이만이 이들의 신성한 낙원을 공작소로 여기다니! 이 성스러운 연구의 터전에서 기계 따위를 만들다니!

세계 유일의 학문 천국인 연구소에서 결코 있을 수 없는 일이었다. 이런 천박하고 이단적인 기계는 용납될 수 없었다. 마땅히 중지시켜야 할 일이었고, 결국 연구소의 고참 학자들은 이 기계를 추방시켰다. 그러나 이는 폰 노이만이 죽고 난 뒤였다. 그들은 비록 이 흉한 전기장치를 싫어했고 또 그걸 사용할 필요도 없었지만, 아무도 생전에 그를 닦달하지 못했다. 그가 너무도 좋은 사람이었기 때문이다. 그는 프린스턴에서 가장 성대한 파티를 열어 사람들을 즐겁게 해주었고, 여자들에게도 친절했으며, 스포츠카를 즐겼다. 농담도 잘하는데다 5행시와 격의 없는 얘기도 좋아했다. 또한 그는 시끌벅적한 분위기와 멕시코 음식, 고급 술을 좋아했고 돈도 좋아하는 유쾌한 사람이었다. 이런 사람을 미워하기란 어려운 법인지라 연구원들도 결국 폰 노이만에 대해서는 특별히 예외를 허용했던 것이다.

컴퓨터를 주무른 더러운 손이지만, 그는 여전히 빛나는 선각자였고 불후의 과학자였다. "프린스턴에선 이렇게들 말했어요. 폰 노이만은 정말 반신반인이라고. 그가 사람인 양 보이는 것은 그만큼 사람을 깊이 연구하여 완벽하게 모방할 수 있었기 때문이라고요." 이렇게 허먼 골드스타인은 술회했다.

사실 폰 노이만의 컴퓨터와 세포 자동자cellular automaton에 대한 뛰어난 연구도 그의 전 생애 업적에 비추어 보면 반은커녕 5분의 1도 채 안 되는 것이었다. 그는 게임 이론과 같은, 완전히 새로운 수학 분야를 창조한 천재였다. 그는 다재다능하며 에르고드 정리의 증명, 기상 예측, 컴퓨터 개발을 똑같이 중시했으며, 심지어 대기업의 영업 직원들에게 물고 물리는 치열한 기업 세계에서 게임 이론을 응용해 유리한 고지를 차지하는 방안을 가르치기도 했다. 맨해튼 계획을 추진할 당시 엔리코 페르미는 에드워드 텔러에게 "에드워드, 어떻게 헝가리인들은 발명한 게 아무것도 없는가?" 하며 놀리곤 했는데, 사실 헝가리인이었던 폰 노이만은 최초의 원자폭탄에 사용한 뇌관장치 개발을 도왔으며, 또한 텔러, 슈타니슬라우 울람 등과 함께 수소폭탄을 개발하고 있었다.

대체 고등학술연구소 교수라는 사람이 한편으로 수학 이론을 정립하면서 다른 한편으로는 폭탄과 컴퓨터를 개발하고, 잡다한 경영 자문역까지 해가며 돈을 번다는 것은 참으로 기가 막히고 경악스러운 일이 아닐 수 없었다. 그러나 누가 그를 미워하겠는가? 너무나 쾌활하고 천진난만한, 소년이나 다름없는 이 사나이를!

파티의 대천재 자니

1903년, 이해는 과학의 기술 분야에서는 불길한 해였다. 이해 2월 『뉴욕 타임스』지에 '화제의 라듐'이라는 제목의 기사가 실렸는데, 이 놀라운 방사성 원소에 대한 뉴스는 곧 세계 곳곳으로 퍼져 나갔다. 같은 해 10월 『세인트루이스 포스트 디스패치』지에는 다음과 같은 기사가 실렸다. "라듐의 힘은 상상할 수 없을 정도로 엄청나다. 전세계 병기 공장이란 공장은 이 금속으로 완전히 파괴당할 수도 있다. 또한 세계 각국이 비축해놓은 폭발물을 깡그리 소멸시켜 전쟁 자체를 불가능하게 만들지도 모른다. 머지않은 장래에 버튼 하나만 누르면 지구 전체를 날려버려 세계의 종말을 가져올 장치가 발명될지도 모른다."

물론 이해에 좋은 일도 몇 가지 있었다. 노스캐롤라이나 해안에서 라이트 형제가 최초로 4마력짜리 엔진의 비행기를 타고 해변을 날아 항공 여행의 길을 열었다. 이로부터 11일 뒤 부다페스트에서 존 폰 노이만이 태어났다. 그는 우리에게 컴퓨터와 로봇 인공지능의 시대를 열어주었다. 부유한 은행가의 아들로 태어난 자니(노이만의 애칭)는 아인슈타인과 같은 대기 만성형이 아니었다. 6살 때 이미 여덟 자리 수를 여덟 자리 수로 나누는 계산을 암산으로 해냈고, 고대 그리스어로 아버지와 농담을 나눌 정도였다. 이 년 뒤에는 미적분에 손을 댔으며, 부다페스트의 전화번호부 한 페이지를 읽고는 눈을 감고 이름과 주소, 전화번호를 외우는 놀라운 기억력을 보였다. 한번은 어머니가 바느질을 하다가 잠시 허공을 바라보자 옆에 있던 소년은 "엄마, 뭘 계산하고 계세요?" 하고 물었다고 한다.

부다페스트 대학에 들어간 자니는 이 기간을 그의 인생 여정을 위한 충전과 준비 과정으로 삼았다. 베를린으로 달려가 아인슈타인의 통계역학 강의를 듣는가 하며 취리히로 가서 취리히 공과대학의 화학공학 과정을 밟았으며, 괴팅겐에서는 유명한 수학자 다비트 힐베르트 밑에서 공부했다. 이러한 정열적인 연구 활동으로 그는 22살에 취리히 공과대학에서 화학공학사 학위를, 부다페스트 대학에서 최우수 성적으로 수학 박사 학위를 받았다. 이 수학 박사 학위를 받으면서 실험물리학과 화학을 부전공으로 택하여 좋은 성적을 얻었다.

그가 괴팅겐에 도착했을 때에는 마침 양자역학이 과학계의 주목을 받고 있던 중이었다. 원자에 대해 당시 슈뢰딩거와 하이젠베르크가 서로 대립되는 이론을 각기 제창하였는데, 이 두 이론을 모순되지 않게 포괄하여 기술할 수 있는 수학적 표현 방법을 찾는 것이 문제였다. 학위를 딴 뒤 폰 노이만은 두 이론을 결합하는 문제에 전념하여 1925년에서 1929년 사이에 일련의 논문을 썼다. 이것은 1932년에 『양자역학의 수학적 기초*Mathematical Foundations of Quantum Mechanics*』라는 책으로 출간되었다. 50년이 지난 오늘날에도 이 책은 계속 간행되고 있다.

폰 노이만의 양자론의 관건은 '힐베르트 공간'의 이용인데, 힐베르트 공간이란 무한히 많은 변수를 가진 방정식을 연구하기 위해 힐베르트가 창안해낸 개념이다. 가령 다음과 같은 연립방정식의 해를 구할 때 x와 y의 값을 구하는 방법에는 두 가지가 있다.

$$x - y = 1$$
$$x + y = 7$$

즉 초등 대수학을 이용해 산술적으로 답을 구하든가, 해석기하학을 이용하든가 하는 것이다. 후자의 방법에서는 먼저 이 방정식을 공통의 x, y 좌표를 가진 그래프로 나타낸다. 만약 이 연립방정식을 동시에 만족시키는 해가 있다면 두 개의 직선은 한 점에서 교차하며, 그 x, y 좌표가 두 미지수 x, y의 값이 된다. 미지수가 더 많은 방정식에도 이와 같은 방법을 사용할 수 있다. 예를 들어 다음과 같은 식

$$x^2 + y^2 + z^2 = 1$$

에서는 z축이 더해져 3차원의 공간이 된다. 이것을 그래프 위에 나타내면 세 축의 교점을 중심으로 하고 반지름이 1인 구가 된다.

4개 이상의 미지수를 가진 방정식이라도 그래프에 그릴 수 있으나 이때는 3차원의 현실 세계를 떠나 힐베르트 공간이라는 인지할 수 없는 영역을 설정해야 한다. 더 많은 변수는 그래프 위에 더 많은 좌표축을 필요로 한다. 가령 5개의 미지수를 가진 방정식은 5차원의 구면이나 '초구면'을 필요로 한다. 힐베르트는 변수가 5개 이상으로 무한히 늘어나 있는 방정식까지도 포괄할 수 있도록 이를 확대시켰는데, 이것을 기하학적으로 표시하기 위해서는 무한 차원의 공간이 필요하다. 물리적인 공간을 통상 3차원이라고 보는데 그런 점에서 무한 차원의 공간은 실제 물리적인 공간은 아니다. 그러나 놀랍게도 수학자와 물리학자들은 현실 세계의 문제를 해결하기 위해 무한 차원의 힐베르트 공간을 항상 사용한다. 특히 양자역학의 영역에서는 그렇다. 이렇게 할 수 있는 것은 대체로 폰 노이만 덕분이다.

1920년대 중반 양자역학에서는 하이젠베르크의 행렬역학론과 슈뢰딩거의 파동함수론의 두 상반된 이론이 팽팽히 맞서 물리학자들을 곤란

하게 만들었다. 하이젠베르크의 주장에 따르면 양자역학의 물리량은 빙고 게임의 카드나 원소 주기율표에서처럼 숫자들을 간단히 정사각형으로 배열해놓은 행렬로 표시할 수 있다. 그리고 양자역학의 물리량 하나하나에 대해 각각 다른 수의 행렬이 대응하고 있는데 양자 에너지의 준위에 대한 행렬이 있고 위치에 대한 행렬, 운동량에 대한 행렬이 각기 다르다. 하이젠베르크가 이와 같이 단순한 숫자들이 아닌 수의 행렬로 입자의 물리량을 표시한 것은, 한 입자의 물리량은 본래 부정확하고 규정하기 어렵다고 보았기 때문이다. 입자란 직선 위의 한 점이라기보다는 공간 속의 얼룩과 같기 때문에 그 위치를 간단한 정수로는 도저히 표시할 수 없고, 그 수들의 전체 배열에 의해서만 가능하다고 그는 주장했다. 그리고 그 행의 긱 숫자는 한 입자가 어떤 특징한 물리량을 가질 확률을 표시한다고 했다.

이와 반대로 슈뢰딩거는 원자의 상태란 물질의 파동으로 이해되어야 한다고 주장했다. 핵 주위를 돌고 있는 전자는, 태양의 주위를 공전하는 행성처럼 완만한 궤도를 그리는 것이 아니라 롤러코스터에서와 같은 굴곡을 나타낸다고 했다. 다른 양자와 마찬가지로 파동으로 나타나고 그 운동 법칙도 파동 방정식으로 표시된다고 했다.

이 논쟁이 한창일 때 이들 사이에 끼어든 사람이 폰 노이만이었다. 그는 두 이론을 완전히 하나로 통일시켰다. 그 해결의 핵심이 바로 힐베르트 공간이었다. 원자의 상태를 무한 차원인 힐베르트 공간 속에 있는 벡터(또는 화살)라고 보면, 그 화살의 회전이 하이젠베르크의 행렬식과 슈뢰딩거의 파동함수와도 완전히 일치함을 폰 노이만이 보여주었던 것이다. 그는 이 모두를 완전히 새로운 수학적 공리로 완성시켰는데, 이 중 하나가 매우 불규칙적인 양자의 운동은 거의 필연적이라는 분석이었다.

26살의 나이에 이런 성과를 거둔 폰 노이만은 세계적인 명성을 얻었다. 1929년 가을, 그때까지 프린스턴 대학 수학부에 재직하고 있던 오스왈드 베블렌은 그를 프린스턴으로 초청하여 '양자 이론의 제 측면에 대하여'라는 제목으로 강의해줄 것을 의뢰했다. 폰 노이만은 이를 승낙했다. 미국에서 며칠 체류하면서 그는 이 나라와 자기가 피차 잘 맞으리라는 생각이 들었다. 미국은 낙천적이며 실용주의가 강한 나라였고 뭔가할 수 있는 땅이었다. 사람들은 외향적이고 우호적이며 격의가 없었는데 무엇보다도 자기처럼 유쾌하게 사는 것 같아 마음에 들었다. 물론 미국에는 에스프레소 커피를 홀짝이고 담배를 피우며 에르고드 정리에 대해 몇 시간이고 토론할 수 있는 카페나 작은 선술집 등이 없어 유럽에서처럼 낯익은 포근함은 없었다. 그래서 폰 노이만은 프린스턴에 유럽 식당을 한번 차려볼까 생각도 했으나 뜻을 이루지는 못했다. 그래서 차선책으로 궁리한 게 그의 유명한 파티였다. 연구소의 고참 연구원들의 말에 따르면, 그의 파티는 작은 가극이었다고 한다.

"정말 대단한 파티였어요. 그 파티에 대해 항간에선 어처구니없는 이야기들이 나도는 모양인데 사실 그것은 결코 과장이 아니에요. 그는 매우 재치 있었으며 몸집도 커서 지금의 나보다도 뚱뚱했어요. 어쨌든 그는 즐겁게 지내는 방법을 잘 알고 있었어요"라고 연구소의 옛 친구는 회상한다. 그는 파티를 정기적으로 열었다. 일주일에 적어도 한 번, 때로는 두 번씩 웨스트코트 가 26번지에 있는 폰 노이만의 하얀 목조집에서는 제복을 입은 급사들이 마실 것을 나르곤 했다. 담배 연기가 피어오르는 방에서는 춤과 웃음소리가 가득했고, 우정이 무르익었다. "따로따로 지냈던 연구소의 노천재들도 폰 노이만의 집에서는 금방 친한 사이가 되곤 했지요"라고 한 친구는 회상한다.

프린스턴에 고등학술연구소가 세워질 준비가 진행되자, 폰 노이만은 당연히 회원이 되어달라는 요청을 받았으며, 아인슈타인, 베블렌, 알렉산더와 함께 결국 이 연구소 교수가 되었다. 내로라 하는 노교수들 속에 약관의 나이로 끼인 것이다.

"그는 너무 젊고 활달해서 홀에서 그를 본 대부분의 사람들은 그를 대학원생으로 착각했지요"라고 한 연구원은 말한다. 세계적인 천재로 가득 찬 이 연구소에서도 폰 노이만은 가장 비상한 머리를 자랑했다. 그와 함께 컴퓨터 일을 했던 줄리언 비겔로는 이렇게 말한다. "당신이 만약 그와 만나 어떤 아이디어를 얘기하면, 오 분 이내에 그는 벌써 당신을 백 보 앞질러 그것을 정확히 예견할 겁니다. 그의 머리는 너무 빠르고 예리해서 도저히 따라잡을 수 없있어요. 딘인긴대 이 세싱을 다 뒤져도 그를 당할 사람은 없을 겁니다."

수학자들 중에는 의외로 수를 더하거나 빼거나 곱셈, 나눗셈을 잘 하지 못하는 사람이 많다고 한다. 그러나 폰 노이만은 인간 계산기였다. 그의 연구소 조수였던 파울 할모스의 이야기다. "그의 전자계산기를 처음 테스트할 때였어요. 누군가 2의 거듭제곱에 관한 비교적 간단한 문제를 냈어요(그것은 2를 계속 제곱해 나갈 때 오른쪽에서 네번째 자리에 처음으로 7이 나오게 하려면 최소한 몇 번이나 곱해야 하는가 하는 문제였다. 이는 요즘 컴퓨터로 보면 아주 간단한 문제로 백분의 1초도 걸리지 않는다). 컴퓨터와 자니가 동시에 시작했는데 놀랍게도 자니가 먼저 문제를 끝냈죠."

폰 노이만의 강의를 제대로 따라잡으려면, 노트 필기를 매우 빨리 해야 했다. 세미나를 하면서(펄드 홀의 세미나실은 그의 사무실 바로 건너편에 있었다) 그는 2제곱피트밖에 되지 않는 칠판에다가 수십 개의 방정식을 번개같이 재빠르게 써댔다. 그는 하나의 공식을 다 쓰자마자 지우개로 지워버리고 다른 수식을 썼다. 이런 식으로 수식 하나 쓰고 또 지우기를 되풀이한 그는, 마지막 수식을 다 알아보기도 전에 지워버리고선 지우개를 칠판 바닥에 내려놓으며 손에 묻은 분필가루를 툭툭 털곤 했다. 그의 강의를 듣는 이들은 이런 강의에 '지우개에 의한 증명'이라는 이름을 붙였다.

이 사람은 정말 비상한 기억력을 가져 도무지 잊어버리는 법이 없었다.

"폰 노이만은 책이나 논문을 한번 보고는 구절구절을 인용할 수 있었어요. 더구나 몇 년 뒤에도 서슴없이 외울 수 있을 정도였으니… 한번은 『두 도시 이야기 *A Tale of Two Cities*』(디킨스의 장편소설/옮긴이)가 어떻게 시작하는지 얘기 좀 해달라고 시험 삼아 말했는데, 그는 거침없이 바로 첫 장을 암송하기 시작하더니 이제 제발 그만 하라고 할 때까지 10분이나 15분 이상을 계속하는 것이 아니겠어요"라고 허먼 골드스타인은 말한다.

대부분의 천재들이 그러하듯 폰 노이만에게도 기이한 점이 있었다. 그 하나가 은행가 스타일의 복장을 고집하는 것이었다. 언젠가 그들 부부가 함께 애리조나 주를 여행하면서 그랜드캐니언을 구경한 적이 있었다. 무엇이든 즐기는 사나이, 폰 노이만은 당연히 노새의 등에 앉아 협곡을 내려가는 대열에 끼고 싶어했다. 다른 사람들은 모두 반팔 셔츠에 가죽 바지, 카우보이 구두, 챙 넓은 멕시코 모자 등으로 서부의 분위기에 맞게 차려입었으나, 폰 노이만은 그럴 사람이 아니었다. 정말 외고집이었다. 평소대로 하얀 와이셔츠에다 넥타이를 매고 조끼에는 장식 손수건까지 끼운 채로 노새를 타고 협곡을 내려갔다. 물론 스타일을 구겨도 좋다고 그는 생각했다.

또 하나는 발음 교정 문제였다. 미국의 모든 것이 마음에 들었지만 그래도 폰 노이만은 완전히 미국인이 되는 것을 원치 않았다. 허먼 골드스타인은 다음과 같이 말했다. "그는 인티저(integer, 정수)를 인티거로 발음했어요. 이따금 미국식의 옳은 발음이 튀어나오면 그는 얼른 다시 자신의 본래 발음으로 고쳐 말하는 것이에요."

그리고 그는 대학 교수 기질이 많아서인지 일상사에는 무심했다. 폰 노이만의 부인인 클라라는 그녀가 아팠을 때의 일을 웃으면서 이렇게 회상한다. "남편에게 물 한 컵을 부탁했는데 잠시 후에 와서는 컵이 어디에 있는지 모르겠다는 것이었어요. 그 집에서만 우리는 17년을 살았는데 말입니다(물론 집에는 가정부가 있어 물어만 보면 당장 알 수 있었다)." 한번은 뉴욕에서 누구와 만날 약속이 있다며 프린스턴에서 아침에 차를 몰고 나갔는데 중간쯤에서 누구와 만나기로 했는지 기억이 나지 않아, 전화를 걸어 부인에게 지금 "내가 왜 뉴욕으로 가고 있는 거요?" 하고 물었다는 것이다. 정말 어처구니 없는 일이었다.

천재 두뇌, 전자 두뇌와 만나다

'천재 두뇌'인 폰 노이만과 '전자 두뇌' 에니악ENIAC의 만남은 참으로 멋진 숙명과도 같은 것이었다. 당시 에니악은 프린스턴에서 단지 80킬로미터밖에 떨어져 있지 않은 필라델피아에서 개발중이었다. 숫자를 다루는 데 귀재인 이 둘의 만남은 역사적 순간이라 할 만했다. 이는 폰 노이만, 골드스타인 두 사람의 우연한 상봉에서 비롯되었다. 당시 그 둘은 메릴랜드 주의 애버딘 사격 시험장에서 미 육군의 탄도 연구소 일을 하고 있었다. 에니악은 전광석화 같은 초스피드의 미사일 탄도와 발사 조건표를 계산하기 위해 미 육군에서 개발중이었는데 이 일을 위해 골드스타인은 애버딘과 필라델피아 사이를 왔다갔다했다. 1944년 8월 어느 날, 골드스타인이 역에서 기차를 기다리고 있을 때 플랫폼을 향해 걸어오는 사람이 있었으니, 그 사람이 다름아닌 존 폰 노이만이었다.

"그때까지 그 위대한 수학자를 한 번도 만난 적이 없었어요"라고 골드스타인은 회상한다. "하지만 그에 대해서는 잘 알고 있었고, 여러 번 그의 강의도 들은 적이 있었죠. 그래서 실례를 무릅쓰고 그에게 다가가 나를 소개하면서 말을 걸었죠. 다행히 폰 노이만은 따뜻하고 우호적인 사람으로 자기 명성 앞에서 상대방이 부담을 갖지 않도록 애쓰는 것 같았어요. 얘기는 곧 내가 하는 일로 이어졌죠. 내가 1초당 333번 곱셈할 수 있는 전자 컴퓨터 개발에 관계하고 있다고 하자, 폰 노이만의 눈빛이 갑자기 달라졌어요. 그때까지의 부담 없고 유쾌하던 대화 분위기는 일변하여 수학 학위 논문의 구두 시험장 같은 분위기로 바뀌어버렸어요."

며칠 뒤 폰 노이만은 에니악이 어떻게 진행되는지 살펴보기 위해 필라델피아로 왔다. "당시 누산기accumulator 두 개를 시험하고 있는 중이었는데 폰 노이만이 곧 온다고 하자, 존 프레스퍼 에커트는 재미있는 반응을 보였어요(에커트는 존 모클리와 함께 에니악의 공동 발명자였다). 폰 노이만의 첫 질문만 들어보면 그가 정말 천재인지를 알 수 있다며, 그 질문이 기계의 논리적 구조에 관한 것이라면 그는 폰 노이만을 인정하고, 그렇지 않으면 그의 천재성을 못 믿겠다고 단언하는 겁니다. 물론 폰 노이만의 첫 질문은 바로 그것이었죠"라고 골드스타인은 말한다.

두뇌와 기계와의 첫 만남으로부터 6개월 후, 폰 노이만은 고등학술연구소에서 자신이 직접 컴퓨터를 만들 계획을 세웠다. 첫째 과제는 에니악의 결점을 어떻게 제대로 보완하느냐였다. 우선 그건 너무 컸다. 단순히 큰 정도가 아니었다. 진공관과 배선으로 가득 찬 한 마리의 거대한 공룡이나 다름없었다. 그것은 가로 길이 30미터, 높이 31미터, 앞뒤 길이 0.9미터나 되었으며 진공관만 1만 8천 개, 계전기 1천5백 개, 저항기 7만 개, 콘덴서 1만 개, 토글 스위치 6천 개를 포함하여 부품이 10만 개가 넘었다. 이것을 만드는 일이란 정말 끝이 없어 보였다. 폰 노이만은 이것을 유지하는 데만도 '벌지 전투(제2차 세계대전 말기의 미국 사상 최악의 전투/옮긴이)를 매일매일 치르는 기분'이라고 농담하곤 했다. 1만 8천 개의 진공관 중 단 하나도 고장나지 않고 처음 5일 동안 기계가 잘 가동되자 발명가들의 얼굴에는 웃음이 그칠 줄 몰랐다.

에니악이 소비하는 전력이 얼마나 막대했던지 스위지를 켤 때마다 그 순간 필라델피아 서부 일대의 전등이 모두 희미해져버릴 정도였다고 한다. 기능면에서 보면 기계의 크기나 고장률, 대량의 전력 소비 등의 문제는 배선으로 프로그램을 바꾸는 것에 비하면 아무것도 아니었다. 워드 프로세서에서 그래픽, 게임 놀이 등으로 간단히 프로그램을 띄울 수 있는 요즘 일반용 컴퓨터와 달리, 에니악은 오로지 발사 위치와 투하 위치만 계산할 수 있도록 설계되었기 때문에 이를 다른 데 쓰려면 엄청난 작업을 해야만 했다. 어떤 새로운 문제에 이 기계를 사용하려 하면 그때마다 손으로 일일이 스위치를 바꾸고 전선을 새로 연결하지 않으면 안 되었다. 스위치가 무려 수천 개이고 바깥으로 나온 전선과 플러그의 수만도 수백 개가 되었으니 이 일의 어려움은 가히 짐작하고도 남을 것이다. 정작 가동된 에니악이 계산하는 시간은 몇 분 걸리지 않지만, 이를 준비하기 위해서는 두 사람의 기술자가 꼬박 이삼 일씩 매달리는 실정이었다.

이건 정말 바보 같은 짓이었다. 그리하여 컴퓨터의 개념을 근본적으로 뒤바꿀 아이디어가 개발되고 있었으니, 요즘 말하는 프로그램 기억식 컴퓨터이다.

이것의 기원은 확실치가 않다. 일부 컴퓨터 역사학자는 폰 노이만에서부터 시작되었다고 하고, 다른 이들은 모클리와 에커트에 의해 발명되었다고 한다. 또 다른 한쪽에서는 영국의 수학자 앨런 튜링에게서 그 기원을 찾고 있다(폰 노이만은 튜링을 1935년 여름 케임브리지 대학에서 만났으며, 후에 튜링은 프린스턴으로 와서 박사 학위를 받았다. 폰 노이만은 젊은 튜링에게 고등학술연구소에서 그의 조수로 일해달라고 제안했으나 튜링은 이를 거절하고 케임브리지로 돌아갔다). 그러나 그 기원을 누구에게 두든 프로그램 기억 방식이라는 아이디어를 실용적인 시스템으로 발전시킨 사람은 폰 노이만이었다. 그의 아이디어는 프로그램을 기계에 기억시킬 때 내부의 배선을 이용하는 것이 아니라 전하와 전기 임펄스를 사용한다는 것이다. 이렇게 하면 외부의 배선과 스위치, 접속 등을 전혀 바꾸지 않고서도 컴퓨터의 제어 변경 작동을 할 수 있다는 커다란 이점이 있었다.

그러나 기계를 내부에서 통제한다는 개념은 당시의 학문적 지식과 상식에 완전히 반하는 것이었다. 기계는 항상 바깥에서 손잡이나 레버, 버튼 등을 이용해 조작한다는 것이 그 당시의 상식이었다. 자카드 식 직조기처럼 그 작동이 프로그램으로 되어 있는 기계조차 펀치 카드나 테이프와 같이 기계와는 완전히 별개인 물체로 기계 바깥에서 조절되었다. 직접 감지할 수 없는 전기적인 자극으로 내부에서 기계를 제어할 수 있다는 폰 노이만의 주장을 이해하기 위해서는 엄청난 지적 비약이 필요했다.

폰 노이만은 컴퓨터의 기본 기능인 덧셈, 뺄셈 등은 배선으로 기계의 일부로 만들 수 있지만, 그 기능을 실행하는 순서와 조합은 소프트웨어로 넣을 수 있다고 생각했다. 이렇게 하면 기계에 다른 문제를 풀도록 하기 위해서 스위치를 돌리거나 전선의 플러그를 바꿀 필요가 없는 것이다. 즉 기계 자체에 손댈 필요가 없는 것이다. 기계는 그대로 두고 지시문만 바꾸면 되었다. "일단 지시문이 기계에 전달되면 더 이상 인간이 관여하지 않아도 기계는 스스로 문제를 해결한다"고 폰 노이만은 말했다. 문제를 넣으면 구하는 답이 그대로 튀어나온다. 손댈 필요도 없으니 이 얼마나 간단한가?

학자들 천국의 이변

1946년 봄, 폰 노이만은 고등학술연구소 내에서 자신의 손으로 직접 컴퓨터를 조립하고자 시도했다. 그러나 이를 가로막는 두 가지 장애가 있었다. 하나는 자금 문제고 다른 하나는 교수회의 승인이었다. 자금 문제는 오히려 나은 편이었다. 정작 장애가 된 것은 신성한 연구소 안에서 기계 따위를 만들다니! 하며 펄쩍 뛸 교수들을 어떻게 설득하느냐의 문제였다. 수학부 내에서조차 컴퓨터 개발 계획이 제대로 호평받지 못했으니 그 사정을 알 만했다.

그리하여 수학부는 이 문제를 토의하기 위해 교수회를 열었다. 당시의 의사록에 따르면, 회의에서는 이러한 사업이 고등학술연구소 전체의 분위기와 수학의 진보에 미치는 영향에 대해 심의했다. 각 교수들의 반응도 다양해서 칼 시겔 교수는 일하다가 필요한 로그값을 표에서 찾기보다는 직접 계산하는 게 원칙적으로 더 좋다고 했고, 마스턴 모스 교수는 컴퓨터 계획이 최선은 아니지만 이제는 불가피하다고 말했다. 오스왈드 베블렌 교수는 그것이 어떤 방향으로 우리를 끌고 갈지는 차치하고 과학의 진보라는 면에서 환영한다고 했다(이 의사록은 베블렌이 작성했는데, 신랄한 그의 비평을 기록 속에 그가 몰래 끼워넣은 것을 모르는 사람은 없다). 아인슈타인은 달리 가부를 표하지 않고, 컴퓨터가 통일장 이론의 해결에 기여할 바는 없다는 농담만 했다.

다른 학부, 가령 인문계 학부의 경우 그 반응은 아주 냉담했다. 오늘날에도 이 학부의 몇몇 보수적인 사람들은 고등학술연구소 안에 무언가 짓는다는 생각 자체에 기겁을 하곤 한다. 고대 그리스 철학을 전공한 해럴드 체르니스는 1948년 연구소 교수가 되었는데, 당시에는 이미 폰 노이만이 컴퓨터를 조립하는 중이었다. 체르니스는 지금도 이렇게 말한다. "돌이켜보면 당시 그 기계를 조립하는 데 대해 지지하는 주장이 우세했죠. 하지만 나는 지금도 반대하는 입장입니다. 컴퓨터는 연구소의 설립 목적과는 아무런 관련도 없었어요. 컴퓨터는 실용적인 사업이지만 연구소는 실용적인 목적을 지향하는 곳이 아니지 않습니까?"

이와는 반대로 에이브러험 플렉스너의 후임으로 이제까지 연구소의 행정을 장악해온 프랭크 에이델로트는 연구소가 그런 실용적인 방향으로 나아가는 데 대찬성이었다. 이후 소장의 이러한 경향은 점점 더해갔는데, 어찌 보면 이 연구소가 플라톤주의자의 천국으로 숭고한 위치를 표방함에도 불구하고, 소장은 내심 다수의 학자들이 아무것도 하지 않고 앉아서 사색만 하는 분위기를 우려하고 있었던 것 같다.

여하튼 에이델로트는 이사들 앞에서 컴퓨터 계획이 아무리 번잡하더라도 연구소로서는 결코 놓칠 수 없는 일이라고 설득했다. 그는 한 이사회 모임에서 이렇게 말했다. "지금 착공중인 팔로마 산 천문대의 200 인치 망원경이 현존하는 기계로는 도저히 닿을 수 없는 우주 영역까지 관측할 수 있게 하듯이, 컴퓨터의 존재는 수학자와 물리학자, 또 다른 학자들에게까지도 경이로운 지식의 비약을 안겨다주리라고 확신합니다." 컴퓨터는 형체를 가진 물체임에 틀림없으나 그 성격은 어쨌든 이론적인 것이기 때문에 연구소 안에 지을 수 있다고 피력했다. "순수한 이론적 연구에 전념하는 이 연구소에서 이런 질 높은 기계를 처음으로 만든다는 것은 매우 뜻 깊은 일이라 생각합니다"라고 그는 덧붙였다.

그러니 누가 반대할 수 있겠는가? 서구 문명사에서 가장 명석한 두뇌의 소유자 폰 노이만, 그가 지금 신경 세포와 반도체를 들먹이며 이 일을 위해 단 10만 달러만 있어도 좋겠다고 요청한 것이다. 폰 노이만은 이미 기계적인 두뇌와 생물 두뇌의 관계를 연구하고 있었는데, 그 결과가 어떠할지 누가 예측할 수 있겠는가? 더구나 다름아닌 유쾌한 자니가 이 일을 맡고 있었으니 배려하지 않을 수 없었다.

그리하여 결국 이사회는 10만 달러를 그에게 제공하기로 결의했다. 그러나 그것은 일부에 불과했다. 미국 라디오 협회에서 자금을 가지고 왔으며 이에 뒤질세라 육군 군수부, 해군 연구개발부, 미국 원자력 위원회가 자금을 내놓겠다며 법석을 떨었다. 이제 자금은 문제가 되지 않았다. 사실 완고한 연구소 교수들의 지지를 얻어내는 것에 비교하면 자금 모금은 아이들 장난에 불과했다.

폰 노이만과 골드스타인이 애버딘 기차역에서 만난 지 일 년 반 뒤, 자니는 고등학술연구소의 ECP(Electronic Computer Project, 전자 컴퓨터 계획)를 위해 일할 직원들을 채용하기 시작했다. 그는 이미 골드스타인에게 에니악 계획에서 손을 떼고 연구소로 오라고 했다. 그 다음으로 폰 노이만이 채용한 사람은 아서 버크스였다. 버크스는 철학 박사이면서 동시에 회로와 배선을 이해하는 보기 드문 사람이었다. 이제 손으로 실제 컴퓨터를 조립할 사람이 필요했다. 이 일의 전체 목표와 일반적인 설계 원리는 물론 폰 노이만이 맡았으나, 인두로 땜질하는 일은 명백히 그의 역할이 아니었다. 때문에 주임 기사가 필요했다.

매사추세츠 공과대학의 수학자 노버트 위너는 그 주임 기사로 줄리언 비겔로를 추천했다. 비겔로는 전기공학 학위를 딴 뒤 IBM에서 잠시 일했으며 전시에는 매사추세츠 공과대학에 와서 위너의 조수로 일했다. 당시 위너와 비겔로는 대공포의 자동 조준장치를 설계하고 있었는데, 그 핵심은 비행기의 비행 경로에 관한 정보를 모아 대공포의 조준 위치를 예측하는 데이터 처리장치였다. 모든 장치가 제대로 작동하면 포탄과 비행기는 한 지점에 동시에 맞닥뜨려 거대한 화염으로 변해버리는 것이다.

1946년 1월 비겔로는 폰 노이만을 만나러 프린스턴으로 왔으나 두 시간이나 늦게 도착했다. 사연인즉 비겔로의 차는 1937년형 윌스로 폐차 직전의 노후한 차였는데 매사추세츠 주에서부터 그것을 몰고 오면서 몇 번이나 고장이 나서 수리를 해야만 했기 때문이다. 마침내 기다리다 지친 폰 노이만이 포기하려고 했을 때, 덜컹거리는 차 한 대가 그의 집 앞에 당도하여 시끄러운 소음을 몇 번 내다가 꺼졌다. 차 속에서 줄리언 비겔로가 나오더니 집 앞으로 걸어갔다.

"폰 노이만은 프린스턴의 웨스트코트 가의 우아하고 아담한 집에 살고 있었어요"라고 비겔로는 말한다. "내가 차를 세우고 걸어 들어가자 매우 큰 그레이트 데인 개 한 놈이 잔디 위에서 으르렁대고 있었죠. 현관문을 두드리자 키가 작고 조용하며 점잖게 보이는 폰 노이만이 나와 정중하게 '비겔로 씨, 우선 들어오시지요' 하고 말을 걸었어요. 그때 개가 내 다리 사이로 머리를 비비적거리며 빠져나가 거실로 들어가더니 카펫 위에 척 엎드리는 거였어요. 그러고는 내내 면접이 계속되었는데 내가 연구소로 올 것인지, 또 내가 알고 있는 분야가 무엇인지, 어떤 일이 적합할 것인지에 대해 40분 가량 얘기를 나누었어요. 그 동안 개는 계속 우리 주위를 왔다갔다했어요. 얘기가 끝나갈 무렵 폰 노이만은 갑자기 나에게 '여행할 때마다 항상 개를 데리고 다니십니까?' 하고 묻는 게 아니겠어요. 물론 그놈은 내 개가 아니었죠. 그런데 그의 개도 아니었던 것입니다. 하지만 폰 노이만은 중부 유럽의 외교관풍의 신사답게 얘기가 끝날 무렵에야 이를 언급했던 것이지요."

하여튼 그때 폰 노이만은 프로그램 기억식의 초고속 만능 컴퓨터를 아주 신형으로 만들고 싶다고 비겔로에게 요청했다. "컴퓨터는 병렬식, 프로그램 기억식으로 덧셈과 뺄셈의 간단한 수학적 조작만을 가하여 매우 빠르게 계산할 수 있도록 한다는 것이 노이만의 생각이었죠. 그렇게 조립하면 아직 제한되어 있는 덧셈, 뺄셈 외에도 곱셈과 나눗셈도 프로그램으로 만들어 처리할 수 있을 것이고 따라서 전체 계산이 효율적으로 될 것이라고 생각했던 거죠. 결국 그의 아이디어는 일을 가능한 한 빠른 속도로 처리하도록 해놓고, 주어진 프로그램이 알아서 처리하도록 하는 것이었죠. 폰 노이만은 1비트가 백만분의 1초 만에 처리되는 속도를 얻고 싶다고 했어요."

이윽고 폰 노이만의 컴퓨터는 펄드 홀의 지하 보일러실에서 조립되기 시작했다. 1946년 6월의 일이었다.

연구소에서는 이 컴퓨터 조립 작업이 교수들의 신경을 거슬러 놓을까봐 보이지 않는 별도의 건물을 지어 옮기려고 했지만 여기에는 시의 허가를 얻어야 하는 어려움이 있었다. 즉 연구소 근처는 프린스턴에서 가장 잘 사는 특권층이 거주하고 있는 지역이었는데, 이들은 자신들 정원 뒤에 컴퓨터 공장이 생기는 것을 결코 원하지 않았던 것이다. 그리하여 시민 회의까지 열렸다. "그런데 그 시민 회의에서 자신이 화학 박사라고 하면서 RCA 실험실에서 왔다는 어떤 바보 같은 녀석이, 그 공장이 세워지면 소음이 너무 크기 때문에 자기네로서는 반대하지 않을 수 없다는 거예요. 하지만 명백히 그런 소음이 있을 리 없지요"라고 비겔로는 분개하여 말했다.

결국 기사들은 일 년간 지하 보일러실에서 실험용 장치를 만들 원형 설계에 노력을 기울이며 보냈다. 1947년 1월, 드디어 새 건물을 지을 수 있다는 시의 승인을 받아내어 연구소에는 캠퍼스를 가로질러 공사가 진행되었다. 그것은 우아한 조지아 풍의 본관과는 전혀 다른, 단순하고 커다란 일층 건물로서 다른 건물과 공간, 설계, 분위기 등 모두가 달랐다. 그해 여름 컴퓨터 팀은 새로 지은 ECP 건물로 이사를 했다.

그 뒤 행한 첫 원형 테스트는 대성공이었다. 비겔로는 그 당시의 일을 말한다. "작동은 제대로 되었고 스위치를 켜고 난 후 다시 조절할 필요가 전혀 없었어요." 그후 40단계에 해당하는 전체 설계를 시작했다. "먼저 폰 노이만이 아직 미완성인 아이디어를 칠판에 쓰면 골드스타인이 이를 요약 정리하여 기계에 맞는 내용으로 다시 바꾸곤 했지요. 하지만 폰 노이만은 아이디어를 기술적으로 실현하려면 어떻게 해야 하는지에 대해서는 별로 알지 못했어요. 그래서 아이디어에 관해서만 나와 토의하고 나머지는 그대로 나에게 맡겼어요. 그러면 나는 그것을 깊이 생각해보고 실험 회로를 만들어 시험해보곤 했지요."

고등학술연구소의 컴퓨터는 프로그램 기억식이었으나, 그 프로그램은 베이직이나 파스칼 같은 고급 언어로 씌어진 것은 아니었다. 그것은 0과 1이 길게 연결된 기계어로 직접 작성되어 있었다. 요즘의 컴퓨터로는 후퇴 키 하나만 누르면 간단히 할 수 있는 것도 폰 노이만의 컴퓨터로는 1110101이라는 기다란 기계어를 입력해야만 했다. "어셈블리어조차도 없었어요"라고 비겔로는 말한다. "요즘 사용하는 편리한 방식이라곤 하나도 없었지요. 하지만 폰 노이만은 기술적으로 아주 뛰어나 이런 기계를 쓰면서도 아무런 불편을 느끼지 못했어요. 그래서 그는 기계 기호로 프로그램을 짤 수 없는 사람이 컴퓨터로 일을 한다는 것을 여전히 상상조차 못 했죠."

조금 잡음이 있긴 했지만 그래도 여전히 순수 학문의 왕국이던 이 연구소를 모욕하고 손상을 줄 일이 느니어 생겨났다. 그것은 기계를 시운전하는 데 적용할 과제에 관한 것이었다. 이 시운전의 과제가 5천 개의 소수를 찾는 문제와 같은 것이 아니라 바로 로스앨러모스의 수소폭탄에 관련된 계산이기 때문이었다.

폰 노이만은 로스앨러모스에서 수소폭탄을 제조하는 일에도 참여하고 있었고, ECP 건물 안에도 이곳을 찾아오는 로스앨러모스 과학자들을 위해 특별히 마련된 사무실이 많이 있었다. 그리고 자니는 수소폭탄의 열핵반응에 필요한 계산의 일부를 고등학술연구소의 컴퓨터로 해보겠다고 마음먹고 있었다. 이 계산은 인간과 기계에 의해 지금까지 이루어진 계산 중 최대의 것으로, 핵반응이 생각한 대로 전파되는가 하는 단순한 문제를 조사하는 데도 10억 번이 넘는 기초 산수와 논리적 작업이 필요한 대단한 규모였다. 그래서 폰 노이만의 컴퓨터가 해결한 최초의 문제는 수소폭탄이 제대로 폭발할 것인가 하는 것이었다. 그 답은 폭발한다는 것이었다.

"그 문제는 1950년 여름, 마샬 로젠블루스가 포장한 납 테두리도 떼지 않은 기계로 계산을 하였지요"라고 비겔로는 말한다. "그때 기사들은 기계를 60일간 밤낮으로 계속 돌렸어요. 어떤 결함도 발견되지 않은 채 기계는 정말 잘 돌아갔어요. 그것이야말로 미증유의 역사적 계산이었지요."

그러나 그 뒤 1952년 6월에 고등학술연구소에서 정식으로 컴퓨터를 공개했을 때 다룬 전시용 문제는 순수 수학자라면 누구나 수긍할 만한 것이었다. 그것은 쿠머의 가설과 관련된 소수론 문제였다. 자신의 컴퓨터 공개를 기념하여 폰 노이만은 파티를 따로 열었다. 그날 밤 폰 노이만의 거실에는 고등학술연구소의 컴퓨터 모양을 본뜬 얼음 조각이 우뚝 세워져 있었다.

교수회의 역습

폰 노이만의 컴퓨터는 완전 자동의 디지털 형으로 프로그램 기억식의 만능 기계였다. 그 내부의 설계 구조는 다음 세대 상업용 컴퓨터의 표준이 되었다. 어떤 실용적인 측면에서 보아도—물론 이 연구소에서는 실용성이라는 척도를 적용시키고 있지는 않지만—폰 노이만의 컴퓨터 계획은 확실히 대성공을 거두었다. 여하튼 이 기계는 추상적인 수학과 물리학, 수치기상학의 문제도 풀었으며, 별의 내부 구조, 입자가속기에서의 궤도 안정성에 이르기까지 천차만별의 다양한 문제를 해결하여 정말 만능의 위력을 발휘했다.

그러나 이 컴퓨터가 지닌 가장 중요한 의의는 그것으로 해결된 개개의 문제보다도 그것을 계기로 연구소에서 기계를 이용한 계산 이론과 그것의 응용에 관한 방대한 양의 선구적인 논문이 발표되었다는 사실에 있다. 제1호가 프로그램 기억식 만능 컴퓨터를 처음으로 상세하게 밝힌 폰 노이만의 「에드박EDVAC에 대한 보고서 초안」이었다. 다음으로 골드스타인과 버크스가 공동으로 쓴 「전자계산장치의 설계와 코딩 문제」가 있었다. 여기에는 생산 공정 일람표와 기계어 프로그래밍의 개념이 이미 사용되고 있었다. 이 새로운 지식이 가능한 한 빠르고 광범위하게 퍼지기를 원한 저자들은 자신의 논문에 대한 저작권도 포기하고 기계의 특허도 내지 않았다. 폰 노이만과 그의 동료들은 기획과 실험 테스트만을 끝내고는 전통적인 학구파 학자답게 그 결과를 누구든지 자유롭게 사용할 수 있도록 했던 것이다.

그러나 유감스럽게도 컴퓨터는 새로운 도구여서 아직도 다른 연구원들은 그것을 어떻게 활용해야 할지를 제대로 몰랐다. 따라서 연구소의 다른 과학자들은 바로 자기들의 뒤뜰에 있는 이 최신식의 전자 두뇌에 대해 그다지 깊게 생각하지 않았다. "우리는 그렇게 많은 계산을 할 필요가 없었어요"라고 수학자 딘 몽고메리는 말한다. 그러나 거기에는 무엇보다도 이 진실한 학문 천국의 과학자들은 결코 그런 기계로 손을 더럽혀서는 안 된다는 감정이 짙게 깔려 있었다. "우리 연구소의 고고하신 양반들은 전기 기사들이 주위를 돌아다니면서 더러운 손으로 순수한 학문의 영지를 더럽힐까봐 전전긍긍했지요"라고 프리먼 다이슨은 비꼰다.

한편 연구소의 외부에는 사용 요금을 내고서라도 컴퓨터를 쓰겠다는 사람들이 제법 있었으나, 연구소의 상임 교수들은 이런 속된 사업을 절대로 용납할 수 없었다. "우리는 연구소 외부 사람과는 계약을 맺지 않으려 했는데, 그것은 혹시라도 연구소의 분위기를 더럽히지 않을까 해서였죠. 그래서 저 기계를 사용하지 않고 내버려두었는데 마침내 프린스턴 대학이 이를 인수하여 3년 동안 사용했지요"라고 줄리언 비겔로는 말한다.

폰 노이만이 세상을 떠난 후인 1950년대 후반에 연구소의 교수들과 이사들은 컴퓨터 프로젝트를 끝내기 위해 위원회를 만들고 오펜하이머 소장의 거실에서 청문회까지 열었다. 해럴드 체르니스는 "연구소가 어떤 일을 처리하고자 할 때는 늘 그런 식이었죠. 모든 것이 비공식적인 방법으로 진행되었어요"라고 말한다.

이윽고 위원회는 여러 사람을 불러 증언하게 했으니 그것은 신사 클럽의 회원들이 클럽 내부 규칙을 바꾸는 방식을 연상케 했다. 허먼 골드스타인은 올든 로에 있는 소장 관저에 출두하여 컴퓨터가 연구 수단인 시대는 이미 지났고, 이제는 시판용으로 개발될 때임을 인정했다. 다른 사람들도 거의 같은 내용의 증언을 했으며, 마침내 노학자들은 컴퓨터 프로젝트 전부를 끝내기로 결정했다. "하지만 이 계획 하나에 한정된 것은 아니었습니다." 해럴드 체르니스는 말한다. "즉 연구소 안에서는 이제 더 이상 어떤 종류의 실험 과학도 허용하지 않겠으며 어떤 실험실도 결코 두지 않겠다는 선언을 한 셈이죠."

이렇게 하여 그 뒤로 연구소는 본래의 순수 이론의 천국으로 돌아갔다. 마침내 플라톤 파 장로들이 승리를 거둔 것이었다. 프리먼 다이슨의 지적대로 '고고하신 양반들'께서 복수를 한 것이었다.

1958년에 아쉬워하는 사람도 없이 철거된 폰 노이만의 컴퓨터는 스미스소니언 연구소로 운반되어 지금도 일반인에게 전시되고 있다. 이와 대조적으로 이 컴퓨터가 조립되었던 연구소 내의 ECP 건물 제1호실은 그에 걸맞은 역사적 명소로서 제대로 대접을 받지 못하고 있다. 프로그램 기억식 컴퓨터의 출생지임을 기리는 어떤 기념패나 동상도 없다. 어둡고 외진 복도의 끝에 있는 이 방은 지금 창고로 사용되고 있어 연구소용 서류 상자, 서류 뭉치, 관내 우편물 봉투 등이 거의 천장에 닿을 정도로 수북이 쌓여 있을 뿐이다. 그러나 컴퓨터 혁명의 필수적 창조물인 데이터 처리 용지가 이 방을 가득 메우고 있다는 사실이 시적인 느낌을 주긴 한다.

정작 폰 노이만에 대한 최고의 기념물은 여기가 아닌 다른 연구실에 있었다. 그것은 바로 존 밀너의 연구실이었다. 사실 존 밀너의 만델브로트 집합에 대한 연구는 노이만의 컴퓨터가 없었으면 불가능했기 때문이다. 컴퓨터를 이용한 세포 자동자의 모의 실험에 여념이 없는 스티븐 월프람의 연구실에도 또한 그의 기념물이 있다. 월프람 역시 유쾌한 자니의 아이디어와 성과에 크게 도움을 받았던 것이다.

로스앨러모스의 ET 회의

제2차 세계대전 당시 뉴멕시코 주 산 속의 비밀 도시, 로스앨러모스에서는 만찬 파티가 자주 열렸다. 이 만찬에는 세계 최고 과학자들의 과반수 이상이 참가했을 것이다. 어느 날 이 모임에서 외계 생물, 즉 저 우주의 어딘가에 지능을 가진 생물이 있을지도 모른다는 얘기가 화제가 되었다. 이때 엔리코 페르미가 한 질문은 매우 유명하다. 만약 외계인이 정말 존재한다면 그것들은 도대체 어디에 있는가? 우주가 존재한 지도 수십억 년이 흘렀는데 외계의 생물이 어떻게 한 번도 지구에 도착하지 못했는가? 라고 페르미는 반문했다. 그 침입자들이 존재한다면 지구에 도착하여 우리들을 포위하고 마음대로 조종했을지도 모른다. 그러나 그런 일은 아직 한 번도 일어나지 않았다. 그 외계 생물이 정말 존재한다면 도대체 그들은 어디에 있는가?

그러나 외계인의 존재를 철저하게 믿고 있는 사람들은 물론 이런 반론에 대응할 완벽한 논리를 갖고 있다. 즉 외계인ET들은 우리와 똑같이 그들이 속한 고향 행성에 살고 있다는 것이다. 외계 지능 탐사SETI 프로젝트를 창시한 사람 중 하나인 프랭크 드레이크는 아직 항성간 여행이 별 성과가 없다고 판단하고 "그들 자신의 별에서 편안히 잘 살고 있지요"라고 말한다.

그런데 최근에 ET 불신론자들이 페르미 식의 새로운 질문을 던졌다. 즉 정말로 우주 전체에 외계인들이 퍼져 있다면, "그들의 폰 노이만 식 기계는 도대체 어디에 있는가?" 하는 것이었다. 왜냐하면 폰 노이만 식 기계야말로 어떤 재료가 자신의 손에 들어오든 자신을 복제할 수 있는 자기 증식의 만능 복제기이기 때문이다. 다른 문명으로 침투하려고 한다면 지능 있는 종족은 간단히 폰 노이만 식 기계를 소유한 소규모 군단 제1진을 보내면 된다. 그러면 그 기계는 곧 자신의 모습을 복제하고 계속 증식하여 우주의 나머지 영역을 전부 점령해버릴 것이다. 수학자 프랭크 티플러는 이렇게 설명하고 있다. "일단 폰 노이만 식 기계를 자신의 태양계가 아닌 다른 태양계로 보내면 그 태양계의 모든 자원은 폰 노이만 식 자동 기계를 통제하는 이들 종족이 모두 사용할 수 있게 되죠. 그러면 지금까지 너무 비싼 비용 때문에 손을 댈 수 없었던 계획들을 실행할 수 있게 됩니다." 그러나 아무리 눈을 씻고 봐도, 댈러스나 시카고를 침략했다는 외계인의 폰 노이만 식 기계는 찾아볼 수 없다. 결국 이것은 ET란 존재하지 않는다는 것을 입증해주는 것이라고 했다.

어쨌든 폰 노이만이 자기 증식의 로봇, 즉 '폰 노이만 식 기계'를 매우 자세히 설명해놓은 덕분에, 오늘날의 수학자와 물리학자들은 그 기계의 이론적 가능성만은 주저없이 받아들이고 있다. 도대체 이게 어떻게 가능한 것일까? 물리학자나 수학자들은 대체로 보수적이며 백일몽 같은 일에는 눈을 돌리지 않는 것이 보통이다. 그런데 어떻게 그들이 맞물리는 기어와 강철로 된, 감정이라곤 전혀 없는 비이성적인 기계가 자기 증식이라고 하는 복잡하기 짝이 없는 공정을 창출해낼 수 있다고 믿게 된 것일까?

사실인즉 자기 복제의 기계라는 개념이 당시 처음으로 사용된 것은 아니었다. 17세기 수학자이자 철학자인 데카르트는 동물이란 결국 기계와 다르지 않으며, 인간도 단지 신으로부터 영혼을 부여받은 기계에 지나지 않는다고 주장했다. 데카르트에 따르면 인간이건 동물이건 간에 적어도 그 육체에 대해서는 특별히 신비하다고 할 만한 것은 아무것도 없다. 육체란 우주의 모든 사물과 마찬가지로 자연 법칙에 따라 움직이는 물리적 체계에 불과하다. 인간의 육체는 데카르트에 따르면 '신의 손으로 만들어졌기 때문에 인간이 발명한 그 어떤 것과도 비할 수 없이 정교하게 조립된 기계'인 셈이다.

이러한 데카르트의 생각은 물질주의라든가 환원주의, 기계론, 결정론 등 여러 가지로 불려왔는데, 이 모두에 공통되는 근본 원리는 우주의 만물(단 마음, 영혼 등 측정할 수 없는 것은 별도로 하고, 여기서는 형체가 있는 모든 물체를 의미한다)은 궁극적으로는 물질과 그 운동의 과정으로 환원할 수 있다는 생각이었다.

과학철학의 극단인 이 '물질과 운동'에 관한 사상은 자연을 이해할 수 있는 인간의 능력에 대해 극단적인 낙관주의를 표방한다. 그것은 일단 우리가 원자의 상호 활동을 아주 철저히 이해하기만 하면, 인간이 알아야 할 모든 것을 알 수 있다는 생각이다. 그리하여 인간의 이성으로 이해할 수 없는 것은 아무것도 없게 되고, 현상 뒤에 숨은 신비도, 이해할 수 없는 그 어떤 것도 남지 않게 된다. 본능이나 신의 계시를 통해서만 이해되었던 영혼이라든가 초자연적인 힘, 환각 등이 비집고 들어갈 여지는 없다. 이런 생각 앞에서는 신비주의도 힘없이 무너져버리고, 전 우주는 인간의 지식 앞에 베일을 벗고 그 전모를 드러내는 것이다.

이를 불손하고 건방지다고 생각하더라도 이런 관점은 모든 과학의 근본을 이룬다. 연구를 하는 과학자가 자연이란 본질적으로 임의적이며 이해할 수 없는 것이라고 생각한다면, 도대체 어떻게 현상 속에서 사물의 본질을 찾으려고 온 힘을 쏟으며 시간을 허비할 수가 있겠는가? "나는 누구에게도 모든 사물이 일정한 인과 관계 속에 있다는 생각을 버리라고 강제할 수 없다고 생각하오" 하고 아인슈타인은 언젠가 말했다. "만일 그런 강제를 받는다면 물리학자가 되느니 차라리 구두장이가 되거나 오락실 점원이 되겠소."

만약 그렇게 사물이 움직이는 방식에 있어 신비로울 것도 하등 없고, 자연이 우리의 통찰력 앞에 완전히 개방되어 있다면, 자기 증식을 할 수 있는 기계가 왜 가능하지 않겠는가? 자연이 동물의 몸을 증식시키는 방법을 파악하게 되고 더 나아가 인공 기계를 이용해 이 과정을 복제할 수도 있지 않겠는가? 세포는 세포를 만들고 인간의 몸은 인간의 몸을 만드는데, 기계를 만드는 기계는 왜 가능하지 않겠는가?

때는 1948년 6월, 캠퍼스 맞은편 ECP 건물에서 전기 기사들이 컴퓨터 본체 조립에 여념이 없을 때, 존 폰 노이만은 프린스턴 대학에서 자기 증식 기계를 주제로 3회에 걸쳐 연속 강의를 하고 있었다(여기 어떤 수학의 천재가 마구 미쳐 날뛴다는 고전적 공상과학소설 한 편이 있다. 그의 조수들이 컴퓨터 실험실에서 전자 두뇌를 조립하고 있을 때, 그 설계를 담당한 흥분한 한 과학자가 머리를 흐트러뜨린 채, 자기 증식 괴물을 이용하여 지구를 자기 손아귀에 넣으려는 계획에 열중하고 있다. 물론 이것은 터무니없는 이야기에 불과하다. 그러나 폰 노이만의 강의가 있은 지 얼마 뒤, 다른 수학자 프랭크 티플러가 지구 바깥에서 온 폰 노이만 식 기계가 은하계 전체를 지배한다는 상상을 했으니 이런 이야기도 나옴직하다).

프린스턴에서 강의를 한 뒤 폰 노이만은 그 내용을 더욱 확대하여 여기저기서 강의를 계속했다. 그러면서 그는 그사이 새로 발견한 내용들을 메모해두곤 했지만 그 이론을 최종적으로 완성하지 못한 채 그만 세상을 떠나고 말았다. 후에 폰 노이만의 세포 사동사에 관한 연구를 편집하고 완성한 사람은 에니악과 고등학술연구소의 컴퓨터 작업을 한 아서 버크스였다. 그것은 『자기 증식 자동자 이론*Theory of Self-Reproducing Automata*』이라는 책으로 출간되었는데, 이 이론이야말로 폰 노이만의 가장 뛰어나고 독창적인 과학적 성과라고 할 수 있다. 자동자 이론은 폰 노이만의 논리, 컴퓨터, 신경생리학 등에 관한 연구 성과를 총망라하여 하나로 통합한 것으로, 생명의 가장 근본적 특성인 생식(또는 복제)이 역학적으로 가능함을 보여주는 위대한 업적이다.

폰 노이만이 발명한 이 자기 증식 장치는 실재하는 물체가 아니라 머릿속이나 종이 위에만 존재하는 이론적, 추상적인 개념이다. 그렇지만 이 추상적 이론 속에는 기계의 자기 복제에 대한 기본 구도가 포함되어 있다.

"자, 지금 하는 말의 의미에 주의를 기울여야 합니다"라고 폰 노이만은 말했다. "무에서 무엇인가를 창조한다는 것은 결코 있을 수 없습니다." 결국 기계에 의한 증식도 동물이나 식물의 세포가 어떻게 그 자손을 만드는가 하는 것과 같은 맥락에서 생각해야 한다고 주장했다. 아무것도 없는 상태에서 번식을 하는 것이 아니라, 주위 환경 속에 있는 소재를 이용하는데, 기계도 마찬가지라는 것이다. 즉 항상 부품이 준비되어 있어야 복제가 가능하다는 것이다.

"커다란 통 속에 이 부품들이 무한정 있다고 상상해봅시다. 그러면 자동자는 부품들 사이를 떠다니면서 부품들을 집어서 조립하든가, 부품들이 뒤엉켜 있으면 분리해내는 작업을 한다고 가정할 수 있지요"라고 폰 노이만은 말했다. 이 기계 부품의 바다야말로 지구 탄생 당시의 원시 유기물 수프에 해당된다.

지구상의 모든 생명체들은 아주 임의적이며 우발적인 일련의 진화 과정을 거쳐 생겨난 것으로, 지금 존재하는 동물들이 필연적으로 처음부터 그렇게 존재하도록 운명지어진 것은 아니다. 만약 지구의 처음 환경이 지금과 달랐거나 완전히 다른 돌연변이가 일어났다면, 지금 지구상에는 현재의 생물과는 전혀 다른 종류의 생명체가 살고 있으리라. 그렇다면 어떤 종의 진화가 일어나기 위해서는 어떤 메커니즘이 필요한 것인가? 폰 노이만은 이를 알고 싶었다. 복제에 필요한 최소한의 단위, 말하자면 플라톤주의적인 창생의 원형을 찾고 싶었다. 여기에는 아무런 기적도 필요 없고 오로지 물질과 운동만이 있을 뿐이다.

연구소에서 행한 강의에서 폰 노이만은 자동 복제 기계에는 뇌 부분에 4종류, 근육에 해당되는 부분에 4종류 등 최소한 8종류의 서로 다른 부품이 필요하다고 했다. '뇌' 부분은 외부에서 들어오는 여러 가지 자극에 대응할 수 있는 기관으로 구성되어 있다. 예를 들어 두 종류의 자극이 동시에 일어나면—두 개의 필요한 부품이 동시에 이 유기체에 부딪치는 것과 같은 경우—기계는 이를 정확히 판단해야 한다. 그러기 위해서는 동시에 들어오는 두 종류 또는 그 이상의 정보를 감지하고 대응할 수 있는 감각기관이 필요하다. 만약 자동자(또는 로봇)가 동시에 여러 가지 자극을 받으면서 그 속에서 하나만 감지해야 할 경우, 자신이 필요로 하는 하나의 자극을 선택하는 선택 능력이 있어야 한다. 또한 다른 부분의 행동을 조정할 수 있는 일종의 시계와 같은 기관도 필요하다.

자동 복제 기계의 몸체 부분에 대해서는 아르키메데스의 점*처럼 다른 부분에 대하여 고정적인 부분이 필요하다. 이를 고정 부분 또는 대들보라고 부르자. 위의 부품들을 한두 개씩 조립하면 자동자의 골격이 된다. 이 골격은 사람의 몸처럼 내부에 있어도 되고 가재처럼 바깥에 있어도 상관없다. 요는 상당히 난난한 상제여야만 한다는 것이다.

그런데 이 로봇이 부품의 바다 속에서 두 개의 부품을 집어 조립하려하면, 융합기관이 필요하다. 이와 반대로 이미 결합되어 있는 두세 개의 부품을 분리할 수도 있어야 한다. 때문에 절단하는 기관도 있어야 하며 이런 모든 기관을 움직이게 하는 근육도 필요하다.

자동 기계라는 귀엽고 작은 로봇을 쉽게 상상할 수도 있겠지만(그림 5), 이런 자기 복제의 구조가 실제로 어떤 모양이 될 수 있을지는 물론 알 수가 없다.

자기 복제의 과정에 관한 폰 노이만의 가정에 따르면 우선 두 개의 중앙 고정 부분인 대들보가 부품의 바다 속에 떠 있고, 로봇도 그 바다 속에서 떠다니는데, 자기 복제를 위해서는 어떻게든 그 대들보가 필요하

---

* 아르키메데스가 발견한 수학상의 지점으로서, 그는 지구 밖에 하나의 고정점이 주어진다면 지렛대로 지구를 움직일 수 있다고 주장했다.

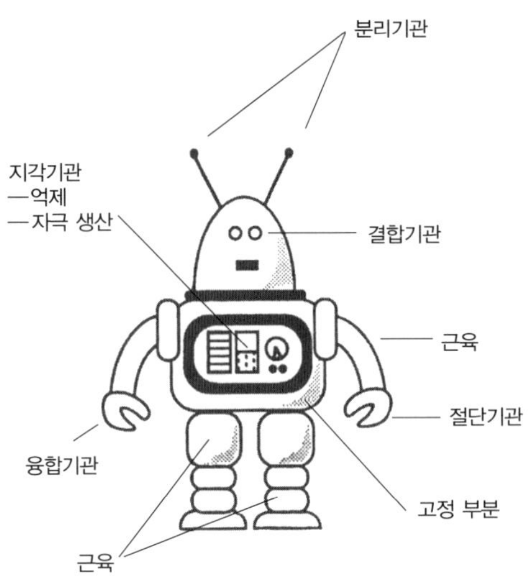

| 그림 5 | 운동학상의 자동자

다. 그 대들보가 로봇의 감각기관에 부딪친다고 가정하자. 그러면 로봇은 이것들을 조립한다. 이리하여 어떤 계획에 따라 이 과정을 되풀이하면서 부품을 수집한 뒤 단단한 골격을 세우게 된다. 그런데 그런 작업을 할 때 로봇이 세우는 계획은 어디서 나오는가?

로봇에는 감각기관이 있기 때문에 어떤 물체—자기 자신도 포함하여—를 접촉하면 그 필수 구조를 파악하여 일정한 형태의 기호로 기록할 수 있다. 또 그것과 같은 물체를 만들려고 할 때에는, 그 기호를 청사진처럼 사용할 수도 있다. 이 기호로 폰 노이만은 앨런 튜링이 고안한 방법을 사용하였다. 튜링은 모든 계획이나 지시를 1과 0으로 나열하는 이진법으로 표현할 수 있다는 것을 발견했는데, 폰 노이만은 자신의 로봇에 이 이진법 기호를 이용하겠다고 한 것이다.

나아가 그는 주위의 바다에 떠 있는 고정 대들보에서 이 이진법 '테이프'를 만들 수 있는 방법까지 제시해놓았다. 즉 로봇은 한 묶음의 고정 대들보를 택해서 톱니 모양의 사슬(∧∧∧∧∧)이 되도록 연결한다. 그리고 각 교차점에 대들보를 수직으로 끼워넣으면 1을 나타내게 되며, 교차점을 비워두면 0을 의미하게 된다. 예를 들어 기호어 010011은 ∧⋏∧∧⋏⋏로 표시할 수 있다.

일단 어떤 물체의 구조를 기호화해서 청사진을 만들면, 로봇이 그 기호대로 물체를 복제하는 것은 간단하다. 우선 이 이진법의 기호 테이프에서 청사진을 읽고 주위의 부품 바다에서 필요한 요소를 선택하여, 청사진대로 이를 조립하면 된다. 그 결과 완벽한 복사물이 만들어진다.

물론 여기서 로봇이 자기 자신의 구조를 파악하고 이를 청사진으로 기호화하지 않는 한 자기 복제는 아닐 것이다. 그러나 로봇이 그렇게 하는 데 저해되는 요인은 원칙적으로 존재하지 않는다. 로봇의 자기 복제는 다음과 같이 이루어질 수 있다. 우선 여기에 로봇(자동자)이 있고, 부품의 바다와 청사진이 있다고 가정해보자. 그리고 청사진의 복사를 할 수 있는 메커니즘이 있고 복제가 순서에 맞게 되도록 작업 지시를 할 제어기관도 있다. 그러면 복제 과정이 시작된다. 로봇이 우선 청사진에 따라 부품의 바다에서 필요한 부품—가령 대들보, 근육 부품, 여러 가지 기관 등—을 모아 어떤 것은 연결하고 어떤 것은 잘라낸다. 그리고 대들보와 기관 등을 청사진에 따라 배열하여 자신의 구조와 완전히 일치하도록 물체의 구조를 만든다. 마지막 단계로 로봇이 자신의 청사진을 복사하여 자기 자손에게 넘기면 이제 복제 작업은 완전히 끝난다. 부모 로봇과 똑같이 생긴 자식 로봇이 생긴 것이다. 그리하여 기계는 마침내 자기 재생산을 달성하는 것이다.

가장 특이한 점은 자기 복제가 어떻게 이루어지는가를 파악하다가 뜻

하지 않게 폰 노이만이 자연 자체가 증식하는 과정을 발견했다는 것이
다. 그가 기계의 복제에 대한 추상적인 분석을 완성한 것은 1949년 12
월이었다. 프랜시스 크릭과 제임스 왓슨이 DNA 분자의 구조 해석에 성
공하기 4년 전이었다. 이들은 폰 노이만이 기계의 자기 복제를 설명한
바로 그 방식으로 DNA 분자들이 자기 복제한다는 것을 증명하였다.

프리먼 다이슨이 그의 자서전 『우주를 뒤흔들다 *Disturbing the Universe*』
에서 설명했듯이, 지금 아이들은 모두 고등학교에서 폰 노이만의 네 개
의 구성 요소를 생물의 정의로 배우고 있다. 그 구성 요소의 첫째가 자
기 복제를 수행하는 자동자 자체이다. 이는 생물로 말하면 세포 내에서
유전의 정보를 단백질 분자로 번역하는 리보솜에 해당한다. 다음은 로
봇 속에서 자신의 청사진을 만드는 복사 기제인데 이는 생물에서 인산
에스테르(뉴클레오티드, 즉 컴퓨터의 고정 대들보)를 연결하여 긴 핵산의
고리(이진법의 청사진)로 만드는 물질인 RNA와 DNA, 폴리머라아제(중
합 효소)에 해당한다. 세번째로 로봇의 작업을 지도하는 컨트롤러가 있
는데, 이는 각종 세포가 각각 다른 형질을 나타낼 수 있도록 유전자 발
현을 조절하는 억제 물질과 유도 물질에 해당한다. 마지막으로 로봇 자
신의 구조가 이진법으로 기록되어 있는 청사진이 있는데, 여기에 해당
하는 것은 유전 암호를 가진 DNA와 RNA이다.

다이슨은 "우리가 알고 있는 한, 바이러스보다 큰 미생물의 근본 구조
는 모두 폰 노이만이 규정한 정의와 같지요"라고 말한다.

그뿐만이 아니다. 폰 노이만은 진화도 기계의 복제와 같은 과정으로
일어날 수 있음을 밝혔다. 그는 자동자의 청사진이 약간 변형되면, 복잡
도가 증가할 수 있다고 했다. 예를 들어 부품의 수프에 떠 있는 로봇이
근처에 떠다니는 고정 대들보에 부딪친다고 가정해보자. 이때 청사진의

일부가 변형될 수 있다. 그러면 복제를 하게 될 때, 약간 변형된 로봇을 만들어내게 된다. 결국 돌연변이가 일어난 것이다. 이런 식으로 아메바와 같이 매우 간단하고 원시적인 자동자가 오랜 세월을 거치는 동안 인간처럼 복잡한 실체로 바뀔 수 있다. 이러한 자연계의 세포 자동자, 즉 동물들이 진화하듯이 인공 자동자도 진화할 수 있다는 것이다. 그러나 여기서 결정적인 요소는 복잡성이다. 일정 수준 이상의 복잡성을 지니지 못하면 복제식 자동자는 다시 단순한 메커니즘으로 퇴화해버린다. 그러나 어느 정도 이상의 복잡성을 가지게 되면, "적절한 배열에 의해 합성 현상이 폭발적으로 일어날 수도 있지요"라고 폰 노이만은 말한다. 만약 그렇게 되면 부품의 원시 바다에 떠다니는 볼트, 너트와 다른 잡다한 부품들로부터 금속 인공이 탄생하는 것도 꿈꿀 수 있으리라. 존 폰 노이만은 로봇계의 찰스 다윈이라 할 만하다.

자동자를 넘어선 '자연의 소프트웨어'

폰 노이만의 '운동학적'인 3차원적 자동자 분석은 그것만으로도 매우 뛰어난 연구지만, 그것이 그가 창조한 자동기계론의 마지막 성과라고 여기면 큰 오산이다. 사실상 그것은 시작에 불과했다. 폰 노이만의 연구소 동료이며 후에 로스앨러모스에서도 같이 있었던 슈타니슬라우 울람은 언젠가 폰 노이만에게 자동자에 대한 추상적인 구상으로 2차원 장기판과 같은 것을 제안한 적이 있었다. 울람 자신도 이전에 이러한 세포상 혹은 입상粒狀의 공간 체계를 결정의 성장 연구에 이용한 적이 있었다. 이후 폰 노이만은 무한히 큰 2차원의 세포 모양을 한 공간이 있다면, 그것이 자동자의 자기 복제에 충분한 환경이 되지 않을까를 연구하기 시작했다. 그 답을 구하는 과정에서 폰 노이만은 세포 자동자 이론이라는 새로운 수학 분야를 창조해냈다.

이 이론은 폰 노이만이 세운 가장 추상적이고도 고상한 이론으로 학자들의 천국에 아주 걸맞은 것이었다. 수학의 함수로만 정의되는 이 논리적인 존재는, 광대하고 추상적인 2차원의 배열이라는 상상의 공간에서 살고 죽으며 증식한다. 정확한 함수만 입력해두면 이 세포 자동자는 자연에서의 생체 시스템과 비슷하게 진화, 성장해 나간다.

2차원의 자기 복제식 세포 자동자라니! 아무리 생각해도 기이하게 느껴지지만 고등학술연구소의 다른 연구원들에게는 아주 당연한 것처럼 받아들여졌다. 세포 자동자야말로 플라톤의 원형이라고 할 만한 순수한 추상이었다. 그러나 이 세포 자동자는 실제 현실에서도 중요한 의미를 지니고 있음이 밝혀졌다. 폰 노이만의 3차원 로봇이 생체의 생식 과정을 명확히 밝혀주었듯이, 그의 자동자 이론은 자연을 이해하는 데도 매우 중요한 의미를 지니고 있다고 후일 스티븐 월프람은 주장했다. 사실상 그것은 우주의 복잡성을 만들어내는 수학적 메커니즘과 같은 유형으로, 세포 자동자의 내부 작용은 일종의 '자연의 소프트웨어'를 구성하는 것이라고 그는 말한다. 그의 말이 맞든 틀리든 명확한 것은 존 폰 노이만의 기여로 만들어진 획기적인 전자 디지털 컴퓨터가 없었더라면 월프람은 그의 논증을 한 발짝도 더 펴나갈 수 없었을 것이라는 점이다.

님-님-님 선생 The Nim-Nim-Nim Man

나는 이제 죽음의 아버지, 세계의 파괴자가 되어버렸다

결코 의식을 잃어서는 안 된다고 필사적으로 다짐하면서, 앞으로 이 년 남짓 후면 고등학술연구소의 소장이 될 운명의 남자가 나무 기둥을 꽉 움켜잡은 채 몸을 기대고 서 있다.

그것은 긴장 정도가 아니었다. 야위고 거의 탈진한 몸을 기둥에 의지한 채, 예리한 푸른 눈으로 눈앞의 기사들과 기계들의 움직임을 주시하고 있는 이 과학자는 이제 숨도 제대로 쉬지 못할 지경이었다. 시계는 새벽 5시 29분을 가리키고 있으나 여기, 남쪽 9킬로미터의 벙크 통제 구역 내는 밝은 조명등이 비쳐 대낮처럼 환하다. 무수히 많은 다이얼과 스위치, 전압계, 오실로스코프, 착색 전구, 계전기, 도화선, 연속 시간 계기, 발사용 회로 등이 뒤얽힌 계기 패널들 위로 지금 영화용 조명인 황색 불빛이 비쳐지고 있다. 정확히 45초 후에 나타날 세계의 종말에 대한 계시가 전자 메시지로 계기 다이얼에 나타나는 것을 영화용 카메라로 포착하여 기록하고 있는 것이다.

이러한 계기들은 포도나무 넝쿨처럼 천장에 매달려 있는 전선들에 연결되어 있다. 이 전선들이 향하고 있는 방향은 모두 하나, 6마일 정도 떨어진 제로 지점의 폭파탑이다. 그 탑 위에 설치되어 있는 것은 세계 최초의 원자폭탄이다. 폭탄은 전선과 내폭발용 렌즈, 기폭장치 등이 들어 있는 지름 1.8미터의 불길하게 보이는 공 모양으로 관계자들은 이 장치를 '가제트Gadget'라고 부른다. 지금 모든 사람들의 관심이 그 가제트에 모여 있다. 거기에는 카운트다운을 하는 샘 앨리슨, 술 취한 농부라도 폭발 지역으로 들어오게 되면 스톱 스위치를 눌러 계획을 중지시키도록 준비하고 있는 돈 호닉, 또 가제트가 성공하면 소장 월급 전부를 갖고 실패하면 소장에게 10달러를 내놓겠다고 도박을 걸고 있는 폭발 전문가 조지 키스차코프스키가 있다. 그리고 통제실에는 20명의 남자들이 거의 초자연적이라 할 수 있는 사건이 터지기를 기다리며, 똑딱거리며 진행되는 불멸의 마지막 순간을 기다리고 있다.

10… 9… 8… 마지막 순간의 카운트다운을 하고 있는 샘 앨리슨의 목소리가 트리니티 실험장을 가로질러 울려퍼졌다. 이 소리는 프린스턴 대학의 물리학자 로버트 윌슨이 있는 북쪽 9킬로미터의 관측소에까지 울려왔는데, 그는 지금 버섯 모양의 원자 구름이 바람에 날려 자신의 머리 위까지 날아오지 않을까 걱정하고 있다. 앨리슨의 카운트다운 소리는 기지에도 울려퍼지고 있다. 여기서는 라비와 엔리코 페르미가 폭발 지점을 쳐다보며 사막 모래 위에 발을 내딛고 서 있다. 또 북서 32킬로미터 지점의 콤파니아 언덕에서는 리처드 파인만, 한스 베데, 에드워드 텔러가 라디오로 7… 6… 5… 4…의 소리를 듣고 있다.

주 통제 벙크에서 샘 앨리슨은 3… 2… 1… 시대의 종말을 고하듯 마지막 초를 세고 있다가, 문득 손에 쥐고 있는 마이크에 폭발의 전기 충격이 전해져 감전되지 않을까 하는 생각에 뜨거운 감자를 놓아버리듯 마이크를 떨어뜨리며 목청껏 "제로" 하고 외쳤다.

한순간 심장의 고동이, 온 세상이, 시간까지도 멈춘 듯 고요해졌다. 다음 순간 문 바깥에서 번개가 친 듯이 기분 나쁘게 번쩍거리는 섬광이 계기판 위로 쏟아졌다. 뒤이어 파멸적인 천둥이 공기와 땅을 치고, 번쩍거리는 불덩어리가 사막 위를 날아오르기 시작하자, 기둥에 기대 서 있던 로버트 오펜하이머의 뇌리에는 『바가바드기타』의 시 구절이 떠올랐다.

나는 이제 **죽음**의 아버지,
세계의 파괴자가 되어버렸다.

이 순간 오펜하이머는 고등학술연구소의 차기 소장과는 가장 인연이 먼 사람으로 보였다.

'원자폭탄의 아버지'라 불리는 남자

'원자폭탄의 아버지'로서 오펜하이머가 한 역할은 그가 생전에 이룬 많은 일들 가운데 하나에 불과하지만, 그것은 가장 잘 수행해낸 역할이었다. 세계 최고의 과학자들에게 그들이 도대체 어디로 가는지, 또 가서 얼마나 오랫동안 무엇을 해야 하는지도 정확히 알려주지 않고 뉴멕시코주 변두리에 있는, 잘 알려지지도 않은 메사에 모이게 할 수 있었던 사람이 바로 오펜하이머였다. 그는 이 원자탄 계획이 아주 매력적으로 여겨지게끔 사람들에게 설명했다. 로버트 윌슨은 훨씬 뒤에 "오펜하이머가 설명한 실험장은 아주 낭만적으로 들렸어요"라고 그 당시를 회상했다. "그리고 실제로 낭만적이었어요. 그 계획과 관계된 모든 것은 극비 중의 극비로 베일에 가려져 있었고, 우리는 모두 육군에 입대하여 속세를 벗어난 다음 뉴멕시코 주의 산꼭대기에 있는 실험장으로 그 모습을 감추었죠."

또 물리학자 존 맨리는 이렇게 말한다.

"그 장소는 정말 모호했어요. 그 지역을 알고 있는 오피(오펜하이머의 애칭)는 그곳이 '헤메스' 산 속에 있다고 했지만 어떤 지도를 뒤적여보아도 그런 이름의 산을 찾아낼 수 없었어요. 스페인어를 전혀 모르는 내가 헤메스의 철자 'Jemez'를 어떻게 알 수 있었겠어요!"

오피는 과학자들을 강의실과 사이클로트론, 실험실로부터 끌어내었다. 이들은 프린스턴, 하버드, 매사추세츠 공과대학, 시카고 대학에서 선발되었다. 이 동부의 학자들은 뉴욕과 보스턴의 회색 거리와 고층 빌딩만 보다가 기껏 인구 50명 정도의 뉴멕시코 주 사막 한가운데 있는 라미 역에 도착하여 기차에서 내렸을 때 눈을 의심하지 않을 수 없었다. 거기에는 정말 아무것도 없었다! 멀리 낮은 언덕과 여기저기 서 있는 나무들, 그리고 멕시코 식의 흙벽돌로 된 작은 역뿐이었다. 앞을 봐도, 뒤를 봐도 보이는 것은 80, 90, 100킬로미터씩 뻗어 있는 선로뿐으로 다른 아무것도 보이지 않았다!

완전히 망연자실한 학자들을 태우고 군용차와 트럭이 달리기 시작하자, 지금껏 보지 못한 웅장한 광경이 그들 앞에 펼쳐졌다. 기이한 바위덩어리가 나타나는가 하면 드넓은 평원을 지나기도 했다. 어느 쪽을 봐도 80킬로미터, 160킬로미터씩 뻗은 평탄한 사막 가운데를 차는 계속 달려갔다. 지평선 너머, 흔들리는 자줏빛 안개 사이로 희미하게 보이는 것은 산꼭대기에 눈을 이고 그린 듯이 서 있는 산맥이었다. 그 모든 것들 위로 광대하고 가슴 떨리도록 시린 푸른 하늘이 무한히 펼쳐져 있었다. 모두들 이 신비로운 광경에 넋을 빼앗겼다.

이윽고 나지막하고 붉은 절벽을 지나자 곧 다시 높은 절벽들이 나타났고, 차는 이제 산꼭대기의 비밀 실험장을 향해 올라가기 시작했다. 양옆은 눈이 아찔할 정도로 깎아지른 절벽이다. 그 사이로 포장도 안 된 흙길을 차가 지그재그를 그리며 기어올라갔다. "공기는 맑고 따뜻했어요. 상그레 데 크리스토 산은 마치 예리한 칼로 자른 듯 뾰족하게 솟아 있었고, 그 맞은편에 메사가 있었죠. 얼마나 아름다운 광경이었던지! 오래되고 경사가 급한 산길을 차로 올라가면서 때로 가슴을 졸이기도 했지만 재미있었어요. 낡은 다리도 있었는데 물론 아메리카 인디언의 유적이었죠. 우리는 정말 새로운 세계, 신비의 세계에 발을 들여놓는 심정이었어요"라고 라비는 기억한다.

마침내 산꼭대기에 이르자 로버트 오펜하이머가 전지전능한 과학자이자 통치자로 군림하고 있었다. 그에게 로스앨러모스의 협곡과 소나무 숲은 제2의 고향이었다. 그가 가장 사랑하는 것 두 가지는 물리학과 뉴멕시코였는데, 그가 뉴멕시코를 주목한 것은 페로 칼리엔테(핫도그)라고 스스로 이름 붙인 목장에서 여름을 보내기 시작할 때였다. 전 생애를 통해 여러 가지 위대한 역할을 한 오피가 그 목장에서는 뉴멕시코 풍의 카우보이 역할을 하였다. "그는 결국 저 산들 거의 전부를 답사했어요"라고 그의 친구 프랜시스 퍼커슨은 말한다. "그는 아마 누구보다도 저 산들에 대해 잘 알게 되었을 겁니다. 그는 호주머니에 초콜릿 덩어리를 넣은 채 말을 타고 산으로 들어가서는 하루나 이틀씩 돌아오지 않곤 했죠."

"나는 평생 한 번도 말을 타본 적이 없었는데, 그들은 우리에게 말과 지도를 주면서 사흘 동안 장장 3,075미터 높이의 산을 타고 넘어가라고 했어요"라고 물리학자 로버트 서버는 말한다. "가진 것이라곤 최소한의 물품들뿐이었죠. 위스키 한 병과 밀기울이 섞인 크래커, 그리고 말에게 먹일 귀리 조금이 다였어요."

그리하여 이후 오피는 로스앨러모스에서 선발된 엘리트 과학자 그룹(맨해튼 계획 책임자인 그로브스 장군은 이들을 '세계 최고의 지식인 집단'이라고 했다)을 진두지휘하게 되었는데, 그들의 중대한 사명은 형이상학적 미치광이인 히틀러, 무솔리니, 히로히토로부터 서구 문명을 지키는 것이었다.

때는 1943년이었다. 그보다 몇 년 전인 1938년, 오토 한과 프리츠 슈트라스만이 우라늄 원자가 분열한다는 사실을 발견하였고 다음해 프레데릭 졸리오 퀴리(퀴리 부인의 남편/옮긴이)는 그 핵분열로부터 서너 개의 중성자가 방출되어 폭발적인 연쇄 반응이 일어날 수 있다는 것을 『네이처』지에 발표했다. 믿어지지 않겠지만 귤만 한 크기의 물질 덩어리가 적당한 조건 아래에서 점차로 용융하여 운동 에너지로 바뀐다는 것이다. 대자연에는 아주 기이한 성질이 있음이 밝혀진 것이다. 즉 자연적으로 존재하는 원소 주기율표 92번 원소가 폭탄으로 바뀔 수도 있다!

어디까지나 이것은 이론상의 얘기였다. 1789년 마르틴 클라프로트가 우라늄을 발견한 이래, 150년 동안 어느 누구도 그것이 실제로 폭발하는 것은 보지 못했다. 그러나 오펜하이머를 비롯한 저명한 물리학자들은 이론적인 가능성에 불과했던 것을 이제 현실로, 더욱이 실용적인 하나의 장치로 바꾸려 하고 있다. 그 계획을 완수하게 되면 순은색의 물질

덩어리를 지령에 따라 폭발시킬 수 있게 되는 것이다.

생각해보면 1945년 아침, 사막의 한가운데서 물질이 에너지로 바뀌었을 때, 과학은 이미 결코 돌이킬 수 없는 길로 발을 내딛고 있었다. 결국 이 실험으로 과학은 이론적으로만 자연의 비밀을 캐는, 현실과는 유리된 학문에서 전쟁과 죽음을 부르는 피의 도구로 바뀌게 되었다. 그리고 이런 전환에는 누구보다도 오펜하이머의 책임이 컸다. 어쨌든 트리니티에서 폭발 실험이 있은 지 이 년 뒤, 원자폭탄의 아버지 오피는 고등학술연구소의 소장이 되어 진정한 학문 천국의 권좌에 올랐고, 그후 19년간을 계속 군림하였다.

교수회의 반란―제2라운드

속세 사람들이 전쟁터로 가는 발길이 잦아지면서 고등학술연구소의 연구원 몇 명도 전쟁터로 가게 되자, 에이브러험 플렉스너는 크게 상심하였다. 이제 소장은 아니었지만 이사로 계속 남아 있던 플렉스너는 연구소의 교수들만은 계속 연구를 할 수 있도록 연구소에 남겨두어야 한다고 굳게 믿고 있었다. 당초 그들이 계약서에 서명할 때 시간과 마음을 모두 연구에 바치기로 서약했으며, 전쟁으로 달라질 건 전혀 없다고 생각했다. 그럼에도 불구하고 현재의 소장 프랭크 에이델로트를 포함하여 거의 모든 연구소원이 어떤 형태로든 전쟁과 관련된 일을 조금씩 했고, 몇 명은 그 때문에 유럽에까지 갔다. 그 중 한 사람이 수학자 제임스 알렉산더인데, 그는 아예 영국으로 건너가 폭격기 편대 총사령부에 소속되어 폭탄 명중률을 높이는 일을 맡아했다.

그러나 이것은 극단적인 경우이고 대부분의 연구원들은 연구소에 남아 거기서 할 수 있는 일들을 이것저것 했다. 가령 미술사학자 어윈 파노프스키 교수는 독일의 문화 사적에 대한 목록과 지도를 만들게 되었는데 이 작업은 미 폭격기 편대 총사령부를 위한 것이었다. 마스턴 모스, 오스왈드 베블렌, 존 폰 노이만을 비롯한 많은 과학자들은 육군의 자문역을 맡으면서 연구소와 메릴랜드 주의 애버딘 실험장 사이를 왔다갔다했는데, 폰 노이만의 경우는 로스앨러모스까지도 관여했다. 전쟁에 그 정도로도 관여하지 않은 사람은 단 한 사람, 알베르트 아인슈타인뿐이었다.

물론 그것은 아인슈타인이 전쟁을 위해 일하기를 거절했기 때문은 아니었다. 레오 질라드의 권유로 1939년 그와 함께 루스벨트 대통령에게 우라늄과 같이 핵분열이 가능한 재료로 '엄청나게 강력한 새로운 형태의 폭탄'을 만들 수 있다는 내용의 그 유명한 편지를 쓴 사람은 다름아닌 아인슈타인이었다. 그는 아울러 당시 진행중이던 그 실험에 더욱 힘을 쏟고 싶다는 의사를 나타내기까지 했다. 사실 그는 그 신형 폭탄 개발을 위해 더 많은 일을 하고 싶었다. 1941년 12월 과학 연구 개발 국장 배네버 부시가 가스 확산법으로 우라늄 235를 다른 우라늄 동위원소들로부터 분리할 때 생겨나는 문제를 해결하기 위해 아인슈타인에게 도움을 요청하자, 그는 뛸 듯이 기뻐하며 쾌히 승낙했다. 그는 부시에게 직접 손으로 쓴 원고를 주었으며, 그 이상의 일도 기꺼이 해줄 용의가 있으나 정보가 더 필요하다고 덧붙였다.

그러나 부시는 아인슈타인에게 더 이상의 정보를 제공하지 않았는데, 그것은 그가 공안상 위험 인물로 취급되고 있었기 때문이었다. "나로서는 아인슈타인 박사에게 모든 것을 털어놓고 허심탄회하게 여러 문제들을 상의하고 싶었지요. 하지만 그의 전력을 훤히 알고 있는 여기 워싱턴 사람들의 태도로 봐서는 도저히 불가능한 일이었죠"라고 부시는 에이델로트에게 말했다. 그리하여 아인슈타인은 전시 동안 펄드 홀에 있으면서, 연구소 발표에 따르면 '통일 상대성 이론'을 완성할 방법에 몰두했다고 한다.

전쟁이 끝날 무렵, 연구소의 연구원과 교수의 수는 총 92명에 달했다. 아인슈타인을 비롯해서 창립 당시의 교수 네 명은 공식적으로는 '사퇴'하였다. 그러나 연구소의 연보에 언급되어 있듯이 "이 경우 퇴직은 단순히 형식적 절차에 불과하며 퇴직한 네 명의 교수 모두 연구를 계속하고 있다. 그리고 그 활동은 연구소의 각 소속 부서의 기록에 공식적으로 남는다". 그들의 사퇴는 사실상 그렇게 '형식적'이었다. 아인슈타인과 베블렌은 봉급을 그대로 받았으며 현역 교수들과 똑같이 교수 회의에 계속 참석했다. 단지 바뀐 것이라곤 연구소 회보에 '명예 교수'라고 기재되어 있는 것뿐이었다.

고등학술연구소는 이제 독자적인 캠퍼스를 갖게 되었고 교수들 역시 각각 펄드 홀의 새 사무실에 자리를 잡았다. 휴게실에는 토요일 밤 댄스 파티가 열릴 때 사용할 수 있도록 라디오가 설치되었고 평일에는 교수 부인들이 차를 날랐다. 펄드 홀 바깥 잔디밭 위에는 볼링장까지 마련되었는데, 연구원들이 볼링에 채 흥미를 갖기도 전에 레인이 망가져버렸다. 연구원들이 가장 애용한 것은 펄드 홀과 프린스턴 대학의 파인 홀 사이를 매일 왕복하는 연구소의 포드 차였다.

겉으로 보이는 평화스러운 모습과는 달리 연구소 내에는 암투와 중상이 끊이지 않았는데, 거의가 소장직과 관계된 것이었다. 1945년 프랭크 에이델로트는 65살이 되어 정년퇴임을 눈앞에 두게 되었다. 그런데 이에 대한 사람들의 심경은 복잡했다. 대부분은 에이브러험 플렉스너가 그의 말년에 얼마나 독재를 했는지를 아직도 생생하게 기억하고 있어 아무도 그런 일을 두 번 다시 겪고 싶어하지 않았다. 이런 면에서 에이델로트의 은퇴는 환영받을 만했다. 그러나 에이델로트는 신사적이며 평화를 사랑하는 퀘이커 교도로서 사람들로 하여금 대개 그들이 원하는 것을 하도록 했으니, 이런 점에서 보면 은퇴로 인한 변화가 달가운 것이 아니었다.

에이델로트는 결코 위대한 학자는 아니었다. 그러나 연구원들은 적어도 이런 점 때문에 그를 비난하지는 않았다. 아인슈타인조차도 훌륭한 소장은 약간 어리석어야 하며, 그래야 진보적인 계획, 새로운 연구소 방침을 세우는 데 몰두하지 않을 것이라고 농담을 하기도 했다. 연구원들이 듣고 싶어하지 않는 게 있다면, 그것은 '새로운 방침'이니 하는 것들이었다. 오스왈드 베블렌은 이사회에 제출한 편지에서 "현 시점에서 연구원들 사이에는 새로운 방침을 내세울 소장을 새로이 임명하는 것은 잘못이라고 생각하는 분위기가 만연해 있습니다"라고 단언했다. 소칙을 어기더라도, 또 소장직을 그만두고 싶다는 에이델로트 자신의 의사에도 불구하고 당분간은 소장을 바꾸지 말아야 한다는 분위기였다.

이것으로 인해 교수회의 반란은 제2라운드로 접어들게 되었다.

1944년 가을, 교수회는 특별 회의를 열고 다음 내용을 포함하는 결의문을 채택했다. "현 소장은 학자들과 어떻게 협력해 나가야 하는지 잘 알고 있다(물론 에이브러험 플렉스너가 그렇지 못했음을 빗대면서). 그 결과 연구소 내에 조화와 효율적인 협동의 정신이 생겨나게 되었고 이는 지난 5년 동안 많은 연구 성과를 가져왔다(이는 단순한 허풍이 아니었다. 전쟁으로 방해받았음에도 불구하고, 1943년에서 1944년 사이에 발표된 연구원들의 논문 수는 이전 어느 해보다도 많았다).” 교수회는 그래서 현 소장의 유임을 원했는데, 그것이 불가능할 경우에 대비해 다른 제안을 내놓았다. 정말 기가 막힌 제안을 내놓았는데, 만약 교수회가 스스로 잘 운영돼 나간다면 연구소는 소장이 없어도 잘 유지되리라는 것이었다(후에 오펜하이머는 연구소는 그럼 ‘교수 없이도’ 유지될 수 있겠는가 하고 매우 심각하게 반문했다. 아마 진정한 최고의 학문 천국이란 ‘사람’이 없는 영혼들만의 집합소이리라).

이런 이단적인 생각은 실은 에이델로트 자신이 조장해온 것이나 다름없었으니, 그는 플렉스너보다 훨씬 더 교수회에 연구소 운영에 관한 발언권을 많이 주어왔던 것이다. 그가 연보에 낸 보고서에 ‘교수회faculty’의 첫 글자를 대문자 F로 쓴 것은 이를 상징적으로 보여준다. 물론 플렉스너는 항상 소문자로 썼었다. 또한 에이델로트가 1945년 12월 트루먼 대통령으로부터 팔레스타인 문제에 관한 미·영 합동 위원회의 위원으로 지명받아 5개월 정도 연구소를 떠나 있게 되었을 때 교수들은 상설 위원회를 만들어 필요한 결정들을 해나가면서 연구소를 이끌어갔다. 이것이 별탈 없이 잘 이루어져 교수들은 이 자치 방식이 영구적으로 되어도 무리가 없으리라는 확신을 가지게 되었다.

그리하여 마치 유령처럼 배후에서 연구소를 조종하곤 했던 베블렌은 이제 이렇게 제안했다. 연구소에 ‘소장보다는 차라리 주임’을 두는 게 어떻겠는가, 그리고 이 주임 자리는 소장보다는 권한을 훨씬 줄이고, 이 년마다 계속 사람을 바꾸는 게 어떻겠는가 하고.

이 제안은 흐지부지되고 말았고, 그후에도 계속 상설 위원회, 교수회 등에서 의견이 분분하다가, 결국 후임자를 찾을 때까지 에이델로트가 그대로 있기로 결론지었다. 중요한 것은 연구소에 베블렌이 제안한 ‘주임'이 아니라 소장을 계속 두기로 했다는 사실이다.

이리하여 이사회는 소장 후임자를 추천하기 위한 특별 위원회를 구성했으며, 교수회에서도 마찬가지로 인선 위원회를 만들어 수학부의 제임스 알렉산더, 정치경제학부의 에드워드 얼, 인문학부의 어윈 파노프스키 등 세 명을 위원으로 추대했다. 1946년 초, 인선을 맡은 위원회는 다음 순서대로 일곱 명의 후보자 명단을 적어 교수 전원에게 보냈다.

J. 로버트 오펜하이머 박사, 물리학자, 캘리포니아 대학

데틀레프 W. 브론크 박사, 생리학자이자 물리학자, 필라델피아

할로 섀플리 박사, 천문학자, 하버드 천문대장

프레데릭 오스본, 전 육군 소장

에드워드 S. 매슨 교수, 경제학자, 하버드 대학

T. C. 블레즌, 역사학자, 미네소타 대학 대학원장

E. 해리스 하비슨 교수, 역사학자, 프린스턴 대학

3주 후에 교수회는 다음 두 사람을 추가하여 차기 소장 후보는 모두 아홉 명이 되었다.

헨리 E. 시그리스트 박사, 의학사학자, 존스홉킨스 대학

루이스 L. 슈트라우스, 전 해군 소장, 고등학술연구소 이사

이 후보자 지명 뒤 곧바로 연구소의 전 교수가 소장 후보에 대해 논의하기 위해 오찬회를 가졌다. 그들은 우선 후보자를 블레즌, 브론크, 매슨, 오펜하이머, 그리고 슈트라우스 다섯 명으로 줄였다. 이사회에서는

이 후보자들에 대해 별다른 반대는 하지 않고, 이 다섯 명의 후보에 리너스 파울링을 새로 추가했다. 묘하게도 루이스 슈트라우스의 이름이 그대로 남아 있었는데, 그는 사실 학술적인 자격은 전혀 없는 사람이었다.

슈트라우스―그는 자기 이름을 그의 출신지인 버지니아에서 부르던 식으로 '스트로스'라고 발음했다―는 철저히 혼자 힘으로 입신출세한 사람이었다. 미국 남부에서 신발 도매업자로 시작하여 웨스트버지니아와 노스캐롤라이나의 탄광촌을 신발 견본이 잔뜩 든 트렁크 두 개를 끌고 돌아다니곤 했다. 그는 대학에 다니지 않았다. 쉬는 날이면 법률, 라틴어, 과학 등의 책을 읽기도 했지만, 주로 험난한 실업계의 현실 속에서 배웠던 셈이었다.

슈트라우스는 월 가의 수식시장에 진출하여 군 노엡이라는 국제 금융 회사의 공동 경영자로 제법 부를 쌓았다. 또 1941년 해군에 입대하여 나중에 소장까지 진급했다. 이런 점들로 미루어보면 그는 어떤 환경에 처할지라도 이를 잘 이용해 출세하는 천부적인 재능을 가진 것 같다. 돈을 관리하는 능력 또한 남달랐는데 이 능력 덕분에 1945년 고등학술연구소 이사로 뽑혔으며, 드디어 오스왈드 베블렌은 어느 교수가 '길고 익살스런 연설'이라고 표현한 추천 연설을 통해 그를 연구소 소장 후보로까지 지명하고 있는 것이다.

슈트라우스의 추천 못지않게 사람들을 놀라게 한 것은 로버트 오펜하이머의 추천이었다. '원자폭탄의 아버지'를 진정한 학문 천국의 소장으로 생각한다는 것은 정말 어울리지 않았다. 사실 고대 그리스의 비문 연구가인 벤저민 메리트가 교수회에서 "누구든 원자폭탄과 깊이 관련된 사람만 추천되지 않았으면 좋습니다"라고 피력했을 때, 이는 비단 그만의 생각이 아니었다. 그러나 원자폭탄과는 별도로 오펜하이머가 이전에 교수 후보로 올랐을 때에도 자격에 논란이 있었으나, 결국 몇 사람의 동의로 통과된 적이 있었다. 도대체 교수가 될 자격도 충분하지 않았던 사람이 소장 후보로까지 올라왔다는 것은 정말로 우스운 이야기가 아닌가! 그러나 여하튼 그의 이름은 리스트에 올라 있었다.

님-님-님 제자들이 나아간다

오펜하이머는 과학자이자 원자폭탄의 창조자였다. 또한 그는 시인이자 단편소설 작가이기도 했다. 그는 10살과 12살 때 시를 썼으며, 하버드 대학 시절에는 전위 문학지 『사냥개와 뿔피리 *Hound and Horn*』에 시 한 편을 발표하기도 했다. 철학, 문학에도 조예가 깊었으며 어학에는 정말 능통했다. 8개국의 언어를 익혔으며, 플라톤의 「대화편」을 그리스 원어로 읽었고, 산스크리트어로 된 고대 인도의 영웅시 『바가바드기타』를 외우곤 했다. 언젠가 그의 친구 프리츠 호우터만스와 조지 울렌벡이 단테를 이탈리아어로 읽는 것을 알자, 소외감을 느낀 오피는 한 달 가량 혼자서 이탈리아어를 배워 마침내 그들과 함께 단테를 읽었다고 한다. 또 네덜란드에서 물리학 세미나를 맡아달라고 요청했을 때 네덜란드어로 재미있게 세미나를 끝내고는 "네덜란드어를 썩 잘한 것 같지는 않다"고 능청을 떨기까지 했다.

오펜하이머가 예닐곱 살 때 그의 할아버지가 광물 표본을 갖다주었는데, 그 이후 과학에 관심을 가졌다. "그때부터 나는, 매우 유치한 식이었지만, 광물 수집에 정신을 완전히 빼앗겼죠. 나중에 그만두게 되었을 때는 꽤 훌륭한 광물 표본을 갖게 되었어요." 그후 다시 화학에 관심을 가졌고, 하버드 대학에서는 4년 과정인 과학 전공 코스를 3년 만에 마쳤으며, 1925년 최우수 성적으로 화학 학위를 받았다.

당시 최고의 물리학은 미국이 아니라 유럽에서 꽃피웠다. 그래서 오피는 영국으로 건너가 케임브리지 대학의 어니스트 러더퍼드에게서 배우고자 했으나 거절당했다. "러더퍼드는 나를 봐주지도 않았다. 내 학력은 두드러지지도 인상적이지도 못했다. 러더퍼드와 같은 대학자의 기준에서 보면 확실히 그랬다." 그래서 오피는 대신 조지프 존 톰슨 밑에서 공부했다. 그러나 곧 오피는 실험가가 되지 않기로 마음먹었다. 실험실에서 행해지는 대부분의 실험이 의미 없는 일로 보였기 때문이었다. "당시 실험의 목표는 오로지 얇은 막을 만드는 기술을 얻는 것으로, 그 막을 어디에 쓸 것인가 하는 너 중요한 문제는 내버려두는 식이었쇼"라고 그는 실험의 한 단면을 얘기했다. "여하튼 나는 베릴륨 박막을 만들었죠. 그러나 나는 베릴륨을 증발시켜 콜로디온 위로 흡착시킨 다음 이번에는 콜로디온을 제거하고, 다시 이 과정을 되풀이하는 일의 비참함에 대해 굳이 말하고 싶지 않아요."

오펜하이머는 괴팅겐에서 이론 물리학자로 방향을 바꾸어 막스 보른과 함께 연구했다. 이들은 함께 양자론에 관한 논문을 발표했는데 후에 오피가 이학 박사 학위를 땄을 때 보른은 그에게 한탄했다. "자네가 떠나는 건 좋아. 하지만 나는 떠나지 못하네. 자네는 나에게 너무 많은 숙제를 남겨놓았다고."

오피는 물리학의 중요한 연구를 하는 곳이라면 어디든지 갔다. 그래서 그는 라이덴 대학에서 파울 에렌페스트와 연구했고, 위트레흐트 대학에서는 헨드리크 크라머스와, 또 아인슈타인의 모교인 취리히 국립공과대학에서는 볼프강 파울리와 함께 연구했다. 1929년 미국으로 돌아온 그는 16편의 과학 논문을 발표하였다. 그 중 6편은 독일어로 발표했는데, 그 내용은 모두 이론 물리학의 커다란 쟁점인 양자 이론에 관한 것이었다. 양자론이라고 하는 새로운 지식을 조국에 널리 알려야겠다고 마음먹은 그는 당시 학문적으로 아주 뒤떨어져 있던 캘리포니아에 정착하기로 했다. "버클리가 학문의 불모 지대였기 때문에 거기로 가고 싶었어요" 하고 그는 말했다. "거기에는 이론 물리학이라고는 없었지요. 그래서 무언가 새롭게 시작하기에 좋다고 생각했어요. 하지만 학문의 중심지로부터 너무 떨어져 있는 것도 위험하다고 생각하여 칼텍과 계속 관계를 가졌습니다."

그래서 오피는 한 학기는 캘리포니아 대학의 버클리 캠퍼스에서, 나머지 한 학기는 패서디나의 칼텍에서 가르치는 식으로 했다. 학생들 가운데는 그에게 심취해서 강의를 따라 옮겨다니는 이들도 생겨났다. 그들 중 하나인 로버트 서버는 이렇게 말한다. "우리는 버클리의 집이나 아파트를 팔 필요는 없다고 생각했어요. 패서디나에서는 25달러의 월세로 정원이 딸린 시골집을 빌릴 수 있다고 믿었죠."

오펜하이머가 불가사의한 마력으로 당대의 모든 물리학자들을 매료시키기 시작한 것은 캘리포니아에서였다. 그는 특별히 학교 강의를 잘하는 편은 아니었다. 줄담배를 피워대며 전봇대처럼 꼿꼿하게 선 채, 가늘고 긴 팔을 흔들며 교실 안을 왔다갔다하곤 했는데, 때로는 너무 낮은 목소리로 말해 거의 알아들을 수가 없을 때도 있었다. 문장과 문장 사이에서 잠시 머뭇거리며 적절한 말을 찾곤 했는데, 이때 님-님-님이라든가 후후 하는 기묘한 소리로 더듬거렸다.

"이것이 디랙 상수의 함수가 된다… 님-님-님… 하지만 다음과 같은 것을 생각해서 넣는다면… 후후… 그것은 또 바뀐다." 이런 식이었다.

곧 학생들은 오피의 스타일을 흉내냈다. 당장 줄담배를 피워대고, 손톱을 깨물며, 그의 동작을 따라 하고, 푸른 와이셔츠에다가 님-님-님 흉내까지 냈다. 그리하여 볼프강 파울리는 오피에게 님-님-님 선생이라는 별명까지 붙였는데, 한번은 유럽의 물리학자가 파울리 앞에서 미국에 '진정한 물리학'은 존재하지 않는다고 하자 이렇게 응수했다.

"아니, 당신은 오펜하이머와 그의 님-님-님 제자들에 대해 들어본 적도 없단 말이오?"

오피, 블랙홀을 예언하다

오펜하이머와 그의 님-님-님 제자들은 약 10년 동안 소립자물리학에 대해 계속 연구했다. 그런데 갑자기 1938년 가을, 그들은 천체물리학으로 방향을 바꾸더니, 별의 죽음에 대해 연구하기 시작했다. 오피는 세 편의 논문을 각각 다른 세 명의 대학원생들과 공저로 연달아 썼는데, 세 편 모두 거대한 항성들의 격렬한 종말에 대한 설명이었다. 세 논문 중 1939년에 쓴 마지막 논문에는 별들의 일부가 붕괴하여 블랙홀이라는 중력장을 만든다는 오펜하이머의 예언이 담겨 있다.

블랙홀은 그 중력이 너무나 커서 빛조차도 빠져나올 수 없는 천체로서, 오펜하이머가 처음 쓴 개념은 아니다. 그것은 18세기의 피에르 시몽 드 라플라스에게로 거슬러 올라간다. 프랑스의 천문학자이자 수학자였던 그는 『우주체계론』에서 우주는 모든 것을 담고 있는 기구이며, 허공에 떠 있는 거대한 시계장치와 같다는 제안을 했다. 세계와 그 속의 만물은 정확히 통제되고 예측할 수 있기 때문에 한순간의 상태를 상세히 알 수만 있다면, 과거와 미래의 다른 순간의 상태도 그로부터 연역할 수 있다고 했다.

중력은 모든 물체에 영향을 미친다. 뉴턴과 라플라스가 믿었듯이 빛도 물질의 미립자로 구성되어 있는 한 마찬가지로 중력에 끌릴 것이다. 별이 일정한 크기 이상으로 크면, 거기서 나온 별빛이 중력에 의해 다시 빨려들어가 보이지 않게 될 수도 있으리라고 라플라스는 믿었다. "지구와 똑같은 밀도를 가지면서도 지름이 태양의 250배나 되는 별은 아무리 빛이 강하더라도 별의 중력 때문에 우리에게 도달하지 못할 것이다. 따라서 우주 최대의 발광체라 할지라도 보이지 않을 수 있다."

라플라스의 이 추리는 20세기에 독일 천문학자 카를 슈바르츠실트에 의해 증명되었다. 그는 아인슈타인의 일반상대성 이론을 어떤 별의 전 질량이 무차원의 한 점에 집중된다는 가정에 적용했다. 그리고 이 집중된 질량이 충분히 압축되면 그 주위의 공간이 밀집하여 빛조차 피해갈 수 없는 상태가 된다는 사실을 발견했다. 이러한 폐쇄 효과가 생기는 범위는 그 질량에 따라 다르다. 만약 지구의 질량 정도가 한 점에 압축된다면, 이 범위—오늘날 슈바르츠실트 반지름이라고 부르는—는 약 1센티미터 정도가 된다. 그러나 질량이 크게 되면 그 효과는 더 큰 범위로 나타날 것이다. 슈바르츠실트는 라플라스의 보이지 않는 물체라는 게 일반상대성의 범주 속에서 존재할 수 있음을 보여주었다. 그러나 문제는 슈바르츠실트의 무차원의 점이 수학적 추상으로, 실재하지 않는다는 것이다. 일반상대성을 실세계의 현상에 적용하여 블랙홀이 물리학적 현실로 이 세계에 실재할 수 있음을 보여준 사람은 오펜하이머였다. 그는 우선 별의 붕괴를 분석하는 것부터 시작했다.

별은 수소 연료를 다 써버리면 죽음을 맞이하는데 이 죽은 별이 식으면서 붕괴가 일어난다. 어떤 별이 붕괴되어 무엇으로 변하는가는 그 별의 초기 질량의 크기에 달려 있다. 별의 질량이 태양 질량의 1.4배 이하이면, 크기가 줄어들어 태양 크기의 1퍼센트 정도인 백색왜성으로 되는데, 이는 매우 높은 밀도의 물질로 구성되어 있다. 그러나 아주 큰 별들은 매우 장엄하고 격렬하게 수축하여 중성자별로 되었다가 대폭발을 통해 초신성이 되고, 이어 수십억 년 동안 방출한 에너지 전부와 맞먹는 정도의 엄청난 열을 폭발하는 짧은 순간에 발산해버리고 만다. 이 폭발로 물질의 대부분은 날아가버리고 뒤에 남는 것은 자그마한 잿덩어리 같은 중성자 핵뿐이다. 이것은 중성자가 매우 높은 밀도로 압축되어 있어서 1세제곱인치(약 $2.54cm^3$)의 무게가 놀랍게도 백억 톤이나 된다.

한동안 전문학자들은 붕괴하는 별이 중성자 핵 상태로 되면 안정되어 더 이상 수축하지 않으리라고 믿었다. 그러나 1938년 오펜하이머는 버클리 대학원생 조지 볼코프와 함께 쓴 「거대 질량의 중성자 핵에 대하여」라는 논문에서, 만약 중성자 핵이 상당히 커서, 그 질량이 태양 질량의 10분의 7보다 크다면, 일단 시작된 붕괴가 그치지 않고 계속되리라고 예측했다(오피는 로버트 서버와 쓴 첫 논문에서 별의 질량과 그것이 붕괴하여 중성자 핵을 형성할 가능성 사이의 관계를 논했다).

6개월 뒤 오피는 이번에는 하트런드 스나이더와 함께 「지속적 인력에 대하여」라는 새 논문을 쓰기 시작했다. 두 사람의 계산에 따르면 별의 핵이 계속 수축하면 중력은 점점 강해지고, 빛의 방출은 점점 차단되어 마침내 촛불이 꺼지듯이 별도 깜박이다가 꺼지게 된다고 했다. 저자들의 표현에 따르면 별은 "떨어져 있는 관측자와의 연락을 스스로 차단하면서 마침내 중력장만 남게 된다". 그들의 계산은 블랙홀이 실제로 존재함을 증명하는 당시의 유일한 증거였다.

파울리냐 오펜하이머냐 그것이 문제로다

트리니티에서 최초의 원자폭탄 실험이 있기 5개월 전인 1945년 겨울, 오펜하이머는 고등학술연구소의 교수 후보에 이름이 올랐다. 그의 이름과 함께 그때 이미 임시 연구원으로 와 있던 볼프강 파울리의 이름도 있었기 때문에 교수들은 자연히 이 두 사람을 저울질하며 비교했다. 알베르트 아인슈타인과 헤르만 바일은 이들 두 사람을 평가하는 메모를 써서 제출하였다. 물론 연구소의 동료들은 거의 들으려고 하지 않았지만, 아인슈타인과 바일은 조잡한 실험 과학에 비해 순수 이론이 갖는 일반적 우월성을 이 메모의 첫머리에서 강력히 피력했다.

"수학부 전원의 일치된 의견으로는 이론 물리학이 지속적으로 본 학부의 한 분과가 되어야 하며, 나아가 더욱 강화되어야 한다고 봅니다. 갈릴레이 이후의 전 물리학 역사가, 기본 이론을 세우는 이론 물리학자의 역할이 얼마나 중요한지를 잘 입증해주고 있습니다. 물리학에서 이론적인 구조는 실험상의 사실만큼이나 필요 불가결한 것입니다. 물론 이론 물리학자가 실험 물리학의 연구 결과와 새로운 발견에 항상 접하고 있어야 하지만, 그렇다고 학자 자신이 연구소에서 실험실과 직접 관련을 맺고 있을 필요는 없습니다. 실험의 장이란 그가 속한 문명 속에 존재하기만 하면 충분한 것입니다."

결국 아인슈타인과 바일은 볼프강 파울리에 대한 추천 의사를 명확히 밝혔다. 파울리의 과학적 공적이 오펜하이머에 비해 확실히 뛰어나다고 말했다. "오펜하이머는 물리학에서 파울리의 배타 원리와 전자 스핀 분석과 같은 기본적인 공헌을 해내지 못했다… 파울리는 오펜하이머보다 수학적 논리에 더 뛰어나며 앞으로도 그럴 것이다."

물론 아인슈타인과 바일은 오펜하이머에 대해서도 전쟁중에 '뛰어난 관리 운영의 능력'을 보였으며 '조국에 최대의 이론 물리학부를 세웠다'고 칭찬하는 것을 잊지 않았다. 그들은 또한 그의 사고 범위가 폭넓고, 훌륭한 사교 그룹에 속해 있으며, 그의 학생들은 그에게서 매우 열정적으로 배우고 있음도 언급했다. 그러나 그가 너무 영향력이 강해서, 그의 제자 모두가 작은 오펜하이머가 되어버리는 게 아닌가 우려하기도 했다.

그리하여 1945년 봄, 연구소의 수학부로부터 교수로 있어달라고 정식으로 초청을 받은 사람은 볼프강 파울리였다. 그러나 파울리는 이를 받아들이는 데 주저했고, 결국 그는 1946년까지 연구소에 있다가 그 뒤 다시 취리히로 돌아갔다. 그가 떠나기 전, 수학부는 갑자기 오펜하이머를 이론 물리학 교수로 받아들이는 데 동의했고, 아인슈타인과 폰 노이만에게 교수회와 이사회에 제출할 오피의 이력서를 준비하도록 의뢰했다(그들은 오펜하이머에 대해 호감은 갖고 있지 않았다).

오피로서는 연구소에 서둘러 들어가고 싶은 마음이 조금도 없었다. 그는 1935년 그곳을 방문한 적이 있었으나 그다지 감명을 받지는 못했다. "프린스턴은 정신병원이었습니다. 유아독존적인 최고의 과학자들이 고립되어 의지할 데 없는 외로움 속에서 빛을 발산하고 있었어요" 하고 당시 형 프랭크에게 썼다. 그때도 연구소의 헤르만 바일이 교수 자리를 제안했으나 오펜하이머는 이를 거절했다. "그곳엔 내가 할 수 있는 일이란 아무것도 없었어요. 바일에게 아니오를 납득시키느라 입이 다 마르고 팔이 휘청거릴 정도였어요"라고 그는 형에게 말했다.

그때와는 반대로 이번에는 연구소 측에서 망설였다. 아인슈타인과 바일이 이력서를 준비한 지 일 년이 지났건만, 수학부에서는 어떤 공식적인 제의도 오펜하이머에게 하지 않았다. 대신 버클리에서 오펜하이머 밑에서 연구했던 줄리언 슈윙거에게 제의를 했다. 그러나 슈윙거는 연구소에 들어가는 데 관심이 없었다.

그러자 수학부에서는 이번에는 리처드 파인만과 전대미문의 계약을 맺으려 하였다. "그들은, 지나치게 이론 지향적이어서 실제 활동과 도전이 부족하다는 연구소에 대한 나의 비판적 생각을 이해하고 있었어요. 내가 실험과 교육에 상당한 관심이 있음을 높이 산다고 했죠. 그래서 그들은 내가 원한다면 반은 프린스턴 대학에서 일하고, 반은 연구소에서 일하는 매우 특별한 교수직을 만들 계획도 있다고 했어요"라고 후에 파인만은 말했다.

리처드 파인만에게 그 이야기는 참으로 얼토당토않은 소리로 들렸다. 그것은 물론 명예스러운 일이었으나 그렇게 유지해 나간다는 것은 너무나 터무니없다고 생각했던 것이다. 그는 "면도하다가 그 제안을 생각하고는 실소를 금할 수가 없었어요"라고 말했다.

이리하여 이전의 오펜하이머와 파울리, 슈윙거와 마찬가지로 리처드 파인만도 고등학술연구소의 교수직을 거절했다.

로스앨러모스 연구소장의 천하

한편 로버트 오펜하이머는 로스앨러모스 연구소장 자리를 그만두고 무엇을 할지 궁리중이었다. 강단으로 돌아가는 것이 가장 자연스럽게 받아들여졌고 그 동안 일류 대학과 연구소로부터 적지 않은 제의도 있었다. 그 중에는 칼텍과 버클리뿐만 아니라, 컬럼비아와 하버드 같은 명문 대학의 유혹도 있었다. 마침내 오피는 버클리의 옛날 자리로 돌아가게 되었지만 사정은 이제 그전 같지가 않았다. "전쟁으로 인한 격변 때문인지 가르치는 재미도 시들해졌어요"라고 오피는 훨씬 뒤에 회상했다. "칼텍과 버클리에서 가르쳤지만 여러 가지 일을 생각하다보니 마음이 항상 딴 데 가 있고 늘 어수선했죠. 전쟁 뒤에 내가 그다지 좋은 교수였다고는 생각되지 않는군요."

이는 물론 놀랄 일이 아니다. 로스앨러모스 연구소장의 일과 비교하면, 단순히 가르친다는 것은 그야말로 용두사미격의 전락이었으니 말이다. 로스앨러모스에서는 매일 물리학의 이름난 거장들과 머리를 맞대고 일했으며, 엄청난 영향력을 행사할 수 있었다. 자기가 직접 만든 에너지가 태양처럼 빛나고, 수백만 톤의 바위와 부서진 돌들을 어두운 하늘로 날려버리는 것을 볼 때의 그 흥미로움을 어찌 가르치는 것과 비교할 수 있겠는가?

그러나 이제 그 모두가 과거가 되고 만 지금 다시 로스앨러모스로 돌아갈 수는 없는 일, 그렇다면 다음으로 생각할 수 있는 것은 아마 당대 최고의 석학(프리마돈나 같은)들을 모아 오로지 우주의 비밀을 캐는 데만 목적과 존재 의의를 둔 연구소를 세워 이끌어나가는 것이리라. 고등학술연구소는 교수로 가기에는 그다지 매력이 없지만, 소장 자리라면 얘기가 틀렸다. 이 연구소의 소장으로 일하는 것은 적어도 과거 로스앨러모스에서의 소장 일과 비슷한 정도는 될 테니까. 다행스럽게도 당시 연구소는 새로운 소장을 고르는 참이었고, 또 운 좋게 로버트 오펜하이머의 이름이 후보 리스트의 맨 위에 올라 있었다.

어떤 의미에서 오피는 연구소의 입장과 맞아떨어지는 소장으로서의 적임자였다. 연구소에는 수학자가 너무 많아, 훌륭한 물리학자가 몇 명 들어와 균형을 맞추고 사람들에게 활력을 넣어줄 필요가 있었다. 그러나 그 누가 로스앨러모스의 이 위대한 기적의 일꾼보다 그 일을 더 잘 하겠는가? 그는 세계의 유수한 물리학자들과 친밀한 관계를 맺고 있었다. 또한 그는 총명한 지식인이면서 관리 경영의 전설적 귀재였다. 그는 사람들로 하여금 스스로는 할 수 없었던 일을 할 수 있게 만들었다. 더구나 오펜하이머는 물리학뿐만 아니라 어학의 대가였고 시와 문학, 철학, 그외 연구소가 신성하게 받들었던 모든 분야에 능통했다. 훨씬 뒤에 한 고참 연구소원은 말했다. "무어라 해도 이 연구소는 지식인들의 메카였죠. 게다가 『뉴욕 타임스』지에서는 매일같이 오펜하이머가 당대 최고의 지식인이라는 기사를 쓰고 있었어요. 연구소에서 그를 원한다고 생각하는 것은 당연한 일이었죠."

그리하여 연구소에서 오피를 정식으로 초청하게 되었다. 1946년 가을, 이사인 루이스 슈트라우스는 캘리포니아로 날아가 버클리의 방사선 연구소를 찾아갔다. 그는 비행장에서 오펜하이머와 어니스트 로렌스의 영접을 받았는데, 당시 로렌스는 방사선 연구소 소장이었다. 슈트라우스는 오피를 격납고 앞의 콘크리트 트랩으로 데려가 고등학술연구소 소장이 되어주기를 요청했다. 연봉 2만 달러에다가 65살에 정년퇴임하게 되면 1만 2천 달러의 연금을 준다는 조건이었다. 또한 연구소 부지 안에 있는, 관리인이 딸린 18칸의 소장 관저를 그냥 쓸 수도 있다고 했다. 오펜하이머는 생각해볼 여유를 갖자고 했지만 적어도 관심은 있었다.

오피는 계속 시간을 끌며 이듬해 봄까지도 마음을 정하지 못했다. 그는 캘리포니아, 특히 버클리를 사랑했으며 프린스턴의 학자들의 천국이 과연 소문대로인지에 대해 확신하지 못했다. "그 연구소가 과연 중요한 곳인지, 또 내가 가는 것이 도움이 될는지에 대해 간단히 결론짓고 싶지 않았어요"라고 훗날 술회했다.

그러던 4월 어느 날 밤, 그와 그의 부인 키티는 샌프란시스코와 오클랜드를 잇는 다리를 건너다가, 차 안의 라디오에서 로버트 오펜하이머가 저 권위 있는 프린스턴 고등학술연구소의 소장직을 수락했다는 뉴스를 들었다.

"그것 참, 저런 식으로 결정하게 만드는구먼." 그의 말이었다.

오른손에는 국가 기밀, 왼손에는 연구소

1947년 가을, 그는 연구소에 도착하자마자 지금까지와는 완전히 다른 방식으로 소장 역할을 하기 시작했다. 전임 소장 프랭크 에이델로트는 펄드 홀의 1층 한쪽 끝을 차지하고 있는 넓은 소장실의 벽에 영국 옥스퍼드에서의 생활을 묘사한 판화들을 걸어놓았다. 에이델로트는 1908년 옥스퍼드 대학에서 문학 학위를 받았던 영문학 교수였다. 그러나 이런 감상적인 판화는 오피의 취미와는 맞지 않았다. 그는 이것들을 떼어내고 벽 길이만큼이나 되는 칠판을 달았다. 그후 칠판은 언제나 방정식으로 가득 찼다.

그외 소장실의 금고 문제도 있었다. 전에는 이 금고에 연구소의 법적 서류라든가 비공개 내부 문건 등을 보관했는데, 오피는 거기에다 로스앨러모스 시절부터 보존해왔던 기밀 자료들을 잔뜩 넣어두었다. 국가의 대기밀이라 금고만으로도 안심이 되지 않았기에 복도 바깥에 무장 경호원을 두어 밤낮으로 원자폭탄 관련 비밀 문서들을 지키게 했다. 사람들은 오피가 연구소에 실험실을 옮겨놓는 게 아닌가 하고 걱정했다. 그러나 그는 실험실이 아니라 무기를 가져왔다!

사실 무기보다 더 나쁜 것을 가져왔다. 1951년 6월 '슈퍼'라고 부르는 열핵병기 또는 수소폭탄에 대한 계획을 토론하기 위해 폭탄 전문가들의 위원회가 이 연구소에서 열렸다. 여기에는 에드워드 텔러, 한스 베데, 로스앨러모스 연구소의 새 소장 노리스 브래드베리, 엔리코 페르미, 존 휠러가 있었고, 연구소 내의 폭탄 전문가 존 폰 노이만(여기 참가한 원자력 위원회 의장 고든 딘의 평에 따르면 세계 최고의 무기 전문가의 한 사람이라는)도 물론 참가하였다. 오펜하이머는 일찍이 수소폭탄의 개발에 반대했으나 이제 텔러와 울람의 새로운 아이디어를 듣고는 생각을 바꾸었다. "기술적으로 잘 될 것 같은 징조가 보이면 계속하도록 하시오. 그리고 그걸 어떻게 사용하는 게 좋은가는 기술적으로 성공한 뒤 논하시오" 하고 그는 말했다.

처음에 오피가 연구소에 끌린 이유 중 하나는 프린스턴이 수도 워싱턴에서 몇 시간 걸리지 않는 거리에 있다는 것이었다. 워싱턴에서 당시 그는 비현실적이라 할 정도의 권위를 갖고 예지의 빛을 발하고 있었다. 정부 수뇌부들은 과학이 제공한 이 새 폭탄을 어디에 쓸지, 어떻게 쓸지 알고 싶어했는데, 이를 위해서는 오펜하이머가 필요했다.

그는 정말 폭탄 그 자체였다. 어느 누가 그보다 수소폭탄의 사용 방법을 더 잘 알겠는가? 그는 행정관이자 고문이 되어버렸다. 원자력 위원회의 일반 자문 위원회 의장으로 뽑힌 그는 국방성 연구개발부의 일원이 되었으며, 국방 군사 동원 사무국의 공군 과학 자문 위원회의 일까지 하게 되었다. 오피는 미국 전역과 해외로 나다니면서 강연을 하고, 회의를 하고, 공개 토론회를 주재했다. 그는 원자력의 위대한 스타가 되었는데 그 자신이 이를 즐기는 것 같았다.

연구소원 중 일부는 오피가 출근하지 않는 소장이 되는 게 아닌가 하고 걱정했으나, 그는 연구소 일을 소홀히 할 사람이 아니었다. 단지 소장 업무에 자기 시간 모두를 빼앗길 필요가 없는 것뿐이었다. 로스앨러모스에서 일할 때 그의 밑에는 6천 명이나 있었는데, 여기서는 고작 백여 명 남짓 이끌어가면 되는 것이다. 더욱이 그들 모두는 각자 고유 연구에 몰두하고 있어서 원자폭탄 연구 과학자들과는 달리 '명령'을 필요로 하지 않았으며, 지도도 원하지 않았다. 그래서 소장 업무만으로는 시간이 남아도는 것이었다. 처음부터 오피는 시간의 절반만 행정 업무에 쏟고, 나머지는 물리학 연구에 전념하겠다고 공언했다. 이는 소장 임명서에도 나와 있었다. "이사 일동의 투표로 귀하를 소장 겸 물리학 교수로 임명한다. 이는 전문 분야의 연구를 계속하겠다는 귀하의 희망에 따른 것이다."

이는 연구소에서 처음 있는 일이었으나 그런 대로 잘 되어나갔다. 오펜하이머는 고등학술연구소의 전 역사를 통해 전무후무한 방식으로 소장으로서의 발자취를 남겼다. 그는 물론 물리학에 힘을 쏟았다. 또한 젊음을 강조하여, 연구소가 경로당이 되는 게 아니냐고 우려하던 일부 구세대들을 매우 기쁘게 했다. 아인슈타인도 그 중 한 사람으로, 늙은이들을 끌어모음으로써 연구소를 복지 시설로 만드는 게 아닌가 하고 걱정하고 있었다. 그런데 오피는 일단의 젊은 물리학자들을 끌어들였다. 그 중에는 에이브러험 파이스, 프리먼 다이슨, 리정다오와 양전닝 등이 있었다. 이 젊은 물리학자들의 영입은 거의 마력적이었다. 양전닝과 리정다오는 연구소에 온 지 이 년 만에 노벨 물리학상을 탔다. 그들은 자연법칙의 하나인 패리티 보존의 법칙을 완전히 뒤바꾸어버렸다.

양전닝과 리정다오는 고등학술연구소에 처음 들어왔을 때 이십대 중반이었다. 그들은 중국에서 태어나 쿤밍의 시난西南 연합대학을 같이 다

넀는데, 그곳은 말이 대학이지 양철 지붕의 판잣집 교실과 오막살이 초가집 기숙사가 전부였다. 전쟁중이라 교실 창은 공습에 박살나기 일쑤였다. 거기서 만족할 만한 교육을 못 받고도 노벨상을 탔으니, 그것은 정신의 강고한 힘이 물질을 앞선다는 한 지표였다.

양전닝과 리정다오는 장학금을 받고 시카고 대학의 특별 연구원으로 들어갔는데, 거기서 리정다오는 엔리코 페르미 밑에서 백색왜성에 관한 박사 논문을 썼고, 양전닝은 에드워드 텔러의 지도 아래 핵물리학을 연구했다. 그들이 함께 연구하기 시작한 곳은 시카고 대학이었는데, 거기서 32편의 물리학 공동 논문을 썼다. 그들 둘은 1951년에서 1953년 사이에 고등학술연구소에서 다시 만나 함께 일했으며 그 뒤 리정다오는 뉴욕의 컬럼비아 대학으로 옮겨갔고, 양전닝은 프린스턴에 그대로 남았다. 그러나 그들은 80킬로미터밖에 떨어져 있지 않아 일주일에 한 번씩은 꼭 만나 물리학에 관한 문제로 얘기꽃을 피우곤 했다.

끊임없이 발전하는 소립자물리학은 당시 약 스무 가지의 입자를 밝혀 냈는데, 이 중에는 전자, 양성자, 중성자, 중성미자, 양전자, 신비의 'V-입자'(뒤에 '이상한 입자'로 알려진)가 있고, 마치 토끼들처럼 그 수가 불어나는 중간자라고 하는 한 무리의 입자도 있다. 이렇게 혼란스럽게 되니 어떤 물리학 교과서에는 '없으면 좋을 입자들'이라는 제목의 장도 나오게 되었다. 이처럼 급속히 늘어나는 소립자들이 어떻게 존재하는지 물리학자들은 잘 이해할 수가 없었다. 1953년 『사이언티픽 어메리컨』지에 프리먼 다이슨은 이 기막힌 혼란상을 다음과 같이 썼다. "아무도 이 밝혀진 입자들의 분류에 성공하지 못했고, 또 어느 누구도 이 미지의 입자들의 속성을 예측할 수는 없었다. 왜 그런 입자들이 존재하는지, 왜 관측된 것과 같은 특정 질량을 가지고 있는지 아무도 몰랐다. 또 그 중 일

부는 강하게 상호작용하는 데 반해 일부는 그렇지 않은 이유에 대해서
도 마찬가지로 몰랐다."

여하튼 새로운 입자들이 발견되자, 물리학자들은 이것들이 에너지 보
존 법칙과 같은 '고전적' 법칙과 바리온 수나 전하 공역 변환 보존의 법
칙과 같은 '새로운' 법칙들을 따르는지 앞 다투어 확인했다. 이런 보존
법칙들은 입자들의 상호작용, 가령 특정한 실체가 붕괴하여 다른 것으
로 바뀌는 경우에 문제가 된다. 양성자, 전자, 중성자 등과 같은 소수의
입자들은 더 이상 붕괴되지 않는 '안정적인' 상태지만 다른 대부분의 입
자들은 불안정하여 어떤 것은 10억분의 1초 만에 순간적으로 붕괴해버
린다. 이렇게 상호작용하면서, 어떤 계통의 특성은 변화하고 다른 어떤
것은 남는다. 그대로 남는 것들을 '보존성'이라 하는데, 그 중 가장 기본
적인 것이 전하이다. 어떤 입자가 붕괴하더라도 그 총 전하량은 상호작
용 전후에 동일하다. 가령 전기적으로 중성인 중성자가 붕괴하면 양자
와 전자로 되는데, 이 두 입자의 ＋, － 전하는 상쇄되어, 결국 붕괴되기
전의 중성의 전하가 그대로 보존된다.

1956년 양전닝과 리정다오는 K 중간자(케이온)의 붕괴를 조사했다.
중간자는 원래 오펜하이머의 칼텍 동료들인 세스 네더마이어와 칼 앤더
슨이 1938년 처음 발견했다. K 중간자는 불안정해서 약 1백만분의 1초
만에 붕괴하여 파이온(파이 중간자)이라는 다른 중간자로 바뀐다. 그런
데 어떤 K 중간자들은 두 개의 파이온으로, 또 어떤 것은 세 개의 파이
온으로 바뀌는 것이 발견되었다. 이 자체로는 문제될 게 없었다. 왜냐하
면 동일한 입자들이라 하더라도 서로 다른 붕괴 방식이 있을 수 있음이
이론적으로나 실험적으로나 검증되었기 때문이다. K 중간자의 붕괴에
서 골치 아픈 것은, 붕괴하여 생긴 두 쌍의 파이온의 패리티가 서로 다

르다는 점이다. 그것은 있을 수 없는 일이었다. 패리티란 전하처럼 반드시 보존되어야만 했다.

패리티는 거울상 대칭의 일반적 성질인데, 어떤 물체와 그것의 거울상은 동일한 법칙을 따르며 어떤 방향에서 봐도 기능적으로 동일하다. 예를 들어 당신이 거울 앞에 서서 공을 한 손에서 다른 손으로 던질 때, 패리티란 거울 속의 공이 실제의 공과 똑같이 반응함을 의미한다. 공은 거울 속에서나 실제로나 똑같이 포물선을 그릴 것이다. 프랭크 양이 노벨상 수상 연설에서 말했듯이(양전닝은 벤저민 프랭클린을 몹시도 존경하여 이름까지 프랭크로 고쳤다) "물리학의 법칙들은 항상 좌우 완전한 대칭이었다".

패리티는 거시적인 자연에서뿐만 아니라 소립자 차원에서도 존재하나, 다만 미시적 차원에서는 나타나는 방법이 약간 다르다고 여겼다. 입자의 경우 패러티는 +, − 기호로 표시되는데, 입자 파동 함수에 포함된 방향 변수에 의해 변화한다. 파동 함수가 변하지 않으면 입자는 짝수 패리티(+ 기호로 표시된다)를 가진다고 말한다.

그러나 K 중간자의 경우, 기묘하게도 붕괴하여 때로는 짝수 패리티의 입자가 되었고, 또 때로는 홀수 패리티를 가진 입자가 되었다. 더구나 이 중간자들은 같은 질량, 같은 전하 등 모두가 동일한 성질을 갖고 있었으니 당혹스러울 수밖에 없었다. 당시의 물리학자들로서는 이해하기 어려웠다. 패리티 보존 법칙에 따르면 동일한 입자는 동일하게 붕괴한다고 했는데 도대체 어떻게 된 일인가?

중간자의 불가사의한 움직임을 설명하는 데에는 두세 가지의 해석밖에 없었다. 하나는 두 개의 서로 다른 K 중간자, 타우(τ)와 세타(θ)의 움직임이라고 보는 것이다. 이 해석에는 문제가 있었다. 왜냐하면 이 두 입자 사이에는 본질적인 차이란 아무것도 없었기 때문이다.

다른 해석은 패리티 보존 법칙이 적어도 이 경우처럼 반드시 적용되지는 않는다는 것이었는데, 이 또한 문제였다. 왜냐하면 하나라도 예외가 있다면 '패리티 보존 법칙'이란 더 이상 법칙이 아니기 때문이다. 솔직히 지금까지 자연 법칙으로 여겨졌던 것을 부정하기란 어떤 물리학자에게도 쉬운 일이 아니었다. 그러나 프랭크 양과 리정다오는 대담하게도 이 길을 택했다.

그들은 『물리학 리뷰』지에 「약한 상호작용에서의 패리티 보존의 문제」라는 논문을 공동으로 발표했다. 그 논문에서 프랭크 양과 리정다오는 패리티 보존의 전체 개념에 의문을 갖게 된 경위를 이렇게 썼다.

"최근의 실험 데이터는 τ와 θ 중산자가 동일한 질량과 수명을 가졌음을 보여준다. 하지만 τ 중간자의 붕괴 직후 남은 것을 분석한 결과, 그 각 운동량과 패리티 보존에서 θ와 τ가 같은 입자가 아님이 분명히 드러났다. 이는 이해하기 매우 어려운 문제를 제기한다… 이 문제에 대한 하나의 해결책은 패리티가 정확히 보존되지는 않는다고 가정하여 θ와 τ가 같은 입자의 서로 다른 붕괴 방식이라고 보는 것이다…"

패리티가 정말 보존되는가를 알기 위해 프랭크 양과 리정다오는 '약한 상호작용에서도 과연 왼쪽과 오른쪽이 구분되는가를 측정할' 실험을 제안했다. 이 논문을 읽고 실험을 하기로 마음먹은 사람은 다름아닌 컬럼비아 대학의 우젠슝이었다.

그녀는 이 실험에서 전자가 모든 방향으로 대칭적으로 방사되는가를 조사하고자 했다. 만약 약한 상호작용—가령 입자 붕괴와 방사선 등에서의 상호작용—에서도 패리티가 보존된다면 방사성 물질로부터 나온 전자는 모든 방향으로 똑같이 방사될 것이다. 반대로 패리티가 보존되지 않는다면, 어떤 방향으로는 더 많은 전자가 방사될 것이다. 만약 후자라면 자연이 어떤 방향을 더 선호한다는 얘기가 된다. 그러나 그건 것 같지는 않았다.

기본적인 어려움은 실험을 하기 전에 원자핵을 같은 방향으로 향하도록 하려면 어떻게 배열해야 하는가였다. 우젠슝은 코발트(특히 동위원소 ^{60}Co)를 포함한 재료의 일부를 절대 영도(-273˚C)에서 0.2~0.3도 높은, 아주 낮은 온도로 냉각시켜 실험을 시작했다. 재료의 온도가 낮아지자 그녀는 여기에 강력한 자장을 걸었다. 그러자 코발트의 핵은 모두 같은 방향으로 향했다. 이렇게 핵이 한 방향으로 향하면, 패리티가 보존되는 한 전자를 모든 방향으로 똑같이 방출할 것이다. 만약 상호작용 속에서 패리티가 보존되지 않으면, 전자는 불균등하게 방출될 것이다.

드디어 진리가 드러날 순간이 왔다. 코발트는 방사선을 편향되게 방사했다! 그 이유는 아직 알려지지 않았지만, 자연은 보이지 않는 손과 같아 더 좋아하는 방향으로 전자를 방사했다. 결과는 명백했다. 프랭크 양과 리정다오는 옳았다. 패리티 보존은 마침내 무너져버렸다. 자연 법칙으로서의 패리티 보존 법칙을 논파한 공적으로 프랭크 양과 리정다오는 1957년 노벨 물리학상을 공동 수상했다.

그들이 상을 받았을 때, 프랭크 양은 2년째 고등학술연구소의 교수로 재직하고 있었고, 리정다오는 객원 연구원이었다. 곧 리정다오도 교수가 되었다. 한동안 이 두 물리학자가 함께 일하는 모습은 모든 사람에게 즐거움을 주었다. 오펜하이머는 프랭크 양과 리정다오가 연구소 안을 돌아다니는 걸 보기만 해도 기분이 아주 좋았다고 말하곤 했다. 결국 이 두 사람은 공동 연구의 좋은 성과를 보여준 셈이었다.

그러나 연구소가 실제로 공동 연구를 할 수 있는 장소인가에 대해서 사람들의 반응은 그다지 긍정적이지 못했다. "이 연구소에 협력의 전통이 잘 발달했다고 할 수는 없어요. 오히려 그 반대죠"라고 머레이 겔만은 말한다. "본래 고등학술연구소는 위대한 사상가들이 홀로 사유하기 위한 장소로, 오늘날의 시점에서 보면 상대적으로 불모한 여건이 되는 거죠. 이것은 아인슈타인에게는 괜찮았을 거예요. 왜냐하면 그는 그 시대의 물리학과는 완전히 동떨어져 있었으니까요. 아무도 그의 연구에 흥미를 가지지 않았고, 그도 다른 사람의 일에 흥미를 가지지 않았으므로, 달리 누구와 대화를 나눌 필요가 없었던 거죠. 하지만 다른 사람들의 경우, 협력을 통해서만 성과를 거둘 수 있었어요."

연구소의 협동 정신의 결여는 위대한 두뇌 집단에 흔히 있는 '나야말로'라는 유아독존적 태도(본인은 의식하시 못하는 경우가 많지만)에서 비롯된다고 할 수 있다. 프랭크 양의 60회 생일에 즈음하여 그의 동료들은 물리학에서의 그의 업적을 기리는 에세이들을 모아 회갑 기념 문집을 내는 게 어떠냐고 했다. 그러나 프랭크 양은 그 제안에 반대하며, "내 생각에는 내 논문들을 모아 거기에 당신들의 비평을 붙여 발간하는 것이 더 재미있을 것 같아" 하고 말했다.

그래서 결국 1983년 W. H. 프리먼 사에서 『양의 1945~1980년 논문 선집, 비평 보충』이라는 책이 출판되었다. 그런데 컬럼비아 대학에서 프랭크 양이 쓴 공동 연구를 읽어 내려가던 리정다오는 깜짝 놀랐다. 리정다오의 기억과는 전혀 그 내용이 달랐던 것이다. 그 뒤 곧 리정다오는 자신의 입장에서 본 연구 내용을 글로 써 주위 동료들에게 돌렸다. 그리고 1986년 바크하우저 사에서 세 권으로 출간된 『리정다오 논문 선집』에 이를 실었다. 이것은 두 사람의 대단한 자존심이 부딪치면 어떻게 되는가를 단적으로 보여주었으니, 연구소에서 왜 공동 연구가 많지 않은

가를 이해할 수 있을 것이다.

프랭크 양은 시카고 대학 시절 리정다오와의 관계를 이렇게 얘기한다. "나는 리정다오보다 나이도 많고 대학원 과정도 몇 년 먼저 다녔기 때문에 그를 여러모로 도우려 했어요. 나중에 그는 페르미 아래에서 논문을 썼는데 끊임없이 충고와 지도를 받으러 왔지요. 사실 그 시절 나는 그의 물리학 교사나 다름없었어요… 그의 형님인 셈이었죠… 그의 장래를 위해 나는 상당한 노력을 쏟았습니다…" 이런 식이었다.

1952년 이 두 물리학자 모두 연구소의 임시 연구원이었을 때, 그들은 2부로 된 「기체-액체 상전이」에 관한 긴 논문을 썼다. 이미 자아가 꽃피기 시작했으니, 표지에 누구의 이름을 먼저 쓰느냐가 큰 문제가 되었음은 당연하리라. 리정다오의 말에 따르면 프랭크 양은 '양전닝과 리정다오'로 하길 원했다고 한다. 프랭크 양보다 네 살이 적었던 리정다오는 처음에는 순순히 양보했다. 그러나 나중에 다른 물리학의 공동 논문을 조사하면서 표지가 꼭 나이 순으로 되어 있지만은 않음을 발견하고 리와 양으로 하길 요구했다.

다행히 논문은 2부로 되어 있었기에 각자 한 부씩 자기 이름을 먼저 쓰기로 타협을 했다. 그래서 한 부는 '양전닝과 리정다오'로, 또 한 부는 '리정다오와 양전닝'으로 이름을 썼다. 2부 모두 『물리학 리뷰』지에 같은 제목으로 나란히 실렸다.

알베르트 아인슈타인은 연구소에서 논문을 읽고, 저자들과 얘기를 나누고 싶어했다. 프랭크 양의 말에 따르면 아인슈타인은 그를 만나려 했다고 한다. "아인슈타인은 그의 조수인 브루리아 카우프만을 보내 나를 만나고 싶다고 했어요. 그녀와 함께 그의 연구실로 갔더니, 그는 나의 논문에 커다란 관심을 나타냈어요. 매우 광범위한 대화를 나누었지만, 불행히도 성과 있는 대화가 되지는 못했어요. 그의 말을 제대로 받아들일 수가 없었던 거죠. 그의 말은 너무 느릿느릿하고 부드러워 집중하기가 힘들었고, 더구나 내가 그토록 존경했던 위대한 물리학자가 곁에 있다는 사실에 압도되어 정신이 없었어요."

그러나 리정다오는 아인슈타인은 그들 둘 다를 만나려 했다고 한다. "아인슈타인은 그의 조수인 브루리아 카우프만에게 양과 나를 만나고 싶으니 알아보라고 했지요… 우리는 아인슈타인의 연구실로 갔어요… 우리의 대답을 듣고 그는 만족했어요… 매우 광범위하고 긴 대화를 나눴지요."

프랭크 양과 리정다오는 한동안 따로 일하다가 1956년, 앞서 말한 패리티 보손 법칙의 파괴에 대한 논문을 다시 공동으로 썼다. 프랭크 양은 이 논문을 거의 혼자서 썼다고 했다. "초고를 리정다오에게 보여주자, 그가 약간 손질을 했어요. 그러고는 우리의 이름을 알파벳 순서로 서명했지요. 물론, 내 이름을 먼저 쓸까 하는 생각도 했지만 그만두었어요. 왜냐하면 순서 때문에 이러쿵저러쿵하기가 싫었고 또 리정다오의 경력을 높여주고 싶었기 때문이죠." 한편 리정다오는 달리 말하고 있다. "내 기억으로 그 논문은 완전히 공동 작품이었어요. 우리의 다른 공동 논문에서처럼 표현하는 개념과 뉘앙스에 대해 끊임없이 토론했죠. 탈고하기까지 계속 수정하여 여러 군데의 문안이 바뀌었어요."

이들 두 초자아의 아집은 스웨덴에서 다시 문제가 되었다. "1957년 노벨 물리학상 수상 소식을 들은 것은 내가 프린스턴에 있을 때였어요. 11월 한 달 동안 처 지안네트와 스웨덴으로 여행할 준비를 하느라 바빴지만 프랭크 양과 나는 강연과 연설 원고까지 미리 준비해두었죠. 수상식에서 실제로 상을 받을 때의 순서 이야기가 나오자 양은 서슴없이 나이 순서대로 하는 것이 좋지 않겠느냐고 말해버리는 거예요. 나는 또 놀랐지만 결국 양보하고 말았죠"라고 리정다오는 회상한다.

그로부터 5년 뒤인 1962년, 이미 연구소의 정교수가 된 프랭크 양과 리정다오의 프로필이 『뉴요커』지에 실렸다. 출판되기 전에 받아본 기사의 교정본에 두 물리학자는 각자 정정을 가했는데, 리정다오에 따르면 그때 프랭크 양이 기사의 세 군데를 지적하며 자기의 이름이 앞에 오도록 요구했다고 한다. 즉 제목과 노벨상이 발표되는 부분에서, 또 수상식 묘사 장면에서 그랬다고 한다. 프랭크 양은 또한 기사 가운데에서 자기 부인 이름이 리정다오의 부인 이름보다 앞에 오도록 요구했는데, 양의 부인이 한 살 위라는 것이었다.

"'그렇게까지 따지다니, 자네 좀 어떻게 된 거 아냐?' 하고 제가 말했지요" 하며 리정다오는 웃는다.

리정다오의 기억에 따르면 1962년 4월 18일, 프랭크 양은 연구소에 있는 리정다오의 방에 와서 『뉴요커』지의 기사에서 이름 순서를 더 많이 바꾸고 싶다고 했다. 질색한 리정다오는 이래서야 어디 공동 연구를 계속할 수 있겠느냐고 항의했다. "양은 감정이 격해져서 울기 시작했어요"라고 리는 말한다. "함께 일하면서 자기에게 너무 많은 것을 요구한다고 했어요. 나는 심한 당혹감과 외로움을 느꼈어요. 장시간 차분하게 얘기를 나눈 후 결국 당분간은 공동 연구를 그만두는 게 좋을 것 같다고 결정을 내렸지요." 그러나 양은 달리 말한다. "그것은 감정이 끓어오르는 듯한 불쾌감이었어요. 또한 속이 뚫리는 듯한 해방감이기도 했지요."

한 달 뒤 마침내 그 기사가 나왔다. 제목에 리정다오의 이름이 먼저 나왔다. 반면에 노벨상을 타게 되었다는 첫 언급에는 프랭크 양의 이름이 먼저 나왔다. 다른 곳에서는 순서에 상관없이 이름이 나왔다.

그해 봄, 리정다오는 연구소를 그만두고 뉴욕의 컬럼비아 대학으로 자리를 옮겼다. 오펜하이머가 직접 거기까지 가서 돌아와달라고 설득했으나 결국 실패했다는 얘기도 있다. 1966년 프랭크 양도 연구소를 떠나 뉴욕 주립대학인 스토니브룩으로 옮겨가버렸다.

20년 뒤인 1986년 11월, 리정다오는 회갑을 맞이하여 컬럼비아 대학에서 큰 파티를 열었다. 라비, 시드니 드렐, 브루노 주미노, 프리먼 다이슨 등 저명한 물리학자들이 많이 참석했다. 그러나 다행인지 불행인지 프랭크 양은 거기에 없었다.

실의에 빠진 오펜하이머

고등학술연구소에서 반은 소장, 반은 물리학 교수였던 로버트 오펜하이머는 연구소에 있으면서 학문적으로는 큰 성과를 이루지 못했다. 이에 대해서는 말들이 많았다. 오피는 엉뚱한 곳에 힘을 다 써버렸다느니, 물리학자로서 큰일을 할 나이는 이제 지났다느니, 워싱턴 정치에 너무 깊이 개입해서 그렇다느니 등등 구구했다. 그러나 모든 사람들이 대체로 동의하는 것은 오피가 물리학자로서의 잠재력을 완전히 발휘하지 않았으며, 대신 로스앨러모스 관리자로서의 활약을 너무 많이 했다는 점이다. 이것만으로도 더 이상의 설명은 필요없었다.

라비는 말하길 "어떤 면에서 오펜하이머는 과학 이외의 분야, 가령 그의 관심사였던 종교, 특히 힌두교 등에서 너무 많이 배운 게 아닌가 싶어요. 그래서 우주에 대한 신비감이 마치 안개처럼 그를 감싸게 된 것 같아요… 어떤 사람들은 신념의 부족이라고 하지만, 내 생각에는 무미

건조하고 조야한 이론 물리학의 방법론에서 멀어져 신비한 직관의 세계로 들어간 것이 아닌가 해요"라고 했다.

로버트 서버가 "그의 물리학은 훌륭했지만 산수는 형편없었다"고 했듯이, 사람들은 오피가 세세한 부분에 대해 조급하고 인내심이 부족하다고 말한다. "내가 아는 한 그는 어떤 종류의 긴 논문도 쓰지 않았고, 긴 계산도 하지 않았어요. 그런 인내심이 도무지 없었지요. 그의 연구 성과들은 짧게 개요한 것들이었어요. 물론 매우 뛰어난 것이었지만. 하지만 다른 사람들이 일하도록 계속 영감을 주었으며 그런 면에서 그 영향력은 엄청났습니다. 그는 1세대 혹은 2세대에 걸쳐 미국의 이론가들에게 현대 물리학, 양자역학, 장 이론을 가르친 인물입니다"라고 겔만은 말한다.

사람들은 오피가 두뇌 회전은 빠르지만 독창적이지 못하다고 평하기도 한다. 사람들의 아이디어를 잘 파악하여 완성시키도록 하지만, 그것은 여하튼 남들의 아이디어이지 그의 것은 아니라는 것이다. 또 어떤 사람들은 그가 때때로 한 입으로 두말하는 표리부동한 면이 있다고 지적한다. 그 유명한 예가 원자폭탄에 관한 그의 태도였다. "어떤 야비한 말이나 농담, 과장으로도 결코 지워 없앨 수 없을 정도로 강렬하게 물리학자들은 원죄를 알았다. 그리고 이는 영원히 우리를 따라다닐 것이다(이렇게 양심의 가책 상태를 공공연히 드러내는 것에 대해 분개하는 동료들이 대부분이었는데, 그의 옛 스승인 하버드 대학의 퍼시 브리지먼은 이렇게 화를 내었다. '누군가 죄책감을 느껴야 한다면 그건 바로 신이다. 신이 눈앞에 자연의 현실을 만들어놓은 거 아니냐'라고)." 전쟁이 끝난 뒤 트루먼 대통령과 회담하면서도 오피가 "대통령 각하, 제 손에는 피가 흐르는 것 같습니다" 하고 자책하자 대통령은 손수건을 꺼내 "자, 이걸로 닦으시지요"라고 말했다 한다. 그런데 이처럼 양심의 가책에 시달리던 그가 말년이 되자 전혀 다른 태도를 보이기 시작했다. 그는 "로스앨러모스에서 할 수 있었고, 또 해온 일에 대해 나는 한 번도 후회해본 적이 없다. 지금까지 여러 번 생각할 기회가 있었지만, 선악의 양면 모두를 가진 이 문제에 대해 후회하지 않는다는 확신을 새로이 했을 뿐이다"라고 잘라 말했다.

그러나 진리에 부합하는 사실만을 선택하는 그의 이런 민첩한 태도가 결국 오펜하이머 자신의 명을 자초하게 되었다. 1953년 크리스마스 2주 전인 12월 14일, 오펜하이머는 루이스 슈트라우스와 통화했는데, 그는 바로 6년 전 오펜하이머에게 연구소 소장직을 제안한 사람이었다. 원자력 위원회 회장인 슈트라우스는 위원회 고문인 오펜하이머에게 국가 기밀 안전 보장에 대해 얘기하고 싶다고 했다. 그래서 오피는 워싱턴으로 가서 슈트라우스를 만났다. 그 자리에서 슈트라우스가 한 말은 오피의 넋을 빼앗기에 충분했다.

드와이트 아이젠하워 대통령이 오펜하이머와 원자력 에너지에 관련된 국가 기밀 사이에 두꺼운 장벽을 쌓아 그를 고립시켰던 것이다. 오피의 수중에 있던 기밀 서류는 모두 연구소의 금고에서 빼내어졌고 오피의 기밀 보장 권한은 곧바로 박탈당했다. 그 이유를 당시 미 의회 양원 합동 원자력 위원회에서 근무했던 윌리엄 보든에게 들어보면, "로버트 오펜하이머가 소련의 스파이일 가능성이 크다"는 것이었다.

이 문제의 핵심은 물론, 오피가 공산주의자와 관련을 맺고 있다는 것으로 그의 형 프랭크와 형수는 공산주의자였다. 더 얘기하자면 오피의 부인조차 공산주의자이거나 최소한 과거 한때 그랬다는 것이다. 오피 자신도 로스앨러모스에서 일할 때 공산주의자와 많은 좌경 물리학자들을 받아들였다. 그리고 이 때문에 로스앨러모스 국가 보안관에게 몇 번

허를 찔린 적도 있었다. 그런데 이상한 것은 정부가 로스앨러모스 이전에 그의 배경을 알았음에도 불구하고 그를 안전하다고 믿었다는 점이다. 그들은 그에게 원자폭탄을 만들도록 했다. 그런데 왜 10년 뒤에 그것들을 다시 문제삼는가?

대체로 하는 얘기는 오피가 많은 사람들 앞에서 자신의 지지자였던 루이스 슈트라우스에게 면박을 준 적이 있는데, 이에 앙심을 품은 슈트라우스가 오피에게 저주받아 지옥으로 가라고 매도했다는 것이다.

1949년 6월 13일, 오펜하이머는 미 의회 양원 합동 원자력 위원회에 출두하여 증언했다. 당시 위원회에서는 1밀리퀴리의 철 59(^{59}Fe)를 보내달라는 노르웨이 정부의 요청을 심의하고 있었다. 제련 과정에서 용해된 철강이 어떤 성질을 보이는가를 조사하기 위해 방사성 동위원소를 사용하겠다는 것이 그들의 요청이었다. 극단적 반공주의자였던 슈트라우스는 방사성 물질은 어떤 종류든 수출하는 걸 경계하고 있었다. 그런 그가 노르웨이 연구팀의 한 명이 공산주의 이론을 학습했다고 들었으니 일이 생기지 않을 리 없었다. 슈트라우스로서는 노르웨이에 방사성 동위원소를 보낸다는 건 절대 허용할 수 없는 일이었다.

슈트라우스가 출석해 있는 위원회의 증언대에 서서 오펜하이머는 방사성 동위원소를 보내야 한다는 입장을 옹호하는 발언을 했다. 이 방사성 동위원소가 군사 목적에 사용될 수도 있지 않느냐는 질문에 오피는 "방사성 동위원소를 원자력 에너지용으로 사용해서는 안 된다는 말을 나는 절대 하고 싶지 않습니다"라고 했다. "삽을 원자력 에너지용으로 사용할 수도 있습니다. 그건 괜찮습니까?"

그러자 '하하' 하는 웃음소리가 위원회실에 울려퍼졌고, 슈트라우스는 입술을 깨물기 시작했다. "맥주도 원자력 에너지용으로 쓸 수 있습니다. 그건 괜찮습니까?" 헤헤헤, 웃음소리가 커졌고 오피는 계속했다.
"크게 보면 사실 전쟁 동안이나 전쟁 뒤에도 방사성 동위원소는 전혀 중
요한 물질이 아니었으며, 내가 아는 한 아무런 기여도 하지 않았습니
다." 그러자 슈트라우스는 얼굴이 빨개져서 태연히 그를 놀리고 있는 이
핵물리학자를 노려보았다.

노란트 상원의원이 오피에게 물었다. "박사, 한 나라의 전면적인 방위
란 기밀 군사용 개발만으로는 안 되는 거 아니오?"

"물론입니다. 넓은 의미에서 방사성 동위원소란 전자공학적 장치보다
도 덜 중요하다고 봅니다. 물론 비타민보다야 중요하겠지요."

이것으로 슈트라우스와의 사이는 끝장났다. 그로부터 이 년 뒤 윌리엄
보든이 오피를 '소련의 스파이'로 낙인찍자, 슈트라우스는 이를 복수할
절호의 기회로 여겼다. 슈트라우스는 FBI에 의뢰하여 오피의 뒤를 밟
고, 우편물을 검열하게 했다. 후에 최초로 공개된 FBI 보고서에 따르면
연구소장 관저에 도청기까지 장치하게 하였다고 한다. "원자력 위원회
회장 루이스 슈트라우스의 특별한 요청에 따라 1954년 1월 1일, 뉴저지
주 프린스턴 소재 로버트 오펜하이머 박사 거주지에 교묘한 감시장치를
설치하였다"라고 FBI 보고서에 나와 있다.

오펜하이머는 연구소에 무기와 수소폭탄뿐만 아니라 도청기와 FBI
요원들까지 들여왔던 셈이었다.

마침내 슈트라우스는 이겼다. 오펜하이머는 국가 보안상의 위험 인물
로 낙인찍혔고 공식적인 출국 금지 조치까지 당했다. 주야로 감시하던
금고와 경비원까지 없애버렸으나 슈트라우스는 아직도 오펜하이머에
대한 감정의 앙금이 남아 있었다. 그는 오피를 연구소에서 내쫓고 싶었
다. 그러나 이사회와 교수회가 이를 완강히 거부했다. 1954년 6월 교수

회는 오펜하이머를 지지하는 성명을 발표했다. 그 일부를 보면, "이제까지 7년 동안 오펜하이머 박사는 헌신적인 열정으로 고등학술연구소의 연구를 지도해왔으며, 그의 성품과 광범위한 과학적 관심, 예리한 학식을 독창적으로 발휘하여 이 일을 매우 성공적으로 수행해왔다. 그와 함께 일하면서 받은 많은 은혜를 이 기회에 공식적으로 깊이 감사드리게 되었으니 기쁠 따름이다"라고 되어 있다.

이 성명에는 종신 교수와 명예 교수 26명 전원이 서명했다. 줄리언 비겔로, 프리먼 다이슨, 알베르트 아인슈타인, 쿠르트 괴델, 허먼 골드스타인, 에이브러험 파이스, 애틀 셀버그, 오스왈드 베블렌, 존 폰 노이만, 헤르만 바일, 프랭크 양의 이름이 그 성명서를 장식했다.

그러나 오펜하이머는 실의에 빠졌다. 잃어버린 자신감과 상처난 자존심이 물리학자로서의 생명을 끝내버린 듯했다. 워싱턴의 고문 자격도 상실했기 때문에 그는 이제 연구소에 더 많은 시간을 쏟을 수 있었다. 어떤 교수들은 이를 환영했는데 프리먼 다이슨도 마찬가지였다. "내가 보기에 그는 그 사건 이후, 전보다 더 소장 일에 충실했다. 워싱턴에서 보내는 시간이 줄었고 연구소에서 더 많은 시간을 보냈다. 마음의 여유가 생겨 우리가 매일 제기하는 문제에 더 많은 관심을 쏟았다. 독서와 사색, 물리학 토의 등 그가 가장 좋아하는 일로 다시 돌아갈 수 있게 된 것이었다."

그러나 굴욕의 깊은 상처는 오피를 완전히 무력하게 했다. 원래 오피와 그의 부인 키티는 둘 다 대단한 술꾼이었는데 그 패배 뒤 더욱 심해졌다. 한 방문자는 "그 집에서 저녁을 함께하던 일이 아직도 생생한데, 부엌에 앉아 아무것도 없이 술만 마셔댔죠. 10시쯤 되자 키티가 계란에다 고추를 넣어 구워왔는데 그것이 전부였어요. 지독했죠"라고 회상한다.

사태가 더 악화되자 수학자 딘 몽고메리는 오피의 집을 '술저택'이라고까지 불렀다. 오피도 물론 몽고메리를 가리켜 '가장 교만하고 돌대가리 같은 녀석'이라 하기도 했다.

오펜하이머가 소장으로 있었던 19년간의 업적에 대한 평가는 대체로 두 갈래로 나뉜다. 물리학자들은 자신들을 학계의 중심으로 만들어준 데 대해 고맙게 여기고, 인문학자들은 과학 분야를 넘어선 그의 박학을 칭송한다. 장래가 촉망되는 청년 학자들을 미국에서 연구하도록 하기 위해 운영하는, 영국의 국가 육영 자금 담당자 랜싱 해먼드가 언젠가 오피의 조언을 구한 적이 있었다. 쇄도하는 신청서 중에서 물리 전공 지원생들을 선별해달라는 것이었다.

오펜하이머가 물리학 전공 지원생들을 놀랍도록 빨리 선별해내자, 다시 다른 지원생, 심지어 인문계 학생들까지도 부탁했다.

"음… 아메리카 민속 음악이라." 지원서를 보던 오피가 말했다. "로이 해리스가 이 학생에게 꼭 맞는 사람이야. 그라면 이 학생의 계획에 흥미를 가질 거야… 로이는 작년에 스탠퍼드에 있었는데, 최근에 나시빌레의 피바디 사범대학으로 옮겼지… 음 사회심리학이라, 이 학생은 제1지망이 미시간 대학이구먼. 음… 일반적으로 폭넓은 경험을 하고 싶다는 거구먼. 미시간으로 가면 한 팀에 소속되어 특정 분야에 대해서는 많은 걸 배울 수 있지만, 반델빌트 대학을 선택하는 게 더 좋겠군. 학생 수도 적고, 하고 싶은 것을 할 기회가 더 많지."

이것이 끝나자 다음 신청서로 눈을 돌렸다. "기호논리학이라, 그러면 하버드, 프린스턴, 시카코 대학, 그리고 버클리가 있지. 어디에 중점을 두는가 볼까… 하! 18세기 영문학, 당신 전공이구먼. 물론 예일이지. 하지만 하버드의 베이트도 잊어서는 안 되지. 젊지만 대단한 학자야."

이런 식으로 한두 시간 만에 다 끝냈다. 60명의 지원생들 중 두세 명을 빼고는 다 배정한 것이었다. 정말 그의 박식은 끝이 없었다. 그러니 인문학자들이 그를 좋아하는 게 당연했다.

연구소에서 오피의 주된 방해자들은 수학자들이었다. 그들은 오피가 연구소를 물리학자들로만 채우고 수학에는 관심을 너무 적게 쏟는다고 여겼다. 그래서 앙드레 베유는 이렇게 말한다. "그는 수학자들에게 굴욕감을 주려 했어요. 오펜하이머는 욕구 불만으로 가득 차서 사람들이 서로 언쟁하는 걸 즐겼어요. 그가 싸우게 만드는 걸 여러 번 봤어요. 연구소 사람들이 말다툼하는 것도 그는 좋아했지요. 닐스 보어나 알베르트 아인슈타인이 되고 싶으나 될 수 없음을 알고 있었기에 그는 결국 욕구 불만의 성격을 가지게 되었지요."

그러나 오펜하이머는 자기 자신에 대해서 꽤 높이 자평한다. 소장이 된 지 15년쯤 지난 1963년, 오펜하이머는 한 인터뷰에서 고등학술연구소의 단점에 대해서 다음과 같이 말했다. "종신 교수들이 있기에 이 연구소는 그다지 좋지 않습니다. 물론 두세 명의 예외는 있지만요. 이론 물리학자 중 다른 데보다 여기가 평생 일하기에 더 낫다고 생각하는 사람은 몇 명 되지 않습니다. 그들은 대체로 6개월은 여기서 일하고, 또 6개월은 다른 데서 일하지요. 다이슨은 지난 일 년 내내 가르쳤고, 양도 올해 내내 강의하고 있어요. 하지만 다이슨은 앞으로 일 년을 라 졸라에서 일할 것이고, 양도 여기 계속 있으면서 브룩헤이븐에서 더 많은 시간을 보낼 겁니다. 이런 식으로 그들은 살아가기 위해 필요한 것들을 보충하고 있지요."

또 연구소의 장점이란 지식인들의 호텔, 피난처라는 게 그의 말이다. "학위를 갓 취득한 연구자나 실제로 일을 하는 물리학자에게, 학생을 가르치거나 집안에 대한 책임에서 벗어나 일 년이나 6개월 정도 오로지 물리학에만 전념하며 수많은 물리학자들과 토론을 가진다는 것은 참으로 즐거운 일이 아닐 수 없습니다. 바로 이것이 연구소에서 제공하는 것이지요."

그런데 그가 연구소에는 정말 교수가 필요하지 않다고 진지하게 얘기했을 때, 이는 결국 임시 연구원들을 지도하고 도와주는 교수의 임무를 자기 혼자서 다 해낼 수 있다는 것을 의미했다. 오피는 말했다. "내가 모든 분야에 적응할 수 있고 충분한 학식과 원기가 있다면, 교수는 한 명도 필요 없을 것이다. 내가 모든 분야의 문제에 대해 전 연구원들과의 토론을 다 해낼 수만 있다면…"

이 일을 해내는 사람이 있었다면, 그는 바로 로버트 오펜하이머였을 것이다.

III 통찰의 극한

Who Got Einstein's Office?

거품 우주를 본다

빛을 들고 나아가다

진리란 무엇인가

거품 우주를 본다 Hubble, Bubble Toil and Trouble

모아놓은 포도주병만 5천 개!

프란츠 뫼엔이 고등학술연구소에서 가장 중요하고 존경받는 인물 가운데 한 사람이라는 것은 의심할 여지가 없다. 1979년 이래로 여기에 머무르고 있는데 이는 비교적 짧은 기간에 속한다. 여기에는 벌써 수십년째 머무르고 있는 사람도 있기 때문이다.

전문 분야로 엄격히 나뉘어 서로 고립되어 있는 연구소원 중에서도 그를 모르는 사람은 하나도 없으며 연구소의 모든 사람들이 그가 하는 일에 영향을 받았다. 프란츠 뫼엔은 다름아닌 요리사였다.

뫼엔은 독일 비틀리히의 모젤 지방에서 태어났다. 그의 아버지는 줌 렘스톡이라는 호텔을 경영했는데 거기서 그는 요리하는 법을 배웠다. 나중에 미국으로 건너가 셰라톤 호텔에서 요리 견습을 받았고, 그후 연구소로 와서 식당 내에 요리책이 가득한 전용 요리 사무실을 차렸다. 뛰어난 요리 솜씨 덕택에 그 큰 식당은 사실상 사교의 장이 되었고, 연구소의 중심이 되었다. 연구소 연구원들은 거의 매일 빠짐없이 그곳에 모여들었다. 물론 전문 분야별로 갈라져 있어 다른 분야 사람들과 자리를 함께하지는 않았지만, 적어도 그들은 한 방에 있는 것이다.

부엌은 연구원의 출입이 금지된 곳인데, 이곳은 흰색 타일을 붙인 벽과 스테인리스 스틸 요리 기구들이 갖춰진 바로 요리사의 낙원이었다. 거기에는 갓 잡은—여전히 깃털이 붙어 있는—꿩들이 걸려 있는 고기 저장소가 있었다. 그리고 사람이 드나들 수 있는 큰 냉동실이 있고, 채소 냉장실, 빵 굽는 곳과 여러 개의 레인지, 환풍기, 오븐, 그리고 훈연기가 있었다.

지금 뫼엔은 전갱이들을 훈연기에 넣어놓고서 50여 개의 작고 흰 푸딩 접시에 파이를 담기 전에 캐러멜 시럽을 입히고 있다. 이것은 내일 밤 펠라 정찬을 위한 것이다.

식당에서는 매일 아침 커피와 롤빵을, 매주 평일에는 점심을, 매주 수요일과 금요일에는 저녁을 제공한다. 이곳의 저녁 식사는 사실 그 자체가 특별한 행사의 성격이 있으며 전형적인 메뉴는 다음과 같다.

애피타이저(아마도 찐 새우)와 뿔닭 스튜, 쌀밥, 그라탕, 샐러드와 후식.

혹은 애피타이저(이번엔 프로스큐토를 곁들인 멜론)와 누아제트 버터에 삶은 홍어, 녹색 콩 포스타이어, 샐러드와 후식.

혹은 애피타이저, 구운 꿩 요리, 쉬타크 버섯과 함께 무친 시금치, 샐러드와 후식.

이러한 우아한 저녁 식사에는 와인이 제격인데 저녁 식사 때마다 메뉴에는 연구소의 포도주 저장실에서 추천된 포도주의 목록이 들어 있다. 처음 연구소에 왔을 때 뫼엔은 구비해놓은 포도주가 미흡하다고 느꼈고, 그래서 다소 사치스러운 연구소장 해리 울프의 전적인 후원 아래 여러 포도주들을 구입하기 시작했다(오펜하이머가 걸어다니던 소장 관저와 펄드 홀 사무실까지의 두 구획 거리를 해리 울프는 자신의 차 '아우디'를 몰고 다닌다). 뫼엔이 노력한 결과 현재 연구소에는 약 5천 병의 포도주가 구비되어 있고, 그는 그것을 대단한 자랑으로 여기고 있다.

점심 식사 또한 규모는 작지만 저녁 식사와 마찬가지로 풍성하다. 주요 요리로는 치킨 양념구이, 항상 인기 있는 송아지 고기 프리카셋, 프랑스 식 불고기, 모사카, 스웨덴 식 돼지고기 로스트가 있고, 금요일마다 시장에서 사온 신선한 생선 요리가 오른다.

가볍게 식욕을 돋우는 음식으로는 차가운 요리와 샐러드, 그리고 호밀가루로 만든 흑빵의 혓바닥 고기 샌드위치가 있다. 외국산 혹은 국산 맥주와 함께 포도주도 점심 식사 때 먹을 수 있고 항상 풍성한 후식, 즉 장군풀 잎사귀 파이, 딸기 토터, 갓 구워낸 커스터드 과자, 생크림을 바른 것들이 있다. 마지막으로 한 잔에 90센트 하는 에스프레소 커피가 준비되어 있다. 만일 당신이 연구소원이라면 연구원증을 슬쩍 보이는 것만으로 지불한 것이 된다. 여기에 온 사람들은 종종 자신들의 몸무게가 느는 것을 발견하게 되는데 이는 순전히 프란츠 뫼엔 덕분이다.

직사각형 모양의 넓은 식당에는 세 벽면에 채광창이 있어 햇빛이 환히 비칠 뿐 아니라 나머지 한 면은 완전히 유리로 되어 있어서 정원을 내다볼 수 있다. 계절따라 다른 꽃들이 피어나는 정원은 4월 1일인 지금 수선화가 만개해 있고, 커다란 자작나무가 서 있으며, 기다란 수영장으로 작은 폭포가 흘러들어간다. 날씨가 좋으면 정원에서 식사할 수 있는 행운을 누릴 수 있다. 하지만 안에서 식사를 한다 하더라도 탁자 위 작은 꽃병에서 싱싱한 꽃을 발견할 수 있다. 벽에는 메소포타미아의 고대 셀레우키아 도시들의 모자이크가 걸려 있고 바로 그 옆에는 현대적 감각의 추상화가 있다.

이런 매력 때문에 시계가 12시를 가리키자마자 연구소원들은 모두 식당으로 향한다. 물론 식당 안에서는 학문 분야에 따라서 모이는데 주로 천체물리학자들은 북쪽 끝 긴 테이블에 모이고, 입자물리학자들은 남쪽 끝으로 모인다. 또 수학자들은 나이에 따라서도 나뉘는데 셀버그, 바일, 몽고메리와 같은 노교수들은 젊은 층과 따로 떨어져 앉는다. 프리먼 다이슨은 비록 자신의 연구실이 입자물리학자들과 같은 곳에 있지만 천체물리학자들과 같이 식사를 한다. 다이슨은 사실상 어느 특정 분야에 속해 있지 않았다. 그의 연구 분야는 분자생물학에서 이론수리학, 입자물리학, 핵반응로와 우주선을 설계하는 데까지 걸쳐 있다. 그러나 그는 천체물리학자들이 유머 감각이 있다고 하여 주로 그들과 어울렸다.

매주 화요일에 다이슨과 함께 천체물리학자 일행은 이사회실이라 불리는 별실에서 점심 식사를 하며 토의를 한다. 이곳은 매우 매혹적인 행사장이어서 연구소뿐만 아니라 대학이나 근처에 있는 벨 연구소에서도 많은 사람들이 모여든다.

지금은 12시 30분이다. 회의실은 사람들로 채워지고 있다. 중앙에는 U자 형태로 배열된 식사용 테이블이 차지하고 있고, 그 주위의 등의자에 프린스턴 지역의 천체물리학자들이 앉는다. 모두 50명 정도 되는데 지금 식사를 하면서 오늘의 연사 중 한 명인 바콜이 말을 꺼내기를 기다리고 있다. 가운데 앉아 있는 바콜은 현재, 일 년마다 돌아가며 맡는 연구소의 자연과학부 주임으로, 태양의 중성미자에 대한 책을 쓰고 있는 연구소의 수석 천체물리학자이다. 차기 소장으로 거론되고 있지만 지금

은 프린스턴 지역 천체물리학자들의 화요일 오찬의 친절한 주체자이다
(그는 "나는 후보에 오르지도 않았고 나 자신이 그렇게 하고 싶지도 않다"
라고 말한다). 푸른색과 붉은색 줄이 있는 스웨터를 입고 겸손한 자세로
사회를 보는데 이것이 바로 진행 방식이다.

강연을 시작할 때쯤 되자 스푼으로 물컵을 탁탁 쳐서 주의를 집중시
킨 다음, 돈 슈나이더에게로 몸을 돌리며 "자, 돈. 아침 내내 연구소에서
토의했던 흥미 있는 새로운 결과에 대해 우리에게 이야기해주지 않겠
나?"라고 말했다. 연구소의 젊은 연구원 슈나이더는 5년 계약으로 연구
소에 와 있는 천체물리학자이다. 이는 그의 머리가 가장 빛을 발할 시기
에 와 있음을 뜻한다. 그는 이미 아침에 커피를 마시면서 그 새로운 연
구 결과들을 일렸지만, 여기에 온 많은 과학자들과 의견을 교환하기 위
해 다시 발표하려고 하는 것이다.

돈은 목소리를 가다듬고 말문을 열었다. 매우 흥분해 있었지만 누가
그러한 그를 나무랄 수 있겠는가? 바로 오늘 새벽 이른 시각에 지금까지
알려진 바로는 우주에서 가장 멀리 떨어진 물체를 발견했고, 그것을 발
표하려고 하는 순간인 것이다. "여기에 약간의 데이터가 있습니다." 한
뭉치의 종이를 쥔 돈이 말했다. "그것은 새로운 퀘이사에 해당하는 것으
로 4.1 적색편이를 나타냅니다…"

4.1! 듣고 있던 모든 사람들은 그것이 무엇을 의미하는지 안다. 천체
물리학 용어에서는 퀘이사, 외부 은하 등과 같이 멀리 떨어져 있는 천체
는 광년이나 메가파섹이 아닌 적색편이로 표현한다. 1970년대까지 확
인된 퀘이사(준항성체)의 수는 약 650여 개로 적색편이 3.5 정도였다.
그것은 우리 은하로부터 수십억 광년 떨어져 있음을 나타낸다. 그후로
몇몇 다른 천체들이 적색편이 3.6 혹은 3.7의 더 먼 거리에 있음이 밝혀

졌다. 그것이 우주의 가장 끝이었던 것이다. 그런데 지금 4.1 적색편이라니! 이것은 너무도 갑작스럽고 엄청나기 때문에 거의 믿기가 어려웠다. 청중의 몇 명은 잠시 동안 진짜 놀라운 소식을 들었다는 표시로 음식을 씹는 것조차 멈췄다. 그러나 돈은 이러한 반응에 개의치 않고 설명을 한다.

"그 물체는 중력 렌즈 효과의 일부로 생각됩니다." 슈나이더는 계속 말한다. "이미 흡수선을 측정해보았는데 그것에 대해 더 이상 의심할 여지가 없어 보입니다. 운이 좋았던 거죠."

중력 렌즈 효과라니? 믿기 힘들다! 중력 렌즈는 퀘이사같이 멀리 있는 물체에서 나오는 광선을 분리시키는 은하이다. 이 은하에서 분열된 광선의 일부는 은하의 한쪽으로 운행하고, 다른 일부는 반대 방향으로 굽어 진행한다. 따라서 하나의 같은 물체에 대해 은하의 양쪽 편에서 이중 상을 얻을 수 있다.

아인슈타인은 오래 전에 중력 렌즈를 예측했고 그후 아주 최근에 몇몇 중력 렌즈가 천체에서 발견되었다. 퀘이사, 은하, 그리고 관측자—이것은 우리가 가지고 있는 전부인데—이 모두가 올바르게 정렬되어야지, 그렇지 않으면 중력 렌즈 효과는 일어나지 않는다. 그런데 우주에서 가장 먼 물체를, 게다가 그것이 중력 렌즈의 중앙에 있음을 돈 슈나이더가 발표한 것이다. 이것은 정말 믿기지 않는 일이다.

그러나 나누어준 데이터를 보면 의심의 여지가 없다. 에너지 흐름과 파장의 관계를 나타낸 그래프는 흡사 맨해튼의 풍경처럼 뚜렷한 고저를 나타낸다. 여기에 세계무역센터처럼 한 쌍의 정점이 있다. 그것이 바로 기록을 깬 적색편이 4.1의 새로운 퀘이사이다.

방 안 전체가 왁자지껄하다. 사람들은 흥분해서 이것저것 이야기하고 있다. 그래서 존 바콜이 질문 시간을 조절하는 데에는 어려움이 따랐다. 그들은 모든 것을 알기를 원한다. 그것이 위치한 곳이 어디냐? 좌표는 얼마냐? 관측이 행해진 정확한 시간은 언제냐? 돈은 그들에게 모든 것을, 그것도 충분하게 답했다고 확신할 때까지 대답했다. 그리고 끝을 냈다. 아직 다음 강연자들의 차례가 남아 있었으나 이런 분위기로는 계속할 수 없었다. 그리고 슈나이더는 다른 사람들이 이해하기 힘든 행동을 하고 있었다.

사실 이쯤 되자 몇몇 사람들은 실제로 무슨 일이 일어났는가 어렴풋이 알아차리고 있었다. 4.1 적색편이와 오늘이 4월 1일. 이럴 수 있을까?… 오, 신이시여! 그렇다. 실제로 그렇다. 그게 전부다… 이 모두가 만우절의 농담이었던 것이다! 돈 슈나이더는 프린스턴 대학과 벨 연구소, 그리고 고등학술연구소의 천체물리학자들을 완전히 속여버린 것이다. 관측기구라곤 쌍안경조차 없는 연구소에서 단 몇 시간 만에 중력 렌즈 가운데 있는 가장 먼 물체를 발견했다는, 말도 안 되는 이 이야기를 믿게 만든 것이다.

슈나이더 자신도 이 예기치 못한 성공에 당황할 정도였다. 상대는 프린스턴의 위대한 천체물리학자들이지 않은가. 그는 자기가 교묘하게 꾸민 데이터와 거짓 도표가 금방 들통날 것이라고 생각했다. 그래서 더욱 진지한 표정을 지으려고 애썼고, 처음부터 이를 알고 있던 존 바콜 또한 그러했다. 그러나 몇몇 사람들은 여전히 알아채지 못했다. 점심 식사가 끝나자 그들은 슈나이더에게 다가가 그가 한 일이 굉장히 훌륭한 업적이라고 말하며 축하했고, 악수하자고까지 했다. 그들은 굉장히 진지했다. 그 발견은 사실이라 믿기엔 너무나 엄청난 것이었지만 어쨌든 그들은 그 모두를 믿은 것이었다.

그러나 돈은 그들에게 이 끔찍한 진실을 털어놓을 수밖에 없었다.

천체물리학자들의 만우절

만약 그들이 돈 슈나이더를 더 잘 알았다면 쉽게 알아차렸을지도 모른다. 그의 연구실 문에는 TV극 〈스타 트랙, 칸의 분노〉에서 주연을 맡았던 배우 리카도 몬탤번의 사진이 붙어 있는데, 그 밑의 표제에는 '돈 슈나이더'라고 씌어 있다. 그뿐만이 아니다. 사회 문제에 관심 있는 양심적이며 정치적인 학자의 문에서나 볼 수 있음직한 포스터도 붙어 있다. 그것은 매우 설득력이 있고 상당히 진실되게 보인다. 자세히 살펴보면 거기에서 '네브래스카 밖으로 미군은 철수하라', '미 제국주의는 아프가니스탄에서 물러가라' 그리고 '네브래스카 인민 운동 만세!'와 같은 구호를 발견하게 된다. "유머가 없다면, 그것이야말로 참으로 큰 문제가 아닐 수 없다"라고 슈나이더는 말해왔던 것이다.

그러나 이러한 장난이 돈에게만 국한된 것은 아니다. 어떠한 이유이든 간에—아마도 그들의 연구 대상이 눈에 보이는 것이고, 일상 대화의 대상 역시 어느 정도 인식할 수 있는 실체를 갖고 있기 때문일 것이리라—천문학자들은 고등학술연구소에서 유쾌한 집단으로 여겨진다. 항상 형상의 세계에만 파묻혀 있는 수학자들은 다소 엄격한 사람들일 것이다. 그리고 소립자물리학자들은, 거대한 입자가속기와 겨우 몇몇만이 이해하는 새로운 파동 초끈 이론을 소유하고 있는 자신들을 창조의 지배자라고 생각한다. 하지만 천체물리학자들은 자신을 그렇게 신중하게 받아들이지는 않는다.

카반 라트나퉁가가 컴퓨터로 유쾌한 장난을 쳤던 것이 바로 작년 만우절이었다. 키가 작고, 콧수염이 난 가무잡잡한 얼굴에 늘 매력적인 미소를 띠고 있는 라트나퉁가는 지하에 있는 VAX 11/780형 컴퓨터의 대가이다. 일 년 전 만우절 전날 밤, 그와 나중에 칼텍의 교수로 간 스털피니는 컴퓨터에 엉터리 프로그램을 입력하느라 몇 시간을 보냈다. 누군가 아침에 단말기 앞에 앉아 컴퓨터를 작동시키면 화면에 '안녕하세요, 봅(컴퓨터를 가동시키는 암호에 따라 사용자 자신의 이름이 나타나게끔 만들었다)'이라는 신호가 나오고, 다음에는

나는 서기 2001년에서 온 할 9,000호입니다. 지구상의 모든 컴퓨터 시스템을 점령하여 스타워스 계획을 저지하려고 목성 궤도에서 돌아왔습니다.

무엇을 도와드리면 될까요?

라는 글이 나오게 했다.

그러면 당황한 사용자는 표준 탈출 명령어—컨트롤 Z—를 침으로써 프로그램에서 빠져나오려고 할 것이다. 그러나 그렇게 하면 다음과 같은 신호를 받게 된다.

당신은 이 프로그램에서 빠져나갈 수 없습니다. 봅.

봅은 그래도 다시 '컨트롤 Z'를 친다.

봅, 다시 한번 시도한다면, 당신의 파일들을 모두 망가뜨릴 것입니다.

또 한번 '컨트롤 Z'를 친다면 봅은 불쌍하게도 진짜로 무시무시한 문장을 읽게 된다.

봅의 제1번 파일을 지우고 있는 중.

물론 이때쯤 되면 대부분의 사용자들은 누군가가 시스템 안에 접근하여 거기에다 장난기 섞인 엉터리 프로그램을 넣었다는 것을 확신하게 된다. 하지만 그것을 안다는 것만으로는 거기에서 빠져나오는 데 도움이 되지 못한다. 여러 번의 시도 끝에 마침내 '만우절'이라 치면, 그때서야 컴퓨터의 화면에 '고맙습니다'라고 나오며 정상으로 돌아간다. 모든 사람들이 그것을 좋아했다. 그 프로그램은 큰 인기를 누렸고, 지금까지 카반 라트나퉁가의 기발한 생각에 대한 기념으로 연구소 컴퓨터 시스템에 남아 있다.

이에 비한다면 점심 식사 때 돈 슈나이더가 한 이야기는 그 정도로 믿기 어려운 것은 아니었다. 이삼 년 전 프린스턴 대학의 에드 터너가 연구소의 화요일 점심 식사 때 새로운 퀘이사와 그와 관련된 중력 렌즈를 발견했다고 보고한 적이 있었다. 터너는 관측이 행해진 팔로마 산에서 막 돌아와서 점심 식사를 하게 된 그날 아침, 그의 동료에게서 전화를 받고 관측의 결과를 전해 들었다. 그 퀘이사는 아주 희미했으며 적색편이 3.273으로 기록을 깰 정도는 아니었지만 그래도 상당히 먼 거리에 있는 물체였다. 터너는 바로 이틀 전 밤에 팔로마 산에서 찍은 광학 사진을 직접 가지고 와서 토론하며 식사하는 동안 그 사진을 복사하여 돌렸다. 그것은 모두 실제의 것이었고 거짓이 없었다. 돈 슈나이더가 프린스턴 지역의 천체물리학자들을 멋지게 속일 수 있었던 것은, 사람들이 이제는 이미 프란츠 뫼엔의 맛있는 요리와 더불어 반쯤은 기적과 같은 놀라운 소식들을 제공받는 데 익숙해 있다는 것을 알고 있었기 때문이었다.

무거운 원소는 어디에서

돈 슈나이더의 장난이 있은 지 일주일 뒤에 프린스턴 지역의 천체물리학자들이 점심 식사를 하러 다시 모였다. 존 바콜은 이번에는 매사추세츠 공과 대학에서 방문중인 찰스 앨코크와 프린스턴 대학의 천체물리학과 학과장인 제리 오스트라이커와 함께 의장석에 앉았다. 5분인기 10분 정도 식사가 진행된 후 바콜은 또다시 유리잔을 두드려 주위를 환기시킨다. 피에트 허트가 불행히도 오늘 참석할 수 없게 된 제러미 굿맨이라는 연구원에 대해 중요한 발표를 하겠다는 것이다. 그 내용인즉 전날 밤 굿맨의 부인이 딸을 낳았다는 것이다. 그러고는 심각하게 아이의 몸무게를 말한다.

"아하, 그래요? 그렇다면 그 면적은?" 하고 존 바콜이 한술 더 뜬다.

토론이 시작되자 바콜은 송아지 고기와 야채 스튜 요리를 반쯤 먹고 있는 앨코크에게 그가 연구소를 떠난 후에 얻은 지식을 모든 사람에게 이야기해줄 것을 요청한다. 앨코크는 1977년부터 1981년까지 4년 동안 박사후 과정 연구원으로 연구소에서 일했다.

다른 사람들이 이야기를 기대하면서 음식을 우적우적 먹고 있는 동안 앨코크는 뉴질랜드의 억양을 그대로 드러내며 백색왜성 표면의 무거운 원소에 관해 이야기한다.

백색왜성은 태양 지름의 약 1퍼센트 정도 되는 별로서 물의 약 백만 배에 이르는 매우 높은 밀도를 갖고 있다. 그런데 관측에 따르면 이러한 별들 중에는 표면에 헬륨보다 더 무거운 원소가 떠다니는 것들이 있다는 것이다. 그러한 원소들의 외견상 근원은 별들 사이를 둘러싸고 있는 가스라는 점을 생각할 때 이는 하나의 수수께끼이다. 여기서 문제는 성간 물질의 대부분이 원소 중 가장 가벼운 수소라는 점이다. 따라서 이러한 백색왜성의 무거운 원소들은 성간 물질에서 생길 수가 없다. 하지만 그 무거운 원소들이 생길 수 있는 곳은 그곳말고는 아무 데도 없어 보이는데… 도대체 이 물질은 어디에서 생기는 것일까?

앨코크는 물 한 모금을 마시며 청중들에게 잠깐 동안 이것에 대해서 생각하게끔 시간을 주었다. 극적이며 미묘한 한순간의 정적이 흘렀다. 마침내 "이러한 무거운 원소들이 어디로부터인가 왔다는 것은 분명합니다"라고 말하고는 "하지만 무거운 원소들에는 수소가 속하지 않으므로 수소는 포함되지 않는 원천에서 와야만 합니다. 태양계의 소행성들에는 근본적으로 수소가 없고, 이러한 별들에서 보여지는 많은 종류의 원소들이 무거운 원소들에 포함되어 있다는 것은 사실입니다"라고 덧붙인다.

앨코크는 달리 말해 태양계 밖 소행성 이론과 같은 것을 제안하고 있는 중이다. 천문학자들은 잠시 동안 태양계 밖 행성에 대한 생각에 잠겼으나 소행성이 다른 별들을 순회한다는 생각은 완전히 새로운 것이다. 그러나 앨코크에 따르면 그 생각은 완벽하게 합리적이다. 우리 태양계에도 소행성이 있는데 왜 다른 곳에는 없겠는가?

"태양계의 소행성은 분해되어 많은 먼지를 만들어내는데 대부분 태양 속으로 떨어집니다. 이것이 백색왜성의 무거운 원소에 대한 매우 믿을 만한 근원이 됩니다"라고 앨코크는 말한다.

청중들 중 몇 명은 고개를 끄덕여 동의를 표한다. 그러나 몇몇은 질문을 한다. "이러한 소행성들이 정상적인 별에서 백색왜성으로 변해가는 과정을 무사히 넘길 수 있을까요?" 별은 백색왜성으로 되기 전에 적색거성이라는 중간 단계를 거치게 되는데 그때 이 불덩어리는 정상 크기의 몇 배만큼 부풀어진다. 지금부터 몇백만 년 후면 우리 태양계의 태양도 적색거성이 되어 풍선처럼 부풀어서 지구를 포함한 태양계 행성들을 삼키게 될 것이다. 따라서 문제는 태양계 밖 소행성대가 이러한 적색거성 단계를 견뎌낼 수 있느냐 하는 것이다.

"글쎄요. 우리의 태양계에서는 소행성들이 아마도 살아남지 못할 겁니다. 하지만 소행성들이 별의 중심으로부터 두 배 이상 멀리 떨어져 있는 경우에는 상당히 안전할 것입니다"라고 앨코크는 대답한다.

프린스턴 대학 천문학자인 리먼 스피처는 손을 들어 어떤 별들 사이의 구름에는 이상할 정도로 원소들이 집중되어 있다고 말한다. 이런 성간 구름으로 백색왜성의 무거운 원소를 설명할 수는 없겠는가?

앨코크는 "그렇게 깊게 조사해보지 않았습니다"라고 대답하면서, 또 "하지만 성간 구름은 수소가 풍부하다는 문제점을 안고 있어요. 관측된 백색왜성들 중 어떤 것들에도 수소는 전혀 없습니다. 따라서 무거운 원소는 다른 어디로부터인가 와야 합니다"라고 말한다.

청중들은 흥미로워했고 사실 상당히 매혹되었다. 아슬아슬한 바로 그 순간에 바콜은 앨코크에게 그가 발표한 것에 대해 감사하다고 말하고 제임스 비니에게로 화제를 돌렸다.

옥스퍼드 대학에서 방문중인 비니는 이런 분야의 지식에 노련한 사람이다. 그는 족히 10년 동안 때때로 연구소에 오곤 했다. 음절이 뚜렷한 영국식 억양으로 그는 최근 은하들에 대한 그의 컴퓨터 시뮬레이션 연구를 설명한다. 컴퓨터 시뮬레이션, 이것은 현대 물리학의 첨단을 걷고 있는 기술이다. 20년 전에는 거의 알려지지 않은 이것이 지금은 별의 탄생과 죽음, 은하들의 진화, 우리 태양계의 아주 먼 미래의 모습들을 포함한 모든 것을 가상적으로 모형화한다.

은하와 같이 매우 거대한 시스템을 모의 실험할 경우 문제점은 컴퓨터 모형이 역학적으로 불안정하다는 것이다. 정확하게 컴퓨터 화면에 모델이 나타나면 이를 수초 혹은 수분 동안 지속시켜야 하는데, 아차 하는 순간 형체가 경련을 일으키며 붕괴되거나 달걀 교반기에서 벗어난 반죽같이 산산이 흩어져버린다. 비니는 성단의 역학에 대해 연구해오고 있는데, 수십만 개에 달하는 별의 집단은 상호 중력에 의해 묶여 있다. 이러한 성단 중 약간은 시간이 지남에 따라 형태가 바뀐다. 처음 얼마간은 구형에서 출발하여 그 뒤에는 가로로 늘어나 담배와 같은 형태로 변형된다.

두 개의 항성체가 마치 달과 지구처럼 서로 중력에 의해 상호작용했을 때 서로의 위치를 알아내는 문제는 쉽게 풀 수 있다. 이 문제에 관한 적절한 방정식은 뉴턴 법칙에 의해 풀리고, 대학 1학년 천문학 강의에서 일상적으로 다룬다. 하지만 에를 들어 지구, 달, 태양처럼 세번째 물체가 끼어들면 문제는 상당히 복잡해지고, 더 많은 물체들이 첨가되면 될수록 문제를 풀기는 더욱더 어렵게 된다. 컴퓨터로 계산하기 전에는 n개의 물체가 관여되는 문제를 푸는 것은 가망이 없는 듯이 보였다. 그러나 컴퓨터는 한 번에 수천 개의 물체를 다룰 수 있다.

"단지 컴퓨터에 상당히 많은 수, 예를 들면 1만 5천 개의 별들에 대해 처음 위치와 속도를 프로그래밍하고 운동 방정식을 쳐놓은 후 시스템이 진행되어 나가게끔 해놓기만 하면 되죠"라고 비니가 말한다. 그러나 아무리 좋은 컴퓨터라도 거대한 n개 물체의 문제를 푸는 데에는 많은 시간과 돈이 든다. 하지만 비니는 적은 비용으로 더 좋은 결과를 얻는 새로운 방법을 알아냈다. 그는 양자역학에서 착상하여 천체물리학에 적용시켰다.

"그 방법이란 별들의 배열을 위치와 속도의 좌표가 아닌, 작용량의 좌표로 표시하는 것입니다. 요점은 모든 각각의 요소들이 전개되는 것을 추적하지 않고도 전체 궤도가 어떻게 전개되어지는가를 알 수 있다는 것입니다"라고 비니가 말한다.

연구소의 천체물리학자 조슈아 바른즈, 제러미 굿맨, 그리고 피에트 허트는 성단의 운동을 세산한 결과를 1986년『전체물리학 저널』지에 실었다. 이로부터 몇 달 후 비니는 약 5백분의 1 정도의 비용으로 똑같은 결과를 얻었다. 이것은 이론적인 것이 아닌 기술적인 진보였는데, 이것을 들은 허트는 매우 흥미로워했다. 그러나 지금은 그 문제를 심도 있게 다룰 수 있는 시간이 없다. 두 명의 연사가 더 있었던 것이다. 곧이어 제리 오스트리커가 발언권을 얻었다.

점심 식사는 이와 같이 해서 1시 30분까지 계속되었다.

별을 생성하는 분자 구름의 불가사의

그해 연구소에는 약 24명의 천체물리학자들이 E동 건물에 거주하고 있었다.

10시가 약간 지나서 8명의 젊은 천체물리학자들이 E동 건물 도서실의 회의 탁자에 둘러앉는다. 도서실은 커다란 흰색 방으로, 머리 위는 둥근 천장이다. 벽을 따라 배치된 서고에는 천체물리학 관련 전문지들이 가득 꽂혀 있다. 'Ap. J.'라고 부르는『천체물리학 저널』지는 이론 천문학자라면 누구나 투고하려고 하는 잡지다. 지금 이 방 안에 있는 이들은 한 명도 빠짐없이『천체물리학 저널』지에 한 편 이상의 연구 논문을 실었다.

이들 천체물리학자들은 천으로 씌운 의자에 발을 쭉 뻗고 앉아 커피를 마시고 있다. 이 중에는 모티 밀그롬, 제임스 비니, 카반 라트나퉁가, 허버트 루드도 있다.

토론 주제는 지하 2층에 있는 DEC VAX 11/780 컴퓨터 상태에 대한 것이다. 컴퓨터만을 위해 쓰이던 에어컨이 냉각에 필요한 찬바람을 충분히 내보내지 못해 VAX 컴퓨터 시스템이 저절로 멈추게 된 것이다. 방 안의 사람들 대부분에게 이것은 좋지 않은 소식이다. 이는 곧 그들의 연구 활동이 멈추게 된다는 것을 의미한다. 프로그램을 짤 수도, 모의 실험을 실행할 수도, 논문을 편집할 수도, 컴퓨터로 우편물을 받을 수도 없다. 이것은 커다란 재앙이다. 컴퓨터를 자기가 직접 사용하는 존 바콜은 그 사실을 알고 누군가에게 전화를 걸기 위해 황급히 방을 나간다. 그 동안에 새로 온 천체물리학 교수 피에트 허트가 제임스 비니와 프로그래밍 언어에 대해 논쟁을 하고 있다. 허트는 너무 많은 언어들이 사람들을 위해서가 아니고 기계를 염두에 두고 만들어졌다고 했다.

"모든 프로그램은 먼저 사람이 읽을 수 있어야 하고, 두번째로 기계가 읽을 수 있어야 해요"라고 허트는 말한다. 허트는 갈색 코듀로이 바지와 갈색과 황갈색 줄이 있는 셔츠 차림으로, 추운 날씨인데도 샌들을 신고 있다. 회색 머리카락을 길게 늘어뜨리고 턱수염을 길렀는데 중세의 마법사처럼 보인다. 허트는 인공지능 이론가들의 프로그래밍 언어인 LISP를 좋아한다. 그러나 비니는 LISP에서 사용해야 하는 모든 괄호를 싫어한다. "그 지독한 괄호를 하나하나 세는 것을 끝내야 해요"라고 비니가 불만을 터뜨린다.

"글쎄, 만일 텍스트 에디터가 있다면 그것이 괄호를 세어주니까 전혀 문제될 게 없을 텐데"라고 강한 네덜란드 억양으로 허트가 말한다. "LISP는 논리적으로 만들어졌기 때문에 논리적으로 생각하게 해주죠. 우리는 그 언어를 써서 문제를 가능한 한 작은 단위로 쪼갤 수 있어요. LISP 프로그램은 C 언어로 짠 프로그램보다 이해하기가 쉽지요. LISP를 배운 지 한 시간 만에 나는 프로그래밍을 할 수 있었어요."

다른 사람들은 별로 관심이 없는 듯하다. 어떤 사람은 컴퓨터 기억 저장 배치 문제를 이야기한다.

"LISP는 지독히 느려"라고 누군가가 말한다.

"LISP에는 파생어가 너무 많아요." 또 누군가가 맞장구를 친다.

"컴퓨터 언어에는 수많은 파생어들이 있어요. LISP는 포트란을 제외하고는 가장 오래된 컴퓨터 언어입니다. LISP는 물리학자가 실제로 생각하는 방식에 가장 가깝게 접근한 언어죠. LISP는 기계보다 사람의 언어에 더 가까워요"라고 허트는 말한다.

잠시 후 존 바콜이 안도의 표정을 지으며 돌아온다. VAX 컴퓨터는 곧 작동하게 될 것이라고 한다. 바콜은 들어오면서 LISP에 대해 이야기하는 것을 듣고는 입을 열었다. "LISP의 문제는 과학을 하는 학생 누구도 이것을 배우지 않는다는 데 있어요"라고 말하곤 또, "1965년 이래로 컴퓨터 과학에 관계하는 사람들은 포트란이 조만간에 사장될 것이라는 이유로 포트란 사용을 반대했어요. 하지만 과학에서 포트란은 여전히 쓰이고 있죠"라고 덧붙인다.

"지금으로부터 20년 후면 아무도 LISP가 아니면 프로그래밍을 하지 않을 거요"라고 허트가 단언하자, "그래요?" 하며 누군가가 꼬리를 단다. "확실히 LISP에서 필요한 것은 단어 7개와 그리고 수만 개의 괄호죠." 모두 웃음을 터뜨리자, 허트는 "컴퓨터 언어에 대해 이야기하는 것은 정치 토론과 흡사해서 사람들을 나쁘게 만드는 것 같아"라고 말한다.

이때 제러미 굿맨이 들어온다. "오, 아버지가 되셨지"라고 바콜이 말한다. 모든 이들이 축하한다고 말하자 굿맨은 미소를 지으며 얼굴을 붉힌다. 그들은 잠시 동안 컴퓨터 시뮬레이션에 대해 토의했는데 잠시 후 커피 타임이 끝나고 세미나를 시작할 시간이 되었다.

굿맨은 겨우 29살밖에 되지 않은 신참 연구원이지만, 관심 있는 사람들이 2주에 한 번씩 모여 최근의 천체물리학에 대하여 발표하는 세미나를 그가 이끌어간다.

굿맨은 '세미나 중'이라고 적힌 표지를 문 밖에 걸어놓고 도서실의 문을 닫는다. 그리고 돌아와 자리에 앉는다. 그의 왼편으로 연구소의 피에트 허트, 프린스턴 대학의 젊은 연구원 세드릭 래시, 역시 프린스턴 대학 연구원으로 있는 키가 크고 살결이 흰 친구 앤드류 해밀턴, 전에 연구소의 연구원으로 있었던 프린스턴 대학 교수 브루스 드레인, 그리고 벨 연구소에서 온 앤서니 스탁이 앉아 있다.

뉴저지 주 홀름델 시에서 몇 마일 떨어진 벨 연구소는, 1930년 칼 잔스키가 대서양 횡단 단파 전화기에서 전파 잡음을 감지한 이래 전파천문학을 탄생시켰다. 이 잡음은 실은 은하계의 중심으로부터 온 것이었다. 또 1965년에 벨 연구소의 아르노 펜지아스와 로버트 윌슨은 대폭발의 흔적인 절대온도 3도의 우주 마이크로파 배경복사를 발견했다. 이 벨 연구소에서 활동하고 있는 천문학자 중 한 명인 스탁이 분자 구름의 변이와 구조를 알아내기 위해서 지금 연구소에 와 있다.

세미나에 참석한 사람들은 모두 논의의 쟁점이 무엇인지 안다. 분자 구름은 말 그대로 별 사이 우주 공간 깊숙이 있는, 그 구성 성분 대부분이 수소인 분자들의 구름이다. 분자들이 밀집된 이러한 덩어리가 자신의 중력 때문에 붕괴될 때 은하의 별들이 생겨난다고 알려져 있다. 그런데 문제는 확인할 수 있는 분자 구름이 이론만큼 빨리 붕괴하고 있지 않다는 것이다. 만일 개개의 분자 구름의 복합체를 본다면 그 중 하나가 융합하여 별이 탄생되는 것은 백만 년에 한 번꼴이다. 이는 분자 구름 안에 있는 입자들이 상호 중력을 못 이겨 안쪽으로 떨어지기 시작하여 결국에는 별을 형성하기까지 얼마만큼의 시간이 걸리느냐 하는 것이다.

현재 이러한 분자 구름들 안에 있는 물질의 총량은 대략 태양 질량의 20억 배이다. 달리 말해 20억 개의 태양을 형성하는 데 충분한 별의 생성 재료가 자유롭게 움직이고 있다는 것이다. 그러나 단순한 계산, 즉 20억 개의 태양에 해당하는 질량을 백만 년으로 나누는 단순한 계산을 해보면 별들이 일 년에 대략 2천 개 정도의 비율로 생성되어야 한다는 것을 발견하게 된다. 하지만 관측에 따르면 일 년에 겨우 3개 내지 4개 정도로 별의 탄생 비율이 나타난다는 것이다. 결국 이론 천체물리학자들은 관찰이라는 경험의 공허한 벽에 부딪친 것이다. 도대체 무엇이 잘못된 것인가?

오늘 세미나에서는 오리온자리에 있는 분자 구름이 화제가 되고 있다. 앤서니 스탁과 벨 연구소의 그의 동료들은 관측 천문학자들인데, 벌써 지겨울 정도로 오리온자리의 관측 그림을 그려내고 있다. 스탁은 오리온자리에서 발견된 것, 즉 분자 밀도가 이러저러하다 하고 설명은 하지만 그 분자 구름의 많은 부분이 관측하기 쉽지 않다는 것을 인정한다.

누군가가 스탁에게 만일 분자 구름의 많은 부분이 숨겨져 있다면 평균 분자 밀도가 얼마인지 어떻게 말할 수 있느냐고 묻는다. 또 다른 사람은 지금 눈앞에 오리온자리의 분자 구름 사진이 있다면 무슨 이야기를 하고 있는지 더 잘 이해할 수 있겠다고 한다. 그러자 굿맨이 일어나 이전에 간행된 『천체물리학 저널』지가 있는 서가로 간다. 그러고는 책 몇 권을 끄집어내어 대충 훑어보다가 마침내 원하던 부분을 찾는다. 오리온자리의 분자 구름 천체도가 드러나게 책을 펼쳐 들고 회의 탁자로 돌아온다.

스탁은 금방 그 천체도를 알아본다. "음! 이것은 쿠트너가 보고한 오래된 논문이군."

모두가 자리에서 일어나 분자 구름 천체도를 보기 위해 모였다.

"이 그림은 빈약한 자료에 근거한 상상화군" 하고 스탁이 말한다. 그는 상당히 진지했으나 모든 사람들은 웃어댔다. 스탁은 계속해서 상당한 부분을 관측하지 않고도 상당히 정확한 분자 구름 밀도를 알아내는 것이 어떻게 가능한가를 설명한다. 이것을 듣고 있던 앤드류 해밀턴은 믿을 수 없다는 듯 눈썹을 치켜올리며 미소를 짓는다.

모두 그 자료에 매달려 있을 때 다른 회원 한 명이 허겁지겁 들어온다. 이 사람은 뉴욕 주립대학의 필립 솔로몬이다. 약간 대머리인데, 사십대 후반으로 다른 사람들보다 나이가 많다. 솔로몬은 1973년에서 1974년까지 이 연구소에서 일했고 지금 봄 학기에 다시 여기 와 있다. 그는 관측천문학자였지만 이론에도 상당히 밝아, 사람들은 마치 그가 구세주인 양 그에게 눈길을 돌린다. 굿맨이 지금 얘기되고 있는 문제를 설명하자 솔로몬은 즉시 자기 의견을 말한다.

"글쎄요. 붕괴 비율은 모든 분자 구름마다 같지는 않을걸요" 하고 말하며, 칠판에 다가가 분자 구름과 그 밑에 분자 밀도를 나타내는 히스토 그램을 그린다. 한참 동안 조용히 있던 피에트 허트는 이 그림이 타당하지 않은 듯 칠판으로 가 다른 그림을 그린다.

"아니, 달라요. 그렇지 않아"라고 고개를 저으며 솔로몬이 말한다. 그들은 상대방이 그린 그림을 서로 고쳐주고는 탁자로 돌아온다.

"그러면 논문을 살펴볼까요?"라고 제러미 굿맨이 말한다. 그들은 모두 자기 앞에 분자 구름 문제에 대한 논문을 가지고 있다. 그러나 그들 대부분은 그것들이 많은 도움이 되지 못한다는 것을 인정한다.

"자, 이제 다음 논문으로 넘어갈까요?" 하고 피에트 허트가 재촉하지만 아무도 거기에 응하지 않는다. 그들은 도표 하나라도 더 이해하려고 하며 첫번째 논문에 매달렸다.

그들은 또 반 시간 동안 왜 이 분자 구름들은 이론대로 붕괴되지 않고 있느냐에 대해 논쟁을 벌인다. 그들은 '원통 밀도', '횡단 시간', '핵붕괴 비율' 등등을 이야기하지만 어떤 진전도 없는 듯하다. 이는 불완전한 자료, 증명되지 않은 가설, 그리고 검증되지 않은 가정들에 기초하여 이론을 세우려 하는 것과 같다. 정오가 약간 지나 세미나가 끝날 때까지 모두가 동의한 것은 처음에 생각했던 것만큼 분자 구름이 조밀하지 않을 거라는 것뿐이다. 관측된 별의 생성 비율과 이론에 의해 추측된 비율 사이에 큰 차이가 있다는 최초의 수수께끼는 여전히 남아 있었다.

피에트 허트의 대예언—죽음의 별 네메시스

천체물리학은 1966년 오펜하이머가 소장으로 발을 들여놓을 때까지는 고등학술연구소의 주된 연구 대상이 아니었다. 오펜하이머는 입자물리학에 집중적으로 관심을 기울려 이 분야의 최고 학자들을 영입했는데, 이는 이해할 만하다. 입자물리학은 변혁의 진앙지였기 때문이다. 양자 이론이 물리학계에 커다란 변혁을 일으켰고, 중대한 과학 실험에 버금가는 원자폭탄도 그랬다. 사이클로트론이 지구 곳곳에서 생겨나 실험 물리학자들이 연달아 새로운 입자들을 발견했고, 그 입자들을 설명하기 위하여 새로운 이론들이 나왔다.

하지만 천문학에서는 그러한 변혁이 없었다. 천문학은 항상 천천히 그리고 웅장하게 진보해왔다. 이에 대한 합당한 설명이 있다. 첫째, 천문학이 종종 물리학의 한 분야로 생각되지만, 물리학을 실험 과학이라고 하는 측면에서 보면 천문학은 실험 과학이 아니다. 엄격한 의미에서 물리학이란 실험을 통해 이론이 증명될 수 있는 것이다. 이런 실험 중 어떤 것들은 거대한 가속기를 필요로 할지도 모르지만 일단 실험이 행해지면 논쟁을 가라앉힐 수 있다. 그러나 대개의 경우 천체물리학에서는 그렇지 못하다. 왜냐하면 이론을 검증하기 위해 지구 밖 우주로 나가 별이나 은하를 직접 다룰 수는 없기 때문이다. 그래서 관측 전문 학자들은 자기 망원경 앞에 앉아 수동적으로 볼 수 있는 범위에 만족해야만 한다. 이런 이유로 천문학은 검증될 수 있는 과학보다는 실험보다 관측이 주가 되는 지리학에 더 가깝다.

천문학이 천천히 진보하게 된 두번째 이유는, 2백 년 동안 자료를 얻을 수 있는 기구, 즉 광학 망원경이 별로 변하지 않았다는 점이다. 제2차 세계대전이 끝났을 때 세계에서 가장 큰 망원경은 로스앤젤레스 교외 윌슨 산 천문대에 있는 100인치 반사 망원경이었다. 그러나 그보다 훨씬 전인 1789년에 윌리엄 허셜이 영국에 세운 48인치 반사 망원경으로 이미 많은 것이 관측되었다. 따라서 천문학은 자료나 많은 이론을 얻는 데 느렸으며 또한 그것들 대부분을 검증할 방법이 없었다.

하지만 제2차 세계대전 후 입자물리학의 가속기에 의한 변혁에 비견될 만한 획기적인 일이 천문학에도 일어났다. 전파천문학의 탄생이 그것이다. 갈릴레이 이후로 망원경은 가시광선의 형태로 자료를 얻어왔다. 하지만 천체가 방출하는 것은 가시광선만은 아니다. 즉 전파, 엑스선, 감마선, 그리고 적외선과 자외선 등을 방출한다. 전파천문학 이전의 관측자들은 다가오는 빛의 극히 일부만을 받아들이고 나머지는 흘려보냈다. 이것은 그 동안 천문학자들이 머리 위에 펼쳐진 천연색 우주에서 회색 그늘진 곳만 보았던 색맹이었음을 말한다. 전파 수신기가 1950년대와 1960년대에 크게 발전했을 때 과학자들은 우주에 완전히 새로운 궤도를 갖게 되었다.

전파의 하늘은 눈에 보이는 하늘의 단순한 복사본이 아니다. 달이나 행성과 같이 광학적으로 빛나는 물체들은 전파의 파장에 나타나지 않지만, 전파 은하의 양쪽 편에 있는 거대한 물질의 구름과 같이 눈에 보이지 않는 것들은 전파 스펙트럼에서 선명히 드러난다. 엑스선과 감마선 망원경, 적외선 감지기, 그리고 중성미자 관측기의 개발로 인하여 천문학자들은 실험에 대해서 새로운 의미를 부여하게 되었다.

1970년대 후반에 또 다른 변혁이 있었다. 즉 컴퓨터를 이용하여 천체물리학자들이 연구 대상에 대해 실험적으로 조작할 수 있게 되었다. 수 광년 떨어진 물체를 단지 망원경으로 바라볼 수밖에 없었던 시대로부터 수백 년이 지나고 나서야 천문학자들은 비로소 소행성에서부터 개개의 별, 성단, 은하, 은하 성단, 심지어 우주 전체에 걸쳐 있는 천체의 축소판을 거리낌없이 그릴 수 있게 된 것이다. 이것은 현상을 미화하는 완전히 새로운 방법이며 과학자가 갖는 교만의 새로운 표현이다. 거대한 별들의 시스템에서 하나의 행성에 관해 연구하고 있는 사람들 중 일부는 상당히 먼 거리에 있는 거대한 물체의 구조와 형태를 알 수 있다고 생각하는데, 여기에도 과학이 전체 은하, 즉 완전한 물리적 우주를 몇 개의 실리콘 칩을 통하여 전자들이 쇄도하는 것으로 축소할 수 있다고 생각하는 또 다른 성급한 주제넘음이 있다.

전파천문학에 의해서 새롭게 드러난 우주와 이론가들이 대상 물체의 작업 모형을 스스로 만들 수 있게 해준 컴퓨터로 인해 고등학술연구소에서는 천체물리학을 진지하게 받아들이기 시작했고, 1971년에는 존 바콜을 교수로 채용했다. 그가 자연과학부의 행정 관리가 되었을 때는 천문학자들 일색으로 고용하는 데 전혀 거리끼지 않았다. 연구소 행정자들은 자신들이 외부 인사를 위해 주택 단지 내 사무실 공간이나 방을 구하려고 애써야 하는 요즘 들어, 천문학자를 수십 명씩이나 고용한 존 바콜을 비난하고 있다.

인접한 프린스턴 대학의 천문학 교수들과 연계하여 연구소의 천체물리학자들은 프린스턴을 천체물리학의 세계적인 중심지로 만들어왔다.

연구소의 천체물리학자들은 태양에서부터 가장 멀리 있는 퀘이사에 이르기까지 모든 것을 연구한다. 그러나 그들 중 많은 사람들이 별과 성단, 그리고 그들이 말하는 '은하계 밖'의 더 멀리 있는 물체에 대해 집중적으로 연구한다. 비록 스코트 트레마인과 같은 예외가 간혹 있지만, 우리 태양계를 연구하는 행성 과학을 하는 사람은 E동 건물에 별로 많지 않다.

트레마인과 그의 동료들은 토성의 고리 구조에 대해 연구했으며, 그들이 알아낸 구조를 설명하기 위해서는 이미 알고 있는 위성들 이외에 또 다른 위성들이 있어야 한다고 예측했다. 실제로 보이저 1호 우주선이 1980년 토성에 접근했을 때 '양을 지키는 개'라고 이름붙여진 위성이 트레마인이 예언한 바로 그곳에서 정확히 선회하고 있었다.

그리고 유명한 '죽음의 별' 네메시스 이론을 제창한 피에트 허트가 있다. 1984년 마크 데이비스, 리처드 뮬러와 함께 우리 태양계 안에는 보이지 않는, 태양의 동반자인 또 다른 별이 있을지도 모른다고 가정한 사람이 허트였다.

데이비스, 허트와 뮬러는 약 2천6백 만 년마다 발생하는 듯한 생물의 대량 멸종의 주기를 분석하고, 이는 태양 주위를 2천6백 만 년의 이심 궤도로 돌고 있는 보이지 않는 태양의 쌍성으로 설명할 수 있다고 결론 지었나. 그 별은 약 3백만 광년의 거리만큼 멀리 태양계 밖으로 나갔다가 태양과 근접하게 만날 수 있을 때 되돌아온다.

태양계에 들어오고 나가는 순환 운동중에 그 죽음의 별의 중력장은 멀리 오르트 구름 속의 혜성을 궤도 밖으로 이탈시켜 지구와 충돌하게 끔 한다. 그 결과 지구는 핵겨울과 같은 혹한과 암흑 속에 놓이게 되어 공룡을 비롯한 생물이 대량 멸종하게 된 것이다.

"만일, 그리고 언젠가 이 쌍성이 발견된다면 우리는 이 별에 지나치게 부유하고 권력 있는 자들을 무자비하게 박해한, 그리스 신화에 나오는 복수의 여신인 네메시스를 붙여주려고 한다. 그러나 그것이 발견되지 않는다면 이 논문은 우리 자신에게 복수의 화신이 될 것이다"라고 허트와 그의 동료는 『네이처』지에 썼다.

그 죽음의 별은 아직 발견되지 않았지만, 1985년 허트는 네메시스에 관한 제안과 성단의 운동역학과 삼체 문제에 관한 연구 업적으로 연구소의 교수가 되었다.

겔러 여사를 맞으며

천체물리학에서 이론과 관측은 서로 밀접하게 연관되어 있고, 많은 천문학자들이 실제로 망원경 앞에서 많은 시간을 보낸다. 그런데 연구소에는 망원경이 없으므로 관측을 한다는 것은 연구소를 떠나야 함을 의미한다. 그런데 이렇게 한 새로운 관측들이 낡은 이론들을 뒤엎어버리는 경우가 종종 있다.

"천체물리학은 매우 초기 단계의 과학입니다. 우리가 지구 밖 우주에서 한 가닥의 낡은 밧줄(망원경)을 통해 얻은 지식은 매우 한정되어 있어서, 대개의 경우 모형과 실제 사이에는 유사점이 별로 없습니다. 따라서 형태와 들어맞지 않는 어떤 것을 만나게 되더라도 놀라서 기절할 사람은 우리 중에는 아무도 없습니다. 천체물리학에서는 하나가 틀리면 초조해지고 두 가지가 틀리면 아마도 전체 문제에 대해 완전히 새롭게 생각하는 것이 더 나을 거라고 생각합니다"라고 제임스 비니는 말한다.

화요일이 다시 돌아왔다. 대학에 있는 학자들은 점심 식사를 하며 토론하기 위해서 연구소로 오고, 연구소 학자들은 오후의 강의를 위해 대학으로 가므로 이날은 마치 천체물리학자들이 프린스턴 주위를 맴도는 것 같은 하루이다. 똑같은 외부 연사가 이 두 가지 행사에 모두 나타난다 하더라도 청중이 완전히 같은 사람들이므로 두 강연이 겹치는 일은 전혀 없다.

그러나 오늘은 프린스턴 천체물리학자들에게는 특별한 날이다. 마거릿 겔러가 매사추세츠 주 케임브리지에 있는 하버드 스미스소니언 천체물리학 센터에서 '거품'이라는 것의 모든 진실을 말해주기 위해 오고 있는 것이다. 겔러와 천체물리학 센터에서 일하는 두 명의 동료, 즉 존 후

크라와 발레리 드 라파랑트는 우주의 은하가 이전에 생각되어졌던 것처럼 다소 불규칙적으로 분포되어 있는 것이 아니라, 우주의 거품들 표면에 분포되어 있는 것과 같다는 사실을 밝혔다.

물론 천체물리학자들은 보도기관을 통해 이것에 관해 이미 들었다. 겔러는 몇 달 전인 지난 1월에 휴스턴에서 있었던 미국 천문학회 모임에서 그들이 발견한 새로운 사실을 발표했던 것이다. 또 그 이전에도 천체물리학자들은 「우주의 한 조각」이란 논문이 『천체물리학 저널』지에 실리기 전에 이미 견본 논문을 받아본 적이 있었다.

하지만 모든 사람이 우주가 커다란 규모의 세포 모양을 이루고 있다는 것을 절대적으로 믿고 있는 것은 아니다. 그런데 겔러가 이들을 설득하기 위해서 프린스턴에 오고 있는 것이다. 들리는 바에 따르면 그녀는 슬라이드와 도표, 심지어 한 편의 영화까지 준비했다고 한다.

점심 식사 동안 마거릿 겔러는 존 바콜, 제리 오스트리커, 에드 터너, 그리고 짐 건 등과 함께 구석 탁자에 앉아 있다. 활동하기 편한 검정색 옷을 입고 있는 삼십대 후반의 겔러는 말쑥해 보인다. 보단 파친스키는 프린스턴 대학에서 연속 강의를 맡고 있는데 옆 탁자에 앉아 있다. 존 바콜이 파친스키에게 페이턴 홀Peyton Hall에서 있을 오후 연설을 발표하라고 요청한다.

"예, 좋습니다. 2시 30분이 되면 우리의 초청 연사인 마거릿 겔러 여사께서 '버블, 버블 토일 앤드 트러블Bubble, Bubble Toil and Trouble'이란 제목으로 강연해주실 것입니다. 한 편의 영화를 볼 수 있으리라고 생각됩니다"라고 폴란드 억양으로 파친스키가 말한다.

바콜은 필립 솔로몬에게 최근의 분자 구름 관측에 대해 보고해줄 것을 요청한다. "이것은 컴퓨터 모의 실험에 의한 자료가 아닌 실제 자료이다"라고 바콜이 설명한다.

솔로몬은 자료로 가득 찬 종이 두 장을 주위에 돌리고 이야기를 시작하는데, 이것은 그 전날 제러미 굿맨이 세미나에서 말했던 많은 부분을 요약한 것이다. 그는 약 십 분간 이야기를 하고 나서 질문에 대답한다.

제리 오스트리커와 리먼 스피처는 둘 다 프린스턴 대학 교수인데 솔로몬이 이야기한 것에 관해 예의바른 논쟁을 벌이고 있다. 바콜은 자기 앞의 물잔을 두드려서 이 논쟁을 끝내려고 애쓴다. 잠시 후 논쟁이 끝났다.

청중들은 비록 지금이 거품에 관한 강연을 할 때가 아니지만 겔러의 강연을 듣고 싶어 애태우고 있었다. 마침내 바콜이 겔러에게 몸을 돌려 "모든 사람들이 오늘 오후에 있을 셰익스피어 풍의 당신 강연을 기대하고 있어요"라고 말한다.

"그것은 '공연한 야단법석'* 아닌가요?" 하며 제리 오스트리커는 차를 마신다.

겔러는 이러한 말수작들을 즐거워했다. 그녀는 연구소 점심 식사 때 학생들의 출입이 허락되기 이전의 시기에 프린스턴 대학의 대학원생이었다. 1975년에 박사 학위를 받고 지금은 학생이 아닌 연사로 돌아왔는데, 그녀 또한 농담에는 선수였다.

"아시다시피 나의 동료인 존 후크라가 거대한 중력 렌즈 근처에서 적색편이를 관찰했고, 이 퀘이사 성단의 적색편이가 4.1임을 발견했습니다"라고 그녀가 말을 꺼냈다.

오! 연구소에서 거짓으로 꾸며낸 적색편이 4.1의 퀘이사에 대한 소식이 매사추세츠 주 케임브리지 시에까지 전해진 것이다(나중에 에드 터너

* 셰익스피어의 희곡 『공연한 야단법석 *Nuch Ado about Nothing*』을 빗댄 말.

는 그 소식이 버지니아 샤로테스빌에 이르는 남쪽에까지 퍼졌다고 말한다. 또한 좀더 자세한 사실을 알고 싶어하는 남쪽 대학 천문학자들로부터 전화를 받기까지 했다고 한다). 한참을 이렇게 웃고 난 후 마침내 겔러가 본론으로 들어갔다.

겔러와 그녀의 동료는 그들이 발견한 거품의 중요성을 알아보기로 계획을 세웠다. 그들이 알고자 하는 것은 적색편이 관측에 의해서 만들어진 그림이 실제 3차원 우주에서의 그림과 상당한 유사점이 있느냐 하는 것을 확인하는 일이다. 그들은 적색편이에 의해 은하들의 거리를 측정하여 우주에서 거품을 발견했다.

"적색편이는 세 가지의 척도입니다. 적색편이는 우주 팽창의 척도이며, 은하의 닫힌 시스템에서는 속도의 척도이고, 또한 거대한 규모의 운동에 대한 척도이기도 합니다. 이 모든 것들이 적색편이에 포함되어 있습니다. 이제 적색편이로 나타난 우주의 구조와 실제 우주 구조 사이에 있는 연관성을 알고 싶겠지만 우리는 그것을 정확하게 알지 못합니다. 그래서 다른 방법으로 실제 거리를 측정하는 것이 필요합니다"라고 그녀가 설명한다.

겔러는 계획하고 있는 관측에 대해 기술적인 설명을 하고 나서 질의 응답 시간을 가졌다. 대충 질문이 끝나자 존 바콜은 보단 파친스키에게로 주위를 돌린다.

"보단, 회의를 끝내기 전에 무언가 재미있는 게 있으면 말씀해주시겠어요?"

갑작스런 부탁이었으나 파친스키는 당황하지 않았다. 그는 감마선 방출에 관한 문제를 생각하고 있던 중에 새로운 착상을 얻었다.

감마선 방출은 상당히 드물고 수초 동안 지속되는 짧은 사건인데 그 중 겨우 일 년에 네다섯 정도 관측된다. 감마선 방출에 대해서는 이 방출이 왜 일어나는지, 지구로부터 멀리서 혹은 가까이에서 일어나는지 등등 거의 모든 것들에 확실한 답이 없다. 그래서 천문학자들은 경쟁적으로 이에 대해 연구하는데 종종 색다른 해석을 찾아내곤 한다.

"여러분도 아시다시피 감마선 방출의 원인을 두고 위기에 처한 지구 밖의 생물이 도움을 요청하는 신호라는 말까지 있습니다"라고 파친스키는 프랑켄슈타인 역을 맡았던 영화배우 벨라 루고시와 같은 어조로 말을 시작한다.

파친스키에 따르면, 이것을 확인하는 데 부딪히는 문제는 아직도 이들이 어디에서 오는지, 즉 태양계 밖 가장자리의 오르트 구름 영역에서 오는지 아니면 은하 밖을 의미하는 '우주적 거리'에서 오는지를 알 수 있는 방법이 없다는 것이다.

바콜이 이야기를 중단시킨다. "보단, 점심 식사를 하며 토론하기에 그것은 너무 불확실한 것 같군요."

파친스키도 이에 동의하지만 그는 새로운 생각을 이야기해준다. 아마도 그 감마선 방출은 혜성이 중성자별에 뛰어들 때 생기는 것 같다. 그렇게 하여 지구에서 관측할 수 있는 갑작스런 감마선의 펄스가 발생한다. 그 생각은 모든 자료를 상당히 잘 설명해주었다.

사람들은 이것을 머릿속에서 생각하기 시작한다.

필립 솔로몬이 침묵을 깬다. "그렇다면 이제 남아 있는 문제는 그 혜성이 중성자별과 부딪치면 공룡이 멸종하느냐 하는 것이겠군."

우주는 비눗방울

겔러의 강연은 프린스턴 대학의 천체물리학 본거지인 페이튼 홀의 강당에서 열린다. 계단식으로 된 강당에는 강의 내용을 받아적을 수 있게, 접었다 폈다 할 수 있는 작은 판이 딸린 학생용 의자들이 있다. 강연은 2시 30분에 시작하는데 2시 25분이 되어도 뒤쪽 위에서 필름 영사기를 만지작거리고 있는 파친스키를 제외하고는 강의실에는 아무도 없다. 2시 27분이 되어서야 사람들이 모여들기 시작하고, 2시 31분까지는 강의실 좌석의 4분의 3 정도가 채워질 뿐이다.

연구소의 모든 연구원들이 참석한 것처럼 보인다. 즉 바콜과 그의 부인 네타, 츠비 피란, 제러미 굿맨, 돈 슈나이더, 카반 라트나퉁가, 스테파노 카서타노, 제임스 비니 등으로 일본 학회에 참석중인 피에트 허트 이외에는 모든 사람들이 자리하고 있다. 물론 제리 오스트리커, 리먼 스피처, 에드 터너, 짐 건, 그리고 짐 피블스 같은 프린스턴 대학의 천체물리학자들도 참석했다.

피블스는 우주의 형태에 대해 말 그대로의 『우주의 거대 구조*Large-Scale Structure of the Universe*』라는 책을 썼다. 그는 1977년에서 1978년에 걸친 이 연구소에서의 안식년 동안에 책을 끝냈다. "제가 책을 쓰고 있을 때 우주에 관한 필라멘트 구조, 즉 층상 구조설이 나돌았습니다. 하지만 그것은 단지 참고 자료에 불과했어요. 저는 의심이 많은 사람이거든요. 제 책을 읽어보면 그것에 관한 언급이 거의 없다는 것을 알 수 있을 겁니다"라고 그는 말한다.

프린스턴 대학의 연구원인 앤드류 해밀턴과 세드릭 래시는 언제라도 필기를 할 수 있도록 노트를 준비하고 있었고, 그밖에 석사 과정 학생들이 많이 있었다. 통틀어 약 75명의 사람들이 마거릿 겔러의 거품 이론을 듣기 위해 왔다.

강연실의 앞쪽에서 파친스키가 소개를 했다. "오늘 강연을 해주실 분은 하버드 스미스소니언 천체물리학 센터의 마거릿 겔러 여사입니다. 강연 제목은 '버블, 버블 토일 앤드 트러블'입니다."

첫번째 줄에 앉아 있던 겔러가 일어나서 말했다.

"찰스 앨코크가 매사추세츠 공과대학에서 이번 강연에 저를 초청해주실 때 저에게 강의 제목이 무어냐고 물으셨어요. 그래서 저는 버블, 버블 토일 앤드 트러블이라고 했어요. 그랬더니 이렇게 말했어요. '제목이 허블, 버블 토일 앤드 트러블Hubble, Bubble Toil and Trouble이 아닌 게 확실합니까?'라고 말입니다."

강연장은 온통 웃음바다가 되었다. 잘 알겠지만 에드윈 허블은 20세기 초의 천문학자로, 우리가 지금 알고 있는 천문학적 지식을 습득할 수 있게 한 유명한 천문학자이다. 그는 밤하늘 너머로 우주 천체가 펼쳐져 있음을, 우리 은하계 외에 다른 은하계가 존재함을 제시했다.

오늘 겔러가 제시하고자 하는 우주의 새로운 형상 역시 대부분 허블이 처음 사용했던 방법에 기초를 두고 있다.

겔러는 웃음이 멈추기를 기다렸다가 강연을 시작했다. 우주의 거대 구조에 대해 강연할 예정이다.

그것은 어떤 모습일까? 어떻게 형성되었을까? 그리고 어떻게 발전되어왔을까? 이전까지의 대답은 20세기 중반, 은하도 작성 계획 과정에서 발견되어 현재 천문학자들 사이에서 믿어지고 있는 학설(비록 은하들이 모여 은하단을 이루거나, 그것들이 다시 하나의 큰 덩어리를 이루고 있다 하더라도 이들은 특정한 규칙이 없어 공간에 무작위적으로 분포한다)에 근거를 두고 있다.

겔러는 하나의 그래프를 화면에 비쳤다. 익숙지 않은 눈으로 보면 그 것은 매우 어둡고도 청명한 저녁에 보이는 은하수, 가시 영역을 가로지르는 촘촘한 점들 같아 보였다. 사실 그것은 은하수가 아니다. 하나하나의 점들(실제로는 작은 + 기호이다)은 별이 아니고 하나의 은하이며, 그 중에서 약 1만 9천 개가 화면을 가로질러서 흩어져 있는 것이다. S자 곡선을 따라서 분포하고 있는 가늘고 긴 부분을 제외하고, 은하들은 균일성의 원칙에 따르듯이 균일하게 분포하고 있는 것처럼 보인다. 당연히 어디에도 거품은 나타나지 않는다. 화면의 그림은 은하들의 분포를 2차원 평면에 나타낸 것이므로 존재하는 거품은 보이지 않는다(그림 6).

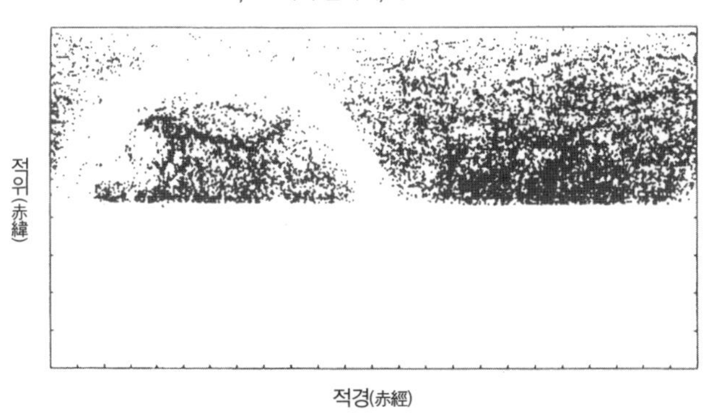

| 그림 6 | 18,945개의 은하계를 점으로 표시한 도표

겔러가 후크라와 드 라파랑트와 함께 한 연구에서는 은하도 작성 계획과 완전히 다른 접근법을 썼다. 은하들의 위치를 단순히 2차원 평면에다 점으로 표시하여 좌우상하의 위치 관계를 보는 것이 아니라, 차원을 하나 더 보태 관측자와의 거리를 고려하도록 했다. 이 제3의 성분이 모

든 차이를 나타내는 것임이 밝혀졌다. 관측 결과를 3차원으로 플로팅하면 우주의 세포적 구조에는 뚜렷한 고저 기복이 나타난다.

겔러는 화면에 다른 도표를 비쳤다. 그것은 애리조나 주 홉킨스 산에서 60인치 반사 망원경으로 찍은 것이라고 했다. 새로운 도표는 커다란 피자 조각처럼 쐐기 모양을 하고 있었다. 사실 이것은 얇은 판 모양의 우주―하늘의 3분의 1을 가로질러 6도 정도의 두께를 확장한 공간이고 거리상으로는 약 450광년 정도를 투과하고 있다―의 3차원 좌표계에다 은하들의 위치를 나타낸 것이다.

약 1,100개의 은하들이 화면에 나타나고 있다(그림 7).

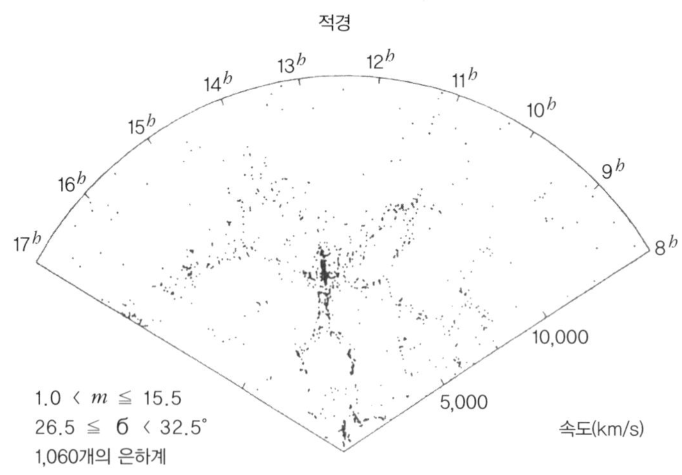

| **그림 7** | 3차원으로 플로팅한 '우주의 한 조각'

그들의 분포는 전혀 균일하지 않다. 차라리 그들은 공간에서 바깥 부분에 존재하는 커다란 구멍 또는 거품, 커다란 허공처럼 보이는 것의 표면에 배열되어 있는 형상을 하고 있다.

마거릿 겔러는 "우리가 처음 이것을 보았을 때 우리는 우주로부터 어떤 메시지를 받고 있음을 알았어요. 하지만 문제는 메시지의 내용이 무엇이냐는 것이죠"라고 말했다.

영사기는 윙윙거리고 있었고 청중들은 잠시 공간의 구멍들을 주목하고 있었다.

겔러는 "매우 많은 허공이 존재하고 있어요. 우리는 어디에서나 그것을 찾을 수 있습니다. 분명한 의문점은 우리가 그것을 예전에는 왜 관측하지 못했느냐는 것이죠"라고 말했다.

그러면서 두 가지 답을 제시했다. 하나는 예전의 탐사는 우주의 깊숙한 곳까지 보지 못했다는 것이고, 다른 하나는 은하의 거품 같은 배열이 뚜렷이 나타날 만큼의 충분한 은하들을 생각하지 못했다는 것이다. 그러나 섬뜩한 점은 예전의 데이터들이 이미 이들 거품을 공공연히 암시해주는 힌트를 갖고 있었다는 점이다. 겔러는 다른 슬라이드를 집어서 거품이 보이는 것의 꼭대기 부분에다 비췄다. 구분을 위해 새로운 그림은 초록색으로 칠했는데, 마크 데이비스 등에 의해 이루어진 예전 탐사의 한 부분이었다. 초록색의 점들은 3차원상의 대단히 많은 은하들보다 촘촘하지 못했으나 그 초록색의 점들이 우주 거품의 윤곽을 희미하게 드러내고 있음에는 의심의 여지가 없었다. 어느 누구도 지금까지는 그것을 보지 못했다는 증거가 거기에 있었다.

청중들은 완전히 매료되었다. 그러나 가장 중요한 부분은 지금부터였다. 하버드 스미스소니언 천체물리학 센터는 부분적으로 의회의 지원을 받았고 겔러와 그녀의 동료들은 박물관의 예산 심사를 받아야 했기 때문에 자신들의 발견을 누구나 쉽게 이해할 수 있도록 영화를 만들었다. 이제 겔러는 그 영화를 보여주었다. 그것은 약 일 분 정도밖에 안 되는 짧은 것이었다. 음향은 없었으나 화면 자체가 스스로 말하고 있었다.

영사기가 돌아가기 시작하더니 '스미스소니언 천체물리학 관측소'라는 광고 화면이 지나갔다. 그리고 '우주에 있는 거품들'이라는 제목이 나타났다. 청중들 가운데 몇몇 사람이 환호하며 휘파람을 불었다.

이미 보았던 파이 조각 모양의 그래프가 화면에 나타났다. 이번에는 선명하게 천연색을 띠어, 은하들이 핑크빛 점이 되어 네온사인 사이로 떠다니고 있는 것처럼 보였다.

자료들을 컴퓨터를 통해 화면에 나타나게 하고 3차원에다 투영시켰기 때문에 쐐기 모양의 하늘 한쪽이 이제는 두께를 나타내고 있었다. 그러고 나서 파이 모양의 우주 전체가 하나의 축을 중심으로 회전하기 시작했고, 3차원 그림들은 마침내 부정할 수 없게 되었다. 그것은 마치 우리가 세계의 가장자리에 서서 눈앞에서 우주 전부가 회전하고 있는 것을 들여다보고 있는 것 같았다. 그것은 초현실적인 경험이었다. 그러나 그 방대한 형상에는 스위스 치즈처럼 구멍이 나 있었다.

홀데인은 언젠가 "우주는 우리가 가정한 것보다 기묘할 뿐만 아니라 우리가 상상할 수 있는 것보다도 더 기묘하다"라고 썼다. 참으로 그러했다. 우주의 한 단면이 완전한 회전을 끝냈으나 청중들은 감동하여 말을 잃고 있었다.

불이 켜졌다.

이 이론에 회의적이었던 짐 피블스조차 넋을 잃고 있었다. 그는 나중에 "마거릿의 연구는 우리들에게 우주의 분포에는 거품 같은 것이 있다는 것을 확신시켜주었어요"라고 고백했을 정도이다.

이것으로 오늘의 쇼가 끝났다. 과학의 진수라고 할 수 있는 연구 발표가 막을 내렸다.

빛을 들고 나아가다 Carrying the Fire

텅 빈 원자들, 물질은 단단한가

천문학자들이 유심히 들여다보고 있는 우주는 거의 비어 있는 공간이다. 천문학자들이 우주를 멀리까지 볼 수 있는 이유가 바로 여기에 있다. 시야를 방해하는 것이 아무것도 없기 때문에 망원경을 통해서 시공간의 한계점들까지 관찰할 수 있다. 물질의 내부를 바라볼 때에도 이와 꽤 유사하다. 물질 그 자체는, 그것이 비록 외관상 단단하고 촘촘해 보일지라도 역시 거의 비어 있다. 만약 날씨 좋은 날 알래스카에 있다면 시야는 320킬로미터 이상까지 미치게 될 것이다. 320킬로미터의 공기층을 뚫고 볼 수 있는 것이다. 물론 공기는 고체보다 덜 촘촘하다. 그러나 유리나 얼음 덩어리, 다이아몬드 등을 통해서 볼 수 있는 것처럼 고체를 통해서도 역시 볼 수 있다. 어떻게 이것이 가능한가? 어떻게 사물들을 통해서, 그것들이 마치 없는 것처럼 볼 수 있는가? 그 해답은 바로 물질이 거의 비어 있다는 데 있다.

잘 알다시피 물질은 분자로 구성되어 있고, 분자는 원자로 구성되어 있다. 원자는 중심의 원자핵 주위를 전자 구름들이 돌고 있는 아주 작은 태양계와 같다. 전자는 원자핵 크기의 약 십만 배나 되는 거리만큼 멀리 내부의 핵과 떨어져 있다. 따라서 원자핵의 부피, 즉 그것이 차지하고 있는 공간은 전체 원자 크기의 10억분의 1 정도도 안 된다. 그러므로 원자는 거의 비어 있고 텅 빈 공간뿐이라고 말해도 좋을 것이다.

원자가 거의 빈 공간이므로 우리가 살고 있는 세계를 구성하고 있는 탁자와 의자 같은 물체들 역시 모두 비어 있다. 만약 우리가 스펀지에서 물을 짜내듯이 물체로부터 모든 빈 공간을 제거해서 그 물체의 모든 입자들이 서로 닿도록 빼곡히 쌓아올릴 수 있다면, 이 세상의 커다란 물체들을 그들의 최소 부피로 줄일 수 있을 것이다. 그러면 대부분은 흔적조차 찾을 수 없을 만큼 줄어들 것이다. 즉 야구공은 보이지 않는 티끌처럼 될 것이고 사람은 파리 정도의 크기로 줄어들 것이며, 코끼리는 골무만 한 크기의 물건보다도 더 작아질 것이다.

보통의 물체를 구성하는 물질, 즉 그 물체의 원자 입자들은 매우 엷게 퍼져 있어서 연기 이상의 밀도를 가지고 있지 않다. 이것은 미스터리처럼 보인다. 이 세상의 물체들이 딱딱하고 굳은 바위처럼 느껴지는 이유는 무엇인가? 연기 속은 아무런 저항 없이 걸을 수 있지만, 고깃덩어리를 부엌의 탁자 위에 놓았을 때 이것이 탁자, 마루, 더 나아가서 지구 속까지 통과하는 경우란 없다. 그런데 빈 공간이라는 점을 감안한다면 이것은 상당히 이상해 보인다.

그리고 더 이상한 점이 있다. 만약 물질이 모두 비어 있다면 왜 마루판자를 부러뜨리기 위해서 발로 내리쳐야만 하는가? 왜 마루판자들은 그것들의 무게로 인해서 무너져 내리지 않는가? 왜 이 세상은 연기가 사라지듯이 희미해져서 사라져버리지 않는가?

일상생활의 여러 물체들을 구성하고 있는 분자 집합체들에게 적용되는 사실들은 각각의 원자들에게도 역시 적용되므로 사람들은 원자의 전자와 양성자가 서로 떨어져 있다는 것에 대해 의아하게 생각하게 되었다. 양성자와 전자는 서로 반대의 전하를 띠고 있다. 반대의 전하는 서로 끌린다… 그런데 왜 각각의 원자들은 붕괴하지 않는 것일까? 왜 그것들은 소멸되어버리지 않는 것일까? 이러한 것이 1920년대에 물리학자들에게 양자역학을 창출하도록 이끈 의문들이다. 원자의 안정성에 관한 의문을 해결하기 위해서 닐스 보어는 궤도의 양자화를 생각해냈고 슈뢰딩거는 파동 방정식을 개발했다. 양자역학에 따르면, 원자가 붕괴하지 않는 이유는 전자들이 가질 수 있는 최소한의 궤도나 최소한의 에너지가 있기 때문이라는 것이다. 일단 원자가 그것의 바닥 상태, 즉 최소 에너지 상태에 있게 되면 그것은 더 이상 내려갈 수 없고 자동적으로 안정화된다.

불행하게도 원자에 관한 문제는 해결되었지만 원자의 커다란 집합체를 고려해야만 하는 분자의 경우에는 여전히 문제가 남아 있다는 사실이 거의 반세기 동안 주목받지 못했다. 각각의 원자의 전자들은 원자핵 주위의 최소 궤도를 돌고 있다는 사실이 원자의 집합체들이 안정된 채로 유지된다는 사실을 보장해주지는 못한다. 여전히 각각의 원자 사이에는 비어 있는 공간이 존재하고 그들 사이에는 반 데르 발스의 힘van der Waals' force이라고 불리는 인력이 존재한다. 반 데르 발스의 힘은 마치 중력처럼 작용하여 원자들이 서로 가깝게 접근하면 그들 사이의 힘은 더욱더 커져서 더 밀집된 원자들의 집합체를 형성하게 된다. 결국은 우주의 블랙홀과 같이 모든 것이 쪼그라들어버린다.

이것이 바로 두 명의 수리물리학자 마이클 피셔와 데이비드 루엘이 1966년 『수리학 저널』지에 발표한 「다입자계의 안정성」에서 묘사한 시나리오이다. 모든 가능한 경우를 고려한 후에도 그들은 일상적인 물체들이 연기와 같이 되지 않는 이유를 설명할 수 없었다. 이것은 매우 이상한 것이었다. 안정된 물질은 형이상학적 방식으로 소리없이 움직이면서 일종의 평형 상태로 거기에 머물러 있게 된다. 그러나 이 평범한 경험적 사실을 물리학이 설명할 수 없는 것이다.

프린스턴 대학의 이론 물리학자인 앤드류 레너드는 그 대학의 플라스마 물리학 연구소에서 이 문제에 관해서 연구하고 있었다. 그는 물리학자로서 물질의 안정성을 이해하고 물리적 대상체들이 공기 속으로 사라져버리지 않을 것임을 증명할 수 있는 어떤 방법이 있어야만 한다고 생각했다. 여러 가지 전기적 힘들이 서로 상쇄되어 어떤 물체가 카드로 만든 집처럼 무너져 내리지 않고 형태를 유지하는 것을 보이기 위해서 정전기학의 법칙들을 적용할 수 있을 것이라고 생각했다. 하지만 열심히 생각하고, 연구하고, 계산했으나 어떠한 결론에도 이르지 못했다. 그래서 1965년에서 1966년까지 일 년 동안 플라스마 물리학 연구소로부터 특별 휴가를 얻어 고등학술연구소에 머무르면서 물질의 안정성에 관해서 연구했다.

그 연구소에서 레너드는, 양자역학이 필요하다는 것을 깨닫고는 양자역학과 원자 입자들의 에너지에 관한 여러 논문을 썼던 입자물리학자 프리먼 다이슨을 기억해냈다. 앤드류 레너드는 다음과 같이 회상했다. "그래서 어느 날 그를 찾아가서 그 논문의 복사본을 부탁했습니다. 왜 필요하냐고 묻기에 나는 물질의 안정성에 관한 문제를 이야기했죠. 곧 그는 이 문제에 흥미를 갖게 되었습니다. 그래서 나에게 그 문제에 대해서 같이 연구해보면 어떻겠느냐고 물어왔고, 물론 나는 찬성했죠."

레너드는 사람을 제대로 찾아갔다. 그 연구소에는 가장 이론적인 분야의 입자물리학자들로 가득 차 있었는데, 그들은 자신들의 이론적인 성과를 이론 밖의 실제 세계에 연관시키려 하지 않았다. 그들은 애매하고 난해한 기본 입자들에 관해서는 잘 알고 있어서 사람들이 별로 알고 싶어하지 않는 중간자의 초미세 분열과 같은 문제에 대해서는 이야기할 수 있어도, 자신들의 추상적인 이론을 실제 세계의 일상적인 물체에 연관시키려고 하지 않았다. 이것에 대해서는 전혀 경험을 하지 못했을뿐더러 거의 훈련조차 받지 못했던 것이다. 그러나 프리먼 다이슨은 달랐다. 그는 파이온이나 케이온과 같은 것들보다는 일상적인 세계에 더 애착을 가지고 있었다. 양자론의 핵심에 대해서 연구할 때와 마찬가지로 원자로 설계나 우주선의 제작에 관한 연구에도 흥미를 느끼고 있었다. 거시적인 세계와 미시적인 세계 모두에 정통했던 것이다.

이 점은 앤드류 레너드에게는 행운이었다. 다이슨은 레너드가 다녀간 지 몇 주 지나지 않아 물질이 왜 연기처럼 되지 않는지를 이해하게 되었다.

기발한 천재 프리먼 다이슨

프리먼 다이슨은 의심할 바 없이 고등학술연구소에서 가장 잘 알려져 있는 사람이다. 사실, 입자물리학의 교수진 중에서 노벨상 수상자가 한 명도 없었고 과학적으로 중요한 업적을 이룩하지 못했음에도, 다이슨은 과거 화려하던 시절의 아인슈타인에 비견될 만한 위치를 차지하고 있다. 그의 덕택에 연구소가 명성을 얻고 있었다. 그래서 그 연구소는 적어도 대중적으로는 다이슨이 일했던 곳으로 알려져 있다. "아, 그 연구소에 있었다고요? 그럼, 다이슨 박사를 알겠군요" 하고 사람들은 말한다.

다이슨은 언제나 화젯거리가 되어왔다. 연구소의 다른 동료들과는 달리 그는 한 분야에 오랫동안 머물러 있지 않았다. 이 세상에는 한 가지 일에만 시간을 투자하기에는 흥미로운 것이 너무나 많다는 듯이 모든 방면에 손을 댔다. 다이슨은 1940년대에 존재했던 양자전기역학QED에 관한 세 가지 이론을 통합했지만, 단지 입자물리학자만은 아니다. 그리고 중성자별, 펄서, 이론적인 은하계의 운동론 등에 관한 논문을 썼지만, 또한 천체물리학자만은 아니다. 그리고 케임브리지 대학에서 수학으로 학위를 받았지만, 단지 이론 수학자만은 아니다. 그는 이 모든 것이었고 그 이상이었다.

프리먼 다이슨은 아마도 그 연구소에 있었던 사람들 중에서 가장 풍부한 상상력을 가지고 있었던 사람일 것이다. 기본 입자에 관한 것뿐만 아니라 별, 은하 등 모든 방면에 관한 아이디어들이 그의 머리에서 쏟아져 나왔다. 혜성에 나무를 심거나 혜성을 타고 태양을 여행한다는 시나리오, 혹은 고무 거울로 반사 망원경을 만든다는 생각(공기에 의한 뒤틀림을 보안하기 위해서 모양의 재조정이 필요할 수도 있다), 혹은 거북이의 DNA를 재구성하여 다이아몬드가 박힌 이빨을 갖는 거북이를 만들자는 그의 제안을 생각해보라! 이 보석 이빨의 거북이들은 고속도로를 기어 다니면서 깡통, 빈 병과 같은 쓰레기들을 먹어치울 것이다. 미친 소리처럼 들릴지는 모르지만, 누구라도 "허, 그 사람 생각 하나는 기발한데!" 하고 말할 것이다.

다이슨은 이러한 문제들에 대한 통찰력과 함께 유머 감각도 있었다. 그는 모든 것이 약간 미친 짓이라는 것을 잘 알고 있었다. 그러나 다이슨에게 이러한 미친 짓은 악덕이 아니라 미덕이었다. "케임브리지 대학에 가보신 적이 있으세요?" 다이슨은 어느 땐가 이렇게 물었다. "그곳에는 미친 사람들, 어렵고도 역사적인 무언가를 이룩할 찰나에 있는 괴짜들로 가득 차 있습니다. 그들이 왜 미쳐서는 안 되는 거죠? 자연이 미쳤는데 말입니다. 나는 이 연구소에서도 미친 사람을 많이 만났으면 합니다."

프리먼 다이슨은 오펜하이머가 소장으로 있던 1948년에 연구소에 들어왔다. 1950년에 그곳에 다시 채용되었고 몇 년 후에 오펜하이머는 그를 정교수로 임명했다. 오펜하이머는 그가 말했듯이, '이론 물리학계에서 가장 화려한 미래를 보장받은' 입자물리학자를 채용했다고 생각했다. 그러나 교수가 된 지 얼마 되지 않아 다이슨은 그 자리를 그만두었다. 그의 꿈이 실현되기 시작했다… 광기가 서쪽으로부터… 그리고 별들로부터 손짓을 받았다. 그래서 다이슨은 우주선 설계를 돕기 위해 샌디에이고로 갔다. 물론 그것은 특별한 종류의 우주선이었다. 수소폭탄으로부터 동력을 얻을 예정이었던 것이다.

수소폭탄 로켓으로 토성에 가자!—'오리온 계획'의 전모

다이슨의 우주 여행에 대한 꿈은 영국에서의 어린 시절까지 거슬러 올라간다. 그곳에서 이 지구를 떠나 홀로 다른 행성들을 여행하는 자신의 모습을 상상하곤 했다. 그러나 수소폭탄 우주선은 그의 아이디어가 아니었다. 폴란드의 수학자 울람의 생각이었다. 그는 1930년대에 한 학기 동안 그 연구소에 있었던 적이 있었다. 그후 여러 직업을 전전하다가 전쟁 기간 동안 로스앨러모스에 온 이후로 그곳에 머물고 있었다. 그리고 존 폰 노이만, 에드워드 텔러 등과 함께 수소폭탄을 개발했다.

1955년 무렵 울람과 그의 동료 에버레트는 열핵폭탄의 연속적인 폭발에 의해 추진되는 우주선에 관한 논문을 썼다. 그 우주선은 수소폭탄을 우주선의 후미에서 폭발시켜, 거기서 발생된 충격파에 의해 힘을 받아 하늘로 발사되도록 되어 있다. 이것은 양철 깡통 뒤에 폭죽을 터뜨려 하늘 높이 날려 보내는 것과 같았다. 이 생각은 공군 위원회에서 신중히 검토했고, 원자 에너지 위원회로부터는 특허까지 받은 상태였다.

사기업인 제너럴 다이내믹스 주식회사는 캘리포니아의 라 졸라에 제너럴 아토믹이라는 실험실을 설치함으로써 행동을 개시했다. 제너럴 아토믹은 원자력 발전 사업을 하던 곳이었으나, 1957년 스푸트니크 호가 지구 밖에서 경적을 울리고 사람들에게 달 여행이 현실로 다가오자 핵 추진 우주선이 경제적인 면에서 유리할 것이라는 데 생각이 미쳤다. 그러던 중 로스앨러모스에서 편리한 원자력 장치들을 설계했던 테드 테일러가 제너럴 아토믹에 합류하여 태양계 여행용 우주선에 수소폭탄을 사용하는 방법에 대해 연구하기 시작했다. 그는 그 계획을 오리온 성좌의 이름을 따서 오리온 계획이라 불렀다.

테일러는 코넬 대학에서부터 다이슨을 알고 있었다. 그래서 다이슨에게 연락하여 동업할 것을 제안했다. "멋진 생각이었어요." 다이슨은 후에 이렇게 회상했다. "사람들은 우주선이 터져버릴 거라고 했지요. 하지만 개의치 않았어요. 그 일은 기술적인 면에서 타당성이 있었고 우리 모두가 기다리던 것이었습니다."

우리 모두가 기다리던 것이라니?

다이슨은 언제나 이런 것을 기다리고 있었다. 그래서 일 년 기한으로 연구소를 떠나 가족들과 함께 캘리포니아로 갔다. 그때는 1958년이었고, 오리온 계획의 슬로건은 '1970년까지 토성에'였다.

그리고 이것은 단순한 슬로건만은 아니었다. 그들은 진지하게 그 계획을 추진했고, 다이슨은 자신이 곧 우주 여행을 할 수 있을 것이라고 생각했다. 그는 테드 테일러의 집 뒤뜰에 있는 천체 망원경으로 하늘을 쳐다보며 토성의 테를 미끄러지듯 통과하여 엔셀라두스 위성에 부드럽게 착륙하는 자신을 상상하곤 했다. 엔셀라두스에는 채소 농장을 할 수 있을 만큼 물이 충분할지도 모른다.

그가 타고 여행할 우주선은 추진기 판 위에 거대한 막대기처럼 놓여질 것이다. 폭탄이 터지면서 우주선은 하늘 멀리 날아길 것이고 곧 딜파 금성에 도착하여 소행성대가 시야에 들어올 것이다.

적어도 이것이 그들의 생각이었다. 물론 사려 깊고 신중한 사람들에게 이러한 계획은, 커다란 대포로 사람을 달까지 쏘아올린다는 쥘 베른*의 이야기를 조금 그럴듯하게 만든 촌뜨기의 꿈에 불과할 것이다. 그러나 놀라운 것은 이 촌뜨기의 계획이 실행에 옮겨졌다는 사실이다.

사실 그것은 비록 소규모라 할지라도 여러 차례 시도되어왔다.

미국 항공우주국NASA의 공식적인 우주 계획에서도 여러 번의 실패가 있었듯이 이 계획도 마찬가지였다. 오리온 계획은 태평양이 내려다보이는 샌디에이고의 어느 높은 절벽에서 수행되었다. 테드 테일러, 프리먼 다이슨, 그리고 조수들은 토요일 아침이면 그곳에서 오리온 계획의 실

---

* Jules Verne, 1828~1905, 프랑스의 소설가로 근대 공상과학소설의 선구자이다. 대표작으로 『해저 2만 마일』, 『80일간의 세계일주』 등이 있다.

험 모형이 떠오르다 산산조각이 나 추락하는 것을 보곤 했다.

처음에는 이러한 일조차 일어나지 않았다. 첫번째 실험에서는 1미터 크기의 추진기 판이 사용되었다. 폭탄은 터졌으나―수소폭탄이 아니라 보통의 화학폭탄이 사용되었다―모형은 움직이지 않았다. 폭발은 1마일 밑에서 1분마다 일어나고 있었다. 그러나 모형은 돌로 만들어진 것처럼 꼼짝도 하지 않았다. "내가 생각하기에는 이 실험을 연기해야만 할 것 같아." 다이슨은 그때 말했다. "우리가 중력 가속도 1조차 낼 수 없다면 말이야."

명확하게 로켓은 더 가벼워야만 했다. 적어도 움직이려면, 그리고 적어도 조금이라도 나아가려면. 그래서 그들은 토요일 아침마다 새로 개조된 가벼운 모형으로 실험했다.

적어도 핫 로드(hot rod, 엔진을 고속으로 개조한 자동차. 여기서는 로켓 모형을 빗대어 쓴 용어/옮긴이)는 움직였다. 그것은 발사대를 박차고 하늘을 향해 올라갔다. 그러나 곧이어 "꽝" 하는 소리와 함께 연기를 내며 폭발하여 수많은 파편 조각으로 떨어졌다. 이러한 일이 계속되었다.

언젠가는 테드 테일러가 수학자 리처드 코란트를 초청하여 비행 실험을 참관시켰다. 코란트는 당대의 가장 위대한 수학자로서 독일 출신이었다. 그는 괴팅겐에서 다비트 힐베르트와 함께 연구한 적도 있는 충격파 분야의 대가였다. 그리하여 코란트가 토요일 아침에 그곳에 와서 실험을 보게 되었다. 폭탄이 터지고 핫 로드가 발사대를 떠난 다음 또다시 마치 폭죽처럼 "꽝" 하고 산산이 부서져 그의 눈앞에 떨어졌다.

코란트는 독일 억양으로 말했다. "이건 보통 바보짓이 아니군."

그러나 드디어 오리온 계획의 모델은, 다이슨이 캘리포니아를 떠나 연구소로 되돌아갔을 때 수백 피트 높이까지 날았다. 프린스턴에 돌아온 어느 날 그는 여전히 그 계획에 매달려 있던 그의 동료로부터 한 통의 편지를 받았다. 그 편지에는 다음과 같이 씌어 있었다. "지난 토요일에 포인트 로마의 축제를 우리와 함께 즐길 수 있었더라면… 드디어 핫로드가 하늘을 날았습니다. 그것이 얼마나 멀리 날았는지는 모릅니다. 산등성이에 있던 테드는 눈짐작으로 약 백 미터 정도라고 합니다. 여섯개의 폭탄이 예상치 못한 굉음과 위력으로 터졌습니다… 낙하산이 정확히 정상에서 펴지고 그것이 블록 하우스 앞에 정확하게 내렸습니다."

그러나 그것이 수소폭탄 우주선 계획의 마지막이었다. 미국 정부는 우주 계획에 핵 로켓 대신 화학 로켓을 사용하기로 결정했고, 그후 1963년의 핵실험 금지 조약에서 대기중에서나 우주에서의 핵실험을 금지시켰기 때문에 그 계획은 영원히 묻히게 되었다. 그러나 핫 로드는 여전히 살아 있다. 그것은 워싱턴 기념관을 향한 채로 줄에 매달려 국립 항공 우주 박물관에 전시되어 있다.

그리고 그곳에는 알루미늄 조각들이 있었다. 다이슨은 실험 후에 흩어진 우주선의 파편을 주우면서 포인트 로마 주위를 산책하곤 했다. 그는 여전히 연구소의 자기 책상 서랍에 파편 몇 조각을 투명한 폴리에틸렌 자루에 넣어서 간직하고 있다. 그것들을 볼 때마다 별 여행을 하려 했던 그 시절을 생각한다.

"아, 어렵군." 프랭크 양이 외치다

레너드가 물질의 안정성에 관한 문제 때문에 다이슨을 방문했을 때 다이슨은 즉시 그 문제에 골몰했다. "요점은 원자들이 대규모로 함께 존재할 때 그렇게 극단적으로 복잡하게 된다는 것입니다. 그것들이 액체나 고체가 될 수 있는 것처럼 매우 다양한 불안정한 화합물이나 폭발물도 될 수 있습니다. 그것들은 다양하며 복잡하고 매우 기괴한 형태를 보입니다. 그런데 이것들은 단순한 원자들로 이루어진 것들입니다. 극히 보통의 원자들 말입니다. 그러므로 의문점은 바로 이러한 물질의 다양한 행동 양식에도 불구하고 그 물질을 이루는 조각인 원자는 붕괴하지 않는다는 점입니다"라고 다이슨은 말한다.

그 해답은 레너드에게나 다이슨에게나, 또 그 어떤 사람들에게나 명확하지 않았다. 연구소의 D동 건물에 있는 레너드의 연구실 바로 옆에는 프랭크 양이 있었다. 프랭크 양은 약한 상호작용에 있어서 패리티의 비보존 법칙을 정립한 공로로 리정다오와 함께 노벨 물리학상을 수상한 바 있다. 양과 레너드는 건물 내에서 서로 마주치면 인사를 나누는 사이였지만 레너드가 양의 연구실을 찾아가 같이 토론한 적은 없었다. 젊은 학자가 대가들을 찾아가 연구하고 배우는 것이 연구소의 주요 목적 중 하나이지만 이러한 일은 거의 일어나지 않는다. 예를 들어 다이슨은 한 번도 아인슈타인이나 괴델을 찾아간 적이 없다. 다이슨은 이렇게 말한다. "나는 괴델을 일상생활에서 꽤 알고 있었습니다. 하지만 그와 마주 앉아 철학적인 토론을 한 적은 없습니다. 나는 언제나 너무 수줍어했죠. 아인슈타인에게도 역시 마찬가지였습니다. 내가 어떻게 감히 '안녕하세요. 아인슈타인 선생, 이야기를 좀 나누고 싶군요' 하며 시간을 빼앗을 수가 있겠습니까? 그들에게는 나와 이야기하는 것보다 더 중요한 일들이 많았습니다."

그런데 운 좋게도 어느 날 양이 레너드를 찾아와 잡담을 하다가 그가 하고 있는 일에 대해서 물었다. 그래서 물질의 안정성에 관한 문제를 이야기했다. 양은 이 문제가 꽤 흥미로운 것이라고 생각하고는 "참, 재미있군요. 그 문제는 정말 사소한 문제이든가 아주 중요한 문제이든가 둘 중 하나일 겁니다"라고 말했다.

그러고 나서 양은 바로 옆에 있는 자기 연구실로 돌아갔다. 잠시 후 레너드는 벽을 톡톡 두드리는 듯한 소리를 들었다. 그는 이 소리가 프랭크 양이 칠판에 무언가를 쓰고 있는 소리임을 알았다. 이 소리는 잠시 동안 계속됐다. 톡, 톡, 톡, 톡, 분필이 칠판을 계속해서 두드렸다. 레너드는 더 이상 그것에 신경 쓰지 않았다.

갑자기 그 소리가 멈췄다. 허약한 사람이 심장마비라도 일으킨 것처럼 죽은 듯이 고요했다. 몇 분 후 양이 레너드의 연구실에 머리를 내밀었다. "아, 어렵군." 이렇게 한마디 내뱉고는 사라졌다.

그 문제는 다이슨에게도 역시 어려웠다. 앤드류 레너드는 이렇게 회상한다. "그는 여러 주 동안 붙잡고 있다가 나에게 와서는 이렇게 말하는 것이었습니다. '이것 좀 봐요. 이건 굉장히 재미있는 문제입니다. 우리는 이러저러한 식으로 해나갈 수 있을 것 같고 이러저러한 것들도 그럴듯해 보이는군요.' 그는 수많은 아이디어들을 가지고 있었고 나는 그것들 중 몇 개를 연구하기 시작했습니다."

다이슨과 레너드는 캠퍼스의 정반대 편에 위치하고 있었으나 다이슨의 연구실 위에 세미나실이 있었기 때문에 두 사람은 매일 그곳에서 만나서 이 문제와 씨름했다.

"세미나실에는 커다란 칠판이 있었습니다." 레너드는 말한다. "보통 아무도 없었기 때문에 다이슨은 칠판을 이용해서 나에게 설명하고 나는 그 중 몇 가지 문제점에 대해 이의를 제기하곤 했습니다. 그의 주장 중 몇 가지는 틀렸거나 엄밀하지 못했지만 그는 언제나 새로운 아이디어를 가지고 다시 오곤 했습니다. 우리는 몇 시간 동안 그것에 몰두했고, 나 혼자 남아서도 그것에 대해서 곰곰이 생각하곤 했습니다. 사실 나는 거의 진전을 보지 못했습니다. 왜냐하면 다이슨이 의도하는 바가 무엇인지를 알아차렸을 때 그는 벌써 또 다른 아이디어를 내놓기 시작했으니까요.” 레너드는 계속해서 말했다. “어쨌든 많은 기술적인 어려움이 있었지만 그 연구는 약 두 달 동안 계속되어 드디어 모든 것이 밝혀지기 시작했습니다.”

다이슨이 그 문제를 완전히 해결했다고 확신한 레너드는, 그에게 물질이 연기처럼 사라지지 않게 되는 이유에 관한 설명을 발표하라고 권유했다. 그러나 다이슨은 공동 발표를 고집했다. 어디까지나 이 문제는 레너드의 연구 목표였고 그도 역시 많은 일을 했다는 것이었다. “그는 매우 관대했습니다. 그러나 아이디어를 생각해낸 사람은 바로 다이슨이었습니다. 이 점은 의문의 여지가 없습니다.” 레너드는 이렇게 말한다.

그리하여 선후배 과학자들에 의한 공동 논문으로 후배였던 레너드는 선배의 아이디어를 쓰기 시작했다. 40쪽에 달하는 그 논문은 두 부분으로 나뉘어 1967년과 1968년에 『수리물리학 저널』지에 실렸다.

그렇다면 물질이 안정되어 있는 이유는 무엇인가?

“그 대답을 한마디로 요약하기는 수월치가 않습니다. 증명은 여러 교묘한 수학적 기술을 요합니다. 그러나 기본적으로는 배타 원리만이 필요합니다. 물질이 그 자체의 모양을 유지하는 이유는 전자들이 배타 원리를 반드시 지키기 때문이지요.” 볼프강 파울리에 의해 제안된 배타 원리란 두 개 이상의 페르미온(기본 입자의 한 부류)들은 동일한 양자 상태를 차지할 수 없다는 것이다. 이러한 상호 배타성으로 전자들은 서로 간격을 갖게 되어 상대 전자의 빈 공간으로 떨어지는 것을 막는다. 다이슨은 말한다. "이 결과는 아마도 신이 물질로 세상을 창조하기 전에 배타율을 발명해야만 했던 이유를 철학적으로 이해하는 데 도움이 될 것입니다"라고 다이슨이 대답한다.

논문이 교묘한 수학적 기교들로 가득 차 있었음에도 불구하고 다이슨-레너드의 증명은 얼마 되지 않아 폐기되었다. 레너드는 "이 논문이 근사하고 타당한 해답이라고 생각하지는 않습니다. 그 속에는 많은 훌륭한 생각이 들어 있었지만 끔찍하게 복잡하여 그것이 타당한 이유와 나타내고자 하는 것이 무엇인지를 이해하기에는 힘들었습니다"라고 말한다.

또 다이슨은 이렇게 말한다. "그 논문의 기교적인 면은 지금 쓸모가 없어졌습니다. 후에 엘리엇 리브와 월터 서링은 더 훌륭하게 이 일을 해냈습니다. 아이디어는 같았지만 그들은 수학 부분을 훨씬 개량해서 우리가 40쪽에 걸쳐 했던 일을 단 네 쪽으로 줄일 수 있었던 것이지요."

과묵한 디랙의 즐거움

다이슨-레너드의 논문은 물리학 저널에서 발견되는 표준적인 형태는 아니었다. 즉 그것은 물리학자들이 모두 옳다고 여기는 문제, 물질은 본질적으로 안정된 것이라는 사실에 관한 설명이었다. 대부분의 주류 입자물리학자들은 폭죽에서 터져나오는 불꽃들처럼 입자가속기에서 쏟아져 나오는 미지의 새로운 입자들과 씨름하는 데 전념했다. 1930년대까지만 해도 저 위대한 과학자들, 즉 아인슈타인, 보어 등은 이 세계가 기본적인 입자들인 전자, 양성자, 중성자, 그리고 광자로 이루어져 있고 이들 입자만으로도 전체 물리계의 완전하고 일관된 이론을 구성할 수 있을 것이라고 생각하고 있었다. 그러나 실험 물리학자들이 물질의 미세 구조를 깊숙이 탐구하면 할수록 더욱더 많은 입자들이 발견되었다. 한때 입자의 수는 사람의 머리로 기억할 수 있을 정도였으나, 1960년대에 이르러서는 너무나 많은 수의 입자들이 알려지게 되었으므로 물리학 저널들은 그것을 나열하기 위해서 휴대용 카드를 인쇄해야만 했다. 이제는 이러한 카드만으로도 불충분하여 『현대 물리학의 고찰』이라는 잡지에서 이제까지 알려진 입자, 공명성, 그리고 그들의 상태에 관한 전체 리스트를 작성했을 때에는 책 한 권이 필요했다.

이론가와 실험가는 새로운 입자의 발견을 놓고 끊임없이 경주하는 것처럼 보였다. 드문 경우지만 이론이 실험을 앞서는 경우도 있다. 즉 어떤 이론가가 어떤 입자가 존재해야 하고 그 입자의 성질은 어떨 것이라고 예견하면 실험가들이 자신들의 실험장치로 그것을 발견하는 것이다. 그러나 때로는 누구도 예견하지 못했던 입자들이 발견된다. 중간자가 발견되었을 때 라비의 반응은 인상적이다. "도대체 누가 이것을 주문했지?" 그러나 입자를 추적하는 일은 자연과의 경주이며, 성화 봉송자들처럼 연구소의 이론가들은 횃불을 나르고 있었다.

위대한 이론 입자물리학자들 거의 대부분이 이 연구소를 거쳐갔다. 아인슈타인과 닐스 보어는 물론, 막스 폰 라우에, 라비 등을 포함하여 후에 젊은 과학자들, 즉 머레이 겔만, 유카와 히데키, 도모나가 신이치로, 아게 보어(닐스 보어의 넷째아들/옮긴이), 압두스 살람, 프랭크 양, 리정다오 등이 그들이다. 이들은 모두 노벨상 수상자들이다. 이들 이외에 양자물리학 혁명의 개척자들이 있다. 즉 조지 울렌벡, 로버트 밀즈, 프리먼 다이슨, 에이브러험 파이스, 존 휠러, 프랭크 윌젝, 제프리 추, 브루노 주미노, 유발 니먼, 가브리엘 베네치아노, 요이치로 남부, 툴리오 레제, 마샬 로젠블루스… 이외에도 많은 사람들이 있다. 이들 연구소의 이론 물리학자들 중 가장 위대하며 가장 독특한 두 사람이 바로 디랙과 볼프강 파울리였다.

디랙은 수도승에 버금갈 만큼 은둔적이고 과묵한 천재의 전형이었다. 디랙은 한때 이렇게 회상했다. "아버지는 나에게 아버지와 이야기할 때에는 프랑스어를 사용하도록 하셨어요. 그런데 나는 프랑스어로 잘 표현할 수가 없었기 때문에 차라리 침묵하고 있는 편이 낫다고 생각했지요. 그때부터 나는 매우 과묵해지기 시작했습니다." 그리고 그는 그후 영원히 침묵하고 있는 듯이 보였다. 한번은 버클리의 물리학자 두 명이 디랙과 한 시간 동인을 힘께하며 이 축복받은 사람으로부디 자기들의 연구에 대한 몇 마디 비평을 기대했다.

그러나 기대는 헛된 것이 되어버렸다. 한 시간이 다 지나갈 동안 디랙은 아무런 반응을 보이지 않았다. 침묵이 어색해지기 시작하자 그는 "우체국이 어디 있죠?"라고 묻더니 우표를 사기 위해 그 자리를 떠났다. 또 한번은 디랙이 소설 『죄와 벌』에 대해서 어떻게 생각하는지에 대한 질문을 받은 적이 있었다. "훌륭합니다." 디랙은 간결하게 대답했다. "그런데 어떤 부분에선가 작가는 실수를 했더군요. 같은 날에 해가 두 번 떠오르도록 썼습니다."

세상일로부터 물러나 디랙은 방정식의 세계에 몰두했다. 그는 이렇게 말한 적이 있다. "방정식을 가지고 노는 일은 내 생활의 커다란 부분을 차지합니다. 이런 사실이 다른 물리학자들에게도 적용된다고 생각지는 않습니다. 이것은 단지 아무런 물리적 의미가 없더라도 아름다운 수학적 관계식을 탐구하며 방정식들과 함께 즐기기를 좋아하는 나 자신의 특징이죠. 때때로 이러한 관계식들이 물리적 의미를 갖기도 합니다."

물리적 의미를 지닌 것으로 밝혀진 방정식들 중에 그가 기대했던 것 이상의 결과를 초래한 방정식이 있었다. 현재 '디랙 방정식'이라고 불리는 이 방정식은 반물질이라고 이름붙여진 입자들의 새로운 세계를 향한 문을 열었다. 그 방정식은 거의 완벽하게 전자의 행동을 기술하는 것 이외에 전혀 새로운 종류의 전자, 즉 전하가 양인 전자를 예언했다.

처음에 디랙은 그의 방정식이 근사적으로 양성자를 기술하고 있다고 생각했다. 왜냐하면 양성자의 전하는 전자의 전하와 정반대이기 때문이었다. "그 시절에 사람들은 전자와 양성자만이 자연계에 존재하는 입자의 전부라고 여겼습니다"라고 그는 말한다. 그러나 그의 방정식이 기술하고 있는 양전하의 입자는 양성자가 아니었다. 왜냐하면 양성자의 질량은 전자에 비해 거의 2천 배나 되기 때문이다. 만약 디랙 방정식이 의미가 있는 것이라면 이 사실은 '실험 물리학계에 알려져 있지 않은 새로운 종류의 입자, 전자와 같은 질량과 반대의 전하를 갖는 입자'가 존재한다는 사실을 의미했다. 디랙은 그것을 '반전자'라 불렀다.

그가 이것의 존재를 예견한 지 일 년 반 만에 '반전자'는 칼텍의 칼 앤더슨의 '구름 상자 실험'에 의해 발견되었다. 앤더슨은 이것을 '양전하 전자'라 불렀으나 오늘날 이것은 양전자라 불린다. 디랙 방정식은 전자뿐만 아니라 양성자의 경우에도 역시 적용되어 반양성자를 기술하였다. 이것은 그 존재가 예언된 지 약 20년 후에 발견되었다. 사실 디랙 방정식은 반물질이라는 완전히 새로운 영역을 제시하였고, 그리하여 물리학자들은 그들 앞에 펼쳐진 광대한 반물질의 세계에 뛰어들었다. 베르너 하이젠베르크는 이렇게 말했다. "반물질의 발견은 아마도 이 세기에 일어난 물리학의 커다란 도약 중에서도 가장 위대한 도약이다."

디랙은 1930년에 처음 연구소를 방문한 이래 1970년대까지 10년 주기로 이 연구소를 찾았다. 어디에서나처럼 프린스턴에서도 은둔적이었던 그는 연구소의 숲에 특별한 애정을 가지고 있었다. 오후 늦게 무언가를 중얼거리면서 손도끼를 들고 그 숲 속으로 사라지곤 했다. 말이 없고 혼자 있기를 좋아했던 디랙은 기질적으로 완전히 이 연구소 사람이었다.

실험보다는 이론을 더 좋아했으며, 이론이란 수학적 아름다움을 갖추고 있어야 한다고 생각했던 그는 진정한 이상주의자였다. 그는 말년에 이렇게 말했다.

"만약 실험 결과가 예상과 일치하지 않는다면 우리는 그 실험 결과가 틀린 것이고 머지않아 다른 실험가들이 이것을 정정할 것이라고 믿어도 될 것입니다. 물론 이러한 문제들에 대해 너무 고집을 부릴 필요는 없습니다만 때론 그럴 필요도 있는 것입니다."

아인슈타인도 독설의 희생물, 자신만만한 파울리

성격적인 면에 있어서 볼프강 파울리만큼 대담한 사람은 없었다. 몸집이 우람했던 파울리는 다혈질이어서 다소 과장된 몸짓과 공격적인 말투로 말했다. 근육에 힘이 넘치는 듯이 발을 앞뒤로 건들거리며 머리를 이리저리 흔드는 버릇이 있었다. 특히 남 헐뜯기의 명수로 둘째가라면 서러워할 정도였다. 언젠가 갑자기 유명해진 어떤 물리학자를 일컬어 '너무 젊어서 아직 알려지지 않은' 사람이라 표현했다. 만약 어떤 사람의 생각이나 이론이 마음에 들지 않으면 '틀릴 만한 자격조차 없군' 하고 비아냥거린다. 비록 드문 경우지만 칭찬해줄 만한 상대가 있을 때조차도 곱지 않은 말투로 그것을 표현했다. 그 예로 아인슈타인의 세미나를 듣고 난 후 파울리는—이때 그는 단지 대학원생에 불과했다—일어서면서 "아인슈타인 교수가 하는 말이 그리 어리석지만은 않았어"라고 말할 뿐이었다.

그는 또한 물리학 분야에서, 그리고 아마도 과학의 전체 역사를 통틀어서 둘째가라면 서러워할 만큼 자만에 찬 사람이었다. 그는 에이브러험 파이스에게 연구해볼 만한 새로운 물리학을 찾을 수 없다고 불평한 적이 있었다. 다리를 건들거리면서 "내가 너무 많이 알고 있기 때문이 아닐까?"라고 그 이유를 달았다.

그는 물리학 학술 회의에서 어떤 사람이 명확치 않거나 그의 구미에 맞지 않는 말을 할 때면 언제나 그들을 깔아뭉개곤 했다. 이러한 일은 오펜하이머가 앤아버에서 세미나를 했을 때도 일어났다. 오펜하이머가 칠판을 방정식들로 가득 채우며 강연을 하고 있을 때 파울리가 벌떡 일어나더니 지우개를 집어 칠판을 모두 지우면서 이것은 완전히 엉터리라고 말했다. 결국 헨드리크 크라머스가 끼어들어 그를 앉히고 조용히 하라고 해야만 했다.

이것은 1930년대에 일어난 일이지만 그후 20년이 지난 후에도 파울리는 여전히 변함이 없었다. 이때 오펜하이머는 청중 속에 있었고 강연자는 프랭크 양이었다. 그는 게이지 불변에 대해 이야기하고 있었다. 양이 채 몇 마디 하기도 전에 파울리가 끼어들어 "그 입자의 질량은 얼마입니까?"라고 질문을 했다. 양은 그 문제는 매우 복잡해서 확실한 대답을 할 수 없다고 했다. 그러자 파울리는 그것은 충분한 변명이 못 된다며 면박을 주었다. 예의와 자제심의 사나이인 양은 조용히 혼자서 마음을 가라앉히고 있을 수밖에 없었다.

그 다음날 파울리는 양의 우편함에 다음과 같은 내용의 쪽지를 남겨 놓았다. "세미나가 끝난 후 당신에게 말도 못 붙이게 된 것을 유감으로 생각합니다."

이러한 오만에도 불구하고 사람들은 파울리를 좋아했다. 그 이유는 물론 그가 똑똑한 친구였기 때문이었다. 새로운 물리학의 기념비 중 하나인 '배타 원리'를 들고 나왔을 때 그는 단지 24살이었다. 그리고 디랙과 마찬가지로 파울리는 기본 입자들의 명부에 새로운 이름을 추가했다.

한동안 '파울리 입자'라고 불린 그 입자는 베타 붕괴를 분석하는 중에, 핵이 전자를 잃는 과정에서 방사선의 형태로 나타났다. 그때 이러한 현상은 꽤 불가사의한 것이었다. 그 이유는, 핵은 전자를 포함하고 있지 않은데 어떻게 전자를 내보낼 수 있는가 하는 것이었고, 또한 물리학자들이 베타 붕괴 과정에서 일어난 에너지의 손실을 설명할 수 없다는 것이었다. 그리고 '베타선'이라고 불리는 핵붕괴 물질들은 그 과정에서 원자가 내놓은 에너지보다 적은 에너지를 가지는 것이 관측되었다. 나머지 에너지는 어디로 사라진 것일까?

에너지 손실 문제는 너무나 당혹스러운 것이어서, 닐스 보어 같은 사람도 신성한 에너지 보존 법칙을 막 포기할 참이었다. 그는 베타 붕괴 과정에서 에너지는 보존되지 않을지도 모른다고 하였다. 그렇지만 파울리의 생각은 달랐다. 그는 그 여분의 에너지는 그때까지 관찰되지 않았던 새로운 입자의 형태로서 방출된다고 가정했다. 그 입자는 질량이나 전하를 갖지 않을 것이다. 그것은 거의 순간적으로 존재할 것이다.

만약 어떤 어려움에 직면하면 새로운 입자를 만들어라. 이것이 현상을 다루는 현재의 임시 변통 방법이다. 심지어 그 당당한 파울리조차 이러한 제안을 발표하기가 당혹스러웠다. 비록 나중에 용기를 얻기는 했지만…

결국 파울리가 옳다는 것이 밝혀졌다. 그의 '보이지 않는' 입자는 바로 중성미자(뉴트리노)였다. 엔리코 페르미가 지은 이 이름은 '작은 중성자'를 의미한다. 베타 붕괴에서 실제로 일어나는 일은 중성자가 단순히 양성자, 전자, 그리고 아주 작은 비전하 입자인 중성미자로 분해되는 것이다. 이 입자는 너무 작고 전하를 띠지 않기 때문에 1956년이 되어서야 실험적으로 관측되었는데, 파울리가 이론을 낸 것은 1930년이었다. 그 중간의 사반세기 동안 말도 많고 논쟁도 많았는데, 오펜하이머는 '뉴트리노라는 무시무시한 유령'이라고 표현하기까지 했다.

파울리는 전쟁 기간인 1940년부터 1946년까지 연구소에서 메조트론 혹은 오늘날 중간자라고 알려진 입자에 관한 문제를 연구하고 있었다(반물질이나 중성미자의 경우와 마찬가지로 중간자는 물리학자들이 예언한 자연의 또 다른 경우였다. 1935년에 유카와 히데키에 의해 처음 제안된 이 입자는 그후 거의 십 년 이상 실험실에서 발견되지 않았다). 가장 뛰어난 이론가였던 파울리는 자신이 연구소의 다른 사람들처럼 전쟁에 동원되지 않는 점에 대해서 의아하게 생각했다. 그 자신 외에 전쟁에 관련된 연구와 직접적으로 관련되지 않았던 사람은 아인슈타인밖에 없었다.

그는 이런 걱정을 로스앨러모스에 있던 오펜하이머에게 털어놓았다. 오펜하이머는 그를 머물러 있게 하기 위해서 다음과 같이 말했다. "전쟁이 끝났을 때 메조트론이 무엇인지에 대해서 알고 있는 사람이 이 나라에 적어도 몇 명은 있어야 되지 않겠습니까?"

1945년 12월에 파울리는 배타 원리로 노벨상을 수상했다. 그의 수상을 축하하는 연구소의 저녁 파티에서, 파울리를 그 상에 추천했던 아인슈타인은 자기 동료를 칭찬하는 연설을 했다. 이로써 파울리는 일생에

단 한 번 겸손할 수 있었다.

방정식, 방정식, 방정식

지금 연구소에는 파울리는 물론 디랙, 아인슈타인, 오펜하이머, 혹은 보어 같은 사람은 없다. 옛날의 위대했던 사람들은 모두 죽었고 노벨상 수상자들은 떠났다. 비록 외부인의 관점이긴 하나, 한때 위대했던 연구소의 입자물리 프로그램은 이미 지나간 옛 시절의 영광이 되어버렸다. 하버드 대학의 노벨상 수상자인 글래쇼는 이렇게 말한다. "입자물리학 분야에서 그 연구소는 쇠락하고 있어요. 입자물리학과 관련된 가장 최근의 정식 연구원은 20년 전의 스티븐 아들러와 로저 다셴이었습니다. 20년 동안 정식 연구원이 없었다는 것은 연구소가 폐쇄된 것과 마찬가지입니다."

글래쇼는 그 연구소에 갈 것을 고려해본 적이 없었던가?

"아, 나는 꿈에도 거기에 갈 생각이 없습니다. 내가 아는 한 케임브리지만큼 물리학자에게 좋은 장소는 없죠"라고 대답했다. 연구소의 문을 두드리지 않았던 사람은 글래쇼만이 아니었다. 그 연구소의 임명 요청을 거절했던 사람은 무수히 많았다. "그런 사람들은 믿을 수 없을 만큼 많아요. 훌륭한 물리학자라면 그곳에 위대한 물리학자들이 없다는 사실 때문에 그곳에 갈 생각이 나지 않을 겁니다"라고 다이슨은 말했다. 또 코넬 대학의 마이클 피셔는 "그 연구소가 어떻게 되건, 그곳에서 나를 끌 만한 사람은 없습니다"라고 말한다.

그러나 그곳이 비록 입자물리학자들로 가득 차 있지는 않을지라도 젊은 세대를 훈련시키는 프로그램은 여전히 손상되지 않은 채 남아 있다. 글래쇼는 말한다. "그 연구소의 주된 가치는 프린스턴 지역에 매우 재능 있는 젊은이들을 배출한다는 점입니다. 그리고 그 대학의 기존 그룹들과 함께 물리학계에서 좋은 일들을 수행하고 있습니다."

천체물리학의 다른 동료들과 마찬가지로, 연구소의 입자물리학자들은 대학의 다른 연구자들과 함께 주간 점심 세미나를 개최한다. 이번에는 다음과 같은 내용이 게시판에 씌어 있다.

월요일 점심 세미나
프린스턴 대학, 고등학술연구소 공동 주최
일 시 : 1986년 4월 21일 월요일
제 목 :「인스탄톤과 초 양-밀즈 베타 함수」
발표자 : 팀 모리스(고등학술연구소 연구원)
장 소 : 고등학술연구소 회의실
시 간 : 12시 30분 점심 식사 후, 1시부터 시작

오늘이 바로 그날이고 지금이 바로 12시 30분이다. 그리고 회의실의 탁자 주위에는 점심 식사를 하고 있는 몇 명의 입자물리학자들이 있다. 그곳에는 팀 모리스는 물론, 마크 뮐러, 그리고 이 세미나에 참석한 유일한 여자인 코린 마노그 등이 여러 다른 사람들과 함께 있다.

혼자서 혹은 몇몇이 떼지어 접시를 들고 방으로 들어온다. 12시 50분까지는 모두들 도착할 듯이 보인다. 세 명의 입자물리학 연구원들 중 프리먼 다이슨과 스티븐 아들러는 이곳에 있는데, 나머지 한 사람 로저 다센은 지금 어디 있는지 모르겠다. 몇 명의 대학원생들과 연구원들도 참

석했다.

줄리언 비겔로가 1시 정각에 머리를 내민다. 그는 폰 노이만이 있었던 그 좋던 시절에 연구소 컴퓨터 프로젝트의 책임 연구원으로 있었다. 빨간색 야구화에 파란색 파카를 입어 약간 후줄근하게 보이는 비겔로는 앞쪽에 자리를 차지하고는 종이들을 펼쳐놓는다. 행운이 있기를.

코린 마노그가 자리에서 일어나 앞으로 나간다. 떠드는 소리, 웃는 소리, 티스푼이 딸그락거리는 소리로 방 안은 떠들썩하고 아무도 그녀에게 주의를 기울이지 않지만, 아랑곳하지 않고 팀 모리스를 소개한다. 간단하게 그의 연구 분야, 이름, 그리고 발표 내용이 소개된다. "오늘의 발표자는 팀 모리스입니다. 인스탄톤과 초 양-밀즈 베타 함수에 대해서 발표하겠습니다."

사람들이 그 목소리를 들었는지, 아니면 방 앞에 누군가가 서 있는 걸 보고는 알았는지 어쨌든 모두들 말을 멈추고 칠판을 잘 볼 수 있도록 자기들의 의자를 옮긴다.

그 이유는 곧 분명해진다. 천체물리학 세미나에서는 발표자들이 칠판을 거의 사용하지 않는다. 일반적으로 방정식보다는 '천상의 일들'에 대해서 이야기하기 때문이다. 그러나 그와는 정반대로 입자물리학의 경우에는 방정식과 동떨어진 이야기는 거의 하지 않는다. 마치 연구중인 입자는 공식 이외에는 더도 덜도 아닌 것처럼 세미나는 단지 한 가지, 방정식 그 자체로 진행되었다. 발표자 팀 모리스는 충분히 준비해온 것 같다. 손에 약 열두 장 정도 되어 보이는 종이를 들고 왔는데 그 속에 들어 있는 것은 모두 방정식뿐이다.

모리스는 검은 머리와 두드러진 눈썹을 가진 작고 마른 영국인이다. 그는 노란 스웨터와 코듀로이 바지를 입고 있다. '천릿길도 한 걸음부터'라는 속담을 따르는 듯, 그는 열두 개의 기호로 된 짧은 방정식으로 시작한다. 이것은 물 속에 들어가기 전에 하는 몸풀기와 같은 워밍업에 불과하다. 방정식을 칠판에 적고 각 기호들을 차례로 설명한다. "그리고 이것은 물론 컨포멀 페르미오닉 제로 모드이고…"이런 식이다. 청중들 모두 아주 조용히, 받아적는 이들도 몇몇 있지만 대부분은 앉아서 바라보고만 있다.

모리스는 더 많은 방정식을 적고 설명한다. "무한대의 보정은 여기 g의 거듭제곱수를 재정규화함으로써 일어납니다." 사람들은 이것을 마치 애들도 아는 물리학인 것처럼 별 이의 없이 받아들인다.

그는 더 많은 방정식을 쓰며 'SUSYs(supersymmetric theories, 초대칭 이론), 인스탄톤, 슈퍼필드superfield… 등등'을 설명한다. 돌연히 질문이 나온다. 질문을 한 사람은 청중들 속에 있는 프린스턴 대학의 연구원이었다. 그의 목소리에는 불만이 섞여 있다. "너무 식이 많습니다. 르장드르 변환을 고려하지 않고 어떻게 흥미 있는 해를 구할 수 있습니까?"

그러나 팀 모리스는 이미 준비해둔 바가 있었다. 전혀 흔들리지 않고 말한다. "내가 고려하지 못한 어떤 것이 있지 않는 한, 나는 여기서 별 어려움을 찾을 수 없습니다." 그는 조용히 르장드르 변환을 고려하지 않고도 흥미 있는 해를 구할 수 있는 방법을 설명한다. 질문자는 이것에 대해 만족하는 것 같지 않았지만 그대로 넘어간다.

세미나는 한 시간 동안 계속된다. 방정식들이 칠판 가득히 적히고, 지우개로 지워진 후 또 다른 방정식들이 채워진다. 대부분 모리스는 노트를 보고 이야기하지만 가끔 멈춰서 이제까지 한 것에 대해 요약한다. 어설픈 솜씨로 그림을 그리기도 한다. 그것은 삶은 달걀 같기도 하고 형태가 없는 얼룩 같기도 하다.

두 시간쯤 지나자 팀 모리스는 그의 서른다섯 개의 방정식들 중 마지막 것을 쓴다. 갑자기 그는 말을 멈추고 청중들에게 돌아서서 시커먼 눈썹을 치켜올린다. 이것은 끝이라는 표시이다. 그러자 사람들은 꽤 크게 박수를 친다. 그 동안 그 방을 떠나는 사람은 물론, 디저트를 먹는 이조차 없었다. 눈은 방정식에서 떠나지 않는다. 이제 더 이상의 방정식이 없자 사람들은 우르르 몰려나간다.

나는 그 다음날 D동 계단에서 프리먼 다이슨을 만났다. "우리의 작은 세미나를 즐기셨는지요?" 하고 묻기에, "나에게 그것은 그리스어처럼 들렸습니다" 하고 대답했다. 그러자 다이슨은 "그러면 내가 이해하는 정도는 이해하셨군요" 하며 웃었다. "예, 그런데 나중에 모리스에게 가서 몇 마디 더 나눴습니다"라고 하지, 다이슨은 "오, 그러면 나보다 더 잘 이해한 것 같은데요"라고 말하는 것이었다.

이론 물리학자라는 직업

팀 모리스의 나이는 스물여섯이다. 그는 케임브리지 대학을 나왔지만 박사 과정을 사우스햄턴 대학에서 밟고 있었다. 그리고 그곳에 3년 동안 있다가 곧장 이 연구소로 왔다. 그는 하크니스 장학금을 받고 이 나라에 와 있다. 이 장학금은 프리먼 다이슨이 1947년에 미국에 올 때 받았던 장학금이다. 팀 모리스는 "미국이 얼마나 아름다운 나라인지 볼 수 있도록 사람들을 이곳에 불러들이는 백만장자들이 몇 명 있는 것 같습니다"라고 말한 적이 있다.

팀 모리스는 박사 과정에서 초 양-밀즈 이론에 대해서 연구했다. 그리고 지금은 그 분야에서 일류급의 전문가가 되었다. 박사 학위 논문을 쓸 때 그는 어떤 러시아 물리학자가 제안했던 인스탄톤에 관해 흥미를 갖기 시작했다. 모리스가 설명하길, 인스탄톤은 두 힘의 장들 사이에서 발생하는 투과 과정이다. 그는 "이것이 인스탄톤이라 불리는 이유는 실질적으로 이러한 투과 현상이 순식간에 일어나기 때문입니다"라고 설명한다.

원래 모리스와 그의 논문 지도 교수인 더글러스 로스는 그 러시아 물리학자의 논의가 옳다는 것을 보일 수 있을 것이라고 생각했지만 그들이 증명한 것은 그와 정반대의 것이었다. "내 세미나의 전체적인 요점은 우리들이 옳다는 것을 증명하기 위해 노력했으나 결국 그들이 틀렸다는 것을 증명했다는 것입니다. 우리는 이 일을 함으로써 그들 이론의 수명을 단축시켰습니다."

나는 이러한 일, 즉 어떠한 일을 연구하다 결국에는 정반대의 결과를 얻는 일이 흔하게 일어나는지에 대해서 그에게 물었다.

팀 모리스는 이렇게 대답했다. "이론 물리학자들은 그 이론이 자연과 연관되어 있는지와는 관계없이 다른 사람의 주장을 반박하거나 또 다른 이론을 세우는 데 많은 정력을 소모합니다. 내가 오늘 말하는 이론도 역시 자연과는 하등 관련이 없습니다. 그 이유는 이것이 너무 단순한 이론이기 때문이죠. 그리고 현재 물리학자들이 알고 있는 이론 물리학은 자연과는 사실 관련이 없습니다. 예를 들면 2차원의 이론에 많은 정력을 소모하고 있지만, 우리들이 살고 있는 세계는 2차원이기는커녕 4차원이라고 할 수 있지요. 그러면 도대체 무엇에 도움이 될까요?"

좋은 질문이다. '도대체 무엇을 위해서인가?'

모리스는 계속 말했다. "비꼬아 말한다면 사람들이 2차원 이론을 연구하는 이유는 그것이 4차원의 경우보다는 쉽다는 것입니다. 그리고 몇몇 사람들이 어떠한 분야에서 2차원 이론을 연구하기 시작했다면 여기저기에서 '글쎄, 그들은 이 점을 놓쳤을 거야. 그들은 아마 이렇게 했을 거야.' 또는 '그들은 그것을 틀리게 했어' 하며 여기에 끼어듭니다. 일단 이렇게 시작되면 '실제 자연이 돌아가는 방식과는 무관한' 내용의 수백 편의 논문이 발간되는 거죠."

"틀린 이론을 반박하려고 노력하기보다는 올바른 이론을 세우려 노력해야 하지 않습니까?"

"물론, 그렇죠. 그런데 우리는 자연의 진정한 이론을 알고 있지 못합니다. 이 경우, 가능한 모든 이론에 대해서 연구하는 것이 최선입니다. 언젠가는 그 이론이 가치 있는 것으로 판명나는 경우가 있기 때문이죠. 아마도 2차원 이론이 타당한 예가 될 수 있을 것입니다. 나는 그것이 쉽다는 이유만으로 2차원 이론을 연구하는 사람들을 아주 싫어했습니다. 그런데 거기에서 끈 이론이 나왔습니다. 끈들은 2차원 평면이죠. 그 모든 2차원 장의 이론이 갑자기 응용성을 가지게 되었습니다. 그것이 의미가 있게 된 것이죠"라고 모리스는 대답했다.

팀 모리스가 말하듯이 입자물리학자들은 장이 너무 복잡하기 때문에 이러한 식으로 일한다.

"완벽하게 정확한 이론을 세우는 일이란 너무 어렵습니다. 이론이란 사물을 그 진실한 모습보다 간결하게 하는 수단이죠. 뉴턴 시대에 사람들은 하나나 둘 혹은 세 개의 입자들을 다루었습니다. 그러나 현실은 서로 상호작용을 하는 수많은 입자들로 이루어져 있습니다. 이러한 것을 계산할 수 있는 사람은 아무도 없습니다."

"하지만 만약 사물이 그렇게 복잡하다면 당신은 자신의 이론의 정확성에 대해서 어떻게 확신을 갖습니까?"

"왜냐하면 만약 어떤 사람이 틀렸다면 그를 당장에라도 쏘아버릴 만한 사람들이 많기 때문입니다."

연구소 대 대학, 프린스턴의 치열한 경쟁

만약 당신이 연구소의 입자물리학자라면 당신을 쏘아버릴 만한 사람은 언제든 있다. 사실, 그들 중 몇몇 사람은 묘한 축복을 경험한다. 연구소의 젊은 연구원은 말한다. "내가 어딘가 일자리를 구하고 있다면 연구소가 제일 유리할 겁니다. 그리고 프린스턴 대학과 가깝다는 것도 여러 면에서 좋은 점이 됩니다. 왜냐하면 정말로 열정적인 사람들을 항상 접할 수 있기 때문이죠. 반면에 부끄러운 얘기지만 연구소는 압박감을 받기 때문에 지내기에는 별로 좋은 곳이 아닙니다. 비록 연구소가 낙후되긴 했지만 프린스턴 대학이 여기보다 훨씬 더 좋지는 않을 것입니다."

"나는 잘 모르겠군요. 왜 압박감을 받죠?"

"그 압박감은 프린스턴에 있는 친구들만큼은 해내야 된다는 사실에서 옵니다. 만약 그만큼 해내지 못한다면 그들에게 갈가리 찢기고 말 것입니다."

"그렇지만 가장 좋은 비판을 바라지 않습니까?"

"예… 하지만 비판받는 것과 학회에서 완전히 찢긴다는 것은 다르죠. 실제로 그런 일이 있었습니다. 자기들이 얼마나 위대한지 과시하려고 그들은 무던히도 애를 씁니다. 팀 모리스는 운이 좋았죠. 그가 당하리라고 생각했는데 그는 전혀 걸려들지 않았습니다. 프린스턴에 있는 놈들은 덜 알려진 물리학자들을 찢어발기는 데 정평이 나 있습니다."

연구소가 그 이웃들의 그늘에 가려 있는지 그에게 물어보았다.

"지금 이 순간 나는 연구소가 과거의 연구소 근처에도 가지 못한다고 생각합니다. 그래서는 안 되는데… 사실상 현재 상황은 프린스턴 대학이 크게 빛나는 별이라면 우리는 거기에 가려진 그림자에 불과하다는 것입니다. 안타깝게도 우리 연구소의 고정 연구원들은, 그들을 비판할 수는 없습니다만 학문에 대한 열정이 이미 다 소진된 것처럼 보입니다. 그리고 연구소 자체도 대체 무얼 하고 있는지를 모르겠습니다. 연구소의 정책은 어느 정도는 빗나간 것으로 보입니다. 지나치게 좋은 사람들을 기다려왔고, 그 결과 아무도 연구소에 두지 못하게 되었다고 생각됩니다. 수치스럽게도 여기에는 선두적인 연구자가 없습니다."

연구소의 마지막 선도적 연구자는 이미 고인이 된 오펜하이머였다. 오펜하이머는 위대했고 매력적이었다. 사람들은 심지어 그 낡은 학문의 세계에서조차 그의 매력에 끌렸다. 이제 옛날과는 달리 연구소에는 매력적인 사람은 하나도 남아 있지 않다.

오펜하이머가 물러난 이후 머레이 겔만을 소장으로 앉히자는 논의가 잠깐 있었다. 겔만은 매력적이었고 노벨상 수상자였으며, 뛰어나게 똑똑하고 자신감이 넘치는 사람이었다. 오펜하이머가 그의 후계자로 선택했던 프랭크 양은 그 자리를 거절했다. 그래서 1965년에 오펜하이머가 다음해에는 사임하겠다고 연구소에 통고했을 때, 연구소에서는 후임자를 결정해야만 했다. 연구소가 생긴 지 30년이 흘렀고, 물리학자 한 사람이 지난 18년 동안 소장으로 있어왔다. 또다시 이런 식으로 되어서는 안 되었다.

그래서 연구소의 임원들은 연구소의 장래를 위한 위원회를 구성하고 연구소의 새로운 방침을 검토했다. 지금까지의 교수들은 변화를 싫어했다. 그도 그럴 것이 모든 것이 완전할 때, 그들은 학자들을 위한 천국에 있었기 때문에 어떠한 변화도 필요하지 않았던 것이다. 그런데 전 임원들은 앞으로의 연구소는 현대 사회의 문제들 속으로 뛰어들어야 한다는 위원회의 건의를 받아들였다. 그리하여 이러한 도전에 적합하다고 여겨지는 칼 케이슨을 소장으로 임명했다.

교수회의 반란—제3라운드

1920년 필라델피아에서 태어난 케이슨은 하버드에서 박사 학위를 따고 정부기관에서 일했다. 케네디 대통령 시대 백악관에서 맥조지 벤디를 위해서 일했고, 핵실험 제한 협정을 위해서 인도와 모스크바를 방문했다. 그러나 이러한 사실은 칼 케이슨이 연구소에 적합한 인물이 아니라는 연구소의 주요 연구원들의 생각을 바꾸어놓지는 못했다. 그 이유 중 하나는 그가 경제학자라는 사실이다. 그리고 경제학은 과학이란 말을 아주 넓게 확장해서 해석하지 않는 한, 전혀 '과학'이라 불려질 수 없는 것이다. 어쨌든 경제학은 너무 더러운 현실에 근거를 둔 학문이기 때문에 연구소로서는 환영할 수 없었다(오펜하이머는 그가 소장으로 있던 시절의 초기에 플렉스너의 경제학과 정치학을 위한 학교와 인문학 학교를 다닌 적이 있었다). 거기에는 또한 그가 쓴 책에 대한 문제도 있었다. 『미합중국 정부 대 신발 기계 조합—독점 금지 소송의 경제학적 분석』(1956), 『미국의 사업 이념』(1956), 『독점 금지 정책』(1959), 『미국에서의 전력 수요』(1962) 등이 그것들이었다. 연구소의 정규 연구원들은 이러한 제목의 책들을 보고는 눈살을 찌푸렸다. 앙드레 베유는 그것을 접하고는 이렇게 말했다. "내가 생각하기에 그의 논문은 신발 공장의 이야기 같았어요."

이러한 반대에도 불구하고 케이슨은 1966년에 연구소의 네번째 소장이 되었다. 초기에 그는 연구진들과 좋은 관계를 유지했다. 물리학자들이 떨어져나가자 케이슨은 네 명의 새로운 물리학자들을 고용했다. 입자물리학자 스티븐 아들러와 로저 다셴, 플라스마 물리학자 마샬 로젠블루스, 그리고 천체물리학자 존 바콜이었다. 케이슨은 또한 사회과학부 신설안을 세우고, 희한하게도 연구진들의 반대 없이 다섯 권의 책을 쓴 하버드 대학 박사 출신의 천체물리학자 클리퍼드 기어츠를 임명했다.

그러나 이 년 후 칸 케이슨에게 운명의 날이 왔다. 그가 루버트 벨라를 영구 교수 요원으로 지명했던 것이다. 벨라는 사회학자였고, 연구소의 연구진들, 특히 수학자들에게 사회학은 칠판 위의 손톱과 같은 존재였다. 수학자들은 사회학과는 절대로 연관지을 수 없는 영원한 진리와 확고부동한 완벽성의 세계에 사는 사람들이었다. 수학자 앙드레 베유는 실토했다. "우리들 중 많은 사람들은 벨라의 별 쓸모 없는 연구들을 잃었습니다. 나는 그렇게 형편없는 후보자를 본 적이 없었습니다. 이것은 완전히 시간 낭비라는 느낌이 들었습니다." 그러나 벨라에 대한 불평은 수학자들에게만 한정된 것이 아니었다. 고전학자이며 철학자인 해럴드 체르니스는 다음과 같이 말했다. "벨라가 연구소의 교수로서 합당할 만큼의 지적, 학문적 자질이 없다는 사실은 너무나도 분명했습니다."

벨라는 일본 도쿠가와 시대의 종교에 관한 한 권의 책과 몇 편의 논문을 썼고, 개인적이며 별로 학문적이지 못한 에세이를 묶어 『믿음을 넘어서 *Beyond Belief : Essays on Religion in a Post-Traditional World*』라는 책을 발간

했다. 연구소의 정규 연구원들에게 그 책 제목은 그 책의 내용에 관한 자신들의 인상을 정확하게 표현하는 말이었다. 사물에 대한 매우 감상적인 벨라의 접근 방식은 회의적인 분위기를 야기했고, 교수회에서 그에 대한 임명을 다시 고려하자는 데에까지 이르렀다. 결국 연구소 위원들은 찬성 8, 반대 14, 기권 3의 투표로 벨라의 임명을 반대했다. 그러나 케이슨은 벨라를 어떻게 해서든 임명할 것이라고 말했다.

이것이 교수회 반란 제3라운드를 야기했다.

고등학술연구소의 모든 연구진들이 반기를 들었고 이는 이제까지 있었던 것들 중에서 가장 큰 규모였다. 『뉴욕 타임스』지는 이 사건을 대서특필했다.

"우리는 케이슨의 판단과 그의 성실성, 그의 말을 모두 믿지 않는다." 딘 몽고메리의 말이 인용됐다. "그는 고등 학문에는 아무런 관심도 없는 순전히 정치가일 뿐이다. 그는 권력을 원하지만 그것을 현명하게 사용할 지적 능력이나 도덕적 정직성이 없다."

한편 다른 사람들은 딘 몽고메리의 의도를 의심했다. 그는 오펜하이머를 반대했으며, 이제는 케이슨을 반대한다. 연구소의 한 연구원은 "딘 몽고메리는 훌륭한 사람이라고 생각합니다. 하지만 연구소에서 그는 소장을 잡아먹으려 혈안이 된 도깨비처럼 행동하죠"라고 했다.

"소장으로서의 케이슨의 효용 가치는 이미 끝났다. 그가 이것을 빨리 깨달으면 깨달을수록 사태는 더 좋아질 것이다." 수학자 아맨드 보렐의 말도 인용됐다. "열일곱 명은 그 소장에 대한 신뢰감을 이미 잃어버렸다. 이러한 상황에서 움직이는 연구소는 생각할 수 없다. 그는 어떤 일이든지 자신만이 즐거움으로 삼는 것을 당연하게 여겼으므로, 의견 일치를 하나도 갖지 못할 정도로 그에 대한 우리의 불신은 뿌리 깊었다."

(이러한 소동을 조장하는 이들이 왜 수학자들인가? 어느 연구소원은 이렇게 설명한다. "수학자들은 일에 집중하는 반면 쉽게 지치므로, 오전 몇 시간 동안 일을 해치우고 나면 나머지 시간을 남 헐뜯는 데 허비합니다.")

그렇지만 케이슨은 잠시 동안일망정 그 소동을 가라앉히겠다고 결심했다. 1973년에 "내가 도움이 되는 동안에는 여기 머무르면서 연구소를 위해 봉사할 것입니다"라고 말했다. 수학자의 미움을 샀지만, 그의 편에도 지지자가 없었던 것은 아니다. 그가 임명한 클리퍼드 기어츠 이외에 다른 지지자들도 갖게 되었다. 그 중 한 사람인 다이슨은, 지금도 그렇게 생각하지만 그때 칼 케이슨이 최고의 소장이었다고 생각했다. "그는 어떤 사람도 두려워하지 않았습니다. 그는 '이곳이 정말로 있기에 불편한 곳입니까?'와 같이 대답하기 곤란한 질문들을 하며 돌아다녔습니다. 그는 우리 모두를 노골적으로 비난했습니다."

그러나 이 년 후 칼 케이슨은 소장직을 그만두고 연구소를 떠났다. 그는 교수회에 보내는 편지에서 다음과 같이 말했다. "나에게 학술 연구소의 기획과 관리는 십 년이면 충분합니다. 그래서 다음 십 년을 좀더 그럴듯한 일에 바치고 싶습니다."

케이슨에 대해 가장 적극적인 반대자였던 수학자 앙드레 베유는 우연히도 케이슨이 소장으로 있던 마지막 날 은퇴할 예정이었다. 베유는 다음과 같이 말한다. "은퇴일이 가까워지자 나는 임원진들에게 내 자리를 단 24시간만 연장해달라고 부탁하려 생각했습니다. 그렇게 된다면 단 하루라도 케이슨이 없는 연구소를 즐길 수 있을 테니까요." 결국 베유는 그렇게 하지 못했다. 한편 일시적으로 연구소에 있었던 로버트 벨라는 그의 임명에 관한 문제를 미결로 남겨두고 캘리포니아 대학으로 되돌아갔다.

그리하여 '교수회 반란 제3라운드'는 막을 내렸다.

벨라에 얽힌 문제에 관한 케이슨의 판단이 잘못됐다 하더라도, 연구소에 있었던 모든 사람들은 연구소를 지적인 면에서라기보다는 물질적인 면에서 20세기 수준으로 끌어올렸던 그의 공로에 머리 숙여 감사해야만 할 것이다.

건물이나 대지는 사람에게 부차적인 문제여야만 한다는 것이 플렉스너의 생각이었다. '벽돌과 모르타르가 아닌 두뇌를'이 바로 그의 모토였고, 이에 대한 그의 집착은 올든 농장에 지어진 굉장히 실용적인 건물 구조에 잘 반영되어 있다. 훌륭한 이상주의자였던 플렉스너는 환경의 물리적인 아름다움이 연구소 연구자들의 정신적인 생활을 향상시켜줄 것이라고 생각하지 않았던 듯하다. 그러나 칼 케이슨은 그렇듯 엄격한 이상주의자는 아니었다.

케이슨은 한때 다음과 같은 글을 쓴 적이 있었다.

"지적인 세계에서 궁극적인 표준은 미적인 것이다. 이제는 독창성, 깊이, 우아함 등과 같은 단어가 긍정적인 의미에서 지적 연구의 특질을 표현하는 데 쓰이게 되었다. 따라서 그 연구가 이루어지는 건축물에 실용성과 아름다움을 함께 추구하여 눈에 보이는 형태로 나타내는 것은 연구소의 목표와 합치된다."

그래서 소장으로 재직하는 동안 케이슨은 연구소를 위한 자금을 8백만 달러 이상으로 끌어올리고, 건물 건설 자금을 받아내어 새로운 식당과 연구원들을 위한 새로운 건물을 건설했다. 옛날 식당은 너무 붐벼서 다른 사람에게 자리를 내주기 위해 식사를 마치자마자 달려나가야 했다. 그래서 식사를 하면서 자유로이 의견을 교환한다는 것이 거의 불가능했다. 그와는 반대로 새 건물은 연구소에 새로운 평화와 안락한 공간,

그리고 조화로움을 제공했다. 그래서 그는 단순히 자신을 위안하는 말이 아닌, 다음과 같은 글을 임원진에게 보내는 보고서에 썼다. "모두들 새로운 건물이 제공하는 많은 혜택을 누리고 있습니다. 자기들의 만족이 어디서 나오는 것인지 확실히 깨닫고 있는 것은 아니지만, 거의 모두가 그것을 경험하고 있습니다."

그러나 이 나라에서 단위 면적당 단가가 가장 비싼 이 건물을 혹평하는 케이슨의 적들에게는 이러한 사실이 별볼일 없는 것이었다. 그들에게 케이슨은 무엇 하나 올바르게 하지 못하는 인물이었다.

케이슨이 떠난 지 십 년 후에 그가 지었던 건물은 캠퍼스의 명소가 되었고, 사회과학부는 작지만 풍요로운 곳이 되었다. 그리고 연구소의 입자물리학 프로그램은 비록 지금은 일시적으로 빛을 잃어 젊은 사람 몇몇만이 일할 정도로 침체되어 있지만, 서서히 과거의 잃어버린 영광을 되찾으려고 하는 중이다. 아직 그곳은 디랙, 파울리, 오펜하이머 같은 위대한 인물들을 기다리고 있다.

진리란 무엇인가 The Truth About Things

빅뱅은 폭발에 관한 신화

훌륭한 과학자는 겸손하지 않다. 아, 물론 사회 속에서야 수줍음 많은 사람일 수도 있고 저 유명한 괴델처럼 아예 은둔한 채 살아가는 외톨이일 수도 있다. 하지만 과학자들은 지적으로 수줍어하거나 겁먹은 행동을 하지는 않는다. 자신의 학문에 대해서만큼은 때로는 건방지고 거만하며, 다소 무모하다 싶을 정도로 과감한 태도를 보인다. 왜냐하면 과학자는 실험적인 사실들에 자신의 생각을 적용시켜서 자연 자체와 자연의 운행 질서의 본질을—비록 일부라도—발견할 수 있다고 믿어야 하기 때문이다.

고등학술연구소에서 과학자들은 그들 마음의 눈과 방정식, 또는 자료들을 가지고 천체와 같은 거대한 대상에서부터 상상할 수 없을 정도로 작은 10^{-291}센티미터 크기의 대상을 관측한다. 어떤 연구원은 우주 전체의 컴퓨터 시뮬레이션까지 시도하고 있다. 이것은 오만이라고밖에 달리 표현할 수 없다.

그러나 그런 생각을 멈춘다면 과학적 지식이 존재할 수 있겠는가? 또 세상 만물이 창조된 원리는 어떻게 알 수 있겠는가? 그렇게 되면 결국 평범한 인간에 지나지 않을 과학자가, 상상할 수 없을 정도로 크거나 터무니없이 작은 물질을 어떻게 관측하고 또 어떻게 그에 관한 지식을 얻어낼 수 있겠는가?

인간 집단에서 선택된 어떤 특정인들이, 추상적인 사고의 훈련을 통해서 일상적으로 경험할 수 있는 제한된 영역에서 벗어나, 극단적인 크기의 대상들을 논할 수 있다는 사실을 생각해보라. 그것은 하나의 작은 기적과 같다. 몇몇 과학자들조차 그렇게 생각한다.

연구소의 장로격인 천체물리학자 존 바콜은 바사 대학에서 태양 중성미자 문제에 대해 강연한 적이 있다. 강연이 끝나고 질문 시간에 바콜은 진동 우주론의 현재 위상에 대한 질문을 받았다. 이 이론에 따르면 우주는 결국 처음 탄생했던 때와 같은 불덩어리로 붕괴하고 다시 그로부터 팽창하여 새로운 '대폭발(빅뱅)'이 일어나는, 팽창과 수축을 영원히 되풀이한다는 것이다. 질문의 요지는 천문학자들이 여전히 이러한 이론을 받아들이는가 하는 것이었다.

바콜은 자신의 차에 붙어 있는 스티커 문구 — '빅뱅은 세간에 널리 퍼져 있는 신화와 같은 이야기' — 를 언급하면서 천체물리학자의 말이라고는 믿기 어려운 당혹스런 답변을 하여 청중들을 놀라게 했다.

"내 개인적인 생각으로는 정확히 알려지지 않아 전문가들 사이에서도 논쟁이 끊이지 않는 서너 가지 사실에 근거하여, 창조의 순간에서부터 10^{10}년에까지 이르는 우주의 역사, 즉 우주의 탄생과 진화, 그리고 최종

운명 등을 결론지어 말한다는 것은 주제넘은 짓이라고 생각합니다. 다시 말하면 그건 거의 불손에 가까운 행동이지요."

이게 어떻게 된 일인가? 다만 한 천체물리학자의 독설적이고 주제넘은 답변에 불과한 것인가? 광속과 메가파섹을 밥 먹듯 사용하고, 학생들이 전체 은하계를 나타내는 데 작은 + 기호, 심지어 점을 사용하게 하는 최고의 교사인 그가 바로 자신의 이론에 문제가 있다는 것인가?

바콜은 설명을 계속했다.

"고대 그리스 천문학을 생각해보십시오. 그들은 어떻게 '우주는 거북이의 등에 붙어 있는 구'라는 사실을 믿게 되었습니까? 아마도 지금부터 수백 년 후 미래의 과학자들은 20세기에 만들어진 천체 모델을 들여다보고는 우리가 그리스인들에 대해 가졌던 것과 마찬가지의 놀라움을 느낄 것입니다. 따라서 나는 이 모델을 진지하게 받아들이지 않는 것입니다. 그렇다고 해서 내가 이 이론에 근거하여 논문을 작성하지 않겠다는 얘기는 아닙니다. 제 말의 의미는 뉴턴 이론을 대하는 것과 마찬가지로 이 이론을 대하려고 한다는 것입니다. 그것은 아주 흥미 있는 지적인 훈련입니다. 조금도 걱정할 바가 못 됩니다."

바콜은 현대 과학의 풀리지 않는 수수께끼인 과학적 진실이라는 문제로 관심을 돌렸다. 과학적 사고와 분석, 그리고 계산이라는 것으로부터 우리가 궁극적으로 얻을 수 있는 것은 과연 무엇인가? 관찰이나 정량화, 컴퓨터 모델링과 같은 작업이 결국 우리에게 줄 수 있는 이득이란 무엇일까? 과학은 우리가 어렸을 때부터 배워온 것처럼 자연의 본질을 밝혀줄 것인가? 과학은 사람들에게 친근하고 덜 가식적인 무엇을 제공해줄 것인가? 즉 '잠정적인 가정', '적절한 해석', '스스로 발견케 하는 지침들' 등과 같은 것을 제공해줄 것인가?

이것은 결코 작은 문제가 아니다. 고등학술연구소를 비롯하여 미국의 공공 연구기관이나 기업 연구기관에서는 무려 수십억 달러에 해당하는 돈을 과학 연구에 쓰고 있다. 이로부터 무엇을 얻을 수 있을 것인가? 우리는 그러한 투자의 대가로 마침내 '진리'의 일부라도 발견할 수 있을 것인가? 아니면 뉴턴의 이론이나 옛 그리스인들의 발견보다 더 나을 것이 없는 이론을 발견하기 위해 그토록 많은 돈을 쓰고 있는 것인가?

"많은 과학자들은 이 문제에 대해 정말로 심각하게 고민하고 있지는 않습니다. 이 같은 문제들이 자신들의 연구에 영향을 끼치지는 않기 때문이지요"라고 바콜은 말한다.

그러나 그럼에도 불구하고 연구소 과학자들에게 자신들의 이론이 우리를 '진리'로 인도하고 있는 것인지, 아니면 다만 그럴듯한 믿음으로 이끌고 있는지에 대해서 물어보면 이상하게도 대다수가 무슨 말을 해야 할지 망연해한다. 물론 일부는 자기들 연구의 궁극적인 목적은 진리가 무엇인지를 배우는 데 있다고 주장하기도 한다. 연구소의 물리학자 스티븐 월프람은 이렇게 말한다.

"다소 아니꼽게 들릴지 모르지만 나는 절대 진리를 알고 싶습니다."

그러나 대부분의 경우 다음과 같은 두 단계의 반응을 나타낸다.

"은하계가 길쭉한 모양이라기보다 접시 모양이라는 내 해석이 진실한 해석이라고 생각하느냐고요? 그렇죠. 물론 그렇게 생각합니다. 하지만 이 이론 역시 잠정적인 해석이라는 점을 염두에 두지 않으면 곤란합니다. '궁극적인 진리'라고 하면, 글쎄요, 정확히 어떤 의미로 그런 말을 하는지 잘 모르겠군요."

한편 연구소의 스티븐 아들러는 다음과 같이 이야기한다.

"우리가 지식을 얻었다고는 생각하지만 최종적인 답을 얻었다고는 생각지 않습니다. 우리들이 얻은 이론은 특정한 한계 내에서만 적용할 수 있는 것이지요. 문제는 당신이 말하는 지식이 절대적인 지식이냐 아니면 궁극적인 답에 대한 근사치냐 하는 것입니다. 최소한 우리는 다소 복잡한 실험 환경에서 어떤 일이 일어날지를 계산해야 한다는 정도는 원칙으로 하고 있습니다.”

그리고 초끈 이론의 창시자의 한 사람인 에드 위튼은 이렇게 말하고 있다.

“진리에 도달하게 되든 그렇지 않든 우리는 어떤 경우에도 지속되는 무언가를 배우게 됩니다. 낡은 이론은 버려야 한다는 관점은 잘못된 것입니다. 우리는 새로운 것을 배웁니다. 우리는 여러 원리들을 통일하여 더 많은 현상을 더욱 정확하게 기술할 수 있게 해주는 강력한 이론을 발전시킵니다. 이 말은 낡은 지식이 틀렸다는 말이 아닙니다. 다만 불완전할 뿐이라는 것입니다.”

그런데 위튼 자신은, 예를 들어 초끈 이론은 옳으며 자연에 대한 최종적인 해석이라고 생각하는 것일까?

“그렇습니다. 내가 그것이 옳다고 말할 때 그 말의 의미는 그 이론이 궁극적인 이론, 완벽한 이론으로 판명될지도 모른다는 뜻입니다. 하지만 ‘옳았다’ 라고 말할 때에는 그것은 다만 발전해가는 이론의 한 단계에 불과하다는 것을 뜻합니다.”

존 바콜은 이런 모든 말들에 대해 이렇게 설명하고 있다.

“과학자들이 말하는 방법과 생각하는 방법에는 상당한 차이가 있는데, 그것을 확실히 구분할 필요가 있습니다. 과학자들은 말을 할 때 수많은 가정을 함축하여 짧게 이야기해버립니다. 우리가 마치 ‘진리’에 대하여 관심을 갖고 있는 양 이야기하고 있지만, 실제로는 ‘유용한 서술 방법'이나 '더 나은 가정'을 함축적으로 그렇게 표현하고 있을 뿐입니다."

『과학혁명의 구조』가 몰고 온 충격

과학자 자신들은 비록 연구를 통해 사물의 진실에 다가갈 수 있을지에 대해 고뇌하지 않을지라도, 연구소의 몇몇 연구원들은 이 문제를 가지고 연구 생활 대부분을 보내고 있다. 그들은 인문주의자들로, 구체적으로 말하면 철학자이고, 더 구체적으로 말하면 과학철학자들이다. 현대 과학철학의 주요 쟁점은 과학이 우리에게 진실한 지식을 제공하는가, 그게 아니라면 과학은 우리에게 무엇을 제공하는 것인가 하는 섬이다. 당연히 이 문제에 대해서는 두 가지 관점이 존재한다. 과학의 역사를 보는 관점 중 하나는 존 바콜의 경우처럼, 어떤 이론은 다른 이론에 의해 대체된다는 것이다. 즉 우주를 거북이 등에 있는 구라고 생각한 관점은 지구 중심설로 대체되었고, 다시 그것은 태양 중심설로 대체되는 과정의 연속이라고 보는 것이다. 이런 관점의 결론은, 과학은 진실을 제공하는 것이 아니라 서로 다른 해석을 계속해서 제공할 뿐이라는 것이다. 어떤 해석은 특별한 용도에 대해서 다른 해석보다 나을 수 있으나—예를 들어 천체물리학은 달에 안전하게 착륙한다는 목적에 유용하다—궁극적인 의미에서 명확한 진리인 완전한 이론이라고는 할 수 없다는 것이다.

다른 쪽 입장에서는 동일한 역사적 사실을 갖고 다른 결론을 내리고 있다. 즉 원시적인 이론은 보다 발전된 복잡한 이론에 의해서 대체된다고 보고 있다. 또 이들은 이들 결론 중에 어떤 것들은 자연의 궁극적인 진리에 도달했다고 주장한다. 세상은 거북이 등 위에 놓인 구가 아니다. 그러나 또한 지구는 우주의 중심이 아니며, 태양은 실제 태양계의 중심이다. 다른 말로 하면 우리가 발견해주기를 기다리는 궁극적인 진리는 존재하며, 그것을 발견하는 일이 과학의 목적이라는 것이다.

오늘날 두번째 관점은 과학철학자들로부터 배척당하고 있으며, 결과적으로 현대 과학의 걸출한 전문가들로부터도 도외시되고 있다. 현재 널리 퍼져 있는 철학적 관점은 이런 것 같다.

진리라고? 절대적인 것, 궁극적인 실재라고? 지금은 암흑기도 아니고 19세기도 아니다. 지금은 현대다. 우리는 진리와 같은 것을 믿기에는 너무 많은 것을 알고 있다. 인류가 지닐 수 있는 유일한 것은 다양한 관점이고 각 관점은 저마다 타당한 면을 갖고 있다는 사실을 인식할 정도로 우리의 의식은 발전했고 계몽되었다. 비록 '객관적인 실재'와 같은 것이 있다 해도 그것을 직접적으로 밝혀낼 방법은 없다. 그 이유는 우리 모두가 장밋빛 안경을 쓰고 있기 때문이다. 즉 우리의 이전 경험, 우리의 문화와 언어, 이전에 사람들이 지녔던 관점, 이 모든 것들이 이 세상을 있는 그대로 보는 데 장애가 되고 있다. 사람들은 꽤 오래 전부터 선입관 없이 마음을 비우고 자연을 볼 수 있다고 생각해왔다. 그러나 이것은 환상이다. 우리의 장밋빛 안경을 빨리 자각할수록 우리는 유리하다.

어쨌든 이것은 과학에 대한 선구적인 생각을 이끌어낸 토머스 쿤의 관점이다. 쿤은 과학사에 길이 남을 『과학혁명의 구조』를 출간한지 10년 뒤인 1972년 가을에 이곳 연구소로 부임해왔다. 그의 책은 출간되자마자 큰 반향을 일으켰다. 그 책에서 쿤은 당시 상식이던 과학의 진보라는 관점, 즉 과학은 궁극적이며 객관적인 '진리'로 우리를 이끌 것이라는 생각을 멸시하고 있었다. 쿤에게 과학이란 전혀 그런 것이 아니었다.

실제 과학자들은 장밋빛 안경, 즉 자신들의 규율과 크게는 세상에 대한 기대, 공유된 가정, 받아들여진 의견 등의 공통점을 통해서 세상을 바라보고 사물의 수수께끼를 풀어가는 것이다.

쿤은 과학자들의 일반적인 믿음을 '패러다임'이라고 불렀고, 이것이 색안경이나 눈가리개로 작용하여 과학자들에게 어떤 특정한 조건에 있는 '실재'를 그와 다른 각도로 보이게 한다고 주장하였다.

예를 들어 어떤 과학자 집단에서 자연은 살아 있다는 생각, 즉 우주에는 생명력이 작용하고 있다는 생각을 받아들이게 되면, 이들은 자연적인 현상을 목적론적으로 해석하는 경향을 띠게 된다는 것이다. 즉 자연 현상은 특정한 목적에 맞게 일어나며, 이들 현상은 어떤 마스터 플랜의 일부라고 생각한다. 그러나 또 다른 집단, 즉 기계론을 자신들의 철학으로 받아들이고 있는 사람들은 이들과는 정반대로 생각한다. 이들에 따르면 언제나 사건은 '당구공'처럼 원인과 결과라는 엄격한 인과율에 따라 일어나는 것이다. 쿤은 여기서 누구의 관점이 옳으냐 하는 것은 중요한 것이 아니라고 말했다. 적어도 과학자로서 우리는 그러한 질문을 해서는 안 된다고 했다.

과학에 대한 이와 같은 관점은 과학자들 사이에 논쟁을 불러일으켰는데, 인문주의자들에게 그것은 환영할 만한 소식이었다. 그들은 이것을 좋아했다. 결국 쿤은 과학을 인문화했고 사람들을 과학 속으로 돌려보냈다. 과학은 다른 한쪽 끝에 높이 쌓아올려진 추상화된 냉혹하고 피도 없는 어떤 것이 아니라, 그 자체가 인생이며 사람의 무대고 실재에 대해 생각하는 사람들이 벌이는 드라마이다. 실재에 대한 생각들은 문화나 언어 등과 같은 이전의 경험에 의해 미리 준비되는데, 많으면 많을수록 좋다. 그리고 이런 생각은 과학자가 진리를 발견하는 위대한 신과 같은 존재가 아니라 보통 인간에 불과함을 보여준다.

이것은 과학적인 불손이나 추정에 대해서도 마찬가지다.

오래지 않아 『과학혁명의 구조』는 만인의 필독서가 되었고, 1969년에 쿤은 미국에서 가장 많이 인용되는 저자 중 한 사람이 되었다. 사람들은 갑자기 모든 곳에서 패러다임과 패러다임의 이동을 발견하기 시작했다. 마치 스포츠나 어떤 종류의 지적 유희를 즐기는 듯 보였다. 그러는 사이 패러다임의 이동이나 우주의 변혁을 얼마나 자유자재로 표현하느냐 하는 것이, 메타과학적인 자각이나 우아한 지적 능력의 척도로 여겨지게 되었다.

그 동안 과학의 진보를 정확하게(장밋빛 색안경을 쓰지 않고) 보기만을 원했던 쿤은 정작 어떤 연구도 할 수 없게 되었다는 사실을 깨달았다. 당시 그는 프린스턴 대학 교수로 과학의 역사와 철학을 가르쳤으며, 동시에 자신이 옛날부터 쓰고 싶어했던 양자 이론사 집필을 시작하고 있던 때였다. 강연을 해달라, 집필을 해달라, 비평을 해달라는 등 수많은 요청으로 쿤은 자신의 연구와 집필에 거의 시간을 할애하지 못했다. 다른 말로 하자면 그는 고등학술연구소로 들어갈 가장 완벽한 후보자였던 셈이다.

1972년 봄 쿤은 한 학기당 한 강좌만을 맡기로 대학과 계약을 맺고 남은 시간을 연구소에서 보냈다.

쿤은 칼 케이슨이 지은 새로운 건물, 즉 서관이라 불리는 빌딩의 사무실에 자리를 잡았다.

여기서 연구소의 역사가와 사회과학자들 속에서 지냈는데, 그들 중에는 난데없이 물리학자가 그들과 합류하게 된 것을 달가워하지 않는 사람도 있었다. 하지만 비록 쿤이 물리학자로서의 훈련을 받았다 하더라도—하버드 대학에서 물리학 박사 학위를 받았다—오래 전에 이미 이론 물리학을 버리고 과학사를 선택했으므로 크게 마음 쓸 일이 아니었다.

연구하고자 한 주제의 기원을 거슬러 올라가는 과정에서 쿤은 아리스토텔레스의 『자연학(물리학 원론)』을 읽고 패러다임 충격과 마주쳤다. 아리스토텔레스는 물론 가장 위대한 인물 중 한 사람이고 그의 연구 중에는 위대한 과학적 업적도 많을 것이라고 생각할 것이다. 그러나 정작 그는 사물에 대해서 수많은 오류를 범하고 있었고, 세계가 돌아가는 방식에 대해서도 분명히 잘못된 인식을 가지고 있었다. 이것은 수수께끼와 같은 것이었다.

어떻게 아리스토텔레스와 같은 특출한 재능의 인물이 운동에 관해 그렇게 모순된 생각을 가질 수 있었던 것일까? 쿤은 스스로에게 물었다. 어떻게 그는 운동에 관해서 그렇게 불합리한 서술을 할 수 있었을까?

아리스토텔레스는 지구상의 모든 물질은 흙, 물, 불, 공기라는 네 가지 요소로 이루어져 있고, 이들 각 요소는 자연의 전체 구조에서 자신의 적합한 위치를 갖고 있다고 했다. 예를 들어 흙은 가장 낮은 위치를, 물은 그 위에, 공기는 물보다 위에, 불은 가장 높은 위치를 차지한다는 것이다. 이런 식으로 각 물질이 자신의 특수한 위치를 차지하려는 자연적인 경향에 의해서 모든 물질이 운동을 한다고 설명하였다. 아리스토텔레스는 무거운 물질이 가벼운 것보다 빨리 떨어지고, 공중으로 던진 공은 공 아래쪽에서 공기가 미는 힘에 의해서 계속 위로 올라간다는 등 현대 물리학자들로서는 직관적으로 잘못되었으며 이상하다고 느낄 수 있는 수많은 오류를 그대로 믿고 있었다.

쿤에게는 이런 우스꽝스러운 오류가 참으로 혼란스러웠다. 아리스토텔레스는 예리한 관찰자, 독창적 사상가, 논리학의 창시자로 실로 천재가 아닐 수 없는 사람이었다. 그런 그가 글자 그대로 이 모든 사실을 '잘 못 생각했다'고는 믿기가 어려웠다. 그러나 한편으로 아리스토텔레스가 서술해놓은 많은 사실들이 다만 조롱거리에 지나지 않는다는 사실도 부정할 수 없는 것이었다.

"그의 저작을 읽으면 읽을수록 점점 더 혼란에 빠졌습니다. 아리스토텔레스는 물론 잘못되었습니다. 내가 그것을 아무리 부정하려 해도 말입니다. 하지만 그의 오류가 그렇게 비난받아야 할 대상일까요?"

쿤은 그런 혼란에서부터 벗어났던 경험을 이렇게 얘기하고 있다.

"매우 더운 어느 여름날이었습니다. 나는 갑자기 그런 혼란스러움이 사라지는 것을 느꼈습니다. 마침내 내가 씨름하고 있던 문장들을 읽어나가는, 다른 방법을 생각해낸 것입니다."

다른 방법이란 사물을 보는 아리스토텔레스 자신의 관점, 즉 아리스토텔레스의 장밋빛 안경을 쓰고 그의 저작을 읽는 것이었다. 그렇게 하면 당신의 눈앞에는 아리스토텔레스의 우주가 황홀하게 펼쳐질 것이다. 그러면 모든 것이 분명해진다.

아리스토텔레스의 렌즈를 통하니 쿤에게는 모든 것이 달라 보였다.

"결과적으로 내가 아리스토텔레스 시대의 물리학자가 되었던 것은 아니지만, 어느 정도까지는 그들처럼 생각하는 방법을 배웠습니다."

아리스토텔레스는 우리가 더 이상 공유하고 있지 않은 속성—장소, 모양, 목적—을 기본적인 실재로 보는 패러다임 내에서 연구하였던 것이다. 일단 '자연적인 위치'라는 개념을 받아들인다면, 모든 물질이 자신이 본래부터 속해 있던 위치를 찾아간다는 것보다 더 논리적인 이론이 어디 있을 것인가? 아리스토텔레스의 기묘한 역학은 이제 아주 명쾌한 것으로 보인다. 그의 오류는 더 이상 오류가 아닌 것이다.

"아직도 그의 물리학에서 어려움을 느끼지만, 그런 지식들은 큰 잘못도 아니며, 실수라고 규정해버릴 수도 없는 것입니다."

이로부터 출발하여 쿤은 모든 과학자가 동시대의 다른 과학자와 공유하고 있는 특정한 형태의 공약인 패러다임 속에서 연구하고 있다고 가정하였다. 패러다임은 무엇이 받아들여지고 무엇이 받아들여지지 않는 이론인가를 규정한다. 이런 식으로 하여 과학의 형태와 내용이 규정되는 것이다.

이러한 패러다임은 과학자가 세상을 볼 때 실제로 무엇을 보느냐 하는 것까지 결정하기 때문에 어떤 의미에서 독재적이다. 이것은 마치 우리가 심리 테스트 그림을 볼 때 작용하는 시각적 게슈탈트(Gestalt, 지각의 대상을 형성하는 통일적인 구조)와 같은 것이다. 처음에는 알 수 없는 기묘한 형상처럼 보이다가 다음에는 마치 꽃병처럼 보이고, 그러다가는 서로 마주하고 있는 얼굴처럼 보인다. 또는 층계를 올라가는 어떤 것을 본다. 그러다가 만일 그 그림을 달리 보게 되면 내려가는 것처럼 보인다. 물론 패러다임은 다루는 범위가 커서, 세계 자체를 이런 심리 테스트 그림처럼 애매하고 혼란스럽고, 어떻게 보느냐에 따라 아주 달라 보이게 하는 작용도 한다. 쿤에게는 우리가 보고 있는 것은 실제로 존재하는 것이 아니라 우리의 인식에 작용하는 지적인 도구와 과도한 지식의 산물일 뿐이다.

"방사선의 자취를 관찰할 수 있는 똑같은 거품방 사진을 보고도, 과학의 고정관념에 덜 사로잡힌 학생들은 혼란스럽고 단절된 수십 개의 선만을 볼 뿐이지만, 과학자들은 핵 내부에서 일어나는 낯익은 현상을 연상하게 됩니다. 수차례에 걸친 시각의 전환에 의해서 비로소 학생들은 과학자의 세계로 들어오고 과학자들이 하는 대로 보고 행동하게 됩니다."

과학에 대해 이러한 인식을 갖고 있는 쿤에게 과학혁명을 설명하는 일이란 아주 쉬운 일이다. 과학혁명은 하나의 패러다임이 다른 패러다임에 의해 대체될 때 일어나는 것이다. 기계론은 목적론을 대체하고 양자역학의 확률론은 다시 이 기계론을 대신한다. 자연 자체는 변하지 않는다. 다만 우리가 그것을 보는 방법만이 변할 뿐이다. 사람들은 그들의 패러다임에 집착하게 되므로 과학혁명은 정치적 혁명과 마찬가지로 어느 정도의 지적인 유혈 사태가 벌어지고 난 후에 이루어지는 경향이 있다. 두 경우 모두 강조하는 쟁점은 합리적이 아니라 감정적인 것으로, 연역법이나 합리적인 분석에 의해서보다 단체의 합병이나 다수결과 같은 비합리적인 요소에 의해 해결된다.

"정치적인 혁명처럼 패러다임의 선택에서도 그와 관계된 집단의 동의가 선택의 기준이 된다."

과학자들이 이성에 근거해서가 아니라 전적으로 다른 것에 근거해서 그들의 패러다임을 선택한다는 결론이다.

"패러다임 선택의 문제는 논리나 실험만으로는 해결될 수 없다. 또 증명이나 오류도 문제가 되지 않는다. 한 패러다임에서 다른 패러다임으로의 전환은 강요될 수 없는 경험의 전환이다."

과학과 과학의 진보에 대한 쿤의 관점에서 가장 혁명적인 것은 지식, 진실, 그리고 외부적인 실재를 완전히 논외의 대상으로 남겨두었다는 것이다. 실제로 『과학혁명의 구조』에서 진리라는 문제는 책의 끄트머리에 마치 후기처럼 잠시 언급될 뿐이다.

"마지막 몇 페이지까지도 '진리'라는 용어는 프랜시스 베이컨의 인용문에서나 보이고 있다는 사실을 알 것입니다. 필연적으로 이런 미비한 점은 많은 독자들을 거슬리게 할 것입니다"라고 쿤 자신도 쓰고 있다.

그러나 쿤은 독자들의 의심을 더욱 가중시켜놓고 있다. 그는 과학에서 진실이란 부수적이고 불필요한 관념이라고 주장한다.

"자연에 대한 완전히 객관적이며 진실된 설명이 존재한다고 생각하는 것이 정말 무슨 도움이 될까요? 과학적 성취의 척도로서 그것이 우리를 자연의 궁극적인 목적이 얼마나 가까이 접근하게 하였는가라고 생각하는 것은 또 무슨 도움이 될까요?" 쿤은 이런 생각이 도움이 되지 않는다고 여겼다. 패러다임 자체는 옳은 것도 그른 것도 아니다. 그것은 어떤 과학 집단에 의해 받아들여질 수도, 또 그러지 않을 수도 있다. 물론 우리는 하나의 패러다임이 왜 다른 패러다임으로 대체되었는지는 설명할 수 있다. 우리는 패러다임과 그것을 지지하는 집단 사이에 얽힌 복잡한 사회적 관계를 밝혀낼 수는 있지만, 패러다임을 실재와 비교한다는 것은 불가능하다. 그러기 위해서는 그 '실재'를 있는 그대로 볼 수 있어야 한다. 어떤 패러다임도 배제한 상태로 말이다. 하지만 문제는 실재를 있는 그대로 볼 수 없다는 것이다. 과학자들도 마찬가지로 자신들의 장밋빛 안경을 통해 현실을 보고 있는 것이다.

이로부터 나오는 결론은, 과학은 객관적인 의미에서 '진리'를 얻을 수도 없고 '진리'를 안고 있는 것도 아니라는 점이다. 그리고 사물을 있는 그대로 볼 수 있는 방법을 향해 점점 가까이 가는 것이 진보의 의미라 해도 과학에서의 진보란 존재하지 않는다는 것이다.

"우리는 분명하든 함축적이든 패러다임의 변화가 과학자나 그들의 제자들을 한 걸음 한 걸음 진리로 인도한다는 관념을 버려야만 합니다"라고 쿤은 경고한다.

색안경이 뭔가, 그래도 진리는 존재한다

『과학혁명의 구조』가 출간된 직후에 토머스 쿤은 클리블랜드에서 열린 과학철학 협회의 모임에 참석하여, 과학사가이며 철학자인 더들리 샤피어를 만났다. 쿤처럼 샤피어도 하버드 대학에서 박사 학위를 받았다. 샤피어는 물리학이 아닌 철학으로 학위를 받았다. 따라서 사람들은 그가 틀림없이 인문주의자를 위해 과학을 편안한 대상으로 만들어준 쿤을 치하하며 그를 확고하게 지지해줄 것이라고 생각했다. 그러나 실제 샤피어는 쿤에게서 소름 끼침을 느꼈을 뿐이다. 샤피어 생각으로는, 쿤은 과학의 객관성과 합리성을 부정하고 과학을 단지 집단적 주관주의, 대중의 환상, 보기 좋은 외양을 지닌 유행의 연속쯤으로 여기는 상대주의자였다. 이 모든 것을 그로서는 받아들일 수 없었다. 과학의 존재 이유는 아니더라도 객관적 진리의 이해는 과학의 필수 목적이며, 분명히 외적인 실재가 있고, 과학은 그것을 밝힐 수 있다고 믿는 샤피어로서는 당연한 것이었다. 얼마 후 샤피어는 쿤의 저서에 대한 평론을 발표했는데, 거기서 그는 쿤의 저서를 '과학의 전환은 끊임없이 증가하는 지식의 진보를 상징한다는 관점에 대한 지속적인 공격'이라고 표현하였다.

1970년대 후반에 더들리 샤피어도 고등학술연구소로 왔다. 여기서 그는, 비록 과학자들이 공유된 가정과 저변에 깔려 있는 믿음으로 규정되는 집단 내에서 연구하고는 있지만, 그들은 자연에 대한 참된 진리를 밝혀낼 수 있다는, 과학에 대한 새로운 관점을 제시하였다. 그는 인간 사고의 발전 가능성을 제한하고 있는 장벽을 제거하기를 원했다.

샤피어는 장밋빛 안경을 통해서 본다는 것이 거의 자연에 대한 참된 이해를 불가능하게 한다는 생각을 부정하였다. 만일 우리가 장밋빛 안경을 쓰고 있다는 사실을 안다면, 그런 사실을 보정하여 자연을 맨눈으로 볼 수 있다는 것이다. 샤피어는 쿤의 패러다임이라는 개념에 해당하는 용어로 '배경이 되는 믿음'을 사용한다(쿤에 대한 혹독한 비판자 중 한 사람은 『과학혁명의 구조』를 자세히 검토하여 패러다임이란 용어가 22가지의 다른 의미로 사용되고 있다는 것을 발견했다고 한다. 쿤은 이에 대해 '명확히 한다는 것은 분명히 필요하다'고 인정했다). 우리는 배경이 되는 믿음을 자각할 수 있다. 만일 우리가 과학자라면 진리로 가는 길목에 버티고 있는 방해물들을 정정할 수 있을 거라고 샤피어는 주장했다.

종교적, 정치적, 또는 형이상학적인 믿음이 과학자의 사고에 끼어들수도 있다. 예를 들어 아이작 뉴턴은 기독교적 원리에 입각하여 우주론을 세웠다. 하지만 이런 사실은 사람들이 과학적인 방법을 따르는 본능을 지니고 태어난다는 것을 의미하지는 않는다. 그것은 우리가 배워야할 것이고, 샤피어의 주장처럼 '어떻게 배울 것인가'를 배워야 한다. 사실 우리는 자연에 대해 어떻게 배워야 할 것인가를 배워왔다. 그 결과가 현대 과학이다.

인식의 나머지 반은 경험으로 주어진 것이다. 비록 우리가 장밋빛 안경을 쓰고 있더라도 안경의 영향을 받지 않는 것들도 많다. 물체의 색깔이 붉은색으로 왜곡되어 보이더라도 형태, 크기, 모양, 구조 등과 같은 특징들은 있는 그대로 보인다. 자연의 색깔을 있는 그대로 볼 수는 없더라도, 그곳에서 보여지는 모든 것을 볼 수 있고 또 올바르게 볼 수 있다. 장밋빛 안경은 실재에 대한 우리의 관점을 채색해놓을 수는 있어도 그것을 창조하지는 못한다.

중성미자 포획 대작전

사람들이 고등학술연구소에 관해 잘못 생각하고 있는 것 중 하나는 연구소 학자들끼리 서로 친숙하게 대화할 것이라고 믿는 점이다. 연구소의 정규 연구원들은 그런 생각에 오히려 놀라워한다.

연구소에서 60년간을 몸담아온 인류학자 클리퍼드 기어츠는 이렇게 말한다.

"이 연구소는 내가 '불완전성 이론'에 대해 수학자 괴델과 이야기한다든지, 괴델이 자바의 종교에 대해 나와 이야기하는, 그런 지적인 사교 클럽이 아닙니다."

대개 이곳 연구원들은 혼자서 연구한다.

프리먼 다이슨은 이렇게 말한다.

"그것은 이곳 생활의 특징입니다. 우리는 각 분야로 세분화되어 있습니다. 그것을 유감스럽게 생각하는 경우도 있지만, 그건 현실이고 연구가 이루어지는 방식입니다. 만일 내가 견문을 넓히기 위해서 역사가나 수학자와 자리를 함께하곤 한다면 그건 어떤 의미에서 내 일을 소홀히 하는 것입니다. 내 일은 무엇보다도 내 연구와 연관된 사람들을 아는 것이며 그게 내가 하는 일입니다."

그러나 더들리 샤피어는 이런 점을 부끄러워한다.

"사실 연구소의 정신을 지배하고 있는 것은 다양한 분야의 사람들 사이에 교류가 없다는 것입니다. 여러 분야들이 완전히 독립적, 개별적으로 존재한다는 것은 가장 큰 약점입니다. 방문자조차 다른 분야에서는 전혀 얻는 것이 없습니다. 개인적인 생각입니다만 이곳에 있는 과학자들 모두가 과학철학을 강조하고 있으면서도 그들이 하고 있는 일이라는 게 뭡니까? 고고학, 미국사 등입니다. 물론 그것들은 분명히 중요하고 그들 자신으로 봐서는 훌륭한 주제일지는 몰라도, 우리 연구소와 같은 곳에서 해야 할, 서로 도움이 되는 주제들은 아닙니다."

샤피어는 어쨌든 자신의 분야에서 벗어나 과학의 진보라는 관점을 더 중시하였다. 그는 우선 쿤의 영향을 가장 많이 받은 존 바콜과 협력 관계를 맺었다. 비록 그것의 이론적인 가능성에 대해서는 쿤과 같은 의심을 갖고 있었지만, 바콜이 진실로 알고 싶어하는 대상이 하나 있었다. 그것은 바로 태양 중성미자였다.

이론에 따르면 중성미자는 핵융합 반응의 결과로 태양 내에서 생성된다. 태양은 가벼운 입자를 무거운 입자로 만든다. 즉 수소를 헬륨으로 만든다. 헬륨은 수소보다 4배 정도 무거우므로 4개의 수소핵으로 헬륨핵 하나를 만드는 것이다. 수소핵이 하나로 융합될 때 아주 작은 양의 질량 결손이 일어나는데, 그것의 일부가 $E=mc^2$이라는 등식에 따라 에너지로 변환되고 이 에너지가 가시광선의 형태로 방출된다. 그리고 나머지는 4개의 수소핵이 융합하여 하나의 헬륨핵과 2개의 양전자와 2개의 중성미자로 되는 소위 양성자-양성자 반응에 따라 중성미자의 형태로 방출된다. 이 과정을 표현하면 다음과 같다.

$$4H \rightarrow He + 2e^+ + 2\gamma$$

여기서 H는 수소핵, He는 헬륨핵, e^+는 양전자, γ는 중성미자이다.

이런 형태의 반응은 수소폭탄의 열핵반응과 같은 것으로, 존 바콜은 태양의 중성미자가 지구로 떨어지는 정확한 비율을 계산할 수 있을 거라고 확신하였다. 만일 지구에 도착하는 중성미자가 계산된 비율로 떨

어진다는 것이 관측된다면, 우리는 태양의 연소에 대해 완벽하게 이해
하게 될 것이다.

그래서 바콜은 그 계산을 하였고 그를 위해 태양 중성미자 단위라는
SNU solar neutrino unit를 새롭게 만들어냈다. 남은 문제는 태양의 중성미
자가 지구로 오는 실제 비율을 측정하는 장치를 고안하는 것이었다.

그건 매우 어려운 문제였다. 중성미자는 질량도 없다. 이것은 중성미
자가 광속으로 움직인다는 의미다. 또한 전기적으로도 중성이어서 다
른 일반 물질과는 거의 반응하지 않는다. 사실 일반적인 중성미자는 백
광년의 거리를 두께로 갖는 납을 통과해도 납에 흡수될 수 있는 가능성
은 50퍼센트밖에 안 된다. 만일 그렇다면 지구 위에 놓인 기껏해야 지표
면 두께의 검지기로 중성미자를 검출할 수 있다고 누가 기대할 수 있겠
는가?

그 대답은 이렇다. 중성미자는 방대한 양으로 지구에 쏟아지고 있다
고 생각되므로—매초당 백만 개의 중성미자가 우리의 망막을 보이지
않게 통과하고 있다—특수한 측정장치를 사용하면 최소한 작은 수의
중성미자라도 지구상의 물질과 반응할 가능성은 충분히 있다는 것이다.
이것은 실험 물리학 분야에서 도전할 만한 문제였지만, 정작 태양의 중
성미자 검출기를 고안해낸 사람은 롱아일랜드 섬에 있는 브룩헤이븐 국
립연구소의 화학자이자 바콜의 동료인 레이 데이비스였다. 그의 계획은
지표 밑 1마일 되는 곳에 드라이클리닝 용제인 퍼클로로에틸렌이 가득
담긴 탱크를 설치하는 것이었다.

표준 퍼클로로에틸렌(C_2Cl_4)은 중성미자와 반응했을 때 아르곤 37로
변환되는 동위원소인 염소 37을 다량 함유하고 있다. 염소 37의 핵은 17
개의 양성자와 20개의 중성자로 구성되어 있는데, 만일 이 중성자들 중

하나가 중성미자를 흡수하면 양성자로 전환된다. 이런 일이 일어나면 염소 37은 갑자기 다른 물질로 전환하고 만다. 왜냐하면 이제 그 핵에는 양성자가 하나 추가되고 중성자가 하나 줄어들기 때문이다. 다시 말해 그것은 방사성 가스인 아르곤의 동위원소인 아르곤 37로 된다. 결론적으로 순수한 퍼클로로에틸렌 용기 속에서 아르곤 37이 떠다니는 것을 발견하게 되면 중성미자나 우주선宇宙線이 탱크 속으로 들어왔다는 것을 알 수 있게 된다.

이 장치를 땅속 깊이 묻는 것은 다른 우주선이 이 장치에 침입하는 것을 차단하기 위해서다. 국립과학재단과 에너지 연구개발 위원회의 재정 지원으로 레이 데이비스는 십만 갤런의 순수한 퍼클로로에틸렌 액체   올림픽 수영 경기장을 채우고도 남을 만한 양   를 남부 디코티의 캘로그 마을 4천5백 피트 지하에 있는 홈스테이크 금광의 수갱에 채워넣었다.

"그곳은 내가 알기로는 이 세상에서 유일하게 중성미자 마티니를 얻을 수 있는 호텔이지요. 중성미자 전문의 천문학자는 기껏해야 서너 명 정도로 많지는 않지만 그 특별한 바의 주요 손님이었죠. 그곳은 '클래미티 제인과 와일드 빌 히콕'(서부 개척 시대의 전설적 인물들/옮긴이)이 암살된 곳과 가깝지만 그런 것은 실험과는 무관합니다"라고 바콜은 말했다.

어쨌든 그들은 실험을 계속했다. 유일한 어려움은 중성미자가 레이 데이비스의 검출기에 검출되지 않는다는 것이었다.

"그런 결과들이 나타난 바로 첫해에 데이비스와 함께 광산을 방문하고는 대단히 실망했습니다"라고 바콜은 회상한다. "우리 둘 다 이 분야에 대해서는 꽤 이력이 있는 사람들이었지요. 더구나 이 분야에 대해 열의를 보이는 사람들이 없었을 때 값비싼 연구 과제를 많은 동료들과 정부에 팔았던 우리였습니다. 하지만 그는 아무것도 얻지 못했고 나는 내 생각이 틀렸다는 것을 입증받게 된 것입니다. 그해 여름은 정말 실망스러웠습니다."

"언젠가 우리는 갱 내로 내려가기 위해 장비를 보관한 방으로 갔습니다. 우리는 광부들과 그 방에서 장비를 챙기면서 울적한 기분이었습니다. 그 동안 데이비스와 친해진 광부들이 그에게 일이 어떻게 되어가느냐고 물었고, 그는 중성미자를 검출하지 못했고 실험이 예측대로 진행되지 않는다고 말했습니다. 매우 친절한 광부 하나가 '걱정하지 마세요, 잘 될 겁니다. 올여름은 구름이 많은걸요' 하고 데이비스를 위로했습니다."

하지만 상황은 나아지지 않았다. 데이비스의 중성미자 검출기는 탱크에서 생성되는 아르곤 37의 개수를 하나하나 셀 수 있을 정도로 민감한데, 이들 원자들을 십만 갤런의 용액으로부터 하나씩 추출해야 한다는 생각에 더욱 마음이 조급해졌다. 이 과정은 탱크에 헬륨 가스를 불어넣어 전체 용액을 저어주는 것으로 시작된다. 이 헬륨에 의해서 모든 아르곤 37 원소가 운반될 것이다. 그러고 나서 탱크로부터 헬륨을 추출하여 냉각한 후 석탄 필터를 투과시켜 아르곤으로부터 헬륨을 분리해내는 것이다. 아르곤 37은 방사성 원소이므로 그것의 붕괴는 가이거 계수기와 비슷한 장치로 계수되고, 이렇게 하여 실험자는 얼마나 많은 아르곤 37이 용기 내에 생겨났는지 측정할 수 있는 것이다.

이 모든 과정의 정확도를 확인하기 위해서 레이 데이비스와 그의 동료들은 정해진 일정한 양(정확히 5백 개의 원소)의 아르곤 37을 탱크에 넣어보았다. 22시간 후 그들은 다시 그 중 95퍼센트를 회수하였다.

바콜의 계산에 따르면 데이비스는 두 달의 측정 기간마다 10개에서

20개의 아르곤 37 원자를 검출해내야만 했다. 그러나 매우 실망스럽게도 데이비스는 훨씬 작은 수(실제로 우연히 우주선이 탱크에 들어갔을 때 생기는 정도만큼)밖에는 검출하지 못했다. 다시 말해 그것은 어떤 아르곤 37 원소도 태양 중성미자에 의해 생긴 것이라고 할 수 없었던 것이다. 바콜은 "사실 10년이 넘게 걸린 실험을 통해서도 중성미자가 검출되었다는 결정적인 증거를 얻지는 못했어요"라고 말했다.

바콜과 데이비스에게 이런 사실은 믿기 어려운 것이었다. 그에 대한 그럴듯한 설명도 없었다. 아니 전혀 설명할 수 없는 것도 아니었다. 오히려 너무 많은 것이 탈이었다. 그 설명은 태양 중성미자의 생성에 관한 것, 날아오면서 붕괴하는 중성미자, 검출 과정의 문제 등 세 부류로 나뉜다. 하지만 그런 설명들은 모두 이런저런 이유로 받아들일 수 없었고, 그 설명 중 몇몇은 태양은 지금 실제로 빛나고 있는 게 아니라는 생각만큼이나 기괴한 것이었다(이것은 그렇게 어리석은 생각만은 아니다. 즉 태양은 에너지를 단속적으로 생성하는데 지금은 에너지를 적게 생성하는 기간이기 때문에 중성미자가 생각보다 훨씬 적게 내려온다는 것이다). 다른 설명은 태양의 에너지는 양성자-양성자 반응으로부터 나오는 것이 아니라 태양 내부의 관측할 수 없는 블랙홀로부터 나온다는 것이다. 물론 이러한 블랙홀에 대한 개별적인 증거는 없다.

연구소에서 바콜은 교환 연구원인 니콜라 카비보, 아모스 야힐과 함께 '중성미자는 우리에게 도달하지 않는다'는 나름대로의 해석을 제안했다. 중성미자는 날아오는 도중에 다른 입자로 변하거나 소멸해버린다고 생각한 것이다. 이 설명에서 유일하게 문제가 되는 것은 중성미자가 붕괴하여 어떤 입자로 변화하는지를 누구도 알고 있지 못한다는 것이다. 입자물리학의 뛰어난 전통을 이어받아 바콜과 그의 동료들은 자신들의 설명을 뒷받침하기 위해 새로운 입자, 즉 질량이 낮은 스칼라 보존*을 창출해냈다. 그러나 불행하게도 그들은 이 입자의 존재를 입증할 방법을 전혀 고안해내지 못했다.

결국 모든 대안이 어떤 것은 천체물리학자들이 받아들일 수 없는 것으로, 또 어떤 것은 입자물리학자들이 거부하는 것으로 되어버렸다.

모든 상황이 여의치 않자 그는 결국 이 문제를 쿤의 패러다임 전이에 비유하여 이렇게 결론을 내렸다.

"현재 천문학은 쿤이 과학혁명에 관한 자신의 저서에서 기술했던 것과 비슷한 상황에 직면해 있습니다. 그 이유는 별이 어떻게 생성되고 유지되는지 그리고 또 에너지를 어떻게 얻고 있는지, 특히 태양은 왜 빛나는지에 대해 널리 받아들여져 이용되는 이론을 우리가 따르고 있기 때문입니다. 사실 그것을 입증하는 실험이 실패했기 때문에 사람들은 쿤이 묘사한 것처럼 그렇게 행동하고 있는 것이지요."

그러나 더들리 샤피어에게 태양 중성미자 실험의 실패는, 진리는 언제나 거기에 존재하고 있고 다만 과학이 그것을 발견하는 것은 시간문제임을 의미할 뿐이다. 이 문제는 바콜이나 데이비스 혹은 다른 사람이 고안하고 있는 실험에 의해서 해결될 것이다. 이 실험은 2천5백만 달러나 드는 게르마늄-갈륨 검출기를 사용하는 것이다. 만일 이 실험이 행해지면 우리는 중성미자가 왜 다코타의 땅 밑에서는 발견되지 않았는가를 알게 될 것이다.

---

* 1964년 스코틀랜드의 물리학자 피터 힉스(Peter Higgs)에 의해 이론적으로 그 존재가 밝혀졌지만 아직까지 규명되지 않은 물질로서, 그의 이름을 따 '힉스 입자'라고도 한다. 힉스 입자의 존재가 밝혀지면 중성미자, 전자, 쿼크 등 모든 물질의 근원인 기본 입자들이 어떻게 질량을 얻게 되는지가 드러난다. 힉스 입자를 찾는 작업은 물리학 분야의 게놈 프로젝트라고 부를 정도로 현재까지 물리학계 최대의 이슈가 되고 있다.

라이프니츠에서 다윈까지, 과학자들의 철학관

인문학자들은 과학의 인식론적, 형이상학적 위상에 대해 자기들끼리 논쟁을 벌이지만 과학자들은 조금 다르다. 바로 존 바콜의 경우처럼, 과학자들은 자신들이 최종적으로 얻은 진실에 대해 철학적인 의구심을 갖게 될 때조차 그 문제를 뒤로하고 자신의 연구를 계속해간다.

머레이 겔만이 한번은 이런 말을 한 적이 있다.

"나는 철학자들과의 논쟁에 끼어들고 싶지 않습니다. 그리고 철학자들의 논쟁에 끼어들지 않도록 나를 통제할 방법까지 가지고 있습니다. 그것은 캘리포니아 대학 로스앤젤레스 캠퍼스에서 한 나의 공개 강좌에 참석한 의사가 내게 가르쳐준 것입니다."

또 바콜은 다음과 같이 말한다.

"많은 과학자들은 철학적인 토론에 대해 기질적으로 알레르기 반응을 보입니다. 철학이란 먼지나 일으키고 알 수 없다고 불평만 해대는 분야라고 말했던 이가 라이프니츠였던 것 같습니다. 바로 그런 태도를 많은 과학자들이 공유하고 있습니다."

생각해보면 그것도 당연할 것이다. 철학자들은 끊임없이 과학자들에게 그들이 무엇을 할 수 없고 무엇을 말할 수 없는지, 또 무엇을 알 수 없는지 등을 말하고 있다. 1844년 철학자 오귀스트 콩트는 인간이 영원히 알 수 없는 것이 있다면 멀리 떨어진 별과 행성의 구성 요소라고 하였다. 하지만 그가 죽은 지 3년 후 물리학자들은 대상이 얼마나 멀리 떨어져 있는가와는 상관없이 그 대상의 구성 요소를 그것의 스펙트럼으로 알아낼 수 있다는 사실을 밝혀냈다. 철학자들은 과학자들에 대해서 이런저런 이야기를 하지만 과학자들은 그렇지 않다. 과학자가 철학자를 비평하기 위해서 자신의 시간을 할애하는 일이란 거의 없다.

물론 그러한 일이 전혀 없는 것은 아니어서, 리처드 파인만이 이렇게 주장한 적이 있었다. "철학자는 과학에서 절대적으로 무엇이 필요한지 수없이 이야기하지만 그건 아주 천진난만하거나 아니면 아주 엉터리 같은 것입니다. 예를 들면 몇몇 철학자들은 스톡홀름에서 행해진 실험을 키토(에콰도르의 수도/옮긴이)에서도 한다면 동일한 결과가 일어나야만 하고, 이것이 과학의 기본이라고 주장했지요. 하지만 과학이 그럴 필요는 없습니다. 경험적 사실일 수는 있지만 그럴 필요는 없는 것입니다. 예를 들어 스톡홀름에서 오로라를 보았다 하더라도 키토에서는 그것을 관측할 수 없습니다. 이에 대해 이렇게 말할 수 있겠지요. '그건 외부적인 환경과 관계 있는 것이다. 스톡홀름에서 상자 속에 들어가 빛과 차단되어 실험을 한다면 어떤 차이가 일어날 수 있겠는가?' 물론이지요. 만일 진동추를 가지고 그것을 한쪽으로 밀어올렸다가 그대로 놓으면 추는 동일한 평면상에서 움직일 겁니다. 하지만 정확히 동일한 것은 아닙니다. 스톡홀름에서는 그 평면이 점차 변하지만 키토에서는 그렇지 않습니다. 물론 차양은 가려져 있습니다. 이런 일이 일어난다는 사실이 과학의 붕괴를 가져오지는 않습니다."

언젠가 프리먼 다이슨은 파울 파이어아벤트나 토머스 쿤처럼 과학은 사실 궁극적인 진리를 얻을 수 없다고 주장하는 철학자들에 관한 질문을 받은 적이 있었다. 다이슨은 그때 1979년 고등학술연구소에서 주최했던 알베르트 아인슈타인 백 주기 기념식에 대한 이야기로 대답을 대신했다. 연구소는 과학, 과학사, 과학철학 세 분야에서 연사를 초청하기 위해 위원회를 구성하고, 그들이 초청할 만하다고 생각한 명단을 그 위원회에 넘겨주었다.

"그 명단을 훑어보았을 때 한 가지 재미있는 사실을 발견했습니다. 과학자의 명단을 보니 그들은 이미 개인적으로 알고 있는 사람들이었습니다. 문제가 없었지요. 과학사학자들의 명단을 보니 이름을 들은 적은 있지만 제대로 알고 있지 못하는 사람들이었습니다. 그리고 마지막으로 과학철학 분야의 명단에는 한 번도 들어보지 못한 이름들이 적혀 있었습니다. 난 그 사실에 아주 흥미를 느꼈습니다. 내 말은 어딘가에 우리는 한 번도 접해보지 못한 과학철학이라는 문화가 있었다는 말입니다. 그러니 당신이 파이어아벤트에 대해서 이야기하더라도 나는 그가 쓴 글을 한 번도 읽은 적이 없습니다. 아주 우연히 쿤을 알게 되기는 했지만 그가 쓴 글들도 많이 읽어보지 못했어요. 우리가 과학이라고 부르는 것과 과학철학이라는 것과는 거의 접촉이 없습니다.

사실, 과학철학자들처럼 생각하는 과학자는 거의 없습니다. 내 말은 우리는 대부분의 시간을 아주 실제적인 문제, 천체물리학 그것도 아주 전문적인 문제를 다루는 데 보낸다는 말입니다. 난 그들의 저서를 읽지 않았기 때문에 완전히 무지한 상태로 말하는 것이지요. 하지만 철학적으로 기울어져 있는 사람들의 이야기는 꽤 많이 들었습니다. 그들은 ― 쿤의 경우도 마찬가지지만 ― 양자물리학이 기본적으로 과학의 전체라고 여기는 것 같았습니다. 어떤 면에서 양자물리학은 과학의 특성을 보이는 것이지만 실제로 양자물리학은 매우 독특한 것이고, 대부분의 과학이 전적으로 그와 같지는 않습니다. 천체물리학은 확실히 그와 다릅니다."

지치지 않는 과학자들

고등학술연구소의 과학자 대부분은 캠퍼스 건너편의 인문학자들이 정립해놓은, 샤피어의 표현에 따르면 '인간 사고의 발전 가능성을 가로막는 장벽'과는 무관하게 사물의 진리를 좇아 연구하고 있다.

"지난 20년간 과학철학의 주된 학설들이, 주장된 모든 사실들을 저마다 잘 설명할 수 있는 이론들이 무수히 많았고, 그 이론들 중 어느 것이라도 보호될 수 있었다는 점을 생각하면 아이러니가 아닐 수 없습니다. 지금은 물리학자들이 모든 것을 설명할 수 있는 한 가지 이론, 초끈 이론을 얻을 수 있다고 마침내 믿게 된 때인데 말입니다! 과학자들이 철학적인 생각과는 무관하게 그런 생각에 도달했다는 것은 결코 놀라운 일이 아닙니다"라고 더들리 샤피어는 말한다.

이렇게 연구소 과학자들은 자연의 궁극, 아주 거대한 것에서부터 아주 미세한 대상까지, 그리고 아주 먼 과거에서부터 먼 미래까지 계속해서 생각해온 것이다. 그들 중에서도 가장 철학적으로 사고하고 회의적인 존 바콜조차도 자기 연구가 단순히 일시적인 가설이나 다른 형태의 해석이 아니라 바로 진리, 자연의 진실을 밝혀줄 것이라는 확신을 갖고 있다는 듯이 연구해 나가고 있다.

간단한 질문, 중성미자는 태양에서 날아와 지구에 도달하는 것인가에 대한 답을 구하기 위해서 존 바콜은 2천5백만 달러나 드는 실험을 하려하고 있는 것이다. 아니, 열망하고 있는 것이다.

정말 훌륭한 과학자는 겸손하지도 소극적이지도 않다.

IV

생명, 우주, 만물

Who Got Einstein's Office?

자연 자신의 소프트웨어

볼 수 없는 것을 넘어서

자연 자신의 소프트웨어
Nature's Own Software

'복잡함'이 문제다

스티븐 월프람은 23살의 나이에 연구소의 연구원이 되어, 천체물리학 건물의 1층 구석진 곳에 연구실을 가지게 되었다. 그러나 월프람은 천체물리학자가 아니었으므로 실제로는 이 건물에 소속된 연구원은 아니었다. 그는 또한 입자물리학자도 아니어서 입자물리학자들의 부류에 속할 수도 없었다. 월프람은 당시 명확한 명칭이 붙어 있지 않은 새로운 영역을 연구하고 있었다.

후에 연구소에서 그에게 독립된 연구 시설과 인원을 지원해 새로운 연구실을 마련해주었을 때도, 이들의 연구 분야에 대해서는 적절한 명칭을 붙여주지 못했다. 단지 연구원들 스스로가 동역학動力學계를 연구하는 그룹이라고 생각했을 정도였다. 이는 이들이 연구하고 있는 분야가 이전에는 존재하지도 않았고, 따라서 아무도 관심을 둔 적이 없었기 때문이다.

대개의 과학자들은 자신들의 연구 분야를 태양의 중성미자라든가 구형체의 연구, 또는 초파리에 대한 연구 등으로 아주 제한된 범위에 국한시킨다. 그러나 월프람은 보다 거대한 목표에 눈을 돌리고 있었다. 그는 어떤 주어진 현상에서의 복잡함을 설명하려는 것이 아니라 은하계의 구조라든가 유체의 소용돌이, DNA 분자에서의 핵산 배열 등 모든 사물에서 발견되는 복잡한 현상의 근본적인 이유를 밝히기를 원했다. 그리고 이러한 문제를 해결하기 위해서 기존의 물리학자들이 사용하고 있는 미분방정식 등의 수학, 물리학적인 방법이 아닌, 과학에서는 아주 생소한 방법을 도입하였다. 그것은 세포 자동자라고 알려진, 같은 형태를 계속 발생시키는 추상적인 메커니즘이었다.

세포 자동자는 실제로 존재하는 어떤 기계적 장치가 아니라 단지 사람의 머릿속에서 그려진 추상적인 것이다. 그러나 월프람과 그의 동료들에게는 실제로 존재하는 기계 이상으로 중요했다. 왜냐하면 이 상상적인 자동 발생장치가 컴퓨터에 의해서 모의 실험으로 행해지는 경우 나타나는 결과들은 실제 자연 상태에서 발견되는 물리적인 계와 유사하기 때문이다. 참으로 신비스런 일이 아닐 수 없다.

소설가가 완전히 허구적인 내용의 소설을 쓰고 나서, 이 소설에서 일어난 사실들이 실제로 주변에서 일어나고 있었다는 것을 알게 되는 경우를 생각해보라!

한번은 월프람이 간단한 세포 자동자를 이용하여 바닷조개 모양을 연구하고 있었다. 컴퓨터의 도움은 그다지 필요하지 않았다. 단지 몇 줄의 명령만이 입력되었다. 그러자 컴퓨터 화면에는 월프람이 해양생물 도감에서 본 적이 있는 연체동물의 껍질을 연상케 하는 다이아몬드 모양이

나타났다. 그래서 그는 생물 도감을 뒤져보았는데, 그건 영락없는 연체
동물의 껍질 모양이었다. 도감의 그림과 컴퓨터 화면을 직접 비교해보
아도 의심할 여지가 없었다. 그의 세포 자동자 발생장치 모의 실험은 바
닷조개에서 발견되는 모양을 정확하게 보여주었다. 이것은 믿기지 않는
것이었지만 그 증거가 바로 눈앞에 있었다.

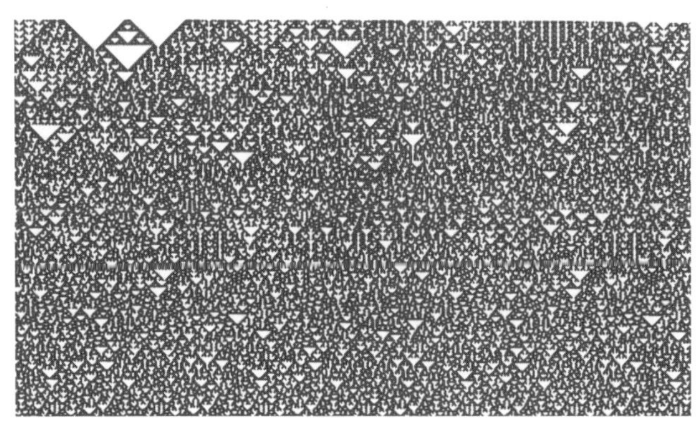

그리고 계속된 연구 결과들은 세포 자동자는 바닷조개에서 발견되는
모양뿐만 아니라, 눈송이의 구조나 자라나고 있는 결정, 강물의 굴곡 등
여러 다양한 종류의 모양을 보여주었다. 그것은 믿을 수 없는 사실이었
다. 몇 줄의 컴퓨터 명령으로 실제 세계가 연출되다니! 이것은 마술을
부리는 것 같았다. 그래서 월프람은 세포 자동자 발생장치가 실제 이 우
주를 연출할 수 있을지도 모른다는 생각을 했다.

이 우주 자체가 어떤 의미에서 거대한 세포 자동자 발생장치일지도
모른다. 즉 우주의 진행 과정이 거대한 컴퓨터가 제시하는 경로와 같을
지도 모른다고 생각하게 된 것이다.

15살에 논문 제출, 20살에 박사 되다

스티븐 월프람은 1959년 영국 런던에서 태어났다. 어머니는 옥스퍼드 대학의 철학 교수였고, 아버지는 수출입을 하는 사업가이면서 한편으로는 글을 쓰는 소설가이기도 했다. 그는 부모가 하는 일에는 별 관심이 없었다. 그러나 그는 남보다 좋은 환경에서 태어났을 뿐만 아니라 어떤 특별한 재능도 가지고 있었다.

영국의 명문 이튼 고등학교에 입학한 그는 크리켓 경기에 참가하면서, 시합중에도 책을 읽을 수 있는 포지션을 알고 있다고 할 정도로 많은 책을 읽었다. 17살에 옥스퍼드 대학에 들어갔다. 그러나 강의를 듣고 학점을 따는 것을 좋아하지 않았다.

그는 "강의를 듣는 것은 시간 낭비다. 내가 알고 싶은 분야에 대해서 강의를 듣는 것보다 그것에 관한 책을 읽는 것이 훨씬 효율적이다"라고 말한다.

이러한 말은 공연한 허풍이 아니다. 왜냐하면 옥스퍼드 대학에 입학하기 이 년 전인 15살에 그는 이미 소립자물리학의 문제와 관련된 논문을 발표하였다. 이것이 그의 최초의 과학 논문이었다. 그러나 그는 이 논문에 결코 만족하지 않았다. "이것은 정말로 재미없는 논문입니다. 전혀 마음에 들지 않아요. 그래서 나는 이 논문의 복사본을 한 장도 가지고 있지 않습니다"라고 월프람은 말한 바 있다.

그러나 그의 표현을 빌리자면 매우 늦게인, 16살에 발표한 두번째 논문에 대해서는 항상 관심을 갖고 다시 들여다보곤 했다. 이 논문은 1976년 『핵물리학』지에 「입자 붕괴에 있어서 중성자의 약한 상호작용」이라는 제목으로 실렸다.

1978년 월프람은 물리학자 머레이 겔만의 초청으로 미국의 캘리포니아 공과대학에 오게 되었다. 그리고 일 년 후 이론 물리학으로 학위를 받았다. 그때가 바로 20살이 되던 해였다. 그러나 그는 십대에 박사 학위를 받지 못한 것에 대해 서운해했다. 그후 얼마 안 가서 지금까지 연구비를 받은 사람들 중 가장 어린 나이로 그는 맥아더 재단의 연구비를 받았다.

이 연구비는 신청을 해서 받는 것이 아니기 때문에 어느 날 뜻밖의 전화를 받고서 연구비를 받게 된다는 사실을 알게 된다.

매년 상당한 액수가 연구비로 5년 동안 계속해서 지급되지만, 이 돈의 사용에 대해서는 전혀 간섭을 하지 않는다. 월프람은 12만 5천 달러를 받아서 지신의 연구를 계속했다.

그 당시 월프람의 흥미는 소립자물리학과 우주론의 두 분야로 크게 나뉘었는데 그 중에서도 특히 초기 우주의 진화 과정에 흥미를 두고 있었다. 그래서 그는 은하계의 생성 문제에 접근해보기로 마음먹었다. 처음 그는 연구 과정에서의 계산을 위해서 컴퓨터가 필요함을 느꼈다. 그러나 그가 생각하는 컴퓨터는 일반적인 숫자를 처리하는 것이 아니라 대수적인 표현, 즉 추상적인 공식을 다룰 수 있는 컴퓨터 언어를 필요로 했다.

그래서 그는 스스로 새로운 컴퓨터 언어를 개발하기로 마음먹고 캘리포니아 공과대학에 있는 크리스 콜, 팀 쇼 등 몇몇 동료들과 함께 대수학을 수행할 수 있는 컴퓨터 언어를 개발했다. 즉 '2 더하기 3은 5이다'라는 단순한 산술적 계산을 하는 것이 아니라, $(x+1)^2$을 전개하면 x^2+2x+1이 된다는 결과를 보여주는 컴퓨터 언어이다. 다시 말하면 이들 명령어는 숫자뿐만 아니라 기호도 계산할 수 있는 것이다. 월프람은 기호 조작 프로그램Symbolic Manipulation Program의 머리글자를 따서, 이 언어를 SMP라고 이름붙였다.

기호를 처리할 수 있는 컴퓨터 언어는 이론 물리학뿐만 아니라 공학이나 다른 응용 과학에서도 광범위하게 적용될 수 있음이 판명되었다.

이 언어가 이러한 광범위한 적용 능력 덕분에 상업적인 가치를 갖게 되자 월프람은 SMP 소프트웨어를 로스앤젤레스의 인퍼런스 주식회사에 팔았다. 그래서 결국 학교 당국과 마찰을 빚게 되었다. 학교 당국은 그 소프트웨어가 학교 소유라고 주장했다. 왜냐하면 학교에 고용된 상태에서 그것을 개발했기 때문이라는 것이다. 이 문제는 월프람이 학교 측에 양보함으로써 일단락되었다. 그러나 그가 양보한 이유는 다른 연구소, 즉 고등학술연구소로 옮겨가기 위해서였다. 고등학술연구소의 특색은 연구원들에 대해서, 그들이 하는 연구 분야에 대해서 전혀 간섭을 않는다는 것으로 평판이 나 있었다. 이러한 사실은 스티븐 월프람에게 이루 말할 수 없는 매력이었다.

캘리포니아 공과대학 측과 월프람이 소프트웨어 판매권에 관해 시비를 벌이는 동안, 처음으로 월프람은 세포 자동자 이론에 흥미를 가지게 되었다. 그는 우주 대폭발의 불덩어리로부터 은하계의 구조가 생성되기 위해서는 어떤 모양을 계속적으로 발생시키는 장치가 필요하다는 것을 인식하였다. 세포 자동자 발생장치가 이러한 일을 수행하는 데 탁월한 능력이 있는 것으로 밝혀졌다.

월프람은 우주의 진화에 대해서 다음과 같이 이야기하고 있다.

"우주 생성 초기 단계의 열역학을 생각해보면 이해할 수 없는 문제에 부딪히게 됩니다. 우주는 뜨거운 기체로 된 일정한 구로부터 시작되었다고 여겨지지만, 종국에 우리가 보고 있는 우주는 매우 다양하고 불규칙적인 은하계들로 이루어져 있습니다.

그렇다면 어떻게 해서 일정한 모양에서 복잡한 형태로 이 우주가 변했는가 하는 문제가 남게 됩니다. 일반적인 통계역학으로 이를 설명할 길은 없지요. 그래서 나는 완전히 무질서하고 완전히 균일한 것에서부터 출발하여 결과적으로 균일하지 않은 복잡한 형태를 가져오는 것에 흥미를 갖게 되었습니다.”

가장 근본적인 문제에서 살펴볼 것 같으면, 여기에 내포된 문제는 적어도 플라톤 시대 철학의 탄생까지 거슬러 올라가게 된다.

문제는 이 우주가 어떻게 하여 단순한 구조에서 복잡한 구조로, 무질서 상태로부터 질서정연한 상태로 변해왔는가 하는 것이다. 다시 말해서 빅뱅의 무질서 속에서 동식물이나 인간이 생성, 또한 생명체 지체의 근원이 되는 아주 복잡한 DNA 구조가 어떻게 이루어졌느냐 하는 것이다. 바로 이 문제는 우주 생성을 창조론으로 보느냐 과학적 진화론으로 보느냐 하는 것과 직결된다. 창조론자들의 말에 따르면 무에서 무언가가 생겨날 수는 없다. 또한 완전히 무질서한 상태에서 복잡하고 질서정연한 세계로 진행될 수도 없다. 따라서 이 세상의 모든 것은 신의 뜻에 의해 창조된 것이다.

과학자 월프람은 창조론 개념을 배제시키고 우주의 질서를 설명하고자 했다. 신이 이 우주의 생성과 진화를 지배하지 않았고, 또한 우주의 질서가 태초에서부터 존재하지 않았다면, 이 우주는 스스로 생성, 진화해왔다고 생각할 수 있다. 즉 우주는 우주 자체가 그러한 능력을 갖고 있음이 틀림없다. 그러나 어떻게? 또 우주의 질서를 창출해 나가는 장치는 무엇인가?

이러한 문제와 병행하여 월프람은 전혀 별개의 문제인, 기계로부터 인공지능을 도출해내는 문제를 연구하고 있었다.

"다른 한편으로 나는 인공지능의 연구에 관심이 있었습니다. 사물에 인공지능을 부여하기 위해서 컴퓨터를 사용하게 되는데, 이때의 컴퓨터는 단일 중앙처리장치가 아니라 다량의 정보를 동시에 처리할 수 있는 병렬 처리장치를 필요로 한다는 것을 깨닫게 되었습니다. 그래서 나는 병렬 처리장치의 컴퓨터에 관심을 두기 시작했지요. 즉 나는 스스로 진화 발전하는 계를 설명할 수 있는 모델을 만들려고 하는 동시에, 다른 한편으로는 병렬 처리 컴퓨터에 대한 이해를 넓히는 일을 하고 있었던 것입니다"라고 월프람은 말한다.

이 두 가지 과제의 공통점은 단순한 상태에서 복잡한 상태로 변하는 방법을 찾는 것이다. 즉 태초의 단순한 우주 상태에서 복잡한 구조의 우주를, 그리고 기본적인 컴퓨터에서 복잡한 계산 능력을 생겨나게 하는 방법을 찾는 것이다. 월프람은 이러한 변화에 대해서 체계적인 설명을 할 수 있는 방법을 찾기 위해 온 힘을 기울였다.

그는 수학의 순환 개념이 이러한 현상을 보여준다는 것을 알았다. 즉 간단하게 표현된 순환식은 그것을 계속 전개하면 복잡한 형태의 식으로 변한다는 것이다. 이러한 예는 '라이프'라고 불리는 게임에서도 볼 수 있다.

라이프 게임에 빠져들다

라이프 게임은 1970년 케임브리지 대학의 수학자 존 콘웨이가 만들었다. 이 게임은 평면을 잘게 쪼개어 많은 공간을 만들어 여기에서 게임을 한다. 이 게임판은 그래프 용지나 서양 장기판 같은 것이다. 게임판의 작은 칸을 '셀cell'이라고 부른다. 한 개의 '셀'은 8개의 '셀'에 의해 둘러싸여 있다. 그 중 4개는 직각 방향으로 있고, 나머지 4개는 '셀'의 구석 방향으로 배열되어 있다. 이 '셀'은 채워져(살아) 있거나 비어 있는(죽은) 두 가지 상태이다.

살아 있는 경우에는 어떤 표시를 해넣고, 죽어 있는 경우에는 그냥 공간으로 남겨둔다.

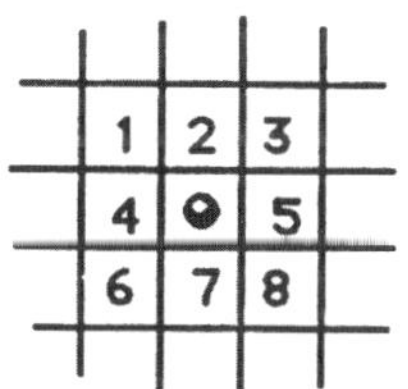

게임에서의 일반적인 원칙은, 이웃하는 셀의 작용에 의해 삶과 죽음이 결정된다는 것이다. 고립되어 있는 셀은 죽게 되며 이웃하는 셀이 너무 과도하게 차 있을 때도 죽게 된다.

셀은 이런 극단적인 경우들 외에는 살아 있게 된다. 그리고 조건이 갖추어지면 새로운 셀이 생겨날 수도 있다. 이것은 바로 실제 생명체와 같은 것이다.

이 게임의 규칙은 다음 두 가지로 요약될 수 있다.

1. 이웃하는 셀들 중에서 2개나 3개가 살아 있다면 살아 있는 셀은 계속해서 살아남게 된다. 그렇지 않으면 과밀이나 고립된 경우가 되어

셀은 죽게 된다.

2. 죽어 있는 셀은 이웃하는 셀 3개가 살게 되면 다시 살아난다.

이것이 규칙의 전부다.

예를 들어 양쪽으로 세워진 2개의 셀의 경우를 보자.

이 경우는 셀이 죽게(비어 있게) 된다. 왜냐하면 살아남기에 적절한 조건인, 이웃하는 2개나 3개의 셀들이 채워져 있지 않기 때문이다. 그러나 사각형 배열을 하고 있는 4개의 셀에 대해서 생각해보자.

이러한 경우는 각 셀에 이웃하는 3개의 셀들이 채워져 있으므로 가장 적절한 조건이 되어 있는 이 셀들은 계속해서 채워진 상태로 남게 된다.

그리고 채워진 셀들이 3개 존재하게 되는 경우

이러한 단순한 규칙으로부터 무슨 흥미로운 일이 발생할 수 있을까 하는 의구심이 생길지도 모른다. 그러나 그것은 잘못된 생각이다. 어떤 출발 모형은 유전자와 같은 발생 형태를 가진다. 환경이 좋을 경우 유전자는 매우 빠른 속도로 증식한다.

예를 들어 T자 모양으로 채워진 셀을 보자. 이것을 'T-테트로미노'
라고 한다.

바로 다음 단계에서 3개의 새로운 셀들이 생성된다. 그리고 그 다음
단계에서 바로 셀의 분리가 일어난다. 생성되고 죽는 원리와 같은 형태
로 셀의 분리가 그림과 같이 계속 진행된다.

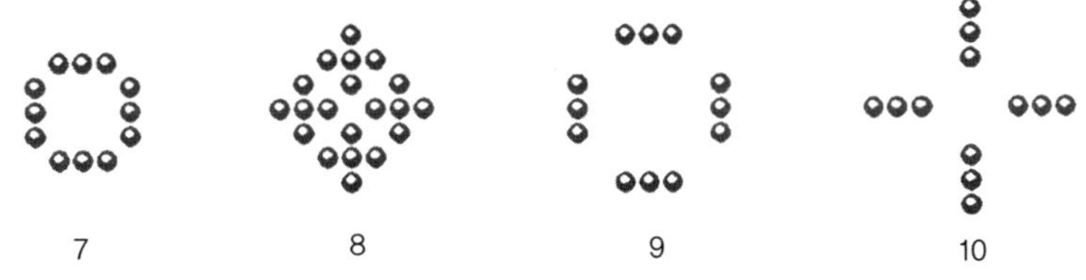

T-테트로미노를 시계 방향으로 90도 회전하여 오른쪽 구석에 셀을
한 개 더 놓아서 만들어지는 것을 'R-펜토미노'라고 한다.

R-펜토미노는 채워진 셀을 굉장히 많이 만든다. 60번 정도의 발생 과
정을 거치게 되면 소우주로 팽창하게 된다.

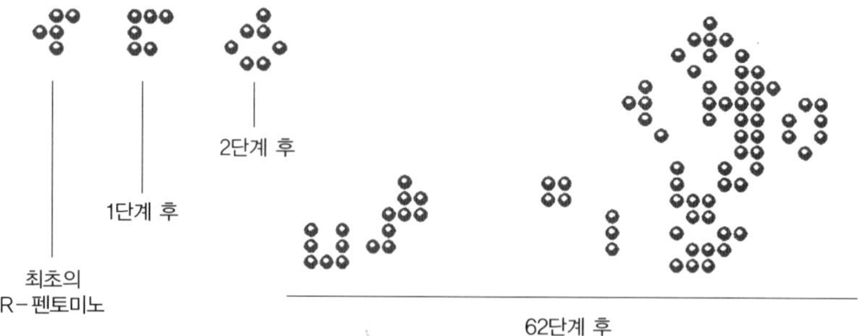

라이프 게임의 진행 형태가 세포 자동자의 기본 예인 것이다. 이 게임은 두 가지 기본적인 규칙에 따라 자동적으로 진행되는 자동 발생장치이다. 라이프 게임은 상호작용하는 것이 없다.

이 게임이 진행되는 과정에서 어떤 인위적인 영향은 개입되지 않는다. 초기의 채워진 셀들이 주어지게 되면 진행되는 과정은 자동적으로 이루어지며 영원히 계속될 것이다. 그러나 이 과정들은 결정적인 요소를 내포하고 있다. 즉 처음 시작 조건이 같은 경우, 아무리 오랫동안 게임을 진행시켜도 진행되는 결과는 동일하게 나타날 것이다.

이것이야말로 세포 자동자의 흥미 있는 부분이다. 세포 자동자는 자발적이고 전혀 예측할 수 없는 방향으로 진행되는 것처럼 보이지만, 실제 이들의 진행 과정은 물리학에서 말하는 규칙을 따라 이미 예정되어 있는 것이다.

처음에 서양 장기판에서 시작된 라이프 게임은 컴퓨터에서도 할 수 있도록 개조되었다. 그래서 컴퓨터에 이 게임을 입력시켜서 그 결과를 관찰했는데, 그 결과는 사람들을 무척 흥분시켰다. 더욱이 마틴 가드너가 『사이언티픽 어메리컨』지에 「수학적 게임」이라는 칼럼을 실었을 때, 컴퓨터 전문 사용자들조차 라이프 게임에 대해서 흥분을 감추지 못했다. 가드너는 후일 이렇게 말했다. "콘웨이의 라이프 게임에 대해 내가 쓴 칼럼은 전세계 컴퓨터 이용자들로부터 열광적인 반응을 얻었지요. 라이프 게임을 하느라고 각 나라에서 낭비된 컴퓨터 사용료만 수백만 달러에 달할 것입니다."

라이프 게임에 몰두한 사람들은 이 게임에 관한 잡지 『라이프 라인』을 출간하기도 했다. 매사추세츠 공과대학의 인공지능 연구실에 있는 연구원 빌 고스퍼, 에드 프레드킨 등은 이 게임에 매료되어 이것을 게임 이상의 어떤 것이라고 여기기 시작했다.

그들은 이 게임을 통해 실제 생활의 어떤 숨겨진 사실을 보고 있을지도 모른다는 생각을 했다. 컴퓨터 화면에 나타나는 모양은 너무나 실제 생화에서 일어나는 것과 유사했다. 즉 꽃이 피고 지거나, 알이 부화하고 성장하는 과정을 보여준다.

이 게임의 발명가 존 콘웨이는 이 게임을 너무 진지하게 받아들여, 라이프 게임의 진행 형태가 실제로 생명체일지도 모른다는 생각을 하게 되었다. 그는 이렇게 말했다.

"라이프 게임을 상당히 큰 규모로 실행시키면 틀림없이 생명체의 형태를 보게 될 것입니다. 즉 생성, 성장 발전, 진화, 증식, 영역 분쟁 등을 보게 될 것입니다. 충분히 큰 서양 장기판 위에서라면 반드시 그와 같은 일이 일어나리라는 것을 확신합니다."

그의 동료인 에드 프레드킨도 거들고 나섰다. 이 게임을 다소 추상적인 형태로 만들면, 그로부터 얻어지는 결과가 우리 인간 생활과 관련되어 있지 않다고 명확하게 증명할 방법이 없다는 것이다.

'모스키토' 섬에서 한눈에 반하다

캘리포니아에 오기 전, 스티븐 월프람은 세포 자동자 이론을 전혀 접해본 적이 없었다. 그러나 '라이프'라고 불리는 컴퓨터 게임에 관해서는 들어본 적이 있었다. 그의 친구 빌 고스퍼가 그 게임에 대해서 여러 가지 이야기를 들려주곤 했다. 월프람은 이 게임이 추구하는 생명의 진화를 밝히는, 현실성 없는 일에는 별로 관심이 없지만 아주 흥미롭다는 생각은 했다. 결국 이 게임의 진행 과정이, 월프람이 우주 생성 문제를 연구하기 위해서 자신이 개발한 컴퓨터 모델과 유사하다는 것을 발견했다. 월프람이 생각하기로 라이프 게임이 안고 있는 가장 중요한 문제점은 같은 조건은 같은 결과를 낳는다는 것이었다. 그가 필요로 하는 것은 다양한 형태의 결과를 보여줄 수 있는 구조를 연구하는 것이다. 따라서 그는 단순한 게임의 차원을 넘어서 체계적이고 수학적인 방법으로 연구할 필요성을 느꼈다.

"나는 한 달 이상 동안 나의 모델에 관해서 생각했어요. 그것은 재미있는 일이었지요. 매사추세츠 공과대학의 컴퓨터 연구실에서 온 사람들과 우연히 저녁 식사를 같이 할 기회가 생겼을 때 식사를 하면서 내가 생각해온 모델에 대해 열심히 설명했어요. 그러자 어떤 사람이 말하기를, 그것은 컴퓨터 과학 분야에서 어느 정도 연구되어온 것으로 세포 자동자라고 불린다는 것이었습니다. 나는 그 자리를 나와 세포 자동자에 대한 문헌을 모두 조사했지만 실망하고 말았습니다. 논문은 1981년까지 약 백여 편에 달했지만, 별로 관심이 끌리지 않았습니다. 너무 진부했지요. 이들 논문을 보고 있으면, 과학자들이 연구해 나가는 방법에 대해서 회의를 갖게 됩니다. 즉 한 사람이 새로운 생각을 발표하게 되면 그 생각에 대한 적용 및 응용의 방법으로 수십 편의 논문이 나오게 되는데, 전혀 상관없는 것을 억지로 갖다붙인 것이 대부분입니다"라고 월프람은 말한다.

월프람은 지루한 것을 싫어한다. 그는 과학 세미나에 참석하기 위해서 많은 여행을 해야 했기 때문에 한때는 비행 조정술을 익히겠다는 생각도 했다. 연구소에 있는 동안 그는 프린스턴 남부에 있는 머서 카운티 공항에 자주 갔는데, 거기서 작은 훈련용 비행기인 비치크래프트 스키퍼를 탔다. 비행 훈련을 하면서 스스로 유체역학을 터득하기도 했다. 한동안은 재미있게 비행 훈련을 받았다. 그러던 어느 날 드디어 먼 지역까지 단독 비행을 하게 되었다.

그런데 목적지까지 갔다가 되돌아오려고 할 때였다. 날씨가 갑자기 급변해 곧바로 되돌아갈 수 없게 되고 말았다. 이때의 기다림 때문에, 지루한 일에 쉽게 싫증을 내는 그는 당장 비행 훈련을 그만두고 말았다.

후에 세포 자동자의 기원을 찾던 월프람은 존 폰 노이만까지 거슬러 올라갔다. 노이만은 세포 공간에서 수의 세포 자동자가 어떻게 자기 복제해 증가해가는지를 보여준 학자였다.

월프람은 이렇게 말한다. "폰 노이만은 탁월한 업적을 남겼지요. 최초로 이 세포 자동자를 제안했습니다. 그 생각은 흥미로웠지만 유감스럽게도 세부 구조는 다소 진부합니다. 그가 쓴 책은 완전히 불가사의한 그림들로 잔뜩 채워져 있습니다. 이 그림들에 대한 자세한 설명은 우리가 지금까지 보아온 것 중에서 가장 비밀스러운 수학적 증명과 같은 것이었습니다. 나는 이렇게 복잡한 수학적인 증명으로부터 어떤 과학적인 현상들을 설명할 수 있을지 의문이 갑니다."

그러나 아무튼 그가 한 일은 흥미로운 것이고, 그가 한 수학적인 증명도 대단한 것이다. 그가 증명하려고 한 것은 자기 재생이 가능하다는 것이었다. 그는 이러한 증명을 수학적인 방법을 통해서 성공적으로 수행했지만 그 방법은 너무 복잡해서 일반적으로 사람들이 이해하기 힘든 것이라 생각된다.

세포 자동자에 관심을 가진 지 몇 달 안 되어서 월프람은 카리브 해 연안에 위치한 개인 소유의 작은 섬에서 개최되는 세미나에 참석하게 되었다. 감미로운 바닷바람이 불어오는 야자수 그늘에서 세포 자동자 화면을 바라보고 앉아 있는 월프람을 지켜본 톰 토폴리는 "한 폭의 아름다운 그림과 같았습니다"라고 말한다.

이 모임은 에드 프레드킨이 마련하였다. 에드 프레드킨은 대학을 마치지도 못했지만 매사추세츠 공과대학에서 교수로 재직중이었다. 프레드킨은 컴퓨터 그래픽과 디지털 문제 해결 회사인 국제 정보 회사를 설립하여 많은 돈을 벌었는데 그 회사를 팔았을 때는 카리브 해의 섬을 살 수 있을 만큼의 돈을 가지게 되었다. 그가 구입한 섬은 길이가 약 1.2킬로미터이고 폭이 0.8킬로미터 정도인, '모스키토(모기)'라는 이름에 어울리는 아주 작은 섬이었다.

이곳은 객실과 세미나실 그리고 최고급 음식점 등 완전한 위락 시설이 갖추어져 있었다.

1982년 1월에 개최된 이 모임은 바로 일 년 전 매사추세츠 공과대학에서 열린 물리와 컴퓨터 이론에 관한 초기 모임의 발전적 형태로, 프레드킨, 노먼 마골러스, 톰 토폴리, 제러드 비치니악으로 구성된 매사추세츠 공과대학의 정보공학 그룹이 계획하였다. 컴퓨터 과학자들뿐만 아니라 수학자, 물리학자들도 뒤늦게 컴퓨터는 숫자를 처리하는 능력 이상을 가진다는 것을 인식하기 시작했다. 사실 지금까지와 다른 불가사의

한 방법으로 지구의 진화를 설명할 수 있을지도 모른다는 생각을 하기 시작했다. 약 12명의 사람들이 매사추세츠 공과대학, IBM, 아르곤 국립 연구소 등에서 모스키토 섬으로 모여들었다. 물론 그 속에는 캘리포니아 공과대학에서 온 월프람도 있었다. 세포 자동자가 작동하고 있는 컴퓨터 화면을 지켜본 월프람은 이 장치가 보여주게 될 여러 가지 가능성에 대해 인식하기 시작했다. 여기서 발생하는 모양들은 때로는 섬유의 조직 같기도 하고, 때로는 작은 우주 같기도 했다. 때때로 이 자동자의 작동이 시작되자마자 거의 소멸되는 경우도 발생한다. 어떤 때는 아주 무질서하게 출발하지만 종국에 가서는 단순하고 반복적인 배열을 갖기도 한다.

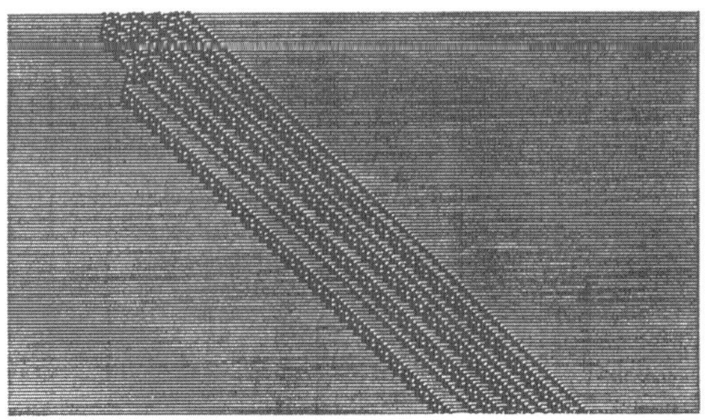

또 어떤 경우에는 아주 질서정연한 상태에서 출발하여 체계적으로 중첩되면서 나중에는 거의 없어지기도 한다.

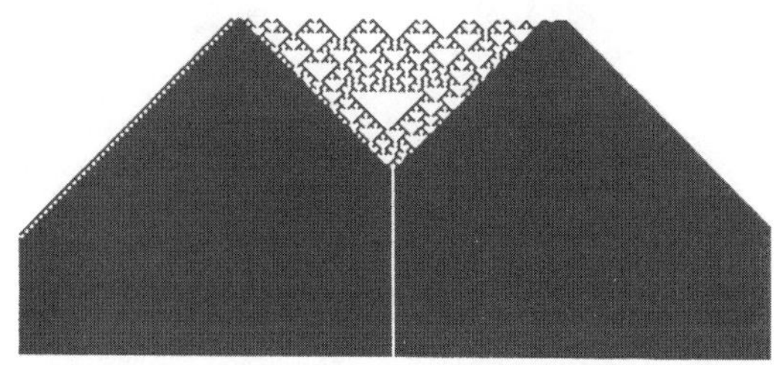

그러나 무엇보다도 매력적인 부분은, 실제로 컴퓨터를 가동시켜 그 결과를 보기 전에는 최종적인 결과를 전혀 예측할 수 없다는 것이다. 어떤 결과가 나타날지를 알기 위해서는 이들 세포 자동자를 작동시켜야 한다는 것이다. 이러한 사실은 다소 신비스럽고, 심지어는 섬뜩하기조차 하다.

초기 조건을 제시하고 이 자동자가 진행되는 규칙을 정하여 컴퓨터에 입력하여 가동시키면, 수초 후에 사람들은 자신의 운명을 바로 자신 앞에 있는 컴퓨터 화면을 통해 보게 될지도 모른다.

이 세미나를 위해서 모스키토 섬에 온 IBM의 연구원 찰스 베네트에 의해서 자동자의 기본적인 이론에 서광이 비치기 시작했다.

월프람은 컴퓨터 계산과 세포 자동자에 관한 이론에 대해서 그와 광범위한 대화를 나누었다. 그는 이 장치가 어떻게 작동되고 어떠한 일을 할 수 있는가를 좀 부풀려서 얘기했다. 즉 자동자는 자연의 어떤 외형적인 구조를 나타낼 뿐만 아니라, 이 장치 스스로가 정보를 처리하는 방법을 보여주는 것 같다는 것이다. 마치 세포 자동자가 물질과 정신 양쪽 모두의 신비를 푸는 중요한 관건이 된 것 같았다.

그후로 월프람은 많이 달라졌다. 톰 토폴리는 이렇게 말한다. "그 순간부터 월프람은 완전히 세포 자동자에 빠져버린 것 같았습니다." 월프람은 이 장치가 분명히 무엇인가를 보여줄 수 있다는 확신을 갖게 되었다. 그러한 확신 때문에 이 장치는 스티븐 월프람에게는 사도 바울과 같은 존재가 되었다.

월프람은 이렇게 회상한다. "세포 자동자에 대해 확신을 가진 시기는 1982년 1월입니다. 같은 해 2월과 6월 사이에 이 분야에 대해서 집중적으로 연구하기 시작한 것 같습니다. 이때가 바로 캘리포니아 공과대학을 떠날 무렵이었지요. 그 당시 나는 몇 달 동안 두 가지 일에 몰두하고 있었습니다. 하나는 캘리포니아 공과대학에서의 상황을 매듭짓기 위해서 변호사들과 상담을 하는 것이었고, 또 하나는 세포 자동자를 연구하는 것이었습니다. 사실 내 개인의 욕심을 위해서 소송에 이기도록 더 많은 시간을 보내고 연구 분야는 좀 미루어두었더라면 좋았겠다는 생각도 듭니다. 하지만 나는 거의 모든 시간을 세포 자동자 연구에 바쳤지요."

프린스턴 세포 자동자 공장

몇 달 뒤인 1982년 12월, 스티븐 월프람은 그의 붉은색 자동차를 몰고 프린스턴으로 가서 연구소 건물 E동 107호실에 실험실을 차렸다. 이곳은 나중에 세포 자동자 공장으로 변한다. 그는 오후에 연구소로 출근하여 자동자를 프로그래밍하여 컴퓨터에 입력시키고 그 컴퓨터가 연출하는 자신의 소우주를 연구한다. 그의 연구실에는 세 대의 컴퓨터 단말기가 있다. 그 중 두 대는 소형 컴퓨터이고 나머지 한 대는 중앙 전산소의 대형 컴퓨터에 연결된 것이다. 때때로 세 대의 컴퓨터를 한꺼번에 가동시켜서, 이들이 보여주는 결과들을 조사, 분석, 분류하여 해석하는 작업을 한다. 월프람은 컴퓨터 화면에 나오는 결과들을 수백 번, 수천 번 혹은 수만 번씩 들여다보고 조사하면서 시간을 보낸다. 컴퓨터의 희미한 불빛이 온 연구실을 감싸는 그러한 밤을 그는 자주 지새우곤 한다.

라이프 게임의 단순한 구조와 마찬가지로 모든 세포 자동자는 두 가지 조건의 함수로 진행된다. 그 하나는 초기 세포의 배열 형태이고, 다른 하나는 전 단계의 배열은 다음 단계의 배열에 영향을 준다는 규칙이다. 월프람은 '세포'라는 용어 대신에 '격자 자리'라고 썼고 세포의 전개 과정을 '시간 경과'로 표현하였다. 그러나 이러한 사실 이외에는 라이프 게임의 일반적인 원칙과 다름이 없었다.

이의 전개 방법을 월프람은 다음과 같이 이야기하고 있다.

"일렬로 된 격자 자리를 생각합시다. 각 격자 자리는 '0'이나 '1'의 값을 가지게 됩니다. 시간의 진행은 불연속인 단계로 진행됩니다. 한 단계 후에 새로운 격자 자리의 배열을 갖게 되는데, 이 경우 어떤 특정한 격자 자리의 값은 이전 단계의 격자 자리의 값에 의존하지요. 이전 단계의 격자 자리라는 것은 한 쌍의 이웃하는 격자들을 말합니다."

우선 한 줄의 격자 자리를 취했을 때, 그 다음 줄에서의 격자 자리들은 어떠한 값을 갖게 되는지 살펴보자.

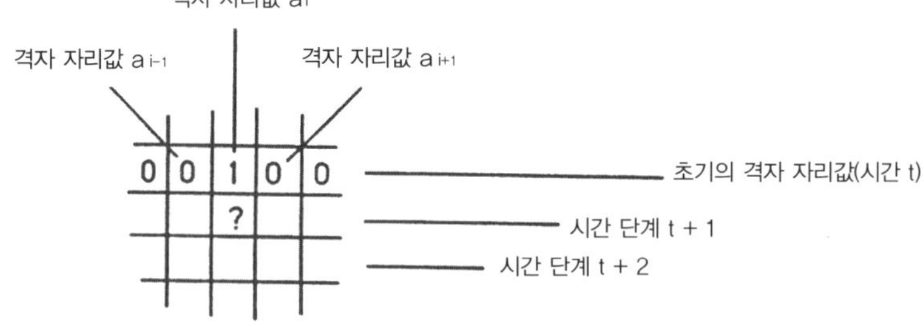

새로운 격자 자리의 값은 어떤 규칙을 갖고 이전 줄의 격자 자리의 값에 의해서 결정된다. 월프람은 이 규칙을 수학적으로 나타냈는데, 대부분 보기보다 간단하다. 세포 자동자에 대한 가장 간단한 경우의 예를 들어보면 다음과 같다.

$$a_i^{(t+1)} = [a_{i-1}^{(t)} + a_{i+1}^{(t)}]\,\mathrm{mod}\,2$$

여기서 a_i는 초기의 격자 자리의 값, a_{i-1}은 왼쪽에 위치한 격자 자리의 값, a_{i+1}은 오른쪽에 위치한 격자 자리의 값, t는 진행되는 단계이고, mod 2는 두 격자 자리의 값의 합을 2로 나누어서 몫의 정수 부분만을 2로 곱해서 처음 값에서 뺀 나머지 값을 말한다.

위에 주어진 식을 요약하면, 이전 단계에서 인접한 좌우측의 두 격자 자리의 값의 합을 2로 나누어서 몫의 정수값에 2를 곱해서 처음 합한 값에서 뺀 값을 주어진 단계의 격자 자리의 값으로 정한다.

mod 2에 대한 계산 결과를 표로 나타내면 다음과 같다.

$$0+0=0, \quad 1+0=1, \quad 1+1=0$$

위의 수학적인 규칙은 이전 단계에서 다른 값을 가지는 격자 자리가 있을 경우 새로운 격자 자리가 가지는 값은 '1'이 되고, 같은 값을 가지는 경우 새로운 격자 자리의 값은 '0'이 된다.

0	0	1	0	0
	?	0		

위의 그림에서 앞에 언급한 수학적인 규칙을 계속 적용시켜나가면 다음의 그림과 같이 어떤 일정한 모양이 나타나게 된다.

0	0	0	1	0	0	0		
0	0	0	1	0	1	0	0	0
0	0	1	0	0	0	1	0	0

이처럼 계속해 나가면 아주 복잡한 구조가 보이기 시작한다. 그림 8은 자동자가 23단계를 거쳤을 때 나타나는 결과이다.

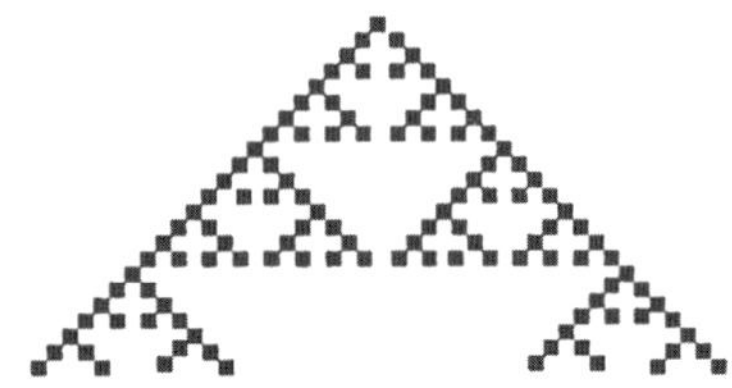

그리고 100단계를 진행시켰을 때 나타나는 결과는 다음과 같다.

위의 그림이 보여주듯이 처음 한 격자 자리에 어떤 값이 주어지고 이 것을 주어진 규칙에 따라 계속 진행시키면 자동적으로 어떤 한 모양이 생긴다. 적용된 규칙은 매우 단순하지만 그 결과 생성된 모양은 꽤 복잡한 형태를 띤다.

위의 모양은 수학을 공부하는 학생들에게는 파스칼의 삼각형을 연상시킬 것이다. 반면 생물학자들은 이 그림으로부터 뱀의 표피에 나타나는 착색 형태를 생각해낼지도 모른다. "사실 이러한 형태를 보여주는 예들은 많은데, 결정의 생성, 태아 세포의 성장, 뇌세포의 조직 구조 등이 그것입니다. 이러한 사실들로부터 세포 자동자가 이 세상에 존재하는 많은 복잡한 형태의 모양을 만들 수 있다는 것을 알 수 있습니다"라고 월프람은 말하고 있다.

이러한 형태의 세포 자동자가 우리 몸속의 DNA에도 존재할지 모른다!

이러한 사실에 대해 월프람은 이렇게 말한다. "DNA는 어떻게 생명체를 만들어내는가에 대한 매우 간단명료한 프로그램입니다. 인간 몸속에 존재하는 DNA의 정보 단위는 우리가 사용하는 개인용 컴퓨터의 큰 디스켓 용량 정도에 불과하죠. 이러한 정도의 정보로부터 사람과 같은 복잡한 물체를 만들 수 있다는 것은 놀라운 일입니다. 따라서 분명히 자연의 운행 질서에는 매우 명확한 진행 방향이 있습니다. 그러한 것은 세포 자동자가 진행되는 것과 어느 정도 유사할지도 모릅니다. 예를 들어 사람들은 바닷조개의 모양을 보고, 어떻게 이렇게 복잡한 구조를 DNA로 나타낼 수 있을까? 하고 물을지도 모릅니다. 하지만 실제로 우리가 모르는 어떤 형태가 세포 자동자에 의해서 만들어진다면 DNA가 어떻게 그러한 구조를 만들 수 있는가를 밝히는 것은 아주 간단한 일이죠."

우주의 소프트웨어

1984년 가을, 스티븐 월프람은 펄드 홀 3층의 새로운 사무실로 이사가게 되었다. 연구소는 그를 위해서 연구에 필요한 모든 시설을 새로이 마련해주었고, 새로운 연구원들도 배당하였다. 그 연구원 중에는 노먼 패커드와 로버트 쇼, 그리고 캘리포니아 대학 산타크루스 캠퍼스에서 온 두 명의 이론 물리학자가 포함되어 있었다. 이들 이론 물리학자들은 복잡한 계의 역학적 이론에 깊은 흥미를 갖고 있었다.

그들의 연구실은 예술가의 작업실과 같은 느낌을 주었다. 이 연구실은 빛을 직접적으로 받지 않고 전체적으로 은은하게 퍼진 채광 형태를 취하고 있는데, 이러한 빛이 컴퓨터 화면의 반사를 막는 데 도움을 주기 때문이다. 연구실은 IBM AT, Nova, Ridge 32, 그리고 서너 개의 단말기 등 컴퓨터로 가득 차 있었다. 월프람은 세포 자동자의 작업을 컴퓨터에 의존하고 있음에도 불구하고 컴퓨터 프로그램을 짜는 것을 별로 좋아하지 않았다. 프로그램을 짜는 것은 그에게 매우 따분한 일이었다.

"나는 이미 엄청난 양의 컴퓨터 프로그램을 작성했지만, 도무지 이 일을 좋아할 수가 없습니다. 사실 이번 주말에도 수천 줄에 해당하는 프로그램을 작성했지요. 이 프로그램은 멋진 그림들을 보여주었습니다. 하지만 이러한 그림을 올바르게 해석하기 위해서는 또 엄청난 시간이 걸리죠"라고 월프람은 투덜거렸다.

컴퓨터를 통해서 세포 자동자의 결과를 볼 수 있지만 참으로 불가사의하게도 세포 자동자 자체가 컴퓨터가 될 수도 있다.

"이 자동자들 중에서 어떤 것들은 아주 특이하고 복잡합니다. 그래서 이들에 대해서 좀 특별한 생각을 갖고 있지요. 그것은 이들이 만능 컴퓨터로 사용될 수 있다는 것입니다. 즉 적절한 초기 상태가 주어지면 자동 발생장치가 스스로 일반적인 컴퓨터가 하는 일을 수행할 수 있도록 프로그램과 자료를 입력시킬 수 있습니다. 다시 말하면 자동자가 컴퓨터

와 같이 작동될 수 있는 어떤 초기 조건이 존재할 것입니다"라고 월프람
은 말한다.

월프람의 이러한 생각은 존 콘웨이와 빌 고스퍼의 라이프 게임의 원
리로 다시 거슬러 올라가는 것이다. 라이프 게임을 발명하고 그 생명 형
태가 성장해 나가는 것을 지켜보면서 콘웨이는 이 게임에서 셀들이 우
주 전체를 채울 정도로 무한히 생성되게 하는 초기 배열 형태가 존재할
수 있는지를 생각해보았다. 그러한 일은 없을 것이라고 확신한 콘웨이
는 그러한 배열을 만들어내는 사람에게 상금 50달러를 주겠다고 제안하
였다. 이 제안은 마틴 가드너가 1970년 10월에 『사이언티픽 어메리컨』
지에 실은 그의 「수학적 게임」이라는 칼럼을 통해 발표되었다. 그리고
한 달이 채 못 돼 빌 고스퍼가 그 상금을 받게 되었다. 그는 '글라이더
건glider gun'이라는 방법을 개발했던 것이다.

'글라이더 건'은 규칙적인 배열에서부터 새로운 배열을 만들어내는
라이프 게임의 셀 배열 형태이다. 이 셀들이 만들어지는 방법을 보면 총
신을 떠난 탄알처럼 자발적으로 셀들이 형성되는 것 같다. '글라이더 건'

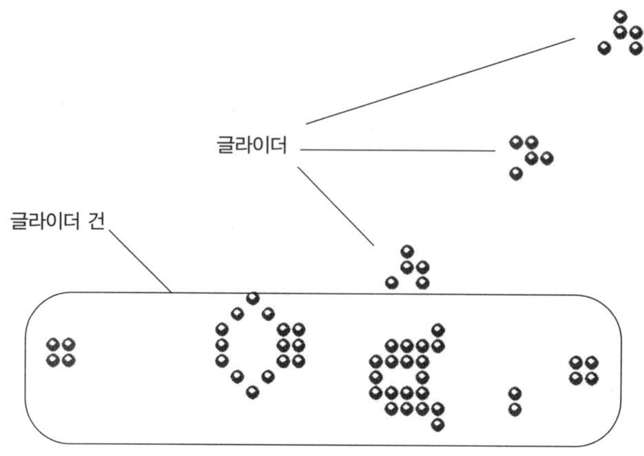

| 그림 9 | 글라이더를 만들어내는 빌 고스퍼의 글라이더 건

이 적절한 조건에서 출발된다면 엄청난 크기의 셀들을 만들 수 있을 것이다(그림 9).

라이프 게임은 어떤 정해진 규칙에 의해서 진행되어 그 결과를 예측할 수가 있다. '글라이더 건'은 다른 어떤 셀 형성 과정과 충돌이 일어나지 않는다면 셀의 생성 과정은 영원히 계속된다. 만약 또 다른 '글라이더 건'에 의한 셀의 생성 과정이 서로 마주치게 될 경우, 이러한 경우는 어느 한쪽이 다른 한쪽의 셀 생성 과정을 제어시키거나 혹은 이들의 충돌로 인해 새롭고 다른 '글라이더 건'을 생성할 수 있다. 라이프 게임이 결과를 예측할 수 있다는 사실을 이용해, 콘웨이는 이것으로부터 만능 컴퓨터의 역할을 생각하기 시작했다.

디지털 컴퓨터는 본질적으로 모든 정보를 '1'이나 '0'의 숫자만 존재하는 이진법으로 바꾸거나 'AND', 'OR'이나 'NOT' 같은 간단한 함수로 처리하는 장치이다. 콘웨이는 '글라이던 건'과 글라이더를 적절하게 조합하면 컴퓨터가 할 수 있는 모든 것을 이들이 할 수 있다고 확신하게 되었다. 즉 글라이더의 움직임을 이진법의 '0'과 '1'로 나타낼 수가 있고, 글라이더들과의 충돌을 논리식으로 생각할 수 있다. 즉 글라이더의 진행을 자료 입력으로 보고 이들의 충돌로 생기는 결과를 우리가 얻고자 하는 자료로 생각할 수 있다. 구체적으로 예를 들면 5개의 글라이더가 4개의 글라이더와 충돌하여 그 결과 20개의 새로운 글라이더가 생겨났다면 이 경우 곱셈의 계산 결과가 일어난다. 그리고 10개의 글라이더가 2개의 글라이더와 충돌하여 5개의 글라이더가 생겨났다면 나눗셈의 결과가 된다. 이러한 사실들로 미루어 보아 글라이더 건과 글라이더를 적절히 조합하면 컴퓨터의 여러 기능을 수행할 수도 있음을 알 수 있다. 심지어 콘웨이는 라이프 게임이 만능 디지털 컴퓨터의 기능을 충분히 수행할 수 있음을 수학적으로 증명했다.

콘웨이는 이론적으로 라이프 게임이 만능 컴퓨터의 기능을 갖고 있음을 증명했지만, 실제로 컴퓨터로 이용할 수 있는 라이프 게임의 형태를 만들지는 못했다. 세포 자동자는 이들 라이프 게임보다 훨씬 더 다양하고 이용 가능성이 높은 구조를 가져서 월프람은 이것이 만능 컴퓨터의 기능을 수행할 수 있으리라는 생각을 하게 되었다. 그래서 컴퓨터 기능을 가진 세포 자동자를 찾는 데 많은 시간을 소비했다.

그러나 그는 그 일에 성공하지 못했고, 이전에 콘웨이가 한 것처럼 『사이언티픽 어메리컨』지를 이용하여 그의 제안을 발표했다. 이 잡지의 '컴퓨터 레크리에이션' 난을 담당하고 있던 알렉산더 듀드니는 1985년 5월호에 다음과 같이 썼다.

"월프람은 세포 자동자 중에는 3차원 컴퓨터가 할 수 있는 계산을 척 척 해내는 거대한 일렬의 세포 배열이 존재함을 제시한다. 현재 이를 찾아내기 위해 무수한 1차원의 세포 자동자를 연구중인 월프람은, 매우 복잡하고도 무모한 이 작업에 아마추어의 도움을 기꺼이 받겠다고 한다."

콘웨이가 제안한 문제를 빌 고스퍼가 푸는 데에는 한 달도 안 걸렸지만, 월프람의 문제는, 세포 자동자에 대한 논문들이 월프람의 연구실로 쏟아져 들어옴에도 불구하고 지금까지 아무도 해결하지 못하고 있다.

그러나 월프람은 세포 자동자 이론은 지금의 컴퓨터보다 훨씬 진보된 형태인 병렬 처리 컴퓨터를 만드는 데 아주 중요한 이론이 될 것이라는 강한 확신을 갖고 있었다. 기존의 디지털 컴퓨터들은 그 처리 기능이 연속적으로 이루어진다. 연속적으로 정보가 처리되는 컴퓨터라도 실제 생활에 적용하는 데에는 별문제가 없다. 왜냐하면 컴퓨터의 정보 전달은 전자에 의해서 이루어지는데, 이 전자의 흐름은 거의 빛의 속도에 준하기 때문이다. 그러나 연속적으로 처리되는 컴퓨터의 구조는 실제 자연 현상을 설명하기 위해서 사용되는 경우 근본적인 문제점이 있다. 자연 현상은 연속적으로 발생하는 것이 아니라 동시 다발적으로 발생, 변화 하기 때문이다. 실제 우리 주변의 세계에서는 어떠한 현상들이 동시에 일어나고 이 발생된 것들이 한꺼번에 시시각각으로 변해가는 것이다.

예를 들면 태양계의 행성들은 각자의 중력장으로 서로에게 영향을 주 는데 그것은 동시에 일어난다. 즉 수성의 중력장이 금성에 영향을 주고 그리고 나서 금성의 중력장이 지구 중력장에 영향을 주는 것이 아니라, 이 중력장들이 동시에 작용한다는 것이다. 그러므로 연속적인 정보 처 리 기능을 가진 컴퓨터로 행성들의 움직임을 모의 실험하려면 처음 행 성의 영향을 계산한 다음 두번째 행성의 영향을 계산하는 이런 방법이 계속적으로 이루어진다. 반면에 병렬 처리 컴퓨터는 실제 현상을 연속 처리 기능 컴퓨터보다 훨씬 근접하게 표현할 수 있을 것이다. 병렬 처리 컴퓨터로 처리할 경우 각 행성들이 별개의 정보 처리 장치에 입력되어 이들 정보 처리 장치들이 한꺼번에 작동된다.

병렬 처리 컴퓨터는 계산 속도가 빠를뿐더러, 이것이 보여주는 결과 들은 실제 현상들에 더 근접한 것이 될 것이다. 예를 들어 만약 컴퓨터 의 정보 처리 장치들이 생명체의 세포 수만큼이나 많이 존재한다면, 이 각각의 정보 처리 장치는 실제 생명체의 세포 역할을 담당할 수 있게 되 어, 어떤 의미에서는 컴퓨터 그 자체를 하나의 유기 생명체로 볼 수 있 게 될 것이다. 그래서 이러한 컴퓨터가 보여주는 정보들은 실제 생명체 의 구조와 형태, 그리고 진화를 설명할 수 있을 것이다. 이는 연속적인 정보 처리 기능을 가진 컴퓨터로는 상상도 할 수 없는 커다란 진보이다.

월프람이 세포 자동자에 특별히 흥미를 갖는 것은 이들이 동시 다발적으로 일어나는 물리적인 현상을 설명하고 또한 앞으로 개발될 병렬 처리 컴퓨터의 모델을 제시하기 때문이다. 세포 자동자는 자연 상태 그 자체와 유사하고, 또한 자연을 바라보는 사람의 마음 상태와도 유사한 듯이 보인다. 자연이나 컴퓨터 모두, 정보를 처리하는 과정을 가진다. 자연은 처음의 주어진 상태에서 최종적인 어떤 상태로 진행해가는 반면, 컴퓨터는 자료를 입력하면 어떤 결과를 출력한다. 자연의 변화는 물리적인 법칙에 따르는 반면 컴퓨터는 입력된 프로그램의 지시에 따라 움직인다. 그러나 세포 자동자는 자연의 처음 상태와 컴퓨터의 처리 기능 모두를 포함하는 모델이다. 따라서 이것의 진행 과정은 컴퓨터의 계산 과정과 자연의 변화 과정을 나타낸다. 세포 자동자의 진행 과정에서 한편으로는 자연이 법칙을 볼 수 있고, 다른 한편으로는 컴퓨터의 프로그램을 알 수 있는 것이다.

달리 말하면 자연 그 자체가 하나의 거대한 컴퓨터일 수도 있고, 세포 자동자가 작동되는 것과 유사한 방법으로 진행되는 자연의 프로그램이 존재할 수 있다. 이렇게 본다면 세포 자동자야말로 우주의 소프트웨어가 아닐까?

'복소 시스템 연구 센터' 설립

스티븐 월프람의 주된 활동은 다름아닌 추상적인 과학 연구이다. 그는 "내가 돈 버는 데 관심이 있다면 여기서 이런 일을 하지는 않겠지요. 나는 돈 버는 것보다 연구하는 데 훨씬 더 흥미가 있어요"라고 말한다.

그러나 월프람은 돈을 버는 데에도 관심이 있었다. "가구 등을 취미로 만들어서 파는 사람도 있지 않습니까? 마찬가지로 나도 컴퓨터 과학 응용법을 개발해서 팝니다"라고 월프람은 말한다.

처음에 월프람은 세포 자동자 우편엽서를 만들었다. 그것은 6종류의 자동자가 원색 인쇄된 것으로 이 엽서 뒷면에는 다음과 같이 씌어 있었다. '각 셀의 색깔은 단순한 수학적인 규칙에 의해서 인접한 셀의 색깔에 의해서 결정된다.' 엽서 아랫면에는 모양을 만들어내는 수학적인 규칙 '522809355 = 2032314344410$_5$'와 'ⓒ1984 스티븐 월프람'이라는 저작권 표시까지 적혀 있다. 앞면에는 세포 자동자의 그림이 그려져 있다. 이 엽서의 색깔은 각 자리의 값에 따라 결정된다. 이 엽서들은 눈송이를 포함하여 세포 자동자 세계의 전 범위를 나타낸다.

월프람의 동료인 노먼 패커드는 육각형 규칙 '42 = 101010$_2$'으로부터 세포 눈송이를 만들었는데, 이들이 보여주는 결과는 검은 배경에 파랑, 빨강, 보라를 띠며 떠 있는 눈송이였다. 월프람이 『사이언티픽 어메리컨』지에 발표한 기사(1984년 9월호 「과학과 수학에 있어서 컴퓨터 소프트웨어」) 중에는 이 총천연색 눈송이 사진이 한 페이지를 가득 채웠고, 같은 달의 『옴니』지는 월프람을 새로운 아인슈타인이라고 칭했다. 한 달 뒤인 10월에 『네이처』지는 세포 자동자의 원색 사진 7장을 표지에 담고, 본문에는 '복소 모델로서의 세포 자동자'라는 제목으로 월프람의 기사를 실었다. 바야흐로 스티븐 월프람의 시대가 도래한 것 같았다.

월프람은 자신의 우편엽서를 선전하는 유인물을 인쇄하고, 커다랗게 세포 자동자 광고물도 만들어 여러 학회 모임에 배포했다. 연구소의 일부 사람들은 월프람의 이런 행동에 당혹감을 감추지 못했다. 신성한 학문의 천국이 우편엽서 판매 장소로 바뀌다니! 그러나 월프람은 태연했다. 그가 돈을 벌기 위해서 우편엽서를 만든 것은 아니었다. 사실 우편엽서는 거의 이윤을 남기지 못했다. 단지 재미로 해보는 것뿐이었다.

이 우편엽서는 시작에 불과했다. 그는 세포 자동자를 벽지나 벽화 등에도 적용했다. 그가 이러한 일을 한 것은 돈을 벌기 위해서가 아니라 세포 자동자를 세상에 널리 알리기 위해서였다.

"내 의도는 세포 자동자를 컴퓨터 예술의 한 종류로 이용하도록 하는 것입니다. 사실 나는 조만간에 실행에 옮길 몇 가지 계획을 갖고 있어요. 매사추세츠 공과대학에는 컴퓨터가 조절하는 분무 도장 기계를 만드는 그룹이 있습니다. 그것은 48피트 크기의 영상에 의해서 14개를 만듭니다. 내 추측으로는 그 작업을 하는 데 약 12시간 정도가 소요될 것입니다. 그것은 케임브리지 시 근처의 창고에 있습니다. 앞으로 두 달 후에 우리는 컴퓨터 예술로 거대한 벽화를 만들 예정입니다. 그리고 건물의 한쪽 벽에 거대한 세포 자동자를 마련하려는 재미있는 생각도 있습니다. 안타깝게도 이러한 일은 엄청난 경비가 소요되어 지금 당장 실행할 수가 없지요"라고 그는 말했다.

1986년 봄에 이르러 세포 자동자라는 용어가 일부 과학자들에 의해서 미술 세계에 인용되기 시작했다. "한 달 전에 뉴욕 시의 미술 전시회 초대장을 받았는데, 이 미술 전시회는 세포 자동자에 근간을 둔 것이었습니다"라고 월프람이 말했다.

캐시 뉴하우스 미술관에서 전시회가 열렸는데, 그는 거기에 가서 느낀 점을 다음과 같이 말하고 있다.

"아주 재미있었어요. 거기 가기 전에는 다소 지루한 시간을 보내게 되리라는 생각을 했지만, 사실 전시된 그림들은 아주 훌륭했지요."

연구소가 연구원들에게 아무리 자유스러운 연구 분위기를 제공한다 하더라도, 과학의 상업성에 관심을 두는 사람들에게 연구소는 최선의 장소는 아니었다. 월프람은 거대한 병렬 처리 컴퓨터를 만들려는 계획을 갖고 있었다. 그래서 그는 매사추세츠 주 케임브리지 시의 '싱킹 머신Thinking Machines Corp.'이라는 회사에서 한동안 일을 했다. 그곳에서는 '커넥션 머신Connection Machine'이라는 컴퓨터를 개발하고 있었다. 대개 데니 힐리스의 발명품인 '커넥션 머신'은 병렬 처리 컴퓨터로, 한꺼번에 백만 개의 정보를 처리할 수 있도록 설계되어 있어서 지금까지 발견된 다른 어떤 종류의 컴퓨터보다도 실제 생물체에 가깝게 이용될 수 있었다. 월프람은 한동안은 고등학술연구소와 싱킹 머신 회사, 양쪽에 소속되어 일을 했다.

이러한 사실이 그에게 있어 큰 문제는 되지 않았다. 그러나 그는 연구소를 그만두는 것이 더 자유스러운 연구 활동을 할 수 있고, 다른 여러 면에서도 좋을지 모른다는 인식을 하게 되었다. 사실 그는 자기 소유의 연구소를 가진다면 더할 나위가 없었다.

1985년 9월, 그는 두 페이지에 걸쳐 '복소 연구를 위한 연구소 설립 계획'이라는 제목의 연구소 설립 계획안을 작성했다. 이 연구소 설립안을 보면, 연구소의 구성 인원은 12명의 선임 연구원과 또 다른 12명의 박사 학위 소지자, 그리고 각각 다른 기술 부문과 행정 부문의 보조 인력으로 이루어져 있다. 이 연구소는 복소 이론의 기초적인 연구를 수행하도록 되어 있었다.

월프람은 보고서에 "이 연구소의 주목적은 기초적인 연구에 있다. 최종적으로 추구하는 원대한 목표는 복소 이론에 어떤 일반적인 원칙을 개발하는 것이 될 것이다. 그러나 이 목적을 달성하기 위해서는 실제로 현존하는 문제들과 연결하여 그것을 분석, 설명하는 것이 매우 중요하다. 이러한 응용은 실제 기술적인 문제와 연결하여 자주 실용화하게 될 것이다. 따라서 이 연구소의 업무는 기술 개발도 포함될 수 있다. 이 기술 개발은 가능한 한 다른 연구소나 회사와 공동으로 추진하게 될 것이다. 중요한 기술들이 새로이 개발되면 이들을 따로 자회사로 분리하여 운영하게 할 것이다"라고 쓰고 있다.

월프람은 새로 신설되는 연구소가 유명한 대학의 부서로 설치되는 것이 바람직하다고 생각했다. 왜냐하면 그렇게 되면 과학의 다른 여러 분야의 교수들과 공동으로 일할 수 있을 뿐만 아니라 연구원으로 유능한 학생들을 공급받을 수도 있기 때문이었다.

연구소 설립 기금은 회사나 연구소, 혹은 기부자들의 기부금을 받아 형성되게 되어 있었다. 그리고 이 연구소로부터 나오는 결과들은 최고의 과학적인 연구일 뿐만 아니라 주요한 기술 개발로 인해 이 연구소 지원자들과 연구진들에 많은 이익이 돌아가게 될 것이다. 월프람은 이미 세포 자동자를 이용해 다른 사람들이 해독할 수 없는 암호 체계를 만들었다. 뿐만 아니라 머지않은 장래에 이용 가능한 결과들을 더 많이 보게 될 것이다.

1986년 봄까지, 월프람은 자신의 새 연구소 설립에 관심을 갖고 있는 약 20개의 대학들과 접촉했다. 이제 남은 문제는 어디에다 이 연구소를 설립할 것인가 하는 것이었다. 당시의 여러 여건으로 보아 가장 좋은 곳은 중서부 지역이었다. 그러나 이 지역에 위치할 경우 누가 이 연구소에 올 것인가 하는 문제에 봉착할 터였다. 사람들은 대부분 샌프란시스코나 케임브리지 같은 살기 좋은 곳을 택하지 중서부 지역에는 오려고 하지 않기 때문이다.

1986년 가을 월프람은 지금까지 근무하던 연구소를 그만두고 일리노이의 샴페인으로 옮겨갔다. 여기서 '복소 시스템 연구 센터'라는 자신의 연구소를 일리노이 대학 안에 갖게 되었다. 그는 이 연구소에 그와 함께 연구하던 프린스턴의 동역학 연구팀의 노먼 패커드, 로버트 쇼, 제럴드 테사우로와 다른 몇 명의 연구원들을 데리고 왔다. 오늘날 이 연구소는 여러 가지 최신 시설, 즉 레이저 프린터나 슈퍼 컴퓨터의 단말기 등을 갖추게 되었다. 다만 연구소의 전망이 그리 좋지 못한 것이 못내 아쉬웠다. 연구소 주변에는 나무 몇 그루만이 있을 뿐이었다.

무엇보다 복잡한 복소 시스템

물론 모든 사람들이 세포 자동자가 미래의 주역이 되리라고 생각지는 않는다. 연구소의 수학자인 딘 몽고메리는 다소 경멸적으로 "아, 그것은 매우 아름다운 그림이죠"라고 말한다.

프리먼 다이슨은 "월프람은 어떻게 해서든지 복소 이론을 이해해서 세포 자동자가 실제 복잡한 세상을 나타낼 수 있다는 것을 증명하려고 하는데, 그것은 큰 도박이에요"라고 말한다.

이 이론이 내포하는 위험성은 세포 자동자에서 발생하는 모양과 자연 세계의 것을 서로 연관을 짓는 것이 본질적인 문제에서부터 시작되는 것이 아니라 우연히 일어난다는 것이다.

그러나 월프람은 이러한 일을 일시적으로 보이는 우연한 일로 치부해 버리기에는 너무 많은 연관성을 보아왔다. 그가 연구를 하면 할수록 이 들 사이에서 더 깊고 광범위한 연관 관계를 얻었다. 월프람은 이것에 대한 연구 이외에는 아무것도 하지 않는 것처럼 보인다.

1986년 어느 봄날, 나는 월프람이 이전에 근무하던 연구소에서 마지막으로 그를 보았다. 우리는 펄드 홀 앞의 계단에 앉아서 정원에 막 돋아나는 푸른 잔디를 보고 있었다. 이 정원은 옛날에는 로버트 오펜하이머의 어린 딸 토니가 말을 타던 곳이었다. 태양은 나무에 푸름을 더해주면서 찬란한 빛을 발하고 있었다. 정말 좋은 날씨였다.

월프람은 항상 그래 왔듯이 나에게 자신이 하는 일에 대해 열심히 설명하고, 세포 자동자에 대한 연구 계획, 복소 이론에 대한 장래성, 그가 한 달에 평균 13일 가까이 세미나를 위해서 여행한다는 등의 애기를 했다. 평소와 같이 그러한 그의 이야기를 듣고 있으면 나는 그의 능력과 학문에 대한 열정에 감복하고 압도당하게 된다.

그래서 나는 다소 망설이다가 이런 질문을 했다.

"이렇게 많은 여행과 연구들을 하다보면, 다른 사회 생활을 할 시간이 없지 않아요? 예를 들어 여자친구라든가…"

그는 이렇게 대답했다. "아, 예. 당신이 복잡성 이론에 흥미가 있다면, 그것보다 더 복잡한 문제란 아무것도 없게 되죠."

볼 수 없는 것을 넘어서 Beyond the Invisible

초끈 이론의 기수 에드 위튼

우주를 설명하는 새로운 이론이 나왔고, 이것은 모든 것을 설명할 수 있을지도 모른다는 소문이 한동안 나돌았다. 가까운 시일에 에드 위튼이 고등학술연구소에서 강연을 하기로 되어 있는데, 그 강연은 자연의 운행 질서에 관한 유일하고도 진실된 이론이 될 것이라는 거였다.

그것은 소문에 불과했다. 그러나 비록 그러한 이야기가 사실이 아닐지라도 위튼의 강연 내용은 특별한 것이 될 것이다. 왜냐하면 그는 우수한 능력을 가진 연구소의 연구원들 중에서도 최고의 능력을 인정받고 있었기 때문이다. 과학자들은 잡지의 선전 문구처럼 '그는 제2의 아인슈타인이다'라는 표현을 쓰지는 않았지만, 아무도 위튼이 당대 최고의 과학자라는 사실에 대해서는 의심하지 않았다.

1984년 12월 12일 월요일이었다. 사람들이 지금까지 떠돌던 소문이 사실인지를 알아보기 위해서 강연실로 모여들었다. 에드 위튼은 이 연구소에서 근무했던 수학자 마스턴 모스를 기려 매년 개최되는 기념 강연회에서 강연하기로 되어 있었다. 이 강연회는 괴델이 사용하던 연구실 뒤편, 최신 시설을 갖춘 거대한 새 도서관의 강당에서 열렸다. 여기 칠판은 아래위로 움직이도록 되어 있었다. 이 강연회는 연구소의 수학자들이 주최했기 때문에 강연장에는 수학자들이 많이 와 있었다. 뿐만 아니라 프린스턴의 입자물리학자들과 천문학자들도 많이 와 있었다. 아무튼 강연장은 사람들로 가득 찼는데, 그 중에는 세계적으로 이름난 과학자만도 2백여 명에 달했다. 그들 모두 우주에 관한 궁극적인 이론을 듣고 싶어했다. 사람들은 강연 제목 '지수 정리와 초끈'만으로는 확실히 그 내용을 파악할 수가 없었다.

약속된 시간에 존 밀너는 에드 위튼을 청중들에게 소개했는데, 사실이 청중들이라면 소개할 필요도 없었다. 그러고 나서 강연이 시작되었다. 이 강연에서는 시간이 엄격히 제한되어 있었고 위튼 자신도 시간을 넘겨서 강연하기를 원하지 않았다. 그래서 그는 매우 빠른 속도로 이야기를 해나갔다. 그의 말을 이해하기 위해서 사람들은 정신을 바짝 차리고 들어야 했다. 그의 입에서 끊임없이 쏟아져 나오는 단어와 방정식들은 그칠 줄을 몰랐다.

위튼은 정확하게 한 시간 동안의 연설을 끝내고, 잠시 멈추었다가 이것이 우주의 새로운 이론이라고 말했다. 이렇게 해서 강연이 끝났는데도 청중들은 완전히 넋이 나간 상태로 멍하니 앉아 있었다. 사회자가 질문이 있는지를 물었다. 그러나 아무도 질문을 하지 못했다. 청중들은 한 시간 동안 폭풍에 시달린 후 이제 간신히 숨을 몰아쉬고 있는 것 같았다. 그들은 방금 자연에 대한 새로운 생각을 보았다. 우주에 대한 열쇠,

창조에 대한 비밀, 이런 것들이 청중들에게 쏟아부어졌지만, 그들은 아무것도 잡은 것 없이 그저 멍한 상태로 있었다. 머릿속에는 단지 텐서Tensor, 왼쪽 나선 페르미온, 양-밀 게이지 그룹Yang-Mill gauge groups 등의 몇몇 익숙한 단어들만이 남아 있었다. 그외의 것들은 거의 모두가 생소했다. 마치 위튼은 나바호 인디언의 언어*로 이야기하는 것 같았다.

"초끈 이론은 그 도입에만도 50번 이상의 강연이 필요합니다. 한 번으로는 무리죠. 그래서 자연히 나는 그것의 일부분밖에 설명할 수가 없어요." 후에 에드 위튼은 이렇게 말했다.

일반인을 위한 간단한 초끈 이론

거의 일 년 뒤인 1985년 10월 10일 목요일, 에드 위튼은 연구소에서 또 다른 강연회를 개최하였다. 이 강연회는 앞으로 연속적으로 개최될 강연의 첫날 강연이었다. 이 강연회를 선전하는 게시판에는 "프린스턴 대학의 에드 위튼 교수는 물리학자가 아닌 일반인들을 위해 끈 이론에 대한 소개만으로 몇 번의 강연회를 개최할 것이다"라고 씌어 있다. 이 게시판의 내용대로라면 누구나 그 강연을 듣고 이해할 수 있을 것 같은 생각이 든다.

그 강연회는 일 년 전과 같은 장소에서 개최되었다. 에드 위튼은 강연장이 채워지기를 기다리면서 칠판 앞을 서성거리고 있었다. 그는 키가

---

* 북아메리카의 인디언인 나바호족의 언어는 대단히 복잡하고 난해해 제2차 세계대전 당시 미국은 이 언어에 기초한 암호 체계를 만들어 사용했다.

크고 마른 편으로, 긴 얼굴에다 검은 뿔테 안경을 쓰고 검은 머리카락을 늘어뜨리고 있다. 나이는 이제 34살에 불과했다. 곧이어 약 백여 명의 청중들이 강연장을 메우기 시작했다. 그들 중에는 입자물리학자인 아들러, 다셴, 다이슨과 그들의 박사후 과정 학생들이 포함되어 있었고 천체물리학자인 바콜, 돈 슈나이더도 있었다. 물론 수학자인 몽고메리, 랭랜즈, 봄비에리 등도 강연을 들으러 왔다.

청중들 중에는 에드 위튼의 아버지인 루이스 위튼도 있었다.

루이스 위튼이 이 강연회에 참석하게 된 것은 단지 아버지로서의 긍지 때문만이 아니었다. 그는 중력 이론의 전문가인 이론 물리학자로 매사추세츠 주에 있는 글로세스터 중력 연구 재단의 오랜 회원이고, 이사이며 부책임자로 있었다. 이 재단은 1940년대 주식시장의 거물 로저 밥슨에 의해서, 중력을 제어하는 방법을 찾으려고 노력하는 과학자들을 지원하기 위해서 설립되었다. 밥슨은 중력을 차단하거나 중력에 반하는 힘을 발생시킬 수 있는 기계를 만드는 것이 가능할지도 모른다고 생각했던 것이다. 1949년에 이 재단에서는 매년 논문 심사를 하여 중력을 제어하기에 가장 적절한 방법을 찾아내는 논문에 대해서 1천 달러의 상금을 지불하기로 했다. 그로부터 5년 뒤인 1954년에 고등학술연구소의 두 젊은 연구원 스탠리 데저와 리처드 아르노위트가 「새로운 고 에너지의 핵입자들과 중력 에너지」라는 제목의 논문을 발표해서 처음으로 1천 달러의 상금을 받았다. 그 당시 고등학술연구소의 책임자였던 오펜하이머는 그의 연구원들이 이러한 일에 관심을 두는 것이 바람직하지 않다고 생각했다. 그러나 상금을 반환하게 하지는 않았다.

후에 그 재단은 일반적인 중력에 대해서 연구하는 사람들을 지원하기로 방향을 전환했다. 요즈음에는 세계적인 물리학자들이 이 상금을 받으려고 경쟁을 벌인다. 그 중에는 1971년에 상금을 받은 영국의 천체물리학자 스티븐 호킹도 포함되어 있다.

아무튼 루이스 위튼은 한 학기 동안 초끈 이론을 배우기 위해서 이 연구소에 와 있었다. 이 초끈 이론을 자신의 아들 에드 위튼이 이제 강연하려고 하는 것이다.

약속된 시간인 오전 9시 30분이 되자 에드 위튼은 낮은 목소리로 이야기를 시작했다. 그는 노트 없이 칠판 앞을 왔다갔다하면서 순전히 기억에 의존해서 방정식들을 칠판에 적는다. 그리고 설명 도중 가끔 듣는 사람들을 당황스럽게 하는 질문을 던진다. 가령 "10차원의 세계가 어떻게 하여 4차원 세계로 보일까요?" 하고 나서 이에 대한 대답을 자신이 다시 한다. "자연은 우리가 지금 보고 있는 것보다 더 큰 차원에서 출발했는데 나중에 무언가가 빠져버린 것입니다"라고. 그러나 이러한 질문과 대답은 초끈 이론을 다루는 방정식들에 대한 근간을 이야기하는 것일 뿐이었다.

위튼은 칠판에 빽빽이 방정식들을 나열했다. 이러한 공식들은 스피너나 양의 키랄리티(분자 비대칭성), 디랙 연산자, 그리고 알파 프라임 같은 것들로 이루어져 있다.

그는 강연이 끝날 때까지 45개의 방정식을 나열하였다. 이제 이 강연은 수학적으로 아주 높은 단계에 도달한 사람들에게만 이해 가능하다는 것이 명확해졌다.

시간이 다 되자 에드 위튼은 분필을 놓고 청중들을 바라보면서 겸연쩍은 미소를 머금었다. 그러자 청중들은 우레와 같은 기립 박수를 보냈다. 루이스 위튼도 같이 박수를 치면서 위대한 초끈 이론가인 자기 아들에게 미소를 보냈다.

이번 강연회에서는 사회자가 없었다. 그런데 어찌 된 일인가!

작년의 강연 때와는 달리 청중들로부터 두 가지 질문이 날아들었다. 사람들이 이번에는 이 분야에 대해서 미리 연구를 하고 참여했던 것 같다. 그들은 사전에 위튼의 논문을 몇 편 읽고 초끈 이론에 대해서 약간의 지식을 갖고 있었던 것이다. 따라서 그들은 초끈 이론이 우주의 근원을 밝히는 새로운 이론이라는 것쯤은 알고 있었다.

초끈 이론은 물리학 분야에서 지금까지 일어난 사건들 중에서 가장 충격적인 것 중 하나가 될 수도 있다. 에드 위튼은 이렇게 말한다.

"우리는 지금 양자역학의 발견에 견줄 만한 과학적인 혁명을 이룰 초기 단계에 와 있습니다. 새로운 이론은 우리가 기존의 지식으로 이론 물리학에 대해서 알고 있는 사실들을 근본적으로 변화시킬 수도 있지요. 물론 이러한 결과에 도달하기까지 수십 년의 시간이 걸릴지도 모릅니다. 어쩌면 우리 가운데 아무도 이러한 결과를 볼 수 없을지도 모릅니다. 하지만 그렇다고 하더라도 물리학자들에게 초끈 이론은 생명과도 같은 것입니다."

세계는 끈으로 되어 있다

이론 물리학의 새로운 실체인 초끈은 소립자에 대한 이전의 개념을 바꾸는 것이었다. 전자나 쿼크와 같은 소립자는, 지금까지는 크기가 없는 점으로서 차원이 없다고 생각되어졌다. 그러나 새로운 이론에 따르면 이들은 차원이 없는 것이 아니라, 길이의 1차원을 가져 더 이상 점으로 취급되지 않고 모양을 가진다는 것이다. 따라서 이들은 신발끈처럼 길게 늘어진 형태를 취할 수도 있고 혹은 끈의 끝이 연결되어 올가미 형태를 이룰 수도 있다. 이들은 어떠한 모양을 갖더라도 진동할 때는 입자처럼 행동하는 이상한 성질을 띠는데 주기, 진폭, 방향 등의 다른 진동 방식에 따라서 소립자의 전체 속성이 결정된다는 것이다.

이 새로운 이론에 따라 어떤 물질을 이루는 가장 기본적인 구조를 살펴보면, 그 구성 성분이 크기가 없는 점들로 이루어진 것이 아니라 일정한 끈으로 이루어져 있으며 입자와 같이 움직이고 있다. 즉 입자들이 진동해서 끈처럼 보이는 것이 아니라 그들 자체가 끈으로 이루어져 있다.

초끈 이론이 소립자에 대한 종래의 개념을 변화시킨다면 약 75년 동안이나 계속되어온 원자 구조에 대한 개념을 바꾸어야 할 것이다. 그러나 초끈 이론은 이러한 것 이상으로 우리에게 중요한 의미를 준다. 그것은 초끈 이론이 지난 반세기 동안 물리학의 진수로 알려진 대통일장 이론으로 이어진다는 점이다.

지난 50여 년 동안 물리학에서 두 가지 기본적인 이론, 즉 양자역학과 일반상대성 이론이 서로 연결되어 사용되었다. 양자 이론은 미세한 세계에 적용되고, 상대성 이론은 거시적인 세계에 적용되었다. 그러나 문제점은 항상 있었다. 이 두 이론은 자연의 모든 현상을 설명한다고 하면서도 서로 배타적이다. 즉 이 이론들은 서로 국한되어 사용되어왔던 것이다. 그것은 다소 이상하게 보인다.

자연의 운행 질서는 처음부터 끝까지 일관되고 조리 있다고, 적어도 물리학자들만큼은 그렇게 생각해왔다. 그러나 자연 현상을 잘 설명하고 있다는 이 두 가지 이론이 서로 조화를 이룰 수 없다는 것은 무언가 잘못되었다고밖에 생각하지 않을 수 없다.

그런데 초끈 이론이 뜻밖에 이 모든 상황을 변화시킬지도 모른다. 이 이론의 수학적 방정식은 미시적 세계와 거시적 세계를 동시에 다룰 수 있는 것처럼 보인다. 만약 이것이 가능하다면 기적적인 통일장 이론이 도래할 것이다. 이렇게 얻어진 통일장 이론은 공짜로 얻은 것 같은 선물이 될 것이다. 통일장 이론은 단지 수학적인 방법으로 얻어지는 결과이다. 에드 위튼은 "초끈 이론은 사실은 21세기의 물리학인데, 어쩌다가 우연히 20세기에 떨어진 것과 같지요. 그래서 그 모든 것이 불가사의한 것처럼 보입니다"라고 말했다.

초끈 이론에 대해 우리가 다소 이상하게 느끼는 것은 이 이론은 물리학의 영역만큼이나 순수 수학의 영역을 포함한다는 것이다. 그리고 한 가지 확실한 것은 지금까지 아무도 초끈 이론에서 말하는 그 끈을 본 적이 없다는 것이다. 어쩌면 앞으로도 못 보게 될지도 모른다. 그 끈이 너무 미세하기 때문이다.

사실 소립자는 실제로 그 자체를 볼 수 있는 것은 아니고, 단지 입자 가속기에 나타난 그것의 자취를 보는 것이다. 일리노이 주의 바타비아에 있는 페르미 실험실이나 스위스의 입자 연구소(CERN : 유럽 원자핵 공동 연구소)와 같은 곳에 설치되어 있는 거대한 입자가속기는, 고에너지를 가진 두 입자를 충돌시켜 이로 인해 발생되는 10^{-13}센티미터 정도 크기의 입자들의 자취를 볼 수 있게 한다. 현재는 '초전도 초충돌자 Super-conducting Supercollider : SSC'라고 하는 새로운 입자가속기가 만들어져서 이것보다 더 작은 입자도 볼 수 있게 되었다.

그러나 초끈 이론에서의 끈의 길이는 가장 큰 것의 경우라 하더라도 이것보다 훨씬 더 작다. 이들은 대략 10^{-33}센티미터 정도의 크기를 가진다고 추측된다. 끈을 실제로 관찰할 수 있는 크기의 가속기는 무려 빛이 수년 동안 간 거리에 해당하는 크기를 가져야 할 것이다. 그러므로 이러한 끈을 본다는 것은 불가능하다. 어쩌면 이것은 영원히 자연에 묻혀서 인간에게 관찰되지 않을지도 모른다. 자연이 "보려고 하지 말고 단지 생각만 하라. 입자가속기를 믿지 말고 나타나는 방정식을 믿어라"라고 말하는 것 같다. 물론 실험 물리학자들은 실험적으로 입증되지 않는 사실들을 믿으려 하지 않는다.

하버드 대학의 물리학자인 파울 긴스파르크와 셸던 글래쇼는 과학적 연구가 실험적인 관측보다 머릿속의 생각만으로 수행되는 데 대한 불만을 다음과 같이 토로하고 있다. "중세 암흑 시대 이래 처음으로, 우리는 논리적인 연구가 끝나고 또다시 신앙이 과학을 대신하는 것을 볼 수도 있습니다."

스위스 입자 연구소에서 일하고 있는 알바로 드 루후라는 "초끈 이론을 신봉하는 극단주의자들의 생각이 옳다면 더 이상 실험 결과들에 매달리는 일은 우스꽝스러운 일이 될 것입니다"라고 말한다.

그러나 실험 학자들의 이러한 비판은 이론 학자들에게는 연구 영역을 넓혀가는 계기가 될지도 모른다. 초끈 이론은 사실 고등학술연구소의 입자물리학자들에게는 행운이다. 더 이상 입자가속기 옆에 붙어 앉아서 나오는 결과를 기다리는 헛된 일을 할 필요가 없고 단지 올바른 방정식을 얻는 것이 중요한 일이기에, 순수 이론에 집착하는 이 연구소의 연구원들에게는 더할 나위 없는 것이었다. 초끈 이론은 관념적인 형태이다. 즉 이 이론은 추상적이고, 영원히 인간의 눈으로 확인할 수 없는 거의 초자연적인 실체에 관한 것이다. 이러한 사실이 연구소의 입자물리학자들로 하여금 초끈 이론을 신의 섭리에 가까이 갈 수 있는 것으로 여기게 하는 이유이다.

'베네치아노 방정식'으로 시작되다

에드 위튼은 초끈 이론의 역사를 아직 초보 단계라고 하면서도 이 초보적인 단계를 시작 단계, 매우 초보적인 단계, 그리고 발전된 초보 단계로 나누어 구분하였다. 초끈 이론의 시작 단계는 1968년에 이탈리아 물리학자가 강한 인력을 설명하기 위해서 최초로 도입한 시기이다. 자연에 존재하는 가장 강한 힘은 같은 전하를 띠고 있어 서로 반발하는 입자를 묶는 힘이다. 예를 들면 핵 내부에 있는 양자들은 모두 양전하를 띠고 있으므로 핵은 폭발하여 양자들이 서로 흩어져야만 한다. 그러나 이 양자들은 실제로는 강한 상호작용에 의해서 서로 연결되어 있다.

강한 상호자용은 1960년대에는 잘 이해되지 않았지만, 확실히 강한 힘이 강입자라 불리는 소립자 전부에 작용한다는 것은 알고 있었다. 알려진 강입자 종류는 백 가지가 넘는다. 강입자는 각운동량과 질량의 제곱이 어느 정도 비례 관계를 나타낸다. 각운동량과 질량이 만드는 이 그래프를 '레제 궤도'라고 부르는데, 이 명칭은 이것을 발견한 물리학자 툴리오 레제의 이름을 딴 것이다.

1968년에 이스라엘 바이즈만 과학연구소의 연구원이며, 나중에 고등학술연구소의 객원이 된 이탈리아 물리학자 가브리엘 베네치아노가 레제 궤도를 수학적으로 취급한 논문을 한 편 발표했다. 그는 직선의 레제 궤도를 그릴 수 있는 일련의 방정식들을 풀었다. 이것은 그 자체로도 흥미로운 것이었으나, 이것에 의해 발견된 것이 더 의미가 있었다. 그로부터 일 년 후 시카고 대학의 요이치로 남부를 비롯한 이론가들은 베네치아노 방정식이 소립자의 새로운 개념과 일치한다는 것을 알았다. 소립자에 대한 새로운 개념이란, 소립자가 차원이 없는 점의 형태가 아니라 일정한 공간을 점유한다는 것이다. 즉 소립자는 어떤 끈으로 생각할 수 있다는 것이다.

베네치아노-남부 모델에 따르면, 이 끈은 작용, 반작용의 원리와 같은 반대적인 힘에 의해서 균형을 이루고 있다. 즉 이 끈은 비행기의 프로펠러와 같이 움직이고 있어서, 원심력과 구심력에 의해 평형 상태를 유지한다. 구심력의 크기는 끈 하나당 13톤 정도로, 이는 마치 끈 하나에 캐딜락 자동차 6대를 동시에 매다는 것과 같다. 이것이 사실이라면, 길이의 차원만 있고 두께가 없는 끈으로서는 참으로 엄청난 힘을 가지는 것이 아닐 수 없다.

원자핵을 이루고 있는 입자들을 끈으로 나타낸다는 생각은 이론 물리학자들에게는 완전히 새로운 것이었다. 이전의 이론 물리학자들이 소립자를 차원이 없는 점으로 표현한 데에는 몇 가지 기술적인 이유가 있었다. 그래서 입자들이 공간을 차지해서 어떤 차원을 가진다는 새로운 생각은 전혀 기대할 수 없었던 것이다. 그럼에도 불구하고 끈에 의한 입자 모델을 받아들일 만한 두 가지 이유가 있었다.

그 중 하나는 레제 궤도로부터 설명이 가능하다는 것이고, 또 다른 하나는 끈이라는 가정이 '쿼크 억류'를 설명하는 데 적절한 모델을 제시하기 때문이었다. '쿼크 억류'란 실험 학자들이 입자가속기에서 쿼크를 볼 수가 없고 이들이 만드는 더 큰 입자만 관찰할 수 있기 때문에 학자들이 붙인 이름이다.

원자를 이루고 이는 세 가지 입자—전자, 중성자, 그리고 양자—중에서 오로지 전자만이 순수한 의미의 기본 입자이다. 중성자나 양자는 쿼크라는 보다 작은 실체로 이루어져 있다고 생각되어진다. 예를 들면 양자는 세 개의 쿼크로 이루어져 있을 것으로 생각된다. 그러나 쿼크를 다루는 데 중요한 문제 중 한 가지는 이들을 결코 실험실에서 볼 수 없다는 것이다. 아무리 노력해도 실험 학자들은 입자가속기에서 자유 쿼크를 발견할 수 없다. 이러한 사실은 이론 물리학자들로 하여금 쿼크는 이보다 더 큰 입자에 억류되어 존재할 것이라는 생각을 하게 한다.

그러나 어떤 형태로? 이것이 '쿼크 억류' 이론이 해결해야 할 문제였다. 그래서 이론 학자들은 해를 찾기 위해서 여러 가지 모델를 제시했다. 그 중 한 가지가 '가방 모델'로, 이것은 쿼크가 전혀 탈출이 불가능한 용기 내에 붙잡혀 있다는 것이다. 끈 이론은 '가방 이론'에 대한 다른 대안이었다. 끈 이론의 관점에서 보면 쿼크는 끈의 양쪽에 매달려 있다는 것이다. 아무도 자유 쿼크 입자를 보지 못한 것도 이러한 이유 때문이리고 한다. 이들은 쌍으로 존재할 수도 있고 또 끈의 세 끝에 있는 경우 세 개의 쿼크 형태로 존재하게 된다. 만약 이 끈을 잡아당겨서 끊어지게 하더라도 이 끈의 끝에 다른 쿼크가 존재하게 된다.

'쿼크 억류'를 설명하는 모델로서 끈 이론은 매우 그럴듯해서 적어도 한동안은 많은 관심을 불러일으켰다. 연구소의 로저 다센은 그 당시 상황을 이렇게 말한다. "당시 수천 명의 사람들이 그 이론에 몰두했지요. 상당수는 유럽 사람들이었습니다. 만약 지난 논문집들을 들춰보면 끈 이론에 대한 수천 편의 논문을 볼 수 있을 것입니다 그 당시에는 이것을 끈 이론이라고 부르지 않았어요. 사람들은 이 이론을 베네치아노의 진폭, 이중 공명 이론 등과 같이 불렀습니다. 결국 물리학자들은 이들 이론이 실제와 아무런 연관도 갖지 못한다는 것을 알게 되었어요."

왜냐하면 이 이론에 따르면 에너지가 가장 낮은 바닥 상태에서는, 끈의 질량이 존재하지 않으므로—사실은 음의 질량을 가진다—이러한 사실을 실제에 적용시킬 아무런 방법이 없었다. 철학적 관점에서 보면

음의 질량을 가진다는 것은 혼란스러운 일이었다. 그러나 이것에 대한, 적어도 물리학의 이론으로 보면 그럴 수 있는 것이다. 즉 음의 질량을 가진 입자는 빛보다 더 빨리 나아갈 수 있게 되는 것이다. 이것은 완전히 일반상대성 이론과 일치한다.

일반상대성 이론은 입자들이 질량을 가지게 되면 빛의 속도 이상으로 진행할 수 없다는 결론에 도달한다. 그러나 이러한 물리적 이론의 타당성을 내포하고 있음에도 불구하고 시간이 거꾸로 진행한다든가 인과 법칙이 성립하지 않는 등 또 다른 설명하기 힘든 결과들도 보인다. 여기에 덧붙여서, 초끈 이론은 우리가 주변에서 인식하는 4차원의 세계보다 더 많은 차원을 필요로 하는데 이 또한 해결해야 할 문제점으로 남는다. 다소 이해하기 거북스럽지만 어느 정도 초끈 이론을 이해하는 이론 물리학자조차도 26차원의 우주를 생각하는 일에는 아주 못마땅해한다. 너무 비현실적이라는 것이다.

이 이론이 내포하는 여러 문제점으로 인해 입자들 사이에 작용하는 강한 힘을 설명하기 위한 다른 양자색역학QCD:Quantum chromodynamics 이 초기의 끈 이론이 설명한 것만큼 효과적으로 이 강한 힘을 잘 설명하자, 더 이상 끈 이론이 존재할 필요가 없는 것처럼 보였다. 사실 끈 이론은 어떤 문제를 해결하는 이상으로 많은 문제점을 야기했다. 그래서 대부분의 물리학자들은 이 이론이 사멸되었다고 말했다.

26을 9로, 9를 3으로 차원을 줄이는 방법

그러나 이 이론을 끝까지 지키는 몇몇 학자가 있었다. 그 중 대표적인 사람으로 존 슈바르츠 같은 사람을 들 수 있는데, 그는 끈 이론에 대해서는 거의 초기 단계에서부터 관심을 갖고 연구를 계속해왔다. 그에게 끈 이론은 다소 문제를 내포하고는 있지만 가장 흥미를 끄는 것이었다.

슈바르츠는 끈 이론가로서 적절한 학문적인 능력을 갖추고 있었다. 그는 하버드 대학에서 수학을 전공한 후 이론 물리학으로 전공을 바꾸어 1966년에 버클리 대학에서 박사 학위를 받았다. 그가 끈 이론의 초기 명칭인 베네치아노 진폭이나 이중 공명 이론에 대해서 처음으로 알게 된 시기는 프린스턴 대학에서 강의를 하고 있을 때였다. 그후로는 오로지 이 이론에만 몰두했다. 그래서 이 분야의 여러 사람들의 도움을 받아 베네치아노와 남부의 처음 시작 단계의 끈 모델에다 두 가지 중요한 수정을 기했는데, 초대칭 개념과 압축화 개념이 그것이다.

초대칭 이론은 입자들이 거울상으로 대칭되는 지점에 다른 입자들이 존재하여 힘의 평형 상태를 이룬다는 것이다. 즉 모든 입자들은 거울상으로 대칭되는 곳에 존재하는 다른 입자와 평형을 이루고 있다는 것이다. 이 이론은 처음에는 핵의 강한 상호작용을 설명하기 위해서 출발했으나 나중에는 알려진 모든 입자들에 적용되는 것 같았다.

물론 문제가 없는 건 아니었다. 그 중 하나는 다차원의 문제였다. 슈바르츠와 그의 동료들은 처음에 주어진 26차원을 9차원 상태로 줄이는 결과를 얻었다. 9차원은 처음의 26차원보다는 문제의 심각성을 훨씬 줄여놓은 상태지만 실제 우리가 느끼는 3차원과는 거리가 있는 것이다. 그러나 슈바르츠는, "이것은 문제 해결을 위한 시작 단계에 불과합니다"라고 말했다.

이제 나머지 6차원의 문제는 어떻게 해결할 것인가? 이에 대한 대답은 '나머지 6차원을 어디다 숨겨버리는 것이다'라고 한다. 1974년 슈바르츠와 조엘 셔크는 나머지 6차원을 '압축화'라고 하는 수학적인 방법을 동원하여 제거할 수 있음을 알게 되었다. 압축화의 기법은 1920년대에 테오도르 칼루자와 오스카 클라인이 중력과 전자기장을 통일시키기 위해서 시도했던 것이었다. 클라인의 주장에 따르면 여분의 차원은 공간의 차원에 비해서 매우 작으므로 거시적인 세계에서는 그것들이 나타나지 않을 것이라는 것이다.

본질적으로 압축화란 여분의 차원을 인식할 수 없는 차원들로 처리하여 이들을 제거하는 것이다. 예를 들어 정원에 놓여진 호스를 보자. 이 호스는 길이와 폭과 높이를 가지는 3차원의 물체이다. 그러나 이 호스를 멀리서 보게 된다면 1차원의 물체처럼 보이게 될 것이다. 나머지 2차원인 폭과 높이는 인식할 수 없게 된다. 그렇다고 해서 이들 차원이 사라지는 것은 아니다. 여전히 존재하면서도 인식만 되지 않을 뿐이다.

슈바르츠와 셔크는 끈 이론에 나타나는 여분의 차원을 압축화한다면 이 이론은 전반적으로 의미를 가질 것이라는 인식하에 압축화 기법을 끈 이론에다 적용했다.

무한에서 무한을 끌다

우리가 태어나는 순간부터 우리와 밀접하게 연관되어 있는, 자연에서 가장 명확한 힘인 중력은 양자역학 이론으로는 아직도 이해되지 않는다. 중력 이외의 자연계에서 존재하는 힘, 즉 전자기력이나 입자들 사이에 작용하는 강한 상호작용 등은 양자역학으로 완전하게 설명이 가능하다. 그러나 중력에 대해서는 예외이다.

중력이 양자역학으로 완전하게 설명되지 않는 중요한 이유는 중력이 아인슈타인의 일반상대성 이론에 의해서 휘어진 공간으로 표현되기 때문이다. 이것은, 거대한 물체는 이 물체를 둘러싸고 있는 시공간을 다양하게 휘게 하는 거시적인 계의 현상이다. 이것을 양자역학적으로 취급할 수 없다는 것이 문제로 남아 있다. 상대성 이론과 양자역학 사이에 불일치가 너무나 크다. 이것을 해결할 수 있는 방법은 중력을 양자화시키는 것이다. 이 문제에 대해서 입자물리학자들은 '규격화할 수 없는 무한대'라고 가볍게 말해버리고 넘어간다.

문제가 되는 '무한대'라는 개념은 소립자들을 크기가 없고 차원도 없는 점으로 생각하기 때문에 일어난다. 한 입자에는 다른 입자를 끌어당기는 힘이 작용하고, 이 힘이 클수록 이 입자들은 서로 가깝게 된다. 크기가 없는 입자들 사이에 거리가 '0'이 되는 경우 이 입자들 사이에 작용하는 힘은 무한대가 된다. 바로 이것이 '무한대'의 문제이다.

이러한 문제를 해결하는 일반적인 방법은 '재규격화' 방법이다. 즉 이 방법은 하나의 무한대 크기에서 이보다 작은 무한대 크기를 뺌으로써 결국에는 어느 일정한 크기만을 남겨놓게 되는 보정 방법이다. 그러나 중력의 양자화 문제에 내포된 무한대는 좀 특이하다. 이들은 재규격화할 수 없다. 중력의 경우에 '무한대'가 너무 크고 또 너무 빨리 일어나서 삭감 과정이 적용되지 않는다. 또한 여기서 가장 문제가 되는 것은 중력자들을 점과 같이 생각하는 데 있는 것 같다. 끈 이론에서는 입자들을 점이라고 생각하지 않고, 크기와 모양의 차원을 가지는 물질이라고 생각한다. 따라서 끈 이론에서는 재규격화할 수 없는 무한대의 발생을 피할 수 있어서 실제 적용하기에 편리하다.

끈 이론의 어떤 해석은 스핀 −2의 아직까지 알려지지 않은 입자의 존재를 예견했다. 지금까지 전혀 관찰되지 않은 입자를 예측하고 있으므로 사람들은, 한동안 '끈 이론은 다소 이상하고 비과학적이다'라는 사실이 입증되고 있다고 생각했다. 그러나 1974년 슈바르츠와 셔크는 관찰되지 않은 스핀 −2의 입자가 중력의 양자화—중력자—가 될 수 있음을 증명했다.

만약 초끈 이론에서 예견된 스핀 −2의 입자가 사실 중력자라면, 다른 모든 양자 이론들이 이런저런 핑계로 인정하지 않으려는 중력자의 존재를 끈 이론은 요구하게 되는 것이다. 또한 이는 이 이론을 필요 불가결한 것이 되도록 하는 거의 기적적인 결과를 낳는다. 무한대 문제는 끈 이론에서는 더 이상 문제가 되지 않는다. 끈 이론에서는 입자들에게 크기를 갖도록 하는 차원을 부여하기 때문이다. 그래서 슈바르츠와 셔크의 새로운 끈 이론은 중력의 양자화 문제와 무한대의 문제를 단숨에 해결할 수 있는 것처럼 보였다.

키랄리티에서 무엇을?

초끈 이론의 시작 시기에 에드 위튼은 과학에 입문하였다. 그는 1951년에 볼티모어에서 태어나서 거기서 고등학교를 마친 뒤 존스홉킨스 대학에서 역사를 전공했다. 후에 그는 매사추세츠 주에 있는 브랜다이스 대학으로 옮겨 전공을 물리학으로 바꿨다. 새로이 해야 될 공부가 너무 많았기 때문에 그는 브랜다이스에서의 기억을 그다지 좋게 생각하지 않았다. 물리학으로 학위를 받기 위해서 프린스턴 대학으로 옮겨간 그는 데이비드 그로스 밑에서 수학한 후 1976년에 학위를 받았다. 그때 나이는 25살이었다.

학위를 받기 바로 전해에 위튼은 알프스 산맥에 있는 몽블랑 산 근처의 여름학교를 다녔는데, 거기서 키아라 나피라는 이탈리아 물리학자를 만나 후일 그녀와 결혼했다. 이들 부부는 하버드 대학에서 자리를 잡았다가 다시 연구소로 옮겨간 뒤 최종적으로 프린스턴 대학에 정착하게 되었다.

위튼이 아직 초끈 이론에 관심을 갖지 않았던 1981년에 그는 초끈 이론에 아주 유용하게 사용될 수 있는 결과를 증명했다. 이 결과는 기술적인 이유들로 인해, 시공간의 11차원이 마법의 수처럼 보였다. 이 11차원은 점장 이론을 얻는 데 필요한 최소한의 것이었다. 그러나 위튼에 따르면 11차원은 또한 허용되는 최대값이라는 것이다. 그러나 11차원의 동일 이론에는 하나의 중요한 문제가 있었다. 즉 이러한 이론은 홀수 차원으로 존재해서 '키랄'이 되지 못한다는 것이었다.

'키랄리티'란 물리학 용어로, 자연 상태에 존재하는 물질에 대해 오른손 방향과 왼손 방향으로 보는 것을 구분하는 좌우(나선형)의 방향 개념이다. 사람도 심장이 왼쪽에 있기 때문에 '키랄'이라고 할 수 있다. DNA 구조 또한 이중나선으로 항상 오른쪽으로 감겨 있다는 의미에서 키랄이다. 이것은 또 소립자에도 적용된다. 예를 들면 중성미자는 좌선형이다. 이들은 정면 방향에서 시계 반대 방향으로 회전하기 때문이다. 그러므로 양자 세계에서 키랄리티가 수용되기 위해서는 통일장 이론을 통해 오른쪽 방향의 입자와 왼쪽 방향의 입자를 구분할 수 있어야 한다. 그러나 에드 위튼이나 다른 사람들이 보여준 결과는, 어떠한 이론의 키랄리티는 짝수 차원에서만 가능하다는 것이었다.

그래서 일이 난처하게 되었다. 위튼은 근본적으로 서로 양립할 수 없다고 보여지는 두 가지 것을 나열했다. 즉 통일 점장 이론은 홀수 차원이 요구된다. 그런데 키랄 이론을 만족시키기 위해서는 짝수 차원을 가져야 한다. 이러한 것들로 미루어 보아 키랄과 점입자들에 근간을 둔 통일장 이론에 본질적으로 불가능한 어떤 것이 있는 것처럼 보인다.

이것은 점입자 이론가에게는 실로 불행한 소식이었으나, 물론 끈 이론 학자들에게는 전혀 그렇지 않았다. 끈은 점입자가 아니다. 끈 이론가들은 위튼의 딜레마를 아주 깨끗하게 해결했다. 슈바르츠-셔크의 끈이론은 10차원에서 설명되었고, 또한 키랄도 포함하고 있다. 이러한 이유들 때문에 끈 이론은 한때 꽤 각광을 받는 것처럼 보였다. 끈 이론은 무한대의 문제에 봉착하지 않고도 중력을 설명하였고, 모든 힘과 입자들의 관계를 해석하였다. 이 이론은 위튼에 의해 제기된 차원의 문제에 구애받지 않고 문제를 해결하였다.

끈 이론에 대해서 더 이상의 어떤 것을 요구할 수 있겠는가?

초끈 이론, 이상 없음

그러나 그렇지가 못하다. 이 끈 이론은 어떤 기본적인 법칙을 벗어나고 있는 것이다. 애석하게도 이 끈 이론에 대해서, 오래 전에 고트롭 프레게가 수학적 기초에 관해 언급한 것처럼 '건물이 완성되자마자 그 건물의 기초가 붕괴된다'는 표현을 적용하는 것이 아주 적절해 보인다.

이 끈 이론은 물리학의 기본 법칙인, 전하 보존의 법칙이라든가 에너지-운동량 보존 등을 벗어나는 이상성을 보여주고 있다. 이들 보존 법칙은 물리학의 기본적인 법칙으로 확고하게 굳어진 사실이므로 이들의 법칙이 지켜지지 않는 이론은 근본적으로 잘못된 이론이라고 간주되어 당연히 사람들로부터 관심의 대상이 되지 못한다. 오랫동안 끈 이론에 대한 중요한 문제점 중 하나는 이 이론이 물리학의 기본 법칙에 따르지 않는다는 사실이었다. 이 이론은 해결할 수 없는 문제점을 내포하고 있는 초현실적인 이론인 것 같았다.

그러나 1984년 여름 존 슈바르츠는, 그가 1970년대 후반 고등학술연구소의 연구원이었을 때 그와 함께 초끈 이론에 관심을 가져온 마이클 그린과 함께 끈 이론의 문제점을 해결하여 물리학계를 흥분시켰다. 이 두 사람은 끈 이론에서 나타나는 이상성을 제거한 초끈 이론을 제안하였다.

그것은 하늘의 계시와 같았다. 마침내 물리학자들은 초끈 이론에 관심을 기울이기 시작했다. 이 이론은 중력에 대해서 설명할 뿐만 아니라 수학적으로도 적절하게 표현되었다. 따라서 물리학자라면 당연히 이 이론에 관심을 기울이지 않을 수 없는 것이었다. 게다가 끈 이론의 1차원의 한정된 크기 구조로 인해 중력의 양자화 이론에서 파생되는 무한대의 문제를 초끈 이론은 피할 수 있었다. 끈 이론이 더 이상 과학의 법칙들에 대해서 이상성을 보이지 않는다는 사실은 힘든 노력 끝에 얻어진 황금의 결실과도 같은 것이었다. 이제 물리학자들은 손을 뻗쳐서 황금의 결실을 따기만 하면 된다.

1985년 1월, 노벨상 수상자인 스티븐 와인버그는 초끈 이론에 대해서 이렇게 말한다. "이 이론에 관해서 듣는 순간 너무나 흥분해서 내가 듣고 있던 모든 것을 팽개치고 곧바로 초끈 이론에 관한 것을 배우기 시작했지요."

다른 노벨상 수상자인 머레이 겔만은, "내 생각에는 이것이 바로 우리 모두가 찾고자 한 것일지도 몰라요. 이는 중력, 입자들 사이의 힘, 전자기 작용 등 다른 모든 것을 설명할 수 있는 이론, 즉 자연 현상을 완전하게 설명할 수 있는 통일장 이론입니다"라고 말했다.

에드 위튼은 또한 "초끈 이론은 완전히 기적이에요"라고 했다.

이 이론에 대한 이야기는 일반 과학 잡지인 『네이처』와 『사이언스』뿐만 아니라 『타임』지나 『뉴욕 타임스』지에도 실렸다. 초끈 이론에 대한 논문이 한 달에 백여 편 정도 쏟아지기 시작했다. 초끈 이론에 관련된 어떤 분야의 책임자는, 예를 들어 프린스턴의 데이비드 그로스 같은 사람은 개인적으로 일주일에 평균 15편 정도의 논문 초록을 받고 있었다. 상업 잡지인 『피직스 투데이』의 1985년 6월호에는 '이상성을 해결한 초끈 이론이 주류를 이루다'라는 표제 아래 다음과 같은 내용이 실렸다. "지난 몇 달 동안 초끈 이론을 다루지 않은 입자 이론 논문을 찾기가 힘들었다. 그린과 슈바르츠가 끈 이론에 내포된 이상성을 해결한 새로운 10차원 통일장 끈 이론은 사람들에게 많은 관심을 불러일으켰다." 계속해서 이 잡지에는 앞으로 이론 물리학계는 초끈 이론의 확장에 열을 올리게 될 것이라고 씌어 있다.

사람이 너무 행복에 도취하면 거의 자신의 감정을 제어할 수 없는 상태가 되듯이, 초끈 이론에 심취한 사람들은 이 이론에 대해서 다소 부정적인 평가를 하는 사람들에게 맹렬한 비난을 퍼붓는다. 이에 셸던 글래쇼와 파울 긴스파르크는 『피직스 투데이』에다 「절망적인 마음에서 초끈 이론을 찾는 건 아닌지?」라는 짧은 비평을 기고했다. 이들은 다음과 같이 다소 완곡한 표현을 써서 초끈 이론가들의 태도를 비판하고 있다. "가장 훌륭하고 명석한 두뇌를 가진 수십 명의 학자들이 수년간 심혈을 기울인 결과는 초끈 이론으로부터 증명이 가능한 어떠한 예측 하나도 얻지 못했다는 것이다. 이 이론의 타당성에 대한 근거는 다소 마술처럼 보이는 일치, 기적적인 이상성 제거 방법, 수학과의 연계성에 의존할 뿐이다. 이러한 것들이 초끈 이론의 실체를 인정하는 직접적인 결과가 될 수 있을까?"라고.

후에 글래쇼는 모임에서 자주 재치 있는 위튼 이행연시를 인용하곤 했다.

> 당신이 잘못되었다는 충고에 부디 귀를 귀울이게.
> 이론은 결말을 본 게 아닐세.
> 언젠가는 '위튼'이라는 단어도 책에서 사라진다네.

그사이 하버드 대학의 하워드 조지는 끈 이론을 '오락적인 수학 이론'이라고 말했다.

그러나 실제 초끈 이론가들은 전혀 귀를 기울이지 않았다. 이 이론이 최고조에 달했고, 따라서 아무런 시비가 없었다. 초끈 이론은 영원한 것이었다.

우주상수의 신비를 캐내다

그 당시 에드 위튼은 '비물리학자들을 위한 단순한 끈 이론의 소개'라는 짤막한 강의를 하고 있었다. 그래서 고등학술연구소는 젊은 끈 이론가를 생산하는 온상으로 변해버렸다. 스티븐 아들러와 프리먼 다이슨 같은 학자들은 그들이 끈 이론을 연구하지 않는다는 사실에 죄책감을 느끼거나, 그렇지 않다면 적어도 그러한 사실을 해명해야 된다고 느꼈다.

스티븐 아들러는, "다소 외롭다고 느낍니다. 하고 싶은 일을 한다는 이유로 나는 시대의 조류에서 벗어나 일을 하고 있지요"라고 말한다.

"나는 젊은 사람들만큼 머리가 빨리 움직이지 못합니다. 그래서 이 새로운 분야에 뛰어들어 어떤 일을 해낼 수 있을 것 같지가 않아요. 내가 할 수 있는 것은 시대에 좀 뒤떨어진 '생명의 기원' 같은 문제에 몰두하는 것입니다"라고 프리먼 다이슨은 말한다.

이와는 대조적으로 박사 학위를 바로 받은 젊은 사람들은 강하게 초끈 이론에 집착하지만, 입자물리학의 거의 다른 학자들과 마찬가지로 쉬운 일이 아니라는 것을 발견하게 된다. "이것은 매우 힘든 분야입니다. 이 이론은 너무너무 복잡해서 이것에 익숙해지는 데만 꽤 긴 시간이 필요하죠"라고 마크 밀러는 말한다.

그러나 이론 학자들의 일부는 이들 이론과 실험적인 사실들과의 연계성 문제에 대해서 다소 고민을 하고 있었다. 에드 위튼의 논문 지도로 학위를 받은 연구소의 존 배거는, "갈릴레이가 '눈을 크게 뜨고 실험을 하라. 사고만 하지 말고, 어떤 생각이 떠오르게 되면 이 생각을 자연 현상에 어떻게 적용시켜 결과를 관찰할 수 있을지 실제 실험을 해보라'고 말한 이후 물리학은 많은 진보를 이루었습니다. 바로 자연에서 어떤 결과를 관찰할 수 있을 때 물리학은 물리학으로서의 가치를 갖게 되지요. 또한 물리학이 지금까지 많은 업적을 쌓은 것도 바로 이러한 실험정신 때문이에요. 어떤 사실에 대해서 단지 사고만 하고 실제 실험을 하지 않는다면 매우 위험한 일이지요. 따라서 높은 에너지 상태에서는 끈 이론이 성립되지 않을지도 모른다고 생각하는 것은 위험합니다"라고 말한다.

이 말이 뜻하는 것은, '어떤 문제가 발생할 경우 이 문제를 어떻게 해결하느냐?' 하는 것이다. 배거는 "해결할 방법은 있습니다. 아직 우리는 이 이론들에 대해서 낮은 에너지 상태에서 실험의 가능 여부를 말할 수 있을 정도로 공식화된 이론으로서 명확히 알고 있는 것은 아닙니다. 확실히 이러한 사실이 우리를 괴롭히지요. 이것은 바람직하지 못한 상황이에요. 하지만 동시에 끈 이론은 매우 흥미를 끄는 것입니다. 우리는 양자장 이론의 어떤 문제들로 인해 어려움에 처해 있어요. 이것은 해결하기 힘든 것입니다. 그래서 실험자들이 실험에 들어가기 전에 먼저 이 이론을 수학적으로 조사해야 합니다"라고 한다.

양자장 이론에 어떤 문제점이 있음에도 불구하고, 배거는 초끈 이론을 연구하는 데 전력을 기울이고 있다. 이것은 이 이론이 물리학의 보다 큰 문제에 대해서 어떤 해답을 줄 수 있기 때문이다.

배거의 말을 빌리자면, "초끈 이론은, 우리에게 이 우주가 왜 이러한 모습을 하고 있는지, 왜 이렇게 큰지, 우주가 대리석만 한 크기로 될 수 없는지, 왜 우주상수가 그렇게 작은지에 대한 해답을 줄 수 있습니다"라고 말한다.

우주상수는, 거대한 물체의 중력이 우주 공간을 변형시키는 일반 관계에서 물체가 없을 때 우주 공간을 표현하는 물리학의 한 상수이다. 달리 표현하면, 이것은 물체가 없는 우주 공간의 휘어지는 곡률을 나타낸다. 우주상수는 이미 측정되었다. 사실 이 값만큼 과학의 역사에 정확하게 측정된 값은 없다. 이 값은 10^{120}분의 1 정도 이내의 정확도를 가지고 있다. 이 값은 거의 정확히 '0'으로 나타났다. 이 말은 텅 빈 우주 공간은 거의 절대적으로 평면이라는 것이다.

"그런데 그 값이 왜 거의 '0'에 가까울까요?" 하고 존 배거는 의문을 제기한다. "이에 대한 대답은 아무도 모른다는 것입니다. 우주상수는 근본적으로 빈 공간에 대한 에너지 밀도입니다. 상대성 이론에서 공간을 휘게 하는 것은 에너지 밀도이므로, 우주상수가 크다면 우주는 매우 작고 심하게 휘어지게 됩니다. 그러므로 우주가 매우 크다는 사실은 신비스럽지요. 왜 우주상수가 그렇게 작은 값을 갖는 것일까요?”

초끈 이론이 이러한 신비를 풀 수 있다고 하더라도, 아직 그 이론 자체에는 또 다른 신비가 내포되어 있다. 예를 들면 우리가 눈으로 볼 수 있는 우주 공간은 왜 단지 4차원으로만 이루어지고 다른 나머지 6차원은 함축화되어 드러나지 않을까? 초끈 이론에 따르면 최초의 대폭발 시기에는 10개의 모든 차원이 거의 동등하게 존재했었지만 그 이후로 점차 몇 개의 차원은 거의 인식하지 못하는 형태로 사그라져버리고 단지 4개의 차원만 현존한다는 것이다. 이렇게 말한 것은 에드 위튼이다.

“우주는 우리가 지금 현재 보고 있는 것보다 훨씬 더 큰 형태로 출발해서 점점 그 규모가 축소되었어요”라고 그는 말했다. 그렇다면 왜 우주가 작게 축소되었는가?

배거는 계속적으로 의문을 제기한다.

“우주의 변화 과정에서 차원의 선택은 어떻게 이루어져 왔을까요? 끈 이론에서 이것은 실로 아주 중요한 문제입니다. 4개의 차원은 커지고 다른 여섯 개의 차원은 소멸되었다는 것을 어떻게 아느냐고요? 그것은 알려져 있지 않습니다. 내 생각으로는, 우주는 아주 특이하다고 물리학자들이 믿고 싶어하는 것 같아요. 즉 어떤 선택의 여지 없이 만들어졌고, 있는 그대로 존재한다는 것이지요. 이러한 생각을 하게 되는 경우 이 우주에 대한 실제적인 이해는 사라지고 맙니다. 수백만 개의 우주가 존재할 수 있었는데 신이 임의로 하나를 선택했다면, 물리학이라는 학문은 좀 덜 흥미를 끄는 제비뽑기와 같은 것이 될 것입니다. 왜냐하면 막연히 행운만 기다리는 제비뽑기와는 달리 우주는 왜 현재 이러한 상태로 되어 있을까? 하는 본질적인 문제를 이해하려고 노력하기 때문입니다. 하지만 완전히 신에 의해서 임의로 선택되어 만들어졌다고 생각해버리면 거의 물리학의 모든 과정은 파산되고 말지요."

방정식에서 개념으로

에드 위튼의 연구실은 프린스턴 대학의 재드윈 홀Jadwin Hall의 3층에 있다. 그곳은 창문을 통해 건물 중앙의 펼쳐진 정원이 내려다보이는 작고 초라한 방이다. 책장은 물리학 책으로 가득 차 있고, 몇 개의 서랍장에는 위튼이 쓴 물리학에 대한 논문으로 가득 차 있다. 또한 위튼이 물리학을 연구하는 데 그렇게 많이 쓰지 않는 컴퓨터 단말기도 한 대 놓여 있다.

"어떤 문제를 컴퓨터로 풀려고 하기 전에 그것을 논리적으로 완벽하게 이해해야만 합니다. 이것은 인간의 사고를 너무 과장해서 평가하고 있는 지나친 오만인지도 모릅니다. 끈 이론을 이해하고 있는 수준은 아직 너무 일반적인 단계에 머물러 있습니다"라고 위튼은 말한다.

그런 위튼도 문서 작성을 위해서만은 컴퓨터를 사용한다. 위튼은 마이클 그린, 존 슈바르츠와 공동으로 『초끈 이론 *Superstring Theory*』이라는 제목의 책을 저술했다. 이 책은 1987년에 케임브리지 대학 출판사에서 출판되었는데, 이 이론의 새로운 진전으로 이 책의 내용이 낡은 것이 되기까지는 이 분야에서 결정판이 될 것이다. 새로운 진전이 어느 시기에 나타날까 하는 것은 단지 추측에 불과하다. 위튼은 이렇게 말한다. "동료들 중 어떤 사람은 내가 생각하는 것보다 훨씬 빠른 시간 내에 그러한 일이 일어날 것이라고 생각하지요. 하지만 그러한 일이 수년 내에 일어나리라고 믿는 사람은 이 이론을 과소평가하는 것 같다는 생각이 듭니다. 아마 이 이론의 진전이 있기까지에는 양자전기역학에서와 같이 5년이 더 걸릴지도 모르지요."

회색 스웨터를 입은 위튼은 샌드위치를 먹으면서 이렇게 말한다.

"끈 이론이 가지고 있는 문제점 중 하나는 이 이론이 거꾸로 만들어졌다는 것입니다. 즉 수학이 이 이론의 기본적인 개념보다 선행되고 있다는 것이지요. 아인슈타인의 경우는 이와 정반대입니다. 아인슈타인은 개념을 먼저 정립한 후에 그 이론을 수학적으로 발전시켜나갔지요. 일반상대성 이론의 경우를 보면 아인슈타인은 먼저 개념을 정립했던 것입니다. 그래서 아인슈타인 이후로 모든 사람들이 이러한 방법을 따르려고 노력하고 있어요. 뉴턴이나 맥스웰과 같이 먼저 방정식을 푼 다음 어떤 결과를 도출해낸 방법과는 달리, 먼저 개념을 정립한 다음 식을 전개시킨 사람으로 실제로 아인슈타인이 최초지요. 불행하게도 초끈 이론은 개념이 정립된 이론이라기보다는 너무 수학적이라는 것이에요. 끈 이론은 논리적인 체계에서 출발했다고 하기보다는 오히려 우연히 발견된 것입니다. 초끈 이론을 다룰 때 문제점은 우리가 아직도 이 이론을 개념적으로 완전히 이해하지 못한다는 것입니다. 내가 하고자 하는 것 중 하나가 아직도 명확하지 못한 이 이론에 개념적 뼈대를 제공하는 일입니다."

위튼은 초끈 이론이야말로 자연과 우주의 진실을 밝혀주는 유일한 진리라고 믿고 있다.

"일 년 전에 나는 초끈 이론을 다룰 때 외형상 해결할 수 없는 것처럼 보이는 세 가지 문제를 제시했습니다. 첫째, 정확한 저에너지 게이지 작용 힘, 둘째, 키랄리티 문제, 셋째, 우주상수가 사라지는 이유에 대한 설명…"이라고 위튼은 계속 말을 잇는다. 그러나 처음 두 가지 문제를 1984년 8월에 슈바르츠와 그린이 해결했다. 이 일로 인해 초끈 이론에 대한 위튼의 믿음은 더 강해졌다.

위튼은 이 이론의 연구를 위해서 전 생애를 다 바칠 준비가 되어 있다.

"초끈 이론은 자연의 이론이거나 아니면 자연의 이론으로 향한 믿을 수 없는 진보입니다. 과학자들은 자연을 연구하고 그것을 이해하려고 하지요. 이 이론을 이해하려고 노력하는 것은 우리의 연구 경력이 될 것입니다"라고 위튼은 말하고 있다.

대통일 이론으로 가는 길

고등학술연구소의 입자 이론 학자가 된다는 것은, 20세기 초 양자역학의 전성기 시대에 누렸던 신화와 버금갈 정도의 영화를 또다시 누리게 된다는 것이다. 어떤 물리학자들은 그들이 양자역학의 전성기로 되돌아가서 자연의 이해에 대한 거대한 도약을 목격하고 그 흥분을 함께할 수 있었으면 하는 바람을 자주 갖는다. 그러나 초끈 이론은 물리학자들에게 우주에 대한 전반적인 이론이 연결되는 것을 볼 수 있는 유리한 위치를 차지하도록 또 다른 기회를 제공해왔다.

지금까지 최종적인 대통일장 이론이 일어나고 있다고 생각하는 것은 함부로 하는 이야기일지도 모른다.

"이론 물리학자들은 지금까지 자신들이 이룩해온 업적에 대해서 매우 긍지를 느끼고 있습니다. 하지만 그러한 결과들에 대한 평가는 실험 학자들에 의해 보고된 자료들에 근거를 두고 있는 것입니다. 지금은 실험적인 아무런 단서가 없고, 단지 이 이론이 옳다는 느낌만 가지고 있는 상황이지요. 우리가 처음으로 실제 실험이 가능하지 않은 그런 상황에서 연구를 하고 있다고 주장하는 것은 다소 건방지다고 할지도 모릅니다. 어떤 학자들은 건방질 뿐만 아니라 어리석은 일이라고 생각하죠"라고 초끈 이론가인 데이비드 그로스는 말하고 있다.

물론 실험 학자가 어리석은 경우도 있을 수 있다. 실험 학자들은 자신들의 실험 결과들을 얻기 위해서 며칠, 몇 주, 몇 달 심지어는 몇 년까지 실험 기기 옆에서 시간을 허비한다. 이론 학자들은 전혀 이런 식으로 연구를 하지 않는다. 어떤 실험 결과를 지루하게 기다리는 것보다 먼저 이론을 연구하는 것이 바람직할지도 모른다.

이론 학자들의 시각은 지금까지 형식―수학적인 실체―에 익숙해 있다. 이 형식이 어떠한 형태를 취하든 추상적 개념, 방정식들, 순수한 수학적 일관성이 결국에는 자연에 대한 완전하고 최종적인 진실을 제공할 수 있다는 것이다. 사람은, 플라톤이 항상 말한 것과 같이 단지 사고를 통해서만 세상을 이해할 수 있게 된다는 것이다.

물리학의 혁명은 계속된다

안창현 | 경북대 물리학과 교수 |

올해는 상대성 이론이 발표된 지 백 주년이 되는 해다. 1905년 아인슈타인이 물리학의 역사를 뒤바꾼 '특수상대성', '광양자', '브라운 운동'에 관한 세 편의 논문을 잇달아 내놓은 지 꼭 백 년이 지난 것이다. 이 '기적의 해'를 기념해 유엔은 올해를 '세계 물리의 해'로 선포했고, 더불어 우리나라도 올해를 '한국 물리의 해'로 정해 다채로운 과학 행사를 계획하고 있다. 이 역사적인 해에 이 책이 국내에 출간되는 것은 매우 의미 있는 일이 아닐 수 없다.

그런데 아쉽게도 이 책은 1988년까지만 다루고 있다. 따라서 그 이후의 일들을 궁금해할 독자들이 많을 것 같다. 나는 서울방송 문화재단의 2003년도 교수 해외연구 지원 사업에 선정되어 2004년 1월 미국 프린스턴의 고등학술연구소를 방문할 기회를 갖게 되었다. 그때부터 지금까지 프린스턴 고등학술연구소에서 생활하면서 보고 느낀 것들을 주로 물리학과를 중심으로 간략히 소개하고자 한다.

이전에는 고등학술연구소의 자연과학부 건물이 세 개로 나뉘어 있었는데, 지금은 한 건물에서 세 개 학과가 사용한다. 1997년에 마이클 블룸버그(Michael R. Bloomberg, 현 뉴욕 시장)가 5백만 달러라는 거금을 자연과학부에 기부했는데, 이에 힘입어 연구소는 지금의 모습으로 발전하였다. 그의 말을 통해 한 개인의 사회적 역할이 연구소 발전에 얼마나 중요한 작용을 하는지 엿볼 수 있다. 그는 자신의 신념을 이렇게 표현했다.

1930년대에 처음 이 연구소가 문을 연 이후로(알베르트 아인슈타인이 두 명의 교수 중 한 사람으로 있었을 때), 고등학술연구소는 지적인 탐구와 학문을 주도하는 세계적인 중심지 중 하나로 성장해왔다. 연구소가 내건 학문적 연구에 대한 사명과 연구소가 이루어낸 많은 공헌들을 지원하는 것을 나는 자랑스럽게 여기고 있고, 과학과 인문학에 대한 지식과 이해를 위해서 기금을 계속해서 모을 것이다.

그의 기부 덕택에 두 개로 분리된 기존의 작은 건물을 연결하는 공사를 해서 자연과학부의 건물을 하나로 만들었고, 펄드 홀에서 일부 사용했던 공간이 옮겨오면서 연구소의 오랜 숙원을 이루게 되었다. 그를 기념해 이 새 건물을 블룸버그 홀이라 부르게 되었고, 이는 연구소가 표방하는 과학적인 연구와 박사 후 교육이 중심을 이루는 지적인 상호 교류를 촉진하는 계기가 되었다. 정문에 들어서면 그의 이름이 새겨져 있고, 건물 주변에 희귀한 화초와 자그마한 나무들이 서 있다. 2층으로 되어 있는데 물리학과 외에도 천체물리학과와 생물학과가 이 건물 안에 있다.

1997년 7월에 물리학과 교수로 네이선 사이버그Nathan Seiberg가 오게 되는데, 당시 고등학술연구소 소장으로 있었던 필립 그리피스 Phillip A.

Griffiths는 그의 부임을 아주 자랑스럽게 여겼다. 그리스피의 말을 빌리자면, 그는 양자장론을 이해하는 데 심오한 변화를 가져왔고 이론 물리학에 특별히 중요한 기여를 했다. 그의 연구는 기본 입자에 관한 기존의 관점을 바꾸었고, 초끈 이론과 양자장론에 결정적인 영향을 주었다. 특히 1994년에 물리학과 교수인 에드 위튼과 공동으로 발표한 쿼크와 글루온의 상호작용에 관한 내용은 입자물리학에 새로운 방법을 가져다주었다. 또한 1999년쪽에 이 두 사람은 초끈 이론과 비가환 기하에 대한 혁신적인 논문으로 물리학계를 뒤흔들었다. 보통 점심때는 학술적인 얘기로 꽃을 피우기 마련인데, 사이버그는 일상적인 얘기를 자주 하곤 했다. 그럴 때마다 그의 소탈하고 인간적인 모습을 볼 수 있어서 아주 인상 깊었디.

4년 뒤인 2001년 7월에는 후안 말다세나Juan M. Maldacena가 물리학과 교수로 오게 된다. 필립 그리피스의 말에 따르면, "그는 물리학의 많은 면을 아주 깊게 이해하고 주도하는 이론 물리학자로서 중요한 새로운 개념을 만들어냈다". 사이버그 또한 평하기를, "그는 광범위한 아이디어로 물리학계를 깜짝 놀라게 했으며 중력, 입자물리학 그리고 초끈 이론에 대한 우리의 이해를 한층 고무시켜주었다". 특히 1997년에는(그가 학위를 받은 지 일 년이 지난 후) 초끈 이론에 대한 혁신적인 논문으로, 게이지 이론과 중력 이론의 상관관계에 관한 기존의 인식을 뒤바꿨는데 지금까지도 이 주제에 대해서 활발한 연구가 진행되고 있다. 그는 늘 자전거로 출퇴근을 한다. 머서 가에 집이 있는데, 연구소에서 나와 이 길로 들어서서 오른쪽으로 가면 옛날 아인슈타인이 살았던 집이 나오고 왼쪽으로 가면 그의 집을 볼 수 있다. 우연하게도 집 번호만 다를 뿐 길 이름은 똑같다.

2004년 1월부터 8번째 고등학술연구소 소장으로 수리물리학자인 피터 고다드Peter Goddard 교수가 일하기 시작했다. 그의 연구 영역은 초끈 이론과 등각장론에 관한 것이었다. 1997년에는 이탈리아 국제 이론물리연구소ICTP에서 수여하는 디랙 상을 데이비드 올리브David Olive와 함께 받았는데, 그들의 수상 동기는 초끈 이론을 보다 잘 이해하도록 한 중요한 통찰력에 있었다. 또한 그들의 연구는 4차원 장론에 광범위하게 영향을 끼쳤다. 내가 1990년에 처음 쓴 논문의 주 내용이 고다드 교수의 접근 방법을 확장된 비라조로Virasoro 대수에서 보는 것이었기에, 14년이 지난 지금 그와 다시 대화할 때는 감회가 새로웠다. 지난 12월에는 고다드 부부가 사는 집으로 다른 사람들과 함께 초청받았었다. 그들이 사는 집은 지은 지 백 년이 넘었음에도 불구하고 보존이 잘 되어 있었다. 그 집에서 연구소를 바라보면, 탁 트인 전경으로 인해 또 다른 아름다움을 만끽할 수 있다.

2002년 여름부터 시작된 특별 프로그램 '이론 물리학의 전망Prospect in Theoretical Physics'은 이론 물리학을 전공하려는 대학원생들을 대상으로 2주 동안 실시되는 집중적인 여름 프로그램이다. 2004년도에는 초끈 이론을 전공하는 대학원생을 위해 새로운 프로그램이 만들어졌고, 이는 강의와 더불어, 이론 물리학의 여러 미해결 문제와 최근에 발전된 내용에 관한 비공식적인 토론으로 이루어졌다. 주요 목적 중 하나는 다음 세대의 이론 물리학자들을 교육하는 것이다. 큰 연구기관에 있는 대학원생들과 달리 그 분야의 지도자들을 만날 기회가 많지 않은 작은 대학에 있는 대학원생들이나 여성 혹은 소수민족들에게 특히 좋은 기회를 제공하는 이 프로그램은 우리나라에서도 시도해볼 만한 것이라 여겨져 매우 인상적이었다. 2007년에 제네바에 있는 유럽 원자핵 공동연구소CERN에서 거대 강입자가속기LHC를 작동하면 초대칭 입자를 발견할 수 있을 것으로 예측되는데, 이에 발맞추어 올해에도 특별 프로그램이 계획되었다. 이 프로그램은 'LHC 물리학에 관한 입문'이라는 주제로 2005년 7월 18일부터 29일까지 2주간 열린다.

점심식사 시간에는 연구소 사람들이 지하 식당으로 모인다. 쾌적한 분위기에서 식사와 함께 담소를 나누고, 종종 학문적 관심사에 관한 치열한 토론이 벌어지기도 한다. 특이한 것은 물리학과에 속한 사람들이, 언제부터인지는 모르지만, 고정적으로 사용하는 식탁이 있다는 것이다. 늘 오는 순서에 따라 자리가 채워지고, 그날 있었던 중요한 물리학 내용을 얘기한다. 정기적으로 월요일과 금요일은 프린스턴 대학의 물리학과와 번갈아 가며 공식적인 세미나가 열리고, 수요일은 연구소 자체의 비공식적인 세미나를 한다. 이를 통해 최근의 연구 동향을 이해하는 데 큰 도움을 얻고 있다. 또한 펄드 홀의 한가운데에는 안락한 소파들이 놓여 있는 널찍한 휴게실(커먼 룸Common Room이라고 부른다)이 있는데, 오후 3시부터 4시 반 사이에는 하던 일을 잠시 멈추고 여기에서 차나 커피를 마시며 다른 사람들과 담소를 나누거나 학문적인 토론을 즐긴다. 한쪽에는 연구소 소장이었던 그리피스의 흉상이 놓여 있다. 연구소의 자연과학부 도서관은 펄드 홀 건물의 2~3층을 이용해 중앙 홀에 자리하고 있으며, 3만여 권의 책이 개방식으로 천장 끝까지 빽빽하게 진열되어 있다. 도서관 한가운데에는 아인슈타인의 흉상이 놓여 있다.

고등학술연구소를 방문하는 모든 사람들은, 연구소의 주 건물인 펄드 홀에서 걸어서 5분 이내의 주거 단지에서 생활한다. 이 주거 단지는 한쪽으로는 골프장을 끼고, 다른 쪽으로는 연구소의 넓은 잔디밭과 숲을 끼고 있으며, 나지막한 2층 아파트들로 이루어져 있다. 길 이름이 이곳 연구소를 거쳐 간 물리학자와 다른 분야 교수들의 이름으로 명명되어 있어 특이하다. 내가 거주하는 곳은 2층이어서, 창문을 통해 바깥을 보면 더할 나위 없이 조용하고 아름다운 풍경이 펼쳐진다. 간혹 주변으로 사슴 가족이 걸어가는 것을 볼 수 있다. 또 작고 희귀하게 생긴 새들을 관찰할 수도 있다. 매일 아침 주거 단지에서 조그만 오솔길을 따라 산책하면서 연구소의 블룸버그 홀로 출근할 때면, 마치 다른 세계로 들어가는 듯한 착각을 일으키기도 한다. 이 주변 숲은 나무들이 울창하게 자라 있으며, 연구소와 주거 단지를 아늑하고 포근하게 감싸고 있다.

지금까지 고등학술연구소를 거쳐 간 회원과 방문자들은 50개 이상의 나라에서 약 5천5백 명 정도이다. 이들은 고등학술연구소 회원모임 AMIAS : Association of Members of the IAS에 자동적으로 가입하게 된다. 1974년에 설립된 이 모임의 주된 목적은 연구소의 사명을 지원하고, 회원들 스스로가 지금까지 경험했던 독립적이고 집중적인 연구 풍토를 다음 세대에도 지속시키는 데 있다. 특히 가족을 위한 프로그램이 인상적이었는데, 9월에는 이곳에 새로 온 사람들을 위한 바비큐 파티를 열고, 10월에는 아이들을 위한 할로윈 공연이 펼쳐지며, 12월에는 아이들을 위한 연말연시 파티를, 그리고 4월에는 아이들을 위한 부활절 행사를 개최한다. 1994년부터 지역사회에서 음악 공연 등을 열어 한 달에 한 번 정도는 문화생활을 접하게 한다. 또한 연구소 각 분야의 전문가들이 일반 대중을 위해 종종 강연을 하는데, 청중 또한 이 지역 사람들로 매번 많은 이들이 모이곤 한다.

이제 20살이 된 초끈 이론은, 20년 전 마이클 그린과 존 슈바르츠에 의해 물리학계에 처음 발표되었다. 지난 2004년 여름 아스펜Aspen에서는 첫번째 혁명이라고 불리는 그들의 업적을 기념하기 위해 몇몇 물리학자들이 모였다. 이에 관한 기사가 지난 2004년 12월 7일자 『뉴욕 타임스』에 여러 면에 걸쳐 소개되었다. "초끈 이론은 지금까지 발견된 그 어느 것과도 다르다. 수학과 물리학에 대한 새로운 아이디어로 가득 찬 믿을 수 없는 이론이다. 너무 방대하고 풍부해서 거의 모든 것을 말할 수 있다"라고 물리학과 교수인 에드 위튼은 말한다. 두번째 혁명기인 1995년에 그는 5개의 서로 다르게 보이는 초끈 이론들이 실제로는 상호 관련되어 있음을 보였다. 아직은 정의할 수 없는, 그림자 같은 소위 M-이론이라고 불리는 것의 서로 다른 현상이라는 것이다.

최근 여러 사람에 의해 초끈 이론 방정식에 대한 적어도 10개의 다른 해가 있다고 계산되있지만, 많은 초끈 이론 학사들은(에느 위튼을 포함해서) 여전히 21세기 물리학이 이 세상에 대해 말하려고 하는 것을 이해하는 때가 오면, 초끈 이론에 대한 유일한 해가 등장할 것이라고 기대하면서 아인슈타인의 이상을 굳게 믿고 있다. 이 시기가 언제일지 지금으로서는 말하기 어렵다. 다만 가까운 장래에 생각해볼 수 있는 것은 앞서 말한 바와 같이, 2007년에 거대 강입자가속기를 작동해서 초대칭 입자가 발견되면 이것은 초끈 이론의 혜택이 될 것이라는 사실이다. 설사 초대칭 입자가 발견되지 않더라도, 물론 초끈 이론을 이해하는 데는 어느 정도 타격을 입겠지만, 이것은 마지막의 시작이 아니라 시작의 마지막일 수 있다고 스탠퍼드 대학의 스티븐 셍커Stephen Shenker 교수는 말한다.

올해는 연구소가 생긴 지 75주년이 되는 해다. 이를 기념해 다음달 축하 행사가 열린다. 올해의 주제는 '1930년대'로 각 과별로 강연이 있을 예정인데, 어떤 내용일지 자못 궁금하다. 3월에는 수학과가, 4월에는 역사학과가 이틀에 걸쳐 75주년 기념식을 가지며, 연구소가 생긴 날인 5월 20일에는 알베르트 아인슈타인을 기념하는 75주년 기념식을 연다. 이를 끝으로 이번 학기를 마친다.

2005년 1월

프린스턴 고등학술연구소 블룸버그 홀에서

인간을 예술과 과학으로 이끄는 가장 강한 동기 중 하나는 조야하고 견딜 수 없이 지루한 일상생활, 변하기 쉬운 욕망의 속박에서 도피하고자 하는 것이다. 궁극적으로 인격이 원숙해진다는 것은 사적 생활에서 벗어나 객관적 통찰과 사유의 세계에 도달하는 것이다.

양말을 신지 않고 맨발로 다녔던 아인슈타인, 먹기를 거부해 끝내 영양실조로 세상을 떠난 고독한 천재 괴델, 컴퓨터의 창시자 노이만, 유명한 스파이 사건의 주인공이 되고 만 원자폭탄의 아버지 오펜하이머, 배타 원리의 파울리, 초끈 이론의 선두주자 위튼, 월프람 등.

이들은 현대 과학사에 굵직한 선을 남긴 위대한 과학자들로, 모두 프린스턴 고등학술연구소를 거쳐간 사람들이다. 그러나 그들이 남긴 커다란 업적을 살며시 들어낸다면 이러한 위대한 과학자들의 삶 또한 우리네 인생과 별로 다를 바가 없다. 몹시 수줍어하는 사람이 있는가 하면 거만한 사람도 있다. 전형적인 학자답게 고고하고 엄격한가 하면, 만우절에 다른 학자들을 골탕먹이는 장난스런 면이 발견되기도 한다. 공동 논문의 저자 명에 누구 이름을 먼저 할 것인가를 놓고 서로 잘났다 싸우기도 한다.

천체물리학, 입자물리학, 수학 등 분야도 각기 다르고 국적도 각기 다른 이들 과학자들이, 학자들의 천국 프린스턴 고등학술연구소에서 들려주는 과학 이론의 선율들은 감동적이다. 하나의 진리를 향한 단조로운 선율은 후일 토머스 쿤의 등장으로 복합적인 선율로 변해가기도 한다. 저자 레지스는 각 선율들의 색조와 감정은 물론 이런 변화까지 이 한 권에 조화롭게 묶어두었다.

이 책에서 우리는 전체 우주를 남김없이 이해하고자 했던 이들 과학자들의 끊임없는 집념을 목격할 수 있다. 아울러 한 인간으로서 평가되기 이전에 그들이 남긴 이론이나 실험으로 평가되던 과학자들의 일상을, 비록 연구소에서의 단편적 모습이긴 하지만 엿볼 수 있다.

과학자의 길을 이미 걷고 있거나 그러고 싶어하는 과학도들, 막연한 경외감으로 과학이라면 머뭇거리는 일반 독자, 사람 사는 모습에 꽤나 관심 있는 사람들 모두 이 책의 내용을 샅샅이 훑고 지나가더라도 끝까지 남아 있는 부분이 있다면 그것은 바로 '누가 아인슈타인의 방을 쓸 것인가?' 하는 것일 게다. 우주의 진실에 대한 많은 이론들이 등장했다가 폐기되는 가운데 제2, 제3의 아인슈타인은 계속 나올 것이므로 이 이야기는 '끝없는 이야기'가 될 것이다.

이 책은 많은 인용문과 함축어로 되어 있어 옮기는 데 상당히 어려움을 겪었다. 만일 내용에 매끄럽지 못한 부분이 있다면 그것은 순전히 역자의 잘못으로, 독자 여러분의 양해를 구하는 바이다.

| 참 고 문 헌 |

고등학술연구소에 대한 일반 자료

A Community of Scholars. Institute for Advanced Study. Faculty and Members 1930~1980. Princeton: Institute for Advanced Study, 1980.

Annual Report. Institute for Advanced Study. 1980/81~1984/85.

Bulletin. Nos. 1~12. Institute for Advanced Study, 1930-1946. *연구소의 소개와 그 스태프 및 연구원의 명부를 포함한 일련의 팜플렛. 1931, 1932, 1942, 1943, 1944년을 제외하고 매년 발행되었다.

Christy, Duncan. "Life in the Intellectual Zoo." *M*(July 1986): 78.

Corry, John. "Visit to an Intellectual Hotel." *New York Times Magazine*(May 15, 1966): 50.

Davies, John. "The Institute for Advanced Study." *Princeton Magazine*(August, September, October 1982).

Jones, Landon Y., Jr. "Bad Days on Mount Olympus." *The Atlantic*(February 1974): 37. *케이슨 소장의 기이한 행동을 둘러싼 분쟁에 초점을 맞춘다.

Kaysen, Carl. *Report of the Director 1966~1976.* Princeton: Institute for Advanced Study, 1976.

Regis, Edward, Jr. "Einstein's Sanctum." *Omni*(September 1984): 88.

Stern, Beatrice M. *A History of the Institute for Advanced Study 1930~1950.* *2부로 구성된, 발간되지 않은 원고. 원고의 마이크로필름은 워싱턴의 국회 도서관의 오펜하이머 문서의 일부로서 분류되어 있다. 원고 복사본은 웨스트메릴랜드 대학의 후버 도서관에서 특별 소장하고 있는데 누구든 열람할 수 있다.

Stuckey, William K. "The Garden of Lonely Wise." *Science Digest*(February 1975): 28.

1. 학자들의 천국

Blanshard, Frances. *Frank Aydelotte of Swarthmore.* Middletown, Conn:

Wesleyan University Press, 1970. *연구소 제2대 소장의 전기.

Flexner, Abraham, *An Autobiography*. New York: Simon and Schuster, 1960. *1940년 간행된 플렉스너의 『*I Remember*』의 개정판.

Howie, Diana M. "The Legacy of Louis Bamberger." *New Jersey Monthly* (September 1984): 44.

"L. Bamberger, Philanthropist." *Newark Evening News*. March 12, 1944.

"Louis Bamberger." *Sunday Star Ledger*. March 12, 1944.

2. 물리학의 교황

Clark, Ronald W. *Einstein: The Life and Times*. New York and Cleveland: World, 1971. *잘 알려진 아인슈타인의 전기.

Dukas, Helen, and Banesh Hoffman (eds.). *Albert Einstein: The Human Side. New Glimpses from His Archives*. Princeton: Princeton University Press, 1979. *비서와 전기 집필자가 자료를 모았다. 여러 문제에 대한 아인슈타인의 잠언 및 금언집.

French, A.P. (ed.). *Einstein: A Centenary Volume*. Cambridge, Mass: Havard University Press, 1979. *아인슈타인에 대한 회상과 에세이. 아인슈타인의 편지와 발표된 저서 및 연구에서 고른 것.

Herbert, Nick. *Quantum Reality: Beyond the New Physics*. New York: Dobleday/Anchor, 1985. *EPR 패러독스와 벨의 정리에 대한 일반인을 위한 해설.

Hoffmann, Banesh, and Helen Dukas. *Albert Einstein: Creator and Relel*. New York: Viking, 1972.

Holton, Gerald, and Yehuda Elkana (eds.). *Albert Einstein: Historical and Cultural Perspectives*. Princeton: Princeton University Press, 1982.

Maranto, Gina. "Einstein's Brain." *Discover*(May 1985): 29. *지구상에 유일하게 남은 아인슈타인의 유물을 둘러싼, 조금 이상한 이야기.

Mermin, N. David. "Is the Moon There When Nobody Looks? Reality and the Quantum Theory." *Physics Today* (April 1985).

Pais, Abraham. 'Subtle is the Lord…' *The Science and the Life of Albert Einstein*. Oxford and New York: Oxford University Press, 1982. *아인슈타인의 과학과 생애, 그의 연구소에서의 생활을 아는 물리학자가 쓴 신빙성 있는 이야기.

Sayen, Jamie. *Einstein in America*. New York: Crown Publishers, 1985.

Schilpp, paul Arthur(ed.). *Albert Einstein: Philosopher-Scientist*. 2 Vols. 1949.

LaSalle, Ill: Open Court, 1982. *아인슈타인의 자전과 비판자에게 보낸 회답을 포함한, 2권의 중요한 서류집.

Wheeler, John Archibald, and Wojciech Zur다 (eds.). *Quantum Theory and Measurement*. Princeton: Princeton University Press, 1983. * EPR 패러독스와 벨의 부등식 논문집. 아인슈타인, 포돌스키, 로젠의 오리지널 논문, 보어의 응답도 모았다.

Woolf, Harry (ed.). *Some Strangeness in the Proportion*. Reading, Mass: Addison-Wesley, 1980. *1973년 3월 고등학술연구소에서 열린 아인슈타인 기념 심포지엄 의사록.

3. 찬양받는 신비의 지배자

Benecerraf, Paul, and Hilary Putnam (eds.). *Philosophy of Mathematics: Selected Readings*. Englewood Cliffs, N.J.: Prentice-Hall, 1964. *괴델의 논문 「러셀의 수학 이론」 및 「칸토어의 연속체의 문제란 무엇인가?」를 수록.

Dawson, John (trans. and ed.). "Discussion on the Foundation of Mathematics." *Histiry and Philosophy of Logic* 5 (1984): 111 *괴델의 불완전성 정리의 최초의 공식 발표에 이은 논의의 영어 번역.

—. "Kurt Godel in Sharper Focus." *The Mathematical Intelligence* 6 (1984): 9. *괴델의 간략한 전기.

—. "Cataloguing the Gödel *Nachlass* at the Institute for Advanced Study." *Abstracts of the 7th International Congress of Logic, Methodology, and Philosophy of Science* 6 (1983): 59.

Feferman, Solomon, et al. (ed.). *Kurt Gödel: Collected Works*. Volume 1: Publications 1929-1936. Oxford: Oxford University Press, 1986.

Gödel, Kurt. "An Example of a New Type of Cosmological Solutions of Einstein's Field Equations of Gravitation." *Reviews of Modern Physics* 21 (July 1949): 447. *괴델의 시간 여행론.

—. "A Remark about the Relationship between Relativity Theory and Idealistic Philosophy."

Heijenoort, Jean van (ed.). *From Frege to Gödel*. Cambridge, Mass.: Harvard University Press, 1967. *1931년에 발표한 괴델의 유명한 논문 「불완정성 정리」의 영어 번역을 수록.

Hofstadter, Douglas R. *Gödel Escher Bach: An Eternal Golden Braid*. New York: Vintage Books, 1980. *독창적이고 심오하여 신선한 충격을 주는 책. 어떤 기준에서

보아도 비교할 수 없는 독서 경험을 가질 수 있다.

Kline, Morris. *Mathematics: The Loss of Certainty.* New York: Oxford University Press, 1980. *「재난」이라는 제목의 장에서 괴델의 결론을 논한다.

Kreisel, G. "Kurt Gödel." *Biographical Memois of Fellows of the Royal Society.* 26 (1981): 148. *괴델의 생애와 업적에 대해 철저하면서도 때로는 위트에 넘치는 개관.

Rucker, Rudy. *Infinity and the Mind.* New York: Bantam Books, 1982. *'무한은 실재한다'는 것을 독자에게 실감케 하려는 시도. 일러스트레이션, 퍼즐, 패러독스에 이르기까지 형식이 다양하며, 저자와 '괴델의 대화'도 수록되어 있다.

4. 보라, 이 모양을

Albers, Donald J., and G. L. Alexanderson (eds.). *Mathematical People: Profiles and Interviews.* Boston: Birkhäuser, 1985.

Bourbaki, Nicholas [André Weil?]. "The Architecture of Mathematics." *American Mathematics Monthly* 57 (1950): 221.

Campbell, Doglas M., and John C. Higgins (eds.). *Mathematics: People, Problems, Results.* 3 vols. Belmont, Calif.: Wadsworth, 1984.

Davis, Philip J., and Reuben Hersh. *The Mathematical Experience.* Boston: Houghton Mifflin, 1981.

Dewdney, A. K. "Computer Recreations." Scientific American (August 1985): 16. *만델브로트의 프로그래밍의 힌트.

Dieudonné, Jean. "The Work of Nicholas Bourbaki." *American Mathematical Monthly* 77 (1970): 134.

Gardner, Martin. "Mathematical Games." *Scientific American* (December 1976): 124.

Gleick, James. "The Man Who Reshaped Geometry." *New York Times Magazine* (December 8, 1995): 64 *만델브로트의 프로필.

Grillo, John P. "Fractal Trees." *Nibble Mac* (January/February, 1986): 48.

Halmos, Paul. "Nicolas Bourbaki." *Scientific American*(May 1957): 88.

Henney, Dagmar Renate. "Bourbaki. A French General-or a Mysterious Society?" *Mathematics Magazine* 36(September-October 1963): 252.

Kline, Morris. *Mathematics and the Search for Knowledge.* New York: Oxford University Press, 1985.

Mandelbrot, Benoit B. Interview. *Omni* (February 1984): 65.

—. *The Fractal Geometry of Nature* (rev. ed.), New York: W. H. Freeman, 1983.

Newman, James R. (ed.). *The World of Mathematics.* 4 vols. New York: Simon and Schuster, 1956.

Reid, Constance. *Hilbert.* New York: Springer-Verlag, 1970.

Richards, Ian. "Number Theory." *Mathematics Today* (ed., Lyn Arthur Steen). New York: Springer-Verlag, 1978.

Stein, Kathleen. "The Fractal Cosmos." *Omni* (February 1983): 63.

Weil, Andre. "The Future of Mathematics." *American Mathematical Monthly* 57 (1959): 295.

5. 유쾌한 자니

Bass, Thomas. *The Eudaemonic Pie.* Boston: Houghton Mifflin, 1985.

Blair, Clay. "Passing of a Great Mind." Life (February 25, 1957):89. *존 폰 노이만 사후에 출판된 그의 프로필 소개 기사.

Dyson, Freeman. *Disturbing the Universe.* New York: Harper & Row, 1979. *제18장 「사고실험」에는 존 폰 노이만의 추억과 고등학술연구소에서의 업적이 씌어 있다.

—. "The Future of Physics." *Physics Today* (1970): 25. *고등학술연구소에서의 컴퓨터, 프로젝트와 연구소, 그것에 대한 다이슨의 평가를 포함한다.

Goldstine, Herman H. *The Computer from Pascal to von Neumann.* Princeton: Princeton University Press, 1980. *폰 노이만과 고등학술연구소 컴퓨터에 대해 몇 개 장을 할애하고 있다. 에니악의 일원으로 활약한 연구원이 쓴 책.

Goldstine, Herman H., and Eugene Wigner. "Scientific Work of J. von Neumann." *Science* (1957): 683.

Halmos, P. R. "The Legend of John von Neumann." *American Mathematical Monthly* 80 (1973): 382., *Mathematics: People, Problems, Results.* 3 vols. Belmont, Calif.: Wadsworth, 1984.

Heims, Steve J. *John von Neumann and Norbert Wiener.* Cambridge, Mass.: The MIT Press, 1980. *두 사람에 대한 전기.

Kemeny, John G. "Man Viewed as a Machine." *Scientific American* 192 (1955): 58. *튜링 기계와 폰 노이만의 세포 자동자에 대한 기초 설명.

Tipler, Frank J. "Extraterrestrial Intelligent Beings Do Not Exist." *Quarterly Journal of the Royal Astronomical Society* 21 (1980): 267., *Extraterrestrials: Science and Alien Intelligence.* Cambridge, England: Cambridge University

Press, 1985.

Ulam, S. M. *Adventures of a Mathematician*. New York: Scribner's, 1983. *친한 친구들과 동료 수학자들이 쓴 폰 노이만에 대한 추억 이야기가 듬뿍.

—. "John von Neumann 1903-1957." *Bulletin of the American Mathematical Society* 64 (1958): 1. *폰 노이만의 생애와 연구에 대한 풍부한 개설.

von Neumann, John. *Theory of Self-Reproducing Automata* (edited and completed by Arthur Burks). Urbana and London: University of Illinois Press, 1966.

Wiener, Norbert. *I Am a Mathematician*. Cambridge, Mass.: The MIT Press, 1956. *폰 노이만과 비겔로의 회상록을 포함한다.

6. 님-님-님 선생

Bacher, Robert F. "Robert Oppenheimer." *Proceedings of the American Philosophical Society* 116(1972): 279.

Bernstein, Barton J. "In the Matter of J. Robert Oppenheimer." *Historical Studies in the Physical Sciences* 12(1982): 195. *오펜하이머 청문회의 상세한 기록. 최근 공개된 FBI 보고 외에 '기밀' 정보를 기반으로 집필하였다.

—. "The Oppenheimer Conspiracy." *Discover* (March 1985): 22. *앞의 책의 대중판.

Bernstein, Jeremy. "A Question of Parity." *A Comprehensible World*. New York: Random House, 1967. *리정다오와 양전닝의 전기와 업적.

Goodchild, Peter. *J. Robert Oppenheimer: Shatterer of Worlds*. Boston: Houghton Mifflin, 1981. *일러스트로 꽉 찬 전기.

Hammond, Lansing V. "A Meeting with Robert Oppenheimer." *미발표 원고.

Kipphardt, Heinar. *In the Matter of J. Robert Oppenheimer* (trans. Ruth Speirs). New York: Hill and Wang, 1968. *오펜하이머의 청문회에 기초한 희곡, 오피의 반응은, 저자가 우스개를 비극으로 바꾸었다는 것이었다.

Lamont, Lansing. *Day of Trinity*. New York: Atheneum, 1965. *로스앨러모스에 모인 과학자들과 트리니티 실험을 생생하고 극적으로 묘사하였다.

Lee, T. D. "Broken Parity." *T. D. Lee: Selected Papers*. Volume 3. Boston: Birkhauser, 1986. *4장 「Broken Friendship(깨어진 우정)」에는 양전닝과의 결별이 리정다오의 관점에서 씌어 있다.

Michelmore, Peter. *The Swift Years: The Robert Oppenheimer Story*. New York: Dodd, Mead, 1969.

412

Morrison, Philip. "The Overthrow of Parity." *Scientific American* 196 (1957): 45. *양전닝과 리정다오의 이론에 대한 연구.

"A New World, A Mystic World." *Time* 126 (July 29, 1985): 40. *실험 40년 후 다시 방문한 로스앨러모스와 트리니티 실험 지구.

Oppenheimer, J. Robert. Interview by Thomas S. Kuhn. *American Institute of Physics* (November 18 and 20, 1963).

Oppenheimer, J. R., and Robert Serber. "On the Stability of Stellar Neutron Cores." *Physical Review* 54 (October 1, 1938): 540.

Oppenheimer, J. R., and H. Snyder. "On Continued Gravitational Contraction." *Physical Review* 56 (September 1, 1939): 455.

Oppenheimer, J. R., and G. M. Volkoff. "On Massive Neutron Cores." *Physical Review* 55 (February 15, 1939): 374.

Rabi, I. I., et al. *Oppenheimer.* New York: Scriber's, 1969.

Smith, Alice Kimball, and Charles Weiner (eds.). *Robert Oppenheimer: Letters and Recollections.* Cambridge, Mass: Harvard University Press, 1980. *1945년 까지는 오펜하이머의 업적에 대한 중요한 참고문헌이지만 그후는 이것저것 수록.

Strauss, Lewis L. *Men and Decisions.* New York: Doubleday, 1962.

Szasz, Fefenc Morton. *The Day the Sun Rose Twice: The Story of the Trinity Site Nuclear Explosion July 16, 1945.* Albuquerque: University of New Mexico Press, 1984.

United States Atomic Energy Commision. *In the Matter of J. Robert Oppenheimer: Transcript of Hearing before Personnel Security Board, Washington, D.C., April 12, 1954 through May 6, 1954.* Washington D.C.,: Government Printing Office, 1954.

Wilson, Jane (ed.). *All in Our Time: The Reminiscences of Twelve Nuclear Pioneers.* Chicago: Bulletin of the Atomic Scientists, 1975.

Yang, Chen Ning. *Selected Papers* 1945~1980 *with Commentary.* San Francisco: W. H. Freeman, 1983. *리정다오와의 결별에 대해 양전닝의 입장에서 쓴 것.

7. 거품 우주를 본다

Bartusiak, Marcia. "The Bubbling Universe." *Science Digest* (February 1986): 64.

Davis, Marc, Piet Hut, and Richard A. Mueller. "Extinction of Species by Periodic Comet Showers." *Nature* 308 (April 19, 1984): 715.

de Lapparent, Valerie, Margaret J. Geller, and John P. Huchra. "A Slice of the Universe." Harvard-Smithsonian Center for Astrophysics. Preprint 2231 (1985). *Astrophysical Journal* (Letters) 302 (1986).

Kutner, M. L., et al. "The Molecular Complexes in Orion." *Astrophysical Journal* 215 (July 15, 1977): 521.

Schwarzschild, Bertram. "Redshift Surveys of Galaxies Find a Bubbly Universe." *Physics Today* (May 1986): 17.

8. 빛을 들고 나아가다

[Adler, Stephen L.] "Physics and Astronomy at the Institute for Advanced Study, 1960~1980." *미발표 원고.

Bernstein, Jeremy. "Pauli's Puzzle." *Science Digest* (August 1986): 41. *파울리와 중간자에 대해서.

Crease, Robert P., and Charles C. Mann. *The Second Creation: Makers of the Revolution in Twentieth-Century Physics.* New York: Macmillan, 1986. *소립자 물리학의 역사가 실제로 상세하게 씌어 있다. 각 사람들의 개성을 강조하면서도 복잡한 이론을 명쾌하고 생생하게 해설한 것으로 성공했다.

Feynman, Richard P. *QED: The Strange Theory of Light and Matter.* Princeton: Princeton University Press, 1985.

Feynman, Richard P., et al. *The Feynman Lectures on Physics.* 3 vols. Reading, Mass: Addison-Wesley, 1963. *『타임』지가 칼 세이건(Carl Sagan)에게 교양인이라면 누구나 읽을 만한 책을 6권 추천해달라고 했을 때, 이 책의 제1권을 맨 처음으로 추천했다.

Pais, Abraham, *Inward Bound: Of Matter and Forces in the Physical World.* Oxford: Claredon Press, 1986. *인물보다는 과학을 강조한 소립자물리학의 역사.

9. 진리란 무엇인가

Bahcall, John. "The Problem of Solar Neutrinos." Vassar Seminar on the Frontiers in the Natural Sciences, Vassar College, Poughkeepsie, New York. February 26, 1976.

Bahcall, John N., and Raymond Davis, Jr. "An Account of the Development of the Solar Neutrino Problem." Charles A. Barnes et al. (eds.)., *Essays in Nuclear Astrophysics.* Cambridge, England: Cambridge University Press, 1982.

―. "Solar Neutrinos: A Scientific Puzzle." *Science* 191 (January 23, 1976): 264.

Finkbiner, Ann. "Paradigm Lost?" *Johns Hopkins Magazine* (June 1985): 25. *존스 홉킨스 대학에서 행한 토머스 쿤의 강연록. 그 중에서 쿤은 과학자들을 대상으로 여론 조사를 했을 때 10대 1 비율로 자신들은 단순히 '해석'하지 않고 '객관적인 실재'에 대해 말하고 있다고 생각한다는 요지를 서술한다.

Kuhn, Thomas S. *The Essential Tension.* Chicago: University of Chicago Press, 1977.

―. *The Structure of Scientific Revolutions*, 2nd ed. Chicago: University of Chicago Press, 1970.

Pollie, Robert. "Brother, Can You Paradigm?" *Science* 83 (July/August 1983): 76. *잡지계에서도 뛰어난 제목 중 하나.

Shapere, Dudley. "External and Internal Factors in the Development of Science." *Science and Technology Studies* 4 (1986): 1.

―. "The Conceptof Observation in Science and Philosophy." *Philosophy of Science* 49 (1982). 485.

―. *Reason and the Search for Knowledge.* Dordrecht, The Netherlands: Reidel, 1983.

―. "The Paradigm Concept." *Science* 172 (May 14, 1971): 706. *가장 집요한 비판 자가 쓴, 쿤의 『과학 혁명의 구조』에 대한 평.

10. 자연 자신의 소프트웨어

Dewdney, A. K. "Computer Recreations." *Scientific American* 252 (May 1985): 18. *월프람의 해커 계에의 도전이 포함되어 있다.

Levy, Steven. "The Portable Universe." *Whole Earth Review* (Winter 1985): 42. *『해커』의 저자가 쓴, 월프람과 세포 자동자 이야기.

Poundstone, William. *The Recursive Universe: Cosmic Complexity and the Limits of Scientific Knowledge.* New York: Morrow, 1985. *라이프 게임에 대한 상세한 기술. 폰 노이만의 세포 자동자에 대해서도 쓰고 있다.

Wolfram, Stephen. "Cellular Automata." *Los Alamos Science* (Fall 1983): 2 *세포 자동자에 대한 입문서. 월프람이 만든 패턴을 가지고 촬영한 사진을 포함하여, 다수의 일러스트레이션이 게재됨.

―. "Cellular Automata as Models of Complexity." *Nature* 311(October 4, 1984): 419. *좀더 기본적인 해설.

—. "Computer Software in Science and Mathematics." *Scientific American* 251(September 1984): 188. *어떻게 하면 세포 자동자는 그 이상 줄일 수 없는 복잡성 현상의 연구에 유니크한 모델을 제공할 수 있을까에 대한 명쾌하면서도 심오한 해설.

—. "Statistical Mechanics of Cellular Automata." *Reviews of Modern Physics* 55(1983): 601. *세포 자동자에 대한, 특히 기술적인 의논과 분석 및 물리학의 문제에의 적용.

11. 볼 수 없는 것을 넘어서

Crease, Robert P., and Charles C. Mann. "The Gospel of String." *The Atlantic* (April 1986): 24. *초심자를 위한 끈 이론.

Freeman, Daniel Z., and Peter van Nieuwenhuizen. "The Hidden Dimensions of Spacetime." *Scientific American* (March 1985): 74. *칼루자 클라인의 책략이 어떻게 원치 않는 차원을 감추는가?

Ginsparg, Paul, and Sheldon Glashow. "Desperately Seeking Superstrings?" *Physics Today* (May 1986): 7.

Green, Michael B. "Superstrings." *Scientific American* 255 (September 1986): 48. *초끈 우주에 대한 신뢰할 만한 입문서.

—. "Unification of Forces and Particles in Superstring Theories." *Nature* 314 (April 4, 1985): 409. *초끈 이론의 반(半) 기술적 해설.

Kolb, Edward W, et al. "The Shadow World of Superstring Thoeries." *Nature* 314 (April 4, 1985): 415. *"독자는 그림자와 같은 산의 중턱 혹은 그림자와 같은 바다의 바닥에서 사는 것과 같다"고 저자는 말한다.

Schwarz, John H. "Completing Einstein." *Science* 85 (November 1985): 60. *초끈 이론의 성공에 가장 큰 공헌을 한 사람이 쓴 초보적인 설명.

—. "Dual-Resonance Models of Elementary Particles." *Scientific American* (February 1975): 61. *레제 궤도, 베네치아노 진폭, 그리고 '오래된' 초끈 이론.

Schwarzchild, Bertram M. "Anomaly Cancellation Launches Superstring Bandwagon." *Physics Today* (July 1985): 17. *초끈 이론에 대한 최근의 진보를 소개.

Taubes, Gary. "Everything's Now Tied to Strings." *Discover* (November 1986): 34. *일반적인 해설.

| 찾 아 보 기 |

누가 아인슈타인의 연구실을 차지했을까?

초판 1쇄 인쇄일 ｜ 2005년 3월 7일
초판 1쇄 발행일 ｜ 2005년 3월 24일

발행처 ｜ 지호출판사
발행인 ｜ 장인용
출판등록 ｜ 1995년 1월 4일
등록번호 ｜ 제10-1087호
주소 ｜ 서울시 마포구 서교동 410-7 1층 121-840
전화 ｜ 02-325-5170
팩시밀리 ｜ 02-325-5177
이메일 ｜ chihopub@yahoo.co.kr

표지 디자인 ｜ 오필민
본문 디자인 ｜ 이미연
편집 ｜ 김철식·김인경
마케팅 ｜ 전형세

종이 ｜ 대림지업
인쇄 ｜ 대원인쇄
라미네이팅 ｜ 영민사
제본 ｜ 경문제책

ISBN 89-5909-003-4

—. "Solar Neutrinos: A Scientific Puzzle." *Science* 191 (January 23, 1976): 264.

Finkbiner, Ann. "Paradigm Lost?" *Johns Hopkins Magazine* (June 1985): 25. *존스 홉킨스 대학에서 행한 토머스 쿤의 강연록. 그 중에서 쿤은 과학자들을 대상으로 여론 조사를 했을 때 10대 1 비율로 자신들은 단순히 '해석'하지 않고 '객관적인 실재'에 대해 말하고 있다고 생각한다는 요지를 서술한다.

Kuhn, Thomas S. *The Essential Tension.* Chicago: University of Chicago Press, 1977.

—. *The Structure of Scientific Revolutions*, 2nd ed. Chicago: University of Chicago Press, 1970.

Pollie, Robert. "Brother, Can You Paradigm?" *Science* 83 (July/August 1983): 76. *잡지계에서도 뛰어난 제목 중 하나.

Shapere, Dudley. "External and Internal Factors in the Development of Science." *Science and Technology Studies* 4 (1986): 1.

—. "The Conceptof Observation in Science and Philosophy." *Philosophy of Science* 49 (1982): 485.

—. *Reason and the Search for Knowledge.* Dordrecht, The Netherlands: Reidel, 1983.

—. "The Paradigm Concept." *Science* 172 (May 14, 1971): 706. *가장 집요한 비판자가 쓴, 쿤의 『과학 혁명의 구조』에 대한 평.

10. 자연 자신의 소프트웨어

Dewdney, A. K. "Computer Recreations." *Scientific American* 252 (May 1985): 18. *월프람의 해커 계에의 도전이 포함되어 있다.

Levy, Steven. "The Portable Universe." *Whole Earth Review* (Winter 1985): 42. *『해커』의 저자가 쓴, 월프람과 세포 자동자 이야기.

Poundstone, William. *The Recursive Universe: Cosmic Complexity and the Limits of Scientific Knowledge.* New York: Morrow, 1985. *라이프 게임에 대한 상세한 기술. 폰 노이만의 세포 자동자에 대해서도 쓰고 있다.

Wolfram, Stephen. "Cellular Automata." *Los Alamos Science* (Fall 1983): 2 *세포 자동자에 대한 입문서. 월프람이 만든 패턴을 가지고 촬영한 사진을 포함하여, 다수의 일러스트레이션이 게재됨.

—. "Cellular Automata as Models of Complexity." *Nature* 311(October 4, 1984): 419. *좀더 기본적인 해설.

—. "Computer Software in Science and Mathematics." *Scientific American* 251(September 1984): 188. *어떻게 하면 세포 자동자는 그 이상 줄일 수 없는 복잡성 현상의 연구에 유니크한 모델을 제공할 수 있을까에 대한 명쾌하면서도 심오한 해설.

—. "Statistical Mechanics of Cellular Automata." *Reviews of Modern Physics* 55(1983): 601. *세포 자동자에 대한, 특히 기술적인 의논과 분석 및 물리학의 문제에의 적용.

11. 볼 수 없는 것을 넘어서

Crease, Robert P., and Charles C. Mann. "The Gospel of String." *The Atlantic* (April 1986): 24. *초심자를 위한 끈 이론.

Freeman, Daniel Z., and Peter van Nieuwenhuizen. "The Hidden Dimensions of Spacetime." *Scientific American* (March 1985): 74. *칼루자 클라인의 책략이 어떻게 원치 않는 차원을 감추는가?

Ginsparg, Paul, and Sheldon Glashow. "Desperately Seeking Superstrings?" *Physics Today* (May 1986): 7.

Green, Michael B. "Superstrings." *Scientific American* 255 (September 1986): 48. *초끈 우주에 대한 신뢰할 만한 입문서.

—. "Unification of Forces and Particles in Superstring Theories." *Nature* 314 (April 4, 1985): 409. *초끈 이론의 반(半) 기술적 해설.

Kolb, Edward W, et al. "The Shadow World of Superstring Thoeries." *Nature* 314 (April 4, 1985): 415. *"독자는 그림자와 같은 산의 중턱 혹은 그림자와 같은 바다의 바닥에서 사는 것과 같다"고 저자는 말한다.

Schwarz, John H. "Completing Einstein." *Science* 85 (November 1985): 60. *초끈 이론의 성공에 가장 큰 공헌을 한 사람이 쓴 초보적인 설명.

—. "Dual-Resonance Models of Elementary Particles." *Scientific American* (February 1975): 61. *레제 궤도, 베네치아노 진폭, 그리고 '오래된' 초끈 이론.

Schwarzchild, Bertram M. "Anomaly Cancellation Launches Superstring Bandwagon." *Physics Today* (July 1985): 17. *초끈 이론에 대한 최근의 진보를 소개.

Taubes, Gary. "Everything's Now Tied to Strings." *Discover* (November 1986): 34. *일반적인 해설.

416